ciscopress.com

BGP 设计与实现

BGP Design and Implementation

〔美〕 **Randy Zhang,** CCIE #5659　著
Micah Bartell, CCIE #5069

黄博　葛建立　译
黄博　审

人民邮电出版社
北　京

图书在版编目（CIP）数据

BGP设计与实现 /（美）张（Zhang, R.），（美）巴特尔（Bartell, M.）著；黄博，葛建立译. -- 北京：人民邮电出版社，2012.7（2023.5重印）
ISBN 978-7-115-28589-8

Ⅰ. ①B… Ⅱ. ①张… ②巴… ③黄… ④葛… Ⅲ. ①互联网络—路由协议 Ⅳ. ①TN915.05

中国版本图书馆CIP数据核字（2012）第122130号

版权声明

Randy Zhang, Micah Bartell: BGP Design and Implementation (ISBN: 1587051095)

Copyright © 2003 Pearson Education, Inc.

Authorized translation from the English language edition published by Cisco Press.

All rights reserved.

本书中文简体字版由美国 Cisco Press 授权人民邮电出版社出版。未经出版者书面许可，对本书任何部分不得以任何方式复制或抄袭。

版权所有，侵权必究。

- ◆ 著　　　[美] Randy Zhang　　Micah Bartell
  译　　　黄　博　葛建立
  审　　　黄　博
  责任编辑　傅道坤
- ◆ 人民邮电出版社出版发行　　北京市丰台区成寿寺路 11 号
  邮编　100164　　电子邮件　315@ptpress.com.cn
  网址　http://www.ptpress.com.cn
  北京七彩京通数码快印有限公司印刷
- ◆ 开本：800×1000 1/16
  印张：34.5　　　　　　　　2012 年 7 月第 1 版
  字数：768 千字　　　　　　2023 年 5 月北京第 7 次印刷
  著作权合同登记号　图字：01-2012-3993 号

定价：89.00 元
读者服务热线：(010)81055410　印装质量热线：(010)81055316
反盗版热线：(010)81055315
广告经营许可证：京东市监广登字20170147号

内容提要

本书详细介绍了 BGP 特性及应用。全书共分 5 个部分，共 12 章。第一部分为理解高级 BGP，其中第 1 章讲解了 BGP 的基本特性，并比较了 BGP 和 IGP 的特性。第 2 章回顾了 BGP 的路径属性，在此基础上讲解了 BGP 的路径选择算法；同时较为深入地介绍了 BGP 进程和内存使用、路由选择信息库以及 IOS 的交换特性。第 3 章主要阐述了 BGP 性能调整的内容，包括有关 TCP 的考虑、队列优化、BGP 更新报文生成、性能调整的相互依赖性、BGP 网络性能特性等方面的内容。第 4 章详细阐述了 BGP 若干策略控制技巧，包括正则表达式、加强 BGP 策略的过滤列表、路由映射、策略列表、过滤处理的顺序等。第二、三部分介绍了设计企业和服务提供商 BGP 网络，这两部分的第 5 章至第 9 章是本书的核心，详细分析了企业的和运营商的 BGP 网络设计，内容包括若干 BGP 架构及其相互比较、企业网络的 Internet 连接性、可扩展的 iBGP 设计和实施指南、路由反射和联盟迁移策略、服务提供商网络架构。第四部分介绍了实施 BGP 多协议扩展，这部分的第 10 章到第 12 章跳出了传统的 BGP 领域，扩展地讲述了多协议 BGP 在其他领域的新应用，包括 MPLS VPN、域间多播、IPv6、CLNS 等方面的知识。第五部分为附录，提供了与本书内容关系密切的资料。

本书层次分明、阐述清晰、分析透彻、理论与实践并重，既深入讲解了传统的 BGP 知识，又讨论了 BGP 的新特性及 IOS 的新发展，非常适合于 ISP 网络管理员、BGP 网络的设计及实施者以及希望深入研究 BGP 的读者。

关于作者

Randy Zhang，Ph.D.，CCIE #5659，是 Cisco 公司高级服务组（Advanced Services，AS）的网络咨询工程师，为 Cisco 公司战略性的服务提供商和企业客户提供技术支持。他帮助过许多这样的客户进行大规模的 BGP 和 MPLS 网络的设计、迁移和实施。在加入高级服务组之前，他是 Cisco 公司的高级软件 QA 工程师，研究领域是 Cisco 6x00 系列 IP DSL 交换机中的 IP 路由选择和 MPLS，他也参与了其他很多项目。Randy Zhang 在不同的领域已经撰写了超过 30 篇的著作。

Micah Bartell，CCIE #5069，是 Cisco 公司的网络咨询工程师，是高级服务组里的 ISP 专家（ISP Experts）组的成员之一，为 Cisco 公司战略性的服务提供商和企业客户提供技术支持。在大规模 IP 网络设计领域，特别是在 BGP、IS-IS 和 IP 多播方面，他是一位公认的专家。此外，Micah Bartell 通过国际标准化组织（International Standards Organization，ISO）和 Internet 工程任务组（Internet Engineering Task Force，IETF）参与到了一些标准化制订的工作之中。他还是 ISO/IEC IS 10589 的编辑。

关于技术审稿人

Juan Alcaide,1999年加盟Cisco公司,从事BGP可扩展性的研究工作。自那时以后,他就一直在Cisco技术支援中心(Technical Assistance Center,TAC)的路由选择协议团队中工作。目前,他是一名网络咨询人员,为大型ISP提供支持。

Jonathan Looney,CCIE #7797,是Navisite公司的一位高级网络工程师,在那里,他为客户设计和实现了自定义的网络解决方案,还为公司设计和实现了15个数据中心。在企业网和服务提供商的网络环境方面,他拥有超过5年的实施和维护BGP的经验。在Navisite公司供职之前,他先后在一个ISP和一所大型的大学里工作,在那里,他设计和维护了所在单位的网络。

Vaughn Suazo,CCIE #5109,是一位在技术领域工作了12年的技术行家,在服务器技术、局域网/广域网和网络安全方面经验丰富。他取得了路由选择和交换、安全的双CCIE证书。Vaughn Suazo在Cisco公司的职业生涯开始于1999年,并且一开始就为网络服务提供商客户提供技术支撑和工程支持服务。在加盟Cisco公司之前,他为一些技术公司工作,并为Tulsa和Oklahoma城区的很多企业和商业公司客户提供网络设计咨询服务、网络部署前后的技术支持服务以及网络审计服务等。

献辞

Randy Zhang：献给 Susan、Amy 和 Ally，感谢她们永远的关爱、支持和耐心。

Micah Bartell：献给我的父母，Merlin 和 Marlene，感谢他们这些年来的支持。

致谢

本书是我们需要感谢的许多人共同努力的结果。我们要对很多同事表示深深的谢意，他们在时间紧迫的情况下对本书提供了详细的技术评审——特别是 Rudy Davis、Tony Phelps、Soumitra Mukherji、Eric Louzau 和 Chuck Curtiss。我们也要感谢 Mike Sneed 和 Dave Browning，感谢他们的鼓励和支持。

我们非常感谢 Cisco Press 的一些友善的人们，是他们使本书的出版成为现实。John Kane 在项目的每一个阶段都耐心地指导我们。他的鼓励和指导使得该出版项目减少了一些挑战性。Dayna Isley 和 Amy Moss 是两位很有才华的编辑，他们帮助我们采用正确的方法对书稿进行编辑并加入一些评论，并在手稿修订过程中给我们提供了详细的注释和建议。我们也要感谢 Brett Bartow、Chris Cleveland 和 Tammi Ross，感谢他们在项目初期给予的支持和配合。我们还要对3位技术审稿者——Juan Alcaide、Jonathan Looney 和 Vaughn Suazo 表达谢意，他们提出了有益的评论和建议，给本书带来了很多改进。

Randy Zhang：我特别要感谢我的家人、朋友、同事和所有其他这些年来一直帮助和鼓励我的人。

Micah Bartell：我想感谢我的家人和朋友——特别是 Adam Sellhorn 和 Jeff McCombs，感谢他们对该图书出版项目的支持。我也要感谢 Tom Campbell 和全球 Internet 网络运行中心（Global Internet NOC）的其他朋友，他们使网络技术从一开始就变得十分有趣。最后，也是最重要的，我要感谢上帝给了我编写本书的智慧和机会。

译者序

这是一本内容非常精彩的书！

熟悉网络的人几乎都知道 Cisco Press 2000 年推出了 Sam Halabi 与 Danny McPherson 合著的《Internet Routing Architectures, 2nd Edition》(本书中文版已由人民邮电出版社出版) 一书，这本书一度被业界视为 BGP 的 Bible，而且直到现在仍备受推崇。2001 年，Cisco Press 又推出了 Jeff Doyle 与 Jennifer DeHaven Carroll 合著的《Routing TCP/IP, Volume II》(本书中文版已由人民邮电出版社出版)，这本书的前半部分主要以案例的形式来讲解 BGP 的策略工具的应用，深入浅出。本书从工程设计和实践的角度出发来讲解 BGP，毫不夸张地说，这本书就是新时代、新发展环境下的 BGP 的 Bible。

本书不是 BGP 的入门指南，而是 BGP 的高级理解，BGP 工具的高级使用技巧。书中大量的图例、例题、案例有助于读者深入地理解书中的内容。内容新是本书的另一大特色。例如，第 2 章讲解了 IOS 的交换技术，并对 BGP 的内存使用做出了估算，为以后的内容打下了基础。第 3 章 BGP 性能调整的主题对于优化 BGP 来说是绝对必要的，但对于绝大多数网络工作者来说又是相对陌生的，作者在这里做了全面的讲解。又如，在第 9 章"公共对等安全考虑"一节中关于带宽盗用的问题确实对很多人来说十分新奇。

美国 Cisco Networkers 2004 大会上关于 BGP 的技术交流文档中推荐了这本书（见 http://www.cisco.com/warp/public/732/Tech/routing/docs/deployingbgp.pdf 文档第 60 页）。这在一定程度上反映了业界对本书的认可程度。

本书的译者中，一名工作于四川省创意技术发展有限责任公司，这是一家优秀的网络集成商，主要承接四川电信的多媒体数据网及 MPLS VPN 网络的建设及维护，也参与了中国电信核心网络改造的区域性的工程施工；另一名工作于江苏网通。由于译者的工作背景，在各自的工作中都遇到过若干关于 BGP 的难题，设计方面和施工方面的都有。有幸翻译此书，我们受益匪浅。我们同时也将书中的内容应用到实际工作中。相信读者一定会和我们一样感觉开卷有益！

  我们希望尽可能地表达出作者的原意，因此在一些不清楚或模糊的地方加入了注解，而在某些地方我们却保留了书中的原貌，这些内容是需要读者自己去理解的。由于种种原因，部分翻译显得仓促，尽管我们在翻译上力求术语、文字、风格上的统一，但仍恐有出入之处，敬请读者谅解。本书前言及 1～5 章由葛建立翻译，6～12 章、附录 A、B 由黄博翻译，全书由黄博统稿。

译　者
2005 年 1 月

前言

边界网关协议（Border Gateway Protocol，BGP）是今天的网络中最广泛部署的协议之一，也是 Internet 事实上的路由选择协议。BGP 是一种灵活的协议，这在于它具有很多网络设计者和工程师可用的选项。此外，BGP 的扩展和软件实现的增强也使它成为一种有力而复杂的工具。

本书的目的超出了基本协议概念和配置，而着重于提供实用的设计和实现的解决方案。在设计和实现复杂的网络方面，BGP 被当做一种有用的工具。通过实际的手法，本书提供了 Cisco IOS 软件的实现细节，以及广泛的例子和案例研究。

读者对象

本书希望涵盖设计和实现 BGP 网络的高级课题。虽然书中也回顾了 BGP 的基本概念，但是本书的重点不在于 BGP 本身或基本的 BGP 配置，而是提供了实用的设计和实现方面的指导建议，以帮助网络工程师、网络管理员以及网络设计者们搭建一个可扩展的 BGP 路由选择体系结构。本书也可以供任何希望理解 Cisco IOS 中可用的 BGP 高级特性的人使用，此外，对于准备 Cisco 认证考试的考生也会有所帮助。

本书组织结构

本书的章节大致可以分成 5 个部分。

第一部分"理解高级 BGP"，讨论和回顾了 BGP 的一些基础组件和工具。

- 第 1 章"高级 BGP 介绍",讲述了 BGP 的特性,并比较了 BGP 和 IGP。
- 第 2 章"理解 BGP 的构件块",通过回顾与 BGP 有关的多种组件来为本书打下基础。
- 第 3 章"调整 BGP 性能",详细讲述了怎样调整 BGP 性能,并着重讨论了 IOS 的最新发展。
- 第 4 章"有效的 BGP 策略控制",描述了常用的 BGP 策略控制技巧,这些技巧使 BGP 变得如此灵活。

第二部分"设计企业 BGP 网络",着重介绍在设计企业网络时怎样运用 BGP 的特性。

- 第 5 章"企业级 BGP 核心网络设计",讨论使用 BGP 来设计企业核心网络时的多种选择。
- 第 6 章"企业网络的 Internet 连接性",描述了一个企业网络与 Internet 服务提供商(ISP)相连,以获得 Internet 连接性的设计方法。

第三部分"设计服务提供商 BGP 网络",着重讨论服务提供商的 BGP 网络设计。

- 第 7 章"可扩展的 iBGP 设计和实施指南",详细讨论了可用来增强 iBGP 扩展性的两种方法:路由反射和联盟。
- 第 8 章"路由反射和联盟迁移策略",提供了全连接的 BGP 网络和基于路由反射或基于联盟的网络之间相互迁移的策略,并讲述了几个迁移过程的操作步骤。
- 第 9 章"服务提供商网络架构",讲述了可用于服务提供商的多种 BGP 设计方法。

第四部分"实施 BGP 多协议扩展",关注于对 BGP 的多协议扩展。

- 第 10 章"多协议 BGP 和 MPLS VPN",讨论了为 MPLS VPN 的 BGP 多协议扩展,以及设计和实施复杂 VPN 的多种解决方案。
- 第 11 章"多协议 BGP 和域间多播",提供了 BGP 怎样被用于域间多播的设计方法。
- 第 12 章"多协议 BGP 对 IPv6 的支持",讲述了对 IP 版本 6 的 BGP 扩展。

第五部分"附录",提供了以下信息。

- 附录 A,多协议 BGP 扩展对 CLNS 的支持。
- 附录 B,BGP 特性和 Cisco IOS 软件版本列表。
- 附录 C,其他信息源。
- 附录 D,术语表。

本书使用的图标

Cisco 使用下列标准图标来表示不同的网络设备。在本书中,你可能会碰到一些这样的图标。

命令语法惯例

本书命令语法遵循的惯例与 IOS 命令手册使用的惯例相同。命令手册对这些惯例的描述如下。
- **粗体字**表示照原样输入的命令和关键字,在实际的设置和输出(非常规命令语法)中,粗体字表示命令由用户手动输入(如 **show** 命令)。
- *斜体字*表示用户应提供的具体值参数。
- 竖线(|)用于分隔可选的、互斥的选项。
- 方括号([])表示任选项。
- 花括号({})表示必选项。
- 方括号中的花括号([{}])表示必须在任选项中选择一个。

编址约定

为了简化描述,本书通常分配私有 IP 地址(RFC 1918),相应地,也使用了简单的子网划分方法。任何这样的地址分配和子网划分机制仅仅用于演示,而不应该被理解为推荐的方法。

AS 号的分配机制通常以百计数,例如 100、200、300 等。在适合的时候,本书也使用私有自治系统号。除非特别指出,否则这些 AS 号仅仅用于演示,而不应该被理解为推荐的方法。

Cisco bug 经常被用做记录 IOS 新特性的一种工具。在某些适当和相关的地方,本书会提供 Cisco bug 的标识号。如果要访问这些 bug 信息,你需要注册访问 Cisco 网站(www.cisco.com)的权限。

目录

第一部分 理解高级 BGP

第1章 高级 BGP 介绍 ··············3
1.1 理解 BGP 的特性 ··············3
 1.1.1 可靠性 ··············4
 1.1.2 稳定性 ··············4
 1.1.3 可扩展性 ··············5
 1.1.4 灵活性 ··············6
1.2 比较 BGP 和 IGP ··············7

第2章 理解 BGP 的构件块 ··············11
2.1 比较控制层面和转发层面 ··············11
2.2 BGP 进程和内存使用 ··············12
2.3 BGP 路径属性 ··············14
 2.3.1 ORIGIN ··············15
 2.3.2 AS_PATH ··············15
 2.3.3 NEXT_HOP ··············16
 2.3.4 MULTI_EXIT_DISC ··············16
 2.3.5 LOCAL_PREF ··············17
 2.3.6 COMMUNITY ··············17
 2.3.7 ORIGINATOR_ID ··············18
 2.3.8 CLUSTER_LIST ··············18
2.4 理解内部 BGP ··············19
2.5 路径决策过程 ··············21
2.6 BGP 的能力 ··············23
2.7 BGP-IGP 的路由交换 ··············27
2.8 路由选择信息库 ··············27
2.9 交换路线 ··············28
 2.9.1 进程交换 ··············29
 2.9.2 基于缓存的交换 ··············30
 2.9.3 Cisco 快速转发 ··············32
 2.9.4 交换机制的比较 ··············39

- 2.10 案例研究：BGP 内存的使用评估 41
  - 2.10.1 方法 42
  - 2.10.2 评估公式 44
  - 2.10.3 分析 48
- 2.11 总结 50

第 3 章 调整 BGP 性能 53
- 3.1 BGP 收敛的调整 54
  - 3.1.1 有关 TCP 的考虑 55
  - 3.1.2 队列优化 58
  - 3.1.3 BGP 更新生成 64
  - 3.1.4 性能优化的相互依赖性 71
- 3.2 BGP 网络性能的特性 71
  - 3.2.1 减轻网络故障的影响 72
  - 3.2.2 前缀更新的优化 78
- 3.3 案例研究：BGP 收敛测试 83
  - 3.3.1 测试环境 83
  - 3.3.2 基准（baseline）收敛 84
  - 3.3.3 对等体组的好处 85
  - 3.3.4 对等体组和路径 MTU 发现 86
  - 3.3.5 对等体组和队列优化 86
  - 3.3.6 12.0（19）S 以前版本特性的比较 87
  - 3.3.7 12.0（19）S 以后版本 BGP 性能的增强特性 88
  - 3.3.8 案例研究总结 89
- 3.4 总结 91

第 4 章 有效的 BGP 策略控制 93
- 4.1 策略控制技巧 93
  - 4.1.1 正则表达式 93
  - 4.1.2 加强 BGP 策略的过滤列表 97
  - 4.1.3 路由映射 102
  - 4.1.4 策略列表 104
  - 4.1.5 过滤处理顺序 105
- 4.2 条件通告 105
  - 4.2.1 配置 106
  - 4.2.2 举例 106
- 4.3 聚合与拆分 111
- 4.4 本地 AS 117
- 4.5 QoS 策略传播 119
  - 4.5.1 标识和标记需要优先处理的 BGP 前缀 120
  - 4.5.2 设置基于 BGP 标记的 FIB 策略表项 120
  - 4.5.3 配置接口上的流量查找和设置 QoS 策略 121

4.5.4 当接收和传输流量时，在接口上实施管制 ············· 121
4.5.5 QPPB 的例子 ············· 121
4.6 BGP 策略记账 ············· 123
4.7 案例研究：使用本地 AS 的 AS 集成 ············· 125
4.8 总结 ············· 132

第二部分 设计企业 BGP 网络

第 5 章 企业级 BGP 核心网络设计 ············· 137
5.1 在企业核心网中使用 BGP ············· 137
  5.1.1 问题定义 ············· 138
  5.1.2 确定解决方案 ············· 138
5.2 BGP 网络核心设计解决方案 ············· 139
  5.2.1 内部 BGP 核心架构 ············· 140
  5.2.2 外部 BGP 核心架构 ············· 146
  5.2.3 内部/外部 BGP 核心架构 ············· 155
5.3 远程站点聚合 ············· 166
5.4 案例研究：BGP 核心部署 ············· 167
  5.4.1 BGP 核心设计情形 ············· 168
  5.4.2 设计需求 ············· 168
  5.4.3 潜在解决方案 ············· 169
  5.4.4 需求分析 ············· 169
  5.4.5 解决方案描述 ············· 170
  5.4.6 核心设计 ············· 170
  5.4.7 迁移计划 ············· 172
  5.4.8 最终情形 ············· 179
5.5 总结 ············· 190

第 6 章 企业网络的 Internet 连接性 ············· 193
6.1 确定从上游提供商接收什么信息 ············· 193
  6.1.1 只需要默认路由 ············· 193
  6.1.2 默认路由加部分路由 ············· 194
  6.1.3 完全的 Internet 路由选择表 ············· 194
6.2 多宿主 ············· 194
  6.2.1 单宿主末端网络 ············· 195
  6.2.2 多宿主末端网络 ············· 195
  6.2.3 标准多宿主网络 ············· 197
6.3 路由过滤 ············· 199
  6.3.1 入境过滤 ············· 199
  6.3.2 出境过滤 ············· 200
6.4 负载平衡 ············· 201
  6.4.1 入境流量负载平衡 ············· 201

6.4.2 出境流量负载平衡ㆍㆍㆍ201
6.4.3 与同一个提供商的多个会话ㆍㆍㆍ202
6.5 其他连接性考虑ㆍㆍㆍ205
6.5.1 基于提供商的汇总ㆍㆍㆍ206
6.5.2 对等过滤器ㆍㆍㆍ207
6.6 案例研究：多宿主环境下的负载平衡ㆍㆍㆍ208
6.6.1 情景概览ㆍㆍㆍ208
6.6.2 初始配置ㆍㆍㆍ209
6.6.3 入境流量策略ㆍㆍㆍ211
6.6.4 出境流量策略ㆍㆍㆍ213
6.6.5 最终的配置ㆍㆍㆍ214
6.7 总结ㆍㆍㆍ216

第三部分 设计服务提供商 BGP 网络

第 7 章 可扩展的 iBGP 设计和实施指南ㆍㆍㆍ221
7.1 iBGP 扩展性的问题ㆍㆍㆍ221
7.2 路由反射ㆍㆍㆍ222
7.2.1 路由反射如何运作ㆍㆍㆍ222
7.2.2 前缀通告规则ㆍㆍㆍ224
7.2.3 分簇ㆍㆍㆍ225
7.2.4 环路防止机制ㆍㆍㆍ226
7.2.5 层次化路由反射ㆍㆍㆍ229
7.2.6 路由反射设计例子ㆍㆍㆍ231
7.3 联盟ㆍㆍㆍ253
7.3.1 联盟如何工作ㆍㆍㆍ253
7.3.2 联盟设计例子ㆍㆍㆍ256
7.4 联盟与路由反射的比较ㆍㆍㆍ261
7.5 总结ㆍㆍㆍ262

第 8 章 路由反射和联盟迁移策略ㆍㆍㆍ265
8.1 一般迁移策略ㆍㆍㆍ265
8.1.1 准备步骤ㆍㆍㆍ265
8.1.2 确定初始和最终的网络拓扑ㆍㆍㆍ266
8.1.3 确定初始路由器ㆍㆍㆍ268
8.1.4 最小化流量损失ㆍㆍㆍ268
8.2 案例研究 1：从 iBGP 全连接环境迁移到路由反射环境ㆍㆍㆍ269
8.2.1 初始配置和 RIBㆍㆍㆍ269
8.2.2 迁移流程ㆍㆍㆍ275
8.2.3 最终的 BGP 配置ㆍㆍㆍ281
8.3 案例研究 2：从 iBGP 全连接环境迁移到联盟环境ㆍㆍㆍ282
8.3.1 初始配置和 RIBㆍㆍㆍ282

8.3.2 迁移流程 282
8.4 案例研究3：从路由反射环境迁移到联盟环境 296
　8.4.1 初始配置 296
　8.4.2 迁移流程 299
8.5 案例研究4：从联盟环境迁移到路由反射环境 312
　8.5.1 初始配置 312
　8.5.2 迁移流程 315
8.6 总结 331

第9章 服务提供商网络架构 333
9.1 通常的ISP网络架构 333
　9.1.1 内部网关协议规划 334
　9.1.2 网络规划 334
　9.1.3 网络地址分配方法学 341
　9.1.4 用户连接性 342
9.2 穿越和对等概观 343
　9.2.1 穿越连接 343
　9.2.2 对等 344
　9.2.3 ISP级别和对等关系 344
9.3 BGP团体属性设计 345
　9.3.1 前缀起源跟踪 345
　9.3.2 动态用户策略 346
　9.3.3 基于BGP的QoS策略传播 350
　9.3.4 静态路由重分布和团体属性应用 353
9.4 BGP安全特性 353
　9.4.1 BGP会话的TCP MD5签名 354
　9.4.2 对等过滤 354
　9.4.3 分级化路由抖动衰减 355
　9.4.4 公共对等安全考虑 357
9.5 案例研究：缓解分布式拒绝服务攻击 360
　9.5.1 动态黑洞路由选择 360
　9.5.2 最终的边缘路由器配置例子 361
9.6 总结 370

第四部分 实施BGP多协议扩展

第10章 多协议BGP和MPLS VPN 375
10.1 针对MPLS VPN的多协议BGP扩展 375
　10.1.1 路由区分符和VPN-IPv4地址 375
　10.1.2 扩展团体属性 376
　10.1.3 多协议可达性属性 377
10.2 理解MPLS基础知识 378

- 10.2.1 MPLS 标签 ... 379
- 10.2.2 标签交换和 LSP 建立 ... 380
- 10.2.3 转发带标签的数据包 ... 384
- 10.3 搭建 MPLS VPN 架构 ... 387
  - 10.3.1 MPLS VPN 的组件 ... 387
  - 10.3.2 VPN 路由选择/转发实例 ... 388
  - 10.3.3 VPNv4 路由和标签传播 ... 391
  - 10.3.4 自动路由过滤 ... 394
  - 10.3.5 AS_PATH 操纵 ... 394
- 10.4 跨越 AS 边界的多种 VPN ... 397
  - 10.4.1 AS 间的 VPN ... 399
  - 10.4.2 运营商支持的运营商 VPN ... 414
  - 10.4.3 BGP 联盟和 MPLS VPN ... 421
- 10.5 部署考虑 ... 423
  - 10.5.1 扩展性 ... 423
  - 10.5.2 路由目标设计例子 ... 428
  - 10.5.3 收敛 ... 430
- 10.6 案例研究：RR 间使用多跳 eBGP 实现的 AS 间的 VPN 和 IPv4 标签 ... 432
- 10.7 总结 ... 441

第 11 章 多协议 BGP 和域间多播 ... 445

- 11.1 多播基础知识 ... 445
  - 11.1.1 多播分布树 ... 446
  - 11.1.2 多播组记号法 ... 447
  - 11.1.3 共享树 ... 447
  - 11.1.4 源树 ... 448
  - 11.1.5 构造多播转发树 ... 449
- 11.2 域间多播 ... 461
  - 11.2.1 多播源发现协议 ... 462
  - 11.2.2 MP-BGP 中的多播 NLRI ... 463
  - 11.2.3 mBGP/MSDP 交互 ... 463
- 11.3 案例研究：服务提供商的多播部署 ... 472
  - 11.3.1 任意播 RP ... 472
  - 11.3.2 用户配置 ... 474
  - 11.3.3 域间连接 ... 480
- 11.4 总结 ... 481

第 12 章 多协议 BGP 对 IPv6 的支持 ... 483

- 12.1 IPv6 的增强特性 ... 483
  - 12.1.1 扩充的地址划分能力 ... 484
  - 12.1.2 自动配置 ... 484
  - 12.1.3 头部简化 ... 485

- 12.1.4 安全性的增强 ... 485
- 12.1.5 QoS 能力 ... 485
- 12.2 IPv6 地址分配 ... 485
  - 12.2.1 任意播地址的功能 ... 486
  - 12.2.2 通用地址格式 ... 486
- 12.3 针对 IPv6 NLRI 的 MP-BGP 扩展 ... 489
  - 12.3.1 双栈部署 ... 489
  - 12.3.2 IPv6 部署的 MP-BGP 考虑 ... 489
- 12.4 为 IPv6 配置 MP-BGP ... 490
  - 12.4.1 BGP 地址簇配置 ... 490
  - 12.4.2 向 BGP 中插入 IPv6 前缀 ... 491
  - 12.4.3 IPv6 的前缀过滤 ... 491
- 12.5 案例研究：部署 IPv4 和 IPv6 的双栈环境 ... 492
  - 12.5.1 初始 IPv4 网络拓扑 ... 492
  - 12.5.2 初始配置 ... 493
  - 12.5.3 设计的 IPv6 覆盖 ... 494
  - 12.5.4 IPv6 网络拓扑 ... 495
  - 12.5.5 最终配置 ... 496
- 12.6 总结 ... 498

第五部分　附　录

附录 A　多协议 BGP 扩展对 CLNS 的支持 ... 503
- A.1 DCN 扩展性 ... 503
- A.2 DCN 架构 ... 504
- A.3 基于 BGP 的 DCN 网络设计 ... 504
  - A.3.1 IS-IS 网络布局 ... 505
  - A.3.2 BGP 对等关系 ... 505
  - A.3.3 CLNS 前缀的 BGP 下一跳 ... 507
- A.4 CLNS 的多协议 BGP 配置例子 ... 508
  - A.4.1 网络验证 ... 509
  - A.4.2 配置总结 ... 511
- A.5 CLNS 支持告诫 ... 514

附录 B　BGP 特性和 Cisco IOS 软件版本列表 ... 517

附录 C　其他信息源 ... 523
- C.1 RFC ... 523
- C.2 Cisco Systems URL ... 524
- C.3 书籍 ... 525
- C.4 论文 ... 525

附录 D　术语表 ... 527

第一部分

理解高级 BGP

第 1 章　高级 BGP 介绍

第 2 章　理解 BGP 的构件块

第 3 章　调整 BGP 性能

第 4 章　有效的 BGP 策略控制

本章涵盖以下主题:

- 理解 BGP 的特性;
- 比较 BGP 和 IGP。

第 1 章 高级 BGP 介绍

边界网关协议（Border Gateway Protocol，BGP）是一种用来在路由选择域之间交换网络层可达性信息（Network Layer Reachability Information，NLRI）的路由选择协议。由于不同的管理机构分别控制着他们各自的路由选择域，因此，路由选择域经常被称为自治系统（Autonomous System，AS）。现在的 Internet 是一个由多个自治系统相互连接构成的大网络，其中，BGP 版本 4（BGP version 4，BGP 4）是事实上的路由选择协议。

1.1 理解 BGP 的特性

在过去的几十年里，Internet 经历了令人瞩目的增长。目前，Internet 的 BGP 路由选择表已经拥有超过 10 万条的路由表项。许多企业也部署了 BGP 来互连他们自己的网络。如此广泛的部署证明了 BGP 对大型和复杂网络的支持能力。

BGP 在今天的 Internet 中，之所以具有这样重要的地位，是因为它具有以下这些特性：
- 可靠性；
- 稳定性；
- 可扩展性；
- 灵活性。

以下将详细地描述每一种特性。

1.1.1 可靠性

可以从几个角度来考察 BGP 的可靠性：
- 连接的建立；
- 连接的保持；
- 路由选择信息的精确性。

BGP 利用了传输控制协议（Transmission Control Protocol，TCP）提供的可靠传输服务。这消除了 BGP 实现更新数据包的分段、重传、确认和先后顺序问题的需要，因为 TCP 已经完成了这些功能。另外，任何 TCP 使用的认证方法也可以用于 BGP。

会话建立之后，BGP 就使用通常的保活（keepalive）消息来维护会话的完整性。Update 消息也可以重置保持计时器（hold timer），这一计时器的典型的值是保活计时器（keepalive timer）的值的 3 倍。如果连续 3 次收不到 Keepalive 消息，也没有收到 Update 消息，那么 BGP 会话就会被关闭。

精确的路由选择信息是可靠转发的重要前提。BGP 使用了几种方法来提高精确性。当路由器接收更新数据包时，为了检测环路，它将检查 AS_PATH 属性（一种 BGP 属性，列出了路由所经过的自治系统）。如果更新数据包来自于当前 AS，或者已经经过了当前 AS，那么它将被拒绝。入站过滤（inbound filter）可被应用于所有更新，以确保符合本地路由策略。在一条 BGP 路由被认为有效之前，路由器通常会验证下一跳的可达性。

为了维护路由选择信息的精确性，及时删除不可达的路由也是很重要的。当某些路由变得不可达时，BGP 会迅速地从它的对等体中撤回这些不可达路由。

1.1.2 稳定性

路由选择协议的稳定性在一个大型网络中是十分关键的。例如在当今 Internet 这样大小的网络中，大量路由的震荡将会对网络产生灾难性的影响。

通过使用各种不同的计时器，BGP 可以抑制网络上出现的接口或路由起/宕（Up/Down）事件所产生的影响。例如，一个 BGP 宣告者（speaker）只有到达最小的通告时间间隔（Minimal Advertisement Interval）后，才可以生成更新。Cisco IOS 软件中，这个时间间隔对于外部 BGP（eBGP）会话来说是 30 秒，对于内部 BGP（iBGP）会话来说是 5 秒。此外，可以增加一些时间偏差抖动（jitter）来避免更新的同步问题。有关 eBGP 和 iBGP 对比的主题将在第 2 章"理解 BGP 的构件块"中讨论。

路由衰减（route dampening）是 BGP 抑制不稳定性的另一个特性。路由器可以跟踪一条路由的震荡历史纪录。不稳定的路由将会受到惩罚，并被抑制。路由衰减将在本书后面的相关章节中讲述。

在路由策略发生变化时，如果会话不是必须被重置，那么就会提升 BGP 的稳定性。例如第 3 章中讲述的温和重配置（soft reconfiguration）和路由刷新（route refresh）两个特性，它们对于不重置 BGP 会话而改变 BGP 策略是十分有用的。这两个特性使得路由器可以动态地请求或发送新的更新。

如果 BGP 会话必须被重置，那么所有与该会话相关的 BGP 路由选择和转发信息都会被清除。这在一个新的转发数据库被建造之前，有可能导致数据包的丢失。当这些会话正被重置的时候，不中断转发（Nonstop Forwarding，NSF）或优雅重启（Graceful Restart）特性将允许路由器利用现有的信息（从原有会话保留下来的信息）继续转发数据包。第 3 章将详细讨论 NSF。

收敛（convergence）是指网络中发生某种变化后，整个网络同步于相同的路由选择信息的过程。没有收敛的网络可能会导致数据包的丢失或转发环路。但是，如果网络一直处于不断收敛的状态，那么也会降低稳定性。在稳定性和收敛之间达成适当的平衡，可能依赖于网络所提供的服务。例如，当在一个共享的多协议标签交换（Multiprotocol Label Switching，MPLS）网络上，使用 BGP 来提供虚拟专用网（Virtual Private Network，VPN）服务时，更应该注重收敛性。第 10 章将会对这一主题做详细的讨论。第 3 章详细地讨论了 BGP 收敛的调整。

1.1.3 可扩展性

你可以从两个方面来评估 BGP 的可扩展性：对等会话（peer session）的数量和路由的数量。基于路由器的配置、硬件性能（CPU 和内存）以及 Cisco IOS 软件的版本，BGP 已经被证明可以支持数百个对等会话，并能很好地维护超过 10 万条的路由。

有几种方法可以用来增强 BGP 的可扩展性。这些方法或者可以减少被维护的路由/路径的数量，或者可以减少所生成的更新的数量。

作为距离矢量（distance vector）协议的一种形式，BGP 仅仅把它使用的路径去更新它的对等体。换句话说，BGP 只会通告最佳路径给它的对等体。当最佳路径发生变化时，新的路径将会被通告，这样就可以使对等体被告知使用新的最佳路径去替换早先的最佳路径。这是一个对早先通告的最佳路径的隐含撤回动作。

当 BGP 被用来在同一个 AS 内部交换路由可达性信息时，需要所有的 BGP 宣告者全连接（fully meshed）。全连接的网络往往会限制 BGP 的可扩展性，这是因为每一台路由器可能会维护大量的会话，而且可能会生成大量的更新。路由反射和联盟是增强 BGP 网络的可扩展性的两种方法。第 7 章、第 8 章和第 10 章详细讨论了这两种方法。

路由聚合是 BGP 使用的另一个工具，可以用来减少通告的前缀数量和增加 BGP 的稳定性。事实上，根据第 6 章中的讨论，Internet 需要适当的路由聚合。

减少生成更新的数量，就能够减少对 CPU 的利用率，并加快网络的收敛速度。在 IOS 中，具有相同出站策略的对等体可以被编组到同一个对等体组（peer group）或更新组（update group）。这样只需要生成一份更新，就可以为整个组而被复制。第 3 章将详细讨论使用更新分组机制来增强网络性能的主题。

1.1.4 灵活性

BGP 是路径矢量（path vector）协议，它是距离矢量协议的一种形式，BGP 为每一个目的地构造了一个基于自治系统的概要图。BGP 的灵活性可以通过路径属性的数量来说明，这些路径属性是用来定义路由策略并描述 BGP 前缀的特性的参数。正是由于这些属性才使 BGP 成为一种独特的路由选择协议，因此，整本书都将讨论它们。

你可以定义两种类型的 BGP 策略：路由选择（routing）策略和管理（administrative）策略。这两种类型的策略在功能上经常是重叠的。

你既可以为入境（inbound）方向，也可以为出境（outbound）方向定义 BGP 路由选择策略，来影响路由或者路径的选择。例如，可以定义一个入境路由过滤策略，用于仅仅接受那些始发于直接上游服务提供商的路由和该服务提供商的客户的路由。通过适当地设置某些属性，可以使一条路径变得比其他路径更优先。本书后面的章节将会提供设置路由选择策略的详细例子。

BGP 管理策略对进入或离开 AS 的路由定义了管理控制策略。例如，一个 AS 可能希望通过限制允许自己接收的最大前缀数目，来保护它的边界路由器。作为另一个例子，在出境方向上，一个多宿主（multihomed）AS 的边界路由器可以选择通过这样一种方式来设置它的属性——就是只通告本地始发的路由。

为了执行策略，BGP 使用了 3 个步骤：
1. 输入策略引擎（input policy engine）；
2. 路径选择（path selection）；
3. 输出策略引擎（output policy engine）。

图 1-1 演示了这个处理过程。

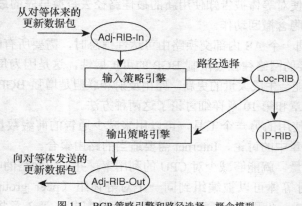

图 1-1　BGP 策略引擎和路径选择：概念模型

当从对等体接收到更新数据包时，路由器会把这些更新数据包存储到路由选择信息库（Routing Information Base，RIB）中，并指明是来自哪个对等体的（Adj-RIB-In）。这些更新数据包被输入策略引擎过滤后，路由器将会执行路径选择算法，来为每一条前缀确定最佳路径，第 2 章将详细讨论这种算法。

得出的最佳路径被存储到本地 BGP RIB（Loc-RIB）中，然后被提交给本地 IP 路由选择表（IP-RIB），以用作安装考虑。第 2 章将讨论 IP-RIB 的路由安装过程。

如果启用了多径（multipath）特性，最佳路径和所有等成本路径都将被提交给 IP-RIB 考虑。

除了从对等体接收来的最佳路径外，Loc-RIB 也会包含当前路由器注入的（被称为本地发起的，locally sourced），并被选择为最佳路径的 BGP 前缀。Loc-RIB 中的内容在被通告给其他对等体之前，必须通过输出策略引擎。只有那些成功通过输出策略引擎的路由，才会被安装到输出 RIB（Adj-RIB-Out）中。

这里对 RIB 的讨论仅仅是概念上的概括描述。实际的更新处理过程依赖于 BGP 的软件实现和配置而变化。在 Cisco IOS 软件中，BGP 表或 BGP RIB（命令 **show ip bgp** 的输出内容）包含了所有输入策略引擎所允许的路由，这其中包括了那些没有被选择为最佳路径的路由。如果启用了入站温和重置（inbound soft reset）的 IOS 特性（温和重配置，soft reconfiguration），那么，那些被输入策略引擎所拒绝的路由也会被保留（被标记为"仅仅接收"，receive only），但不会被路径选择过程所考虑。温和重配置的使用将在第 3 章中讨论。

1.2 比较 BGP 和 IGP

当讨论 BGP 时，理解内部网关协议（Interior Gateway Protocol，IGP）和 BGP（一种外部网关协议（Exterior Gateway Protocol，EGP））之间的区别是非常重要的。IGP 被设计用来在单一的路由选择域内提供可达性信息。

当今的网络通常使用 3 种类型的 IGP：
- 距离矢量协议，例如路由选择信息协议（Routing Information Protocol，RIP）和内部网关路由选择协议（Interior Gateway Routing Protocol，IGRP）；
- 链路状态协议，例如开放式最短路径优先（Open Shortest Path First，OSPF）协议和中间系统—中间系统（Intermediate System-to-Intermediate System，IS-IS）协议；
- 混合型协议，例如增强型 IGRP（Enhanced IGRP，EIGRP）。

虽然这些协议是为不同目的设计的，并且具有不同的行为特征，但是它们的共同目标是解决在一个路由选择域内的路径最优化问题——也就是说，为给定的一个目的地寻找一条最佳路径。

IGP 具有以下某些特性或全部特性：
- 它执行拓扑发现；

- 它尽力完成快速收敛；
- 它需要周期性的更新来确保路由选择信息的精确性；
- 它受同一个管理机构的控制；
- 它采取了共同的路由选择策略；
- 它提供了有限的策略控制能力。

由于有这些特性，因此 IGP 并不适合提供域间路由选择功能。比如说，一种域间路由选择协议应该能够提供广泛的策略控制，因为不同的域通常需要不同的路由选择策略和管理策略。又如，当前缀的数量处于 Internet 的水平时，IGP 路由的周期性刷新特性是不具有扩展能力的。

从一开始，BGP 就被设计成一种域间路由选择协议。两个最重要的设计目标就是策略控制能力和可扩展性。但是，很显然 BGP 也不适合替代 IGP，因为它对拓扑的变化响应慢。当 BGP 被用来提供域内可达性信息时，例如在一个 MPLS VPN 中，经常需要调整 BGP 以减少收敛时间。

IGP 和 BGP 都有它们各自的适用场合。在设计网络时，恰当地使用这两种类型的协议是非常重要的。第 2 章将更详细地比较 BGP 和 IGP。

本章涵盖以下主题：

- 比较控制层面和转发层面；
- BGP 进程和内存使用；
- BGP 路径属性；
- 理解内部 BGP；
- 路径决策过程；
- BGP 的能力；
- BGP-IGP 的路由交换；
- 路由选择信息库；
- 交换路线。

第 2 章 理解 BGP 的构件块

本章的内容将为本书后面的内容打下基础。本章并不试图涵盖 BGP 所有的基础内容，而着重地强调一些基本的 BGP 构件和概念，以便给你一些适当的观点。在适当的地方，也会提供一些更新的信息。特别地，这一章将尽力达到以下一些目标：

- 概览了 BGP 的 Cisco 实现，例如 IOS 中的 BGP 进程。在本章的结尾，将提供一个关于如何在 Cisco 路由器中评估 BGP 内存使用的案例研究。
- 回顾 BGP 的基本组件，例如，BGP 的属性、BGP 的决策过程、BGP 的能力交换、路由选择信息库（RIB）等。
- 讨论 BGP 的一些基本概念，例如 iBGP、BGP 和 IGP 的路由交换等。
- 概览了 Cisco IOS 软件中可用的主要交换路经，以及在资源竞争的情况下，它们是如何与 BGP 的性能和路由器的性能相关联的。

2.1 比较控制层面和转发层面

路由器由两种逻辑组件组成：控制层面和转发层面。控制层面（control plane）负责创建 RIB，而转发层面（forwarding plane）可以用 RIB 来分类和转发数据包。

路由器的性能和这两个层面的性能，以及它们相互协调的有效程度是紧密相关的。在路由选择体系结构的设计中，理解这两个层面关于数据包的转发与资源竞争的相互作用是非常重要的。

控制层面和转发层面的相互作用，以及由此对 BGP 性能产生的影响可以通过下面的例子来说明。BGP 协议数据包的处理涉及到大量的计算和数据操作，特别是在路由收敛过程中。因而，BGP 将会和路由器上运行的其他进程竞争 CPU 时间。减少被路由器进程交换（一种 CPU 密集（CPU-intensive）的操作）的穿越数据包（不直接指向该路由器的数据包）的数目能够改进 BGP 的性能，特别是在初始化的收敛期间。这是因为此时 BGP 有更多的 CPU 周期可用。

路由器可以使用很多信息资源来创建它的 RIB。在像 Internet 这样大型的互连网络环境中，路由选择信息可以通过多种动态路由选择协议来交换，例如内部网关协议（IGP）或者外部网关协议（EGP）。在整个网络中及时地分发正确的路由选择信息，是组建一个可靠网络的主要成分。后面的章节将在收敛性、策略控制和扩展性等方面讲述多种优化 BGP 路由选择架构的技巧。

转发层面有两个主要的功能：数据包分类和数据包转发。数据包分类（Packet Classification）是指把 RIB 精简到转发信息库（Forwarding Information Base，FIB）中的过程。典型的 FIB 是根据目的地前缀来组织的，每一条前缀都和一个下一跳地址、出站接口（outgoing Interface）等相关联。实际的数据包转发由转发层面的交换组件来执行。特别是，路由器将把前缀作为主键（key）来执行查找操作，从而产生下一跳地址、出站接口和第 2 层帧头，这里的第 2 层帧头是根据出站接口的类型来确定的。

2.2 BGP 进程和内存使用

Cisco IOS 软件有 3 种主要的 BGP 进程：
- 输入输出（I/O）；
- 路由器（Router）；
- 扫描仪（Scanner）。

图 2-1 显示了 3 种 BGP 进程以及在 IOS 中所有主要的 BGP 组件之间的相互作用。

BGP I/O 进程处理读、写和执行 BGP 消息的任务。它为 TCP 和 BGP 之间提供了一个接口。一方面，它从 TCP 套接字（socket）中读取消息，并把它们放到 BGP 输入队列（Input Queue，InQ）中，以便被 BGP Router 进程操作。另一方面，积聚在输出队列（Output Queue，OutQ）中的消息也被 BGP I/O 进程移到 TCP 套接字中。

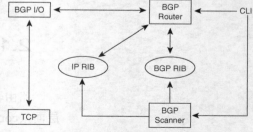

图 2-1　IOS 中的 BGP 进程

BGP Router 进程是 BGP 主进程，它负责初始化其他的 BGP 进程，维护与邻居的 BGP 会话，处理来自对等体和源自本地网络的入站更新，用 BGP 表项更新 IP RIB，以及向对等体发送更新。特别是，BGP Router 进程通过语法分析程序（parser）接收来自命令行接口（Command Line Interface，CLI）输入的命令。BGP Router 进程与 BGP I/O 进程相互作用，并使用每个邻居的队列对更新进行处理（包括发送和接收），如例 2-1 所示。在所有的有效路径都被安装进 BGP RIB 中后，BGP Router 进程将运行路径选择算法，并且把最佳路径安装进 IP RIB。IP RIB 和 BGP RIB 中发生的事件也能够触发 BGP Router 进程做出适当的反应。例如，当一条路由需要从其他路由选择协议被重分布到 BGP 中时，IP RIB 会通知 BGP Router 进程更新 BGP RIB。

例 2-1　BGP 队列

```
router#show ip bgp summary
BGP router identifier 192.168.100.6, local AS number 100
BGP table version is 8, main routing table version 8
4 network entries and 7 paths using 668 bytes of memory
3 BGP path attribute entries using 180 bytes of memory
6 BGP rrinfo entries using 144 bytes of memory
1 BGP AS-PATH entries using 24 bytes of memory
0 BGP route-map cache entries using 0 bytes of memory
0 BGP filter-list cache entries using 0 bytes of memory
BGP activity 4/74 prefixes, 11/4 paths, scan interval 60 secs

Neighbor        V    AS MsgRcvd MsgSent   TblVer  InQ OutQ Up/Down  State/PfxRcd
192.168.100.4   4   100    1120    1119        8    0    0 17:12:34           3
192.168.100.5   4   100    1114    1111        8    0    0 00:07:35           3
```

BGP Scanner 进程的主要功能是 BGP 的内部管理。特别是，BGP Scanner 进程对 BGP RIB 执行周期性的扫描，以确定是否应该删除前缀和属性，以及是否应该刷新路由映射或过滤缓存。这个进程也可以扫描 IP RIB，以便确保所有的 BGP 下一跳仍然有效。如果下一跳不可达，那么所有使用该下一跳地址的 BGP 表项都会从 BGP RIB 中被清除。BGP 衰减信息也会在每一个周期内被更新。通常，每 60 秒执行一次扫描。BGP Scanner 进程也可以通过语法分析程序接受来自 CLI 输入的命令，从而改变它的扫描时间。

例 2-2 是一台 Cisco 12000 路由器上 BGP 进程和内存使用情况的快照。"Allocated"（分配）列显示了该进程自创建以来所分配的内存的总字节数。"Freed"（释放）列提供了该进程自创建以来已经释放的内存的字节数。"Holding"（占用）列显示了当前被该进程所消耗的实际内存的字节数。在这个例子中，BGP Router 进程消耗了超过 34MB 的内存，而 BGP I/O 和 BGP Scanner 进程分别只消耗 6KB 的内存。

例 2-2　BGP 进程和内存使用

```
router#show process memory | include BGP
 PID TTY  Allocated      Freed    Holding    Getbufs    Retbufs Process
  99   0  171331064   28799944   34023220          0          0 BGP Router
 100   0     131064   22748136       6796          0          0 BGP I/O
 101   0          0    6814116       6796          0          0 BGP Scanner
```

该例子表明，BGP Router 进程占用了 BGP 使用的大部分内存（即"Holding"列）。BGP I/O 和 BGP Scanner 进程占用的内存则是微不足道的。BGP Router 进程的 3 个主要组件占用了大部分内存：

- BGP RIB；
- 通过从 BGP 学到的前缀而构成的 IP RIB；
- 从 BGP 学到的前缀所使用的 IP 交换组件。

BGP RIB 中持有的信息包括网络表项、路径表项、路径属性以及路由映射和过滤列表缓存。通过命令 **show ip bgp summary** 的输出可以显示存储这些信息的内存。

IP RIB 中，从 BGP 学到的前缀以两种类型的结构被保存：

- 网络描述符块（Network Descriptor Blocks，NDBs）；
- 路由选择描述符块（Routing Descriptor Blocks，RDBs）。

IP RIB 中的每一条路由针对每一条路径都需要一个 NDB 和一个 RDB。如果该路由是子网化的，还需要额外的内存来维护该 NDB。可以使用命令 **show ip route summary** 来显示 IP RIB 直接使用的内存。

BGP Router 进程的第三个主要组件具有大量的内存需求，它就是 IP 交换组件，例如 FIB 结构。交换路线将在本章后面讲述。

BGP Router 进程除了需要用来保存路由选择信息的内存外，也需要少量的内存用于它自身的操作；不过，该进程本身所使用的内存大约在 40KB 左右，因此，和 BGP Router 进程消耗的全部内存相比是微不足道的。本章结尾时的案例研究详细描述了这些组件的内存使用。

2.3 BGP 路径属性

BGP 路径属性是一组描述 BGP 前缀特性的参数。由于 BGP 首先是一个路由选择策略工具，因此 BGP 在影响路径选择的时候，广泛地使用了这些属性。在设计一个有效率的 BGP 路由选择体系结构中，有效地利用这些属性是十分关键的。这一节将着重讲述一些通用的 BGP 属性，而在后面的章节中会作更为深入的讨论。

Cisco IOS 软件目前支持以下这些属性：

- ORIGIN（起源）；
- AS_PATH（AS 路径）；
- NEXT_HOP（下一跳）；
- MULTI_EXIT_DISC（多出口鉴别）；
- LOCAL_PREF（本地优先）；
- ATOMIC_AGGREGATE（原子聚合）；

- AGGREGATOR（聚合者）；
- COMMUNITY（团体）；
- ORIGINATOR_ID（起源者标识）；
- CLUSTER_LIST（簇列表）；
- Multiprotocol Reachable NLRI（多协议网络层可达性信息，MP_REACH_NLRI）；
- Multiprotocol Unreachable NLRI（多协议网络层不可达性信息，MP_UNREACH_NLRI）。

以下是对一些更常用的 BGP 属性的简要概述。后面的章节将讨论其他的属性。

2.3.1 ORIGIN

这个属性指出了前缀的起源。有 3 种可能的起源：
- IGP——ORIGIN 为 0；
- EGP——ORIGIN 为 1；
- INCOMPLETE——ORIGIN 为 3。

在路径选择过程中，具有较低的 ORIGIN 值的前缀被优先选择。在前缀被注入进 BGP 时，它的 ORIGIN 属性是自动被定义的，但是可以使用路由映射来更改。例如，如果前缀通过 **redistribute** 命令被重分布到 BGP 中，那么它的 ORIGIN 属性就会被设置为 3；如果前缀通过 **network** 命令被注入到 BGP 中，那么它的 ORIGIN 属性就会被设置为 0。事实上，由 **network** 命令发起的路由优于那些被重分布的路由。

2.3.2 AS_PATH

AS_PATH 列表以相反的顺序列出了一条前缀先后所经过的自治系统，最后一个 AS 放置在该列表的开始处。AS_PATH 的主要目的是为 AS 域间路由选择提供环路防止机制。列表中可接受的自治系统的数目在 1～255 之间。因为 AS_PATH 列表最短的路径优先，因此在列表中前置（prepending）相同的 AS 号是影响入站路径选择的常用方法。Cisco IOS 软件在 AS_PATH 中支持 4 种类型的 AS 段：
- AS_SET；
- AS_SEQUENCE；
- AS_CONFED_SET；
- AS_CONFED_SEQUENCE。

SET 和 SEQUENCE 的不同之处在于，SET 选项下的自治系统的列表是无序的（关于该路径所经过的自治系统），而 SEQUENCE 选项下的自治系统的列表是有序的。后两者仅仅应用于本地联盟内部发起的路径。另外，在路径选择中，它们的计数方法是不同的，这将在"路径决策过程"一节中讨论。

2.3.3 NEXT_HOP

从 BGP 的角度来看，这个属性定义了到达某条前缀的下一跳 IP 地址。这并不意味着下一跳地址必须是直连的。如果 BGP 下一跳并不是直连的下一跳，那么就需要在 IP RIB 中执行递归路由查找。前缀必须要先有可达的下一跳，然后 BGP 在最佳路径选择过程中才会考虑这条前缀。换句话说，下一跳必须要在路由选择表中某条前缀的下面，包括默认路由 0.0.0.0/0。BGP 路径的下一跳属性通常在 3 个地方被设置：

- 当前缀一开始被注入到 BGP 时，它的下一跳地址由注入该前缀的 BGP 宣告者（speaker）来设置。下一跳的值依赖于前缀被注入进 BGP 的方式。如果前缀是通过 **aggregate-address** 命令被注入的，那么前缀的 BGP 下一跳就是进行路由聚合的那个 BGP 宣告者。如果前缀是通过 **network** 命令或者重分布被注入到 BGP 中的，那么注入前的 IGP 下一跳现在就成为 BGP 下一跳。例如，假设一条 OSPF 前缀被重分布到 BGP 中，那么 BGP 下一跳就不一定是进行重分布的 BGP 宣告者，而是 OSPF 前缀原来的下一跳。因此，在这样的情况下，我们建议在重分布点将 BGP 下一跳重置为 BGP 宣告者自身。如果 IGP 下一跳不存在（例如在路由指向 Null0 接口的情况下），那么下一跳就是 BGP 宣告者自身。如果本地的 BGP 宣告者成了下一跳地址，那么 BGP RIB 中的下一跳字段就是 0.0.0.0。出站更新数据包中的下一跳被设置为本地的 BGP 对等会话地址。

- 当前缀通过 eBGP 被通告出去时，下一跳会自动地被设置为那个正在发送该前缀的 eBGP 对等体的 IP 地址。如果 3 个或更多的对等体正在共享一个相同的多路访问（multiaccess）网络，那么正在作通告的宣告者会把同一个网段上原来的宣告者设置为下一跳，而不是它自身。这叫"第三方下一跳"（third-party next hop）。

- 通过使用路由映射或者 **next-hop-self** 命令可以手工地更改下一跳。注意对于同一个 AS 中的 BGP 会话来说，默认条件下，下一跳不会被改变。

2.3.4 MULTI_EXIT_DISC

MULTI_EXIT_DISC（MED）属性典型地被用在 AS 间的链路上，以区分到达相同的邻居自治系统的多个出口/入口点。Cisco IOS 软件也允许你使用命令 **bgp always-compare-med**，在不同的自治系统之间比较 MED。MED 值由度量值来表示。它的用法与度量的用法是一致的，具有较低 MED 值的路径被优先选择。

在 Cisco IOS 软件中，下面是一些 MED 设置和通告的规则：

- 如果路由从 iBGP 对等体学到，那么边界路由器在把这条路由通告给 eBGP 对等体之前，会清除它的 MED。在这种情况下，如果要强制边界路由器通告 MED，可以为那个 eBGP 对等体配置路由映射命令 **set metric-type internal**。
- 在边界路由器本地被注入到 BGP 中的路由在被通告给 eBGP 对等体时携带 MED 值。度量值由下列规则来确定：
  — 如果通过 **network** 或 **redistribute** 命令注入到 BGP 中的路由是来自于 IGP 的，那么 BGP MED 从 IGP 度量中导出；
  — 如果通过 **network** 或 **redistribute** 命令注入到 BGP 中的路由是来自于直连路由的，那么 BGP MED 被设为 0；
  — 如果通过 **aggregate-address** 命令注入路由，那么 BGP MED 不被设置。

2.3.5 LOCAL_PREF

LOCAL_PREF 是 iBGP 宣告者用来计算每一条外部路由的优先程度的属性。本地优先属性在 iBGP 对等体之间被交换，以设置离开 AS 的优先出口点。具有较高的 LOCAL_PREF 值的路径被优先选择。这个属性不包含在 eBGP 前缀通告中（典型地，在入境 eBGP 更新中被手工设置），并且仅仅被同一个 AS 内的路径选择处理所使用。作为比较，在 eBGP 链路上，MED 从一个 AS 被发送到另外一个邻居 AS，以影响接收 AS 的出境策略。

注意：Cisco IOS 软件中另外一个参数——WEIGHT（权重）可以影响路径选择。这个参数是 Cisco 专有的，而且对配置这个参数的路由器来说是本地有效的。也就是说，WEIGHT 设置不在路由器之间交换。

2.3.6 COMMUNITY

COMMUNITY 被一组共享相同的特性的前缀所定义。多个团体可以应用到一条前缀上，每个团体有 4 字节长。团体属性有以下两种类型：
- **Well-known communities**（熟知团体）——当接收到这些带有团体属性的前缀时，对等体会自动地根据预先定义的团体属性的意义来采取操作。不需要额外的配置。在 RFC 1997 中，熟知团体属性落在保留值的范围内，即 0xFFFF0000～0xFFFFFFFF。
- **Private communities**（私有团体）——由网络管理员定义的团体，并且在不同自治系统的对等体之间，这些团体必须相互协调。必须明确地配置所采取的行为。私有团体的值在保留范围以外。

当前，Cisco IOS 软件支持 4 种熟知团体属性：
- **NO_EXPORT**——带有这个属性的前缀不应该被通告给 eBGP 对等体，但可以被发送给同一个联盟内的子自治系统（subautonomous system）。这个团体的值为 0xFFFFFF01。
- **LOCAL_AS**——带有这个属性的前缀不会被通告到本地 AS 之外。在联盟的情况下，只有同一个子自治系统中的对等体才被允许接收这些前缀。如果不在联盟的情况下，

LOCAL_AS 和 NO_EXPORT 被一样对待。在 RFC 1997 中，NO_EXPORT_SUBCONFED（0xFFFFFF03）就是为这种情况定义的。
- **NO_ADVERTISE**——带有这个属性的前缀不会被通告给任何对等体，包括内部的或外部的对等体。该属性的值为 0xFFFFFF02。
- **INTERNET**——带有这个属性的前缀被通告到 Internet。换句话说，这些前缀的通告是没有限制的。这个熟知团体属性在 RFC 1997 中没有被明确地定义。在 Cisco IOS 软件中，每一条前缀都属于这个 INTERNET 团体（值为 0）。

更常用的团体是私有团体。使用它们的主要目的是为前缀附加管理标记，以便制定合适的策略。私有团体使用 *AS:number* 的格式，其中 *AS* 是指本地 AS 号或对等体 AS 号，而 *number* 是指本地分配的，或与对等体 AS 协商分配的任意数值，用来表示可以应用策略的一组团体。这种用户友好的（user-friendly）格式可以在全局配置模式下由 **ip bgp-community new-format** 命令来启用。

2.3.7 ORIGINATOR_ID

当路由反射器（route reflector，RR）被部署时，ORIGINATOR_ID 在 AS 内被用作环路防止机制。它由第一个 RR 创建，并且不被后续的 RR 所更改。ORIGINATOR_ID 是以下这些路由器的路由器标识（router ID）：
- 在本地 AS 始发路由的 BGP 宣告者，例如使用 **network** 命令注入的路由就是这种路由；
- 如果路由是通过 eBGP 学到的，那么就是同一个 AS 的边界路由器。

ORIGINATOR_ID 是一个 32bit 长的数值，并且只应该从 iBGP 对等体那里接收到。在 RR 上，ORIGINATOR_ID 用来替代路径选择过程中的 router ID。当 iBGP 宣告者接收到的更新包含了它自己的 ORIGINATOR_ID 时，它就会丢弃路由，这样就打破了路由选择信息环路。如果 ORIGINATOR_ID 已经存在的话，BGP 宣告者就不应该再创建一个。

2.3.8 CLUSTER_LIST

当路由反射器被部署时，CLUSTER_LIST 在 AS 内被用作另一个环路防止机制。这个属性记录了在 RR 的环境中，前缀所经过的 CLUSTER_ID 的列表。当 RR 从它的客户那里反射路由到簇（cluster）外的非客户时，或从非客户反射路由到客户时，或从一个客户反射路由到另一个客户时，它会把本地 CLUSTER_ID 添加到 CLUSTER_LIST 的前面。如果路由更新的 CLUSTER_LIST 为空，那么 RR 就会创建一个。使用这个属性，RR 能够识别出路由选择信息是否又环回到了同一个簇。如果在 CLUSTER_LIST 中发现了本地 CLUSTER_ID，那么这个更新就会被丢弃，这样就打破了路由选择信息环路。第 7 章将详细地讨论 CLUSTER_LIST 和 CLUSTER_ID 的设计和配置问题。

2.4 理解内部 BGP

BGP 被设计用来在 Internet 上的一系列自治系统之间提供无环路的路径。确保无环拓扑的机制就是 AS_PATH 属性。考虑图 2-2，其中 3 个自治系统相互连接。如果 AS 65000 中的路由器 R1 通告一条前缀给 AS 65001 中的 R3，那么在它发送前缀给 R3 时，它会把 65000 添加到这条前缀的 AS_PATH 列表前面。如果同样的前缀再次被 AS 65000 收到，那么边界 BGP 宣告者就会拒绝它，这是因为它在 AS_PATH 属性中检测到了环路。

继续考虑图 2-2，假设 R3 需要向 AS 65002 中的 R7 传播前缀，那么这里有几种选择来完成这项任务。

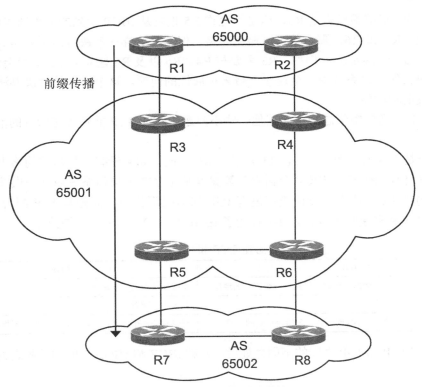

图 2-2　多 AS 拓扑中的前缀传播

一种方法是让 R3 把所有的 BGP 前缀重分布到 IGP 中，IGP 把它们通告给 R4、R5 和 R6。接着，让 R5 和 R6 把这些前缀重分布回 BGP，并把它们分别通告给各自的 eBGP 邻居——R7 和 R8。但是，这种策略有一些问题。

IGP 不是被设计用来处理这里可能包含的路由数量的。完全的 Internet 表已经超过了 10 万条前缀。很多 IGP 需要周期性地刷新前缀信息，这会进一步导致网络的不稳定和额外的系统资源消耗，并且给常规的路由选择更新带来显著的带宽需求。前缀数量的增长导致发生路由抖动（route flapping）的可能性更大，路由抖动会引起严重的稳定性和收敛性问题。

BGP 信息被重分布进 IGP 后会丢失所有的 BGP 属性，包括 AS_PATH 属性。AS_PATH 属性的丢失破坏了 BGP 环路防止机制。例如，当前缀在 R4 上被重分布回 BGP 时，同样的这条前缀也会被发送回 R2，因为 AS_PATH 属性中只包含 65001。重分布也会导致任何策略属性的丢失，这些策略属性是为 BGP 学到的前缀所设置的。

比较明智的选择是使用内部 BGP（internal BGP，iBGP）。当 R3 通过 iBGP 把前缀通告给 R5 时，R3 不会在 AS_PATH 中添加自己的 AS 号。事实上，如果更新来自于 iBGP 对等体，Cisco IOS 甚至不检查 AS_PATH 环路。如果没有这个额外的 AS_PATH 信息，路由选择信息环路就会在 iBGP 域中形成。

如果允许 R3 把前缀通告给 R5，但是不允许 R5 把它从 iBGP 学到的前缀通告给其他 iBGP 对等体，例如，R4 和 R6，那么就可以避免环路。但是，这样的解决办法需要所有的 iBGP 宣告者全连接（fully meshed）。例如，R3 需要与 R4、R5 以及 R6 建立 iBGP 对等会话。在 iBGP 宣告者数目很大的自治系统中，全连接会带来扩展性的问题。这个问题的解决办法涉及第 7 章讲述的路由反射和联盟。

使用 iBGP 传送前缀信息会带来其他一些小问题。如果 BGP 能够传送所有的前缀，那么还需要 IGP 吗？

IGP 肯定是需要的。图 2-2 中，R3 并不与 R6 直连。如果没有某种形式的路由选择信息存在，那么 R3 如何与 R6 建立 iBGP 会话呢？答案就是让 IGP 为自治系统内部提供基础的路由可达性信息。内部 BGP 从未被设计成在没有 IGP 的情况下使用，而是与 IGP 配合使用。iBGP 路由通常需要 IGP 来递归解析。表 2-1 说明了 iBGP 与 IGP 的一些不同之处。

表 2-1　　　　　　　　　　　比较 iBGP 和 IGP

IGP	iBGP
在每一台路由器上都改变前缀的下一跳，以指向一个直连的地址	不改变前缀的下一跳属性
自动地发现并形成邻居关系	需要手工配置
提供有关如何穿越一个给定的 AS 或到达一个给定地点的信息	提供有关一个地点上的可用信息，但并不指明如何到达它

在比较了 iBGP 和 IGP 之间的不同之处后，理解 iBGP 和 eBGP 之间的不同之处也是很重要的（见表 2-2）。

表 2-2　　　　　　　　　　　比较 iBGP 和 eBGP

iBGP	eBGP
AS 内部的对等会话必须是全连接的，因为 iBGP 宣告者不被允许把从一个 iBGP 对等体学到的前缀传递给其他 iBGP 对等体	没有全连接的要求

续表

iBGP	eBGP
通告 LOCAL_PREF 属性，但 eBGP 不能。不修改下一跳和 AS_PATH 属性（第 7 章讨论例外的情况）。AS 内部的下一跳可达性信息可以由 IGP 提供	修改下一跳和 AS_PATH 属性
不需要直接的连通性，因为 iBGP 使用 IGP 来提供到远端下一跳的可达性信息	默认情况下需要直接的连通性。在几乎所有的案例中，eBGP 对等体之间是不需要共享共同的 IGP 的。Cisco IOS 软件提供了一种有这种要求的场合，就是使用 eBGP 多跳（multihop）的情形
为了避免路由选择环路和吞噬（black-holing）流量，需要 iBGP 和 IGP 之间保持前缀同步。前缀同步（prefix synchronization）意味着，从 iBGP 学来的前缀不会被最佳路径选择过程所考虑，除非同样的前缀在 IGP 中也存在。如果 IGP 是 OSPF，那么在 IGP 中，这些前缀的路由器 ID 也必须与通告这些前缀的 BGP 对等体的路由器 ID 相匹配 如果这个 AS 不为其他 AS 提供穿越（transit）服务，或者穿越路径上的所有路由器都运行了 BGP，那么就可以关闭同步。关闭前缀同步通常是一种好的做法	没有同步的要求
默认条件下，即使配置了从 BGP 到 IGP 的重分布，iBGP 路由也不会被重分布到 IGP，因为这会导致路由环路。如果必须将 iBGP 前缀重分布到 IGP，IOS 软件提供了 **bgp redistribute-internal** 命令	没有这方面的限制

2.5 路径决策过程

BGP 经过一个复杂的算法来决定最佳路径并更新 BGP RIB 和 IP RIB。正如前面所提到的，BGP 是一个策略工具。它的重要性通过 BGP 利用属性和其他参数来选择最佳路径的过程最能说明。

当存在多条到达特定目的地的有效的 BGP 路径时，IOS 将会根据收到它们的相反顺序列出这些路径。也就是说，最新的路径将被列在最开始，而最老的路径则被列在末端。在命令 **show ip bgp** 的输出中，最新的路径被列在最上面，而最老的路径被列在最下面。对于给定的一个目的地，为了选择最佳路径，BGP 通常使用顺序比较的方法。它指定第一条路径（最新的路径）作为当前的最佳路径，然后比较当前的最佳路径和列表中的下一条路径，直到比较到有效路径列表的末端。例如，BGP 顺序接收到 3 条路径——1、2 和 3——BGP 首先比较路径 3（最后接收到的）和路径 2。接着，得出的最佳路径再与路径 1（最早接收到的）相比较。这样，第二次比较得出的最佳路径就成为到达目的地的最终的最佳路径。

如果一条路径满足下列任一条件，那么它在最佳路径选择过程中就不是有效的候选者：

- 路径的下一跳不可达；
- 路径未同步，但同步功能被启用了；
- 路径被入境 BGP 策略所拒绝，并且路由器配置了入境温和重置（soft reset）；
- 路由被惩罚（dampened）。

当前，Cisco IOS 软件的路径选择有 13 步（www.cisco.com/warp/customer/459/25.shtml）。

每一步都会被顺序评估，直到找到一条优选路径为止：

1. WEIGHT 是首先考虑的参数。WEIGHT 值最高的路径优先。WEIGHT 是 Cisco 专有的参数，并且对配置这个参数的路由器来说是本地有效的。默认条件下，本地始发的路径具有相同的 WEIGHT 值（即 32768），所有其他的路径的 WEIGHT 值为 0。

2. LOCAL_PREF 值最高的路径优先。Cisco IOS 软件中，LOCAL_PREF 的默认值为 100。

3. 基于始发地（origination）评估路由，路由器本地始发的路径优先。依次降低的优先级顺序是：**default-originate**（针对每个邻居配置）、**default-information-originate**（针对每种地址簇配置）、**network**、**redistribute**、**aggregate-address**。

4. 评估 AS_PATH 的长度，AS_PATH 列表最短的路径优先。但是，可以通过配置 **bgp bestpath as-path ignore**（隐藏的命令）来跳过这一步。

在评估路径长度时，记住以下要点：

- 一个 AS_SET 被计数为 1，而不管 "set" 中包含多少个自治系统；
- AS_CONFED_SEQUENCE 不包括在 AS_PATH 长度中。

5. 这一步评估路由的 ORIGIN 属性，ORIGIN 类型最低的路径优先。IGP 低于 EGP，EGP 低于 INCOMPLETE。

6. 评估 MED。MED 值最小的路径胜出。默认条件下，只有在两条路径的第一个（邻近的）AS 相同的情况下才会进行比较操作；任何联盟子自治系统都被忽略。换句话说，对于多条路径，只有在 AS_SEQUENCE 中的第一个 AS 相同的情况下，才会比较 MED；任何打头的 AS_CONFED_SEQUENCE 都将被忽略。如果激活了 **bgp always-compare-med**，那么对于所有路径都将比较 MED，而不考虑它们是否来自于同一个 AS。如果你使用了这个选项，就应该在整个 AS 中都这么做，以避免路由选择环路。

注意以下 MED 的更改选项：

- 配置了 **bgp deterministic-med** 后，不管收到前缀的顺序如何，MED 比较的结果都是一致的。在这种配置下，所有的路径都将基于邻近的编组。在每一个 AS 组内，根据 MED 的大小对路径进行排序。MED 值最小的路径被选为该组的最佳路径。最终的最佳路径是所有选出的路径中具有最小 MED 值的路径（译者注：这句话值得商榷，参见 Cisco 文档 http://www.cisco.com/en/US/tech/tk365/technologies_tech_note09186a0080094925.shtml）。如果存在 MED，那么这是一种建议的配置。

- 如果激活了 **bgp bestpath med-confed**，对于所有只包含 AS_CONFED_SEQUENCE 的路径来说才比较 MED，也就是说，这些路径是始发于本地联盟的。注意，如果一条路径包含了任何外部的自治系统，那么这条路径就不参与比较，而它的 MED 在联盟内部被传递时不被改变。

- 如果接收到的路径没有 MED，就把它的度量指定为 0，除非激活了 **bgp bestpath missing-as-worst**，在这种情况下，这些路径的度量值被指定为 4 294 967 294（最大值）。这主要是考虑到对旧标准的兼容性。

7. 外部 BGP（eBGP）路径优于内部 BGP（iBGP）路径。包含 AS_CONFED_SEQUENCE 的路径对于联盟来说是本地的，因此被看作是内部路径。在路径选择过程中，联盟外部（Confederation External）路径和联盟内部（Confederation Internal）路径没有差别。

8. BGP 优先选择到 BGP 下一跳的 IGP 度量最低的路径。这一步使得本地拓扑信息被考虑进去。

9. 如果配置了 **maximum-paths [ibgp]** *n*，这里的 *n* 在 2~6 之间，并且存在多条等价成本的路径（对于多条路径，以上 1~6 步的比较结果都相同，而且 AS_PATH 也相同），那么 BGP 会在 IP 路由选择表中插入最多 *n* 条接收到的路径。这就激活了 BGP 多路径负载分担（multipath load sharing）特性。如果没有使用可选关键字 **ibgp**，那么多路径特性就仅仅应用于 eBGP 路径，或来自于同一个邻居 AS 或子 AS 的联盟外部路径。当不激活这一选项时，它的默认值为 1。

10. 当两条路径都是外部路径时，BGP 将优先选择最先收到的路径（最老的路径）。这一步能最小化路由抖动，因为新路径即使在基于另外的决策准则（在第 11、12 和 13 步中讲述）下是优先的路径，也不会替代老路径。

如果以下任一条件为真，这一步将会被忽略：
- 启用了 **bgp bestpath compare-routerid** 命令；
- 多条路径具有相同的路由器 ID，因为这些路由都是从同一台路由器接收过来的；
- 当前没有最佳路径。缺乏当前最佳路径的例子发生在正在通告最佳路径的邻居失效的时候。

11. BGP 优先选择来自于具有最低的路由器 ID 的 BGP 路由器的路由。路由器 ID 是路由器上的最高 IP 地址，并且优选环回地址。也可以通过 **bgp router-id** 命令静态地设定路由器 ID。如果路径包含 RR 属性，那么在路径选择过程中，就用 ORIGINATOR_ID 来替代路由器 ID。

12. 如果多条路径的始发路由器 ID 或路由器 ID 相同，那么 BGP 将优选 CLUSTER_LIST 长度最短的路径。这种情况仅仅出现在 BGP RR 的环境中。当一个客户与其他簇中的 RR 或客户形成对等关系时，该客户可以使用 CLUSTER_LIST 长度来选择最佳路径。为了采用这一步，客户必须能感知 RR 特定的 BGP 属性。

13. BGP 优选来自于最低的邻居地址的路径。这是 BGP 的 **neighbor** 配置中所使用的 IP 地址，并且它对应于与本地路由器建立 TCP 连接的远端对等体。

2.6 BGP 的能力

按照 RFC 1771 的定义，BGP 在对等体之间只能运载 IPv4 可达性信息。为了能够交换 IPv4 之外的网络前缀信息，BGP 必须被扩展。这是通过能力（capability）交换和属性扩展来完成的。本节仅仅介绍能力交换，各种不同的属性扩展将在第 10 章开始讲述。

根据 RFC 1771 的定义，BGP 支持下列 4 种类型的消息：

- **Open**——这种类型的消息用来建立最初的 BGP 连接；
- **Update**——对等体之间使用这些消息来交换网络层可达性信息；
- **Notification**——这些消息被用来通知出错条件；
- **Keepalive**——一对对等体之间周期性地交换这些消息以保持会话有效。

在 Open 消息中，有一个 Optional Parameter 字段包含了一些额外的可选信息，这些信息可以在会话建立阶段被协商。在 RFC 3392 中附加的 Capability Optional Parameter（参数类型 2）允许一对 BGP 宣告者协商出共同的能力集。

这里列出一些 Cisco IOS 软件支持的能力：

- 能力代码 1，多协议扩展（Multiprotocol extension）；
- 能力代码 2，路由刷新（Route refresh）；
- 能力代码 64，优雅重启动（Graceful restart）；
- 能力代码 128，路由刷新的旧格式；
- 能力代码 130，出站路由过滤（Outbound Route Filter，ORF）。

第 10 章到附录 A 将阐述多协议 BGP 的主题。路由刷新、优雅重启动和 ORF 将在第 3 章中讲述。

为了支持 IPv4 以外的地址，RFC 1700 定义了不同的地址簇（address families，AF）。例如 IPv4 和 IPv6 就是被支持的地址簇。在每一种地址簇里，进一步定义了后继地址簇标识（subsequent address family identifiers，SAFI）。例如，在 IPv4 地址簇里，定义了下面的 SAFI：

- 单播，SAFI 代码 1；
- 多播，SAFI 代码 2；
- IPv4 标签，SAFI 代码 4；
- 带标签的 VPNv4 单播，SAFI 代码 128。

在每一种所支持的能力里，对等体可以通告所支持的 AF 和 SAFI。在会话建立阶段，仅仅使用共同的能力。

例 2-3 使用了命令 **show ip bgp neighbor** 的输出的一部分来显示 BGP 能力的例子。这里有 4 种能力被交换（被通告的和被接收的）：路由刷新（新旧两种格式）、IPv4 单播、IPv4 标签和 IPv4 ORF（在 IPv4 地址簇下显示）。

例 2-3　BGP 能力的例子

```
router#show ip bgp neighbor | begin cap
  Neighbor capabilities:
    Route refresh: advertised and received(old & new)
    Address family IPv4 Unicast: advertised and received
    IPv4 MPLS Label capability: advertised and received
  Received 1355 messages, 0 notifications, 0 in queue
  Sent 1354 messages, 0 notifications, 0 in queue
```

（待续）

```
 Default minimum time between advertisement runs is 30 seconds
For address family: IPv4 Unicast
 BGP table version 5, neighbor version 5
 Index 1, Offset 0, Mask 0x2
 AF-dependant capabilities:
   Outbound Route Filter (ORF) type (128) Prefix-list:
     Send-mode: advertised, received
     Receive-mode: advertised, received
 Route refresh request: received 1, sent 1
 Sending Prefix & Label
 1 accepted prefixes consume 48 bytes
 Prefix advertised 6, suppressed 0, withdrawn 0
...
```

注意：当前，能力只在会话建立期间才被协商，因此，会话建立后所配置的能力是不可用的，除非会话被重置。

例2-4 显示了一对路由器之间交换 BGP 能力的另一个例子。这里有 4 种能力被交换（被通告的和被接收的）：路由刷新（新旧两种格式）、IPv4 单播、VPNv4 单播和 IPv4 多播。对于这 3 种地址簇中的每一种类型，在描述它们的各自的章节中提供了更多的信息。

例2-4　BGP能力的另一个例子

```
router#show ip bgp neighbor 192.168.100.2 | begin cap
  Neighbor capabilities:
    Route refresh: advertised and received(old & new)
    Address family IPv4 Unicast: advertised and received
    Address family VPNv4 Unicast: advertised and received
    Address family IPv4 Multicast: advertised and received
  Received 1356 messages, 0 notifications, 0 in queue
  Sent 1370 messages, 0 notifications, 0 in queue
  Default minimum time between advertisement runs is 5 seconds

For address family: IPv4 Unicast
 BGP table version 11, neighbor version 11
 Index 1, Offset 0, Mask 0x2
 Route refresh request: received 0, sent 0
 Sending Prefix & Label
 0 accepted prefixes consume 0 bytes
 Prefix advertised 10, suppressed 0, withdrawn 4

For address family: VPNv4 Unicast
 BGP table version 1, neighbor version 1
 Index 1, Offset 0, Mask 0x2
 Community attribute sent to this neighbor
 Route refresh request: received 0, sent 0
 0 accepted prefixes consume 0 bytes
 Prefix advertised 0, suppressed 0, withdrawn 0
```

（待续）

```
For address family: IPv4 Multicast
 BGP table version 1, neighbor version 1
 Index 1, Offset 0, Mask 0x2
   Uses NEXT_HOP attribute for MBGP NLRIs
 Route refresh request: received 0, sent 0
 0 accepted prefixes consume 0 bytes
 Prefix advertised 0, suppressed 0, withdrawn 0
...
```

例2-5 显示了在会话建立阶段命令 **debug ip bgp** 的输出。在 Open 消息里面，Optional Parameter 中包含了 Capability 字段。在这个字段中，所有被支持的能力都被交换。这里交换了以下能力：

- 多协议扩展，代码1：IPv4 单播（AF/SAFI 代码1/1）、VPN IPv4（1/128）、IPv4 多播（1/2）；
- 路由刷新的旧格式，代码128；
- 路由刷新的新格式，代码2。

例2-5 在会话建立阶段，debug ip bgp 的输出

```
*Oct 16 16:00:06.682: BGP: 192.168.100.2 went from Idle to Active
*Oct 16 16:00:06.694: BGP: 192.168.100.2 open active, delay 7887ms
*Oct 16 16:00:14.602: BGP: 192.168.100.2 open active, local address 192.168.100.1
*Oct 16 16:00:14.654: BGP: 192.168.100.2 went from Active to OpenSent
*Oct 16 16:00:14.654: BGP: 192.168.100.2 sending OPEN, version 4, my as: 100
*Oct 16 16:00:14.674: BGP: 192.168.100.2 send message type 1, length
   (incl. header) 69
*Oct 16 16:00:14.802: BGP: 192.168.100.2 rcv OPEN, version 4
*Oct 16 16:00:14.802: BGP: 192.168.100.2 rcv OPEN w/ OPTION parameter len: 32
*Oct 16 16:00:14.802: BGP: 192.168.100.2 rcvd OPEN w/ optional parameter type 2
   (Capability) len 6
*Oct 16 16:00:14.802: BGP: 192.168.100.2 OPEN has CAPABILITY code: 1, length 4
*Oct 16 16:00:14.802: BGP: 192.168.100.2 OPEN has MP_EXT CAP for afi/safi: 1/1
*Oct 16 16:00:14.802: BGP: 192.168.100.2 rcvd OPEN w/ optional parameter type 2
   (Capability) len 6
*Oct 16 16:00:14.802: BGP: 192.168.100.2 OPEN has CAPABILITY code: 1, length 4
*Oct 16 16:00:14.802: BGP: 192.168.100.2 OPEN has MP_EXT CAP for afi/safi: 1/128
*Oct 16 16:00:14.802: BGP: 192.168.100.2 rcvd OPEN w/ optional parameter type 2
   (Capability) len 6
*Oct 16 16:00:14.802: BGP: 192.168.100.2 OPEN has CAPABILITY code: 1, length 4
*Oct 16 16:00:14.802: BGP: 192.168.100.2 OPEN has MP_EXT CAP for afi/safi: 1/2
*Oct 16 16:00:14.802: BGP: 192.168.100.2 rcvd OPEN w/ optional parameter type 2
   (Capability) len 2
*Oct 16 16:00:14.802: BGP: 192.168.100.2 OPEN has CAPABILITY code: 128, length 0
*Oct 16 16:00:14.802: BGP: 192.168.100.2 OPEN has ROUTE-REFRESH capability(old)
   for all address-families
*Oct 16 16:00:14.802: BGP: 192.168.100.2 rcvd OPEN w/ optional parameter type 2
   (Capability) len 2
*Oct 16 16:00:14.802: BGP: 192.168.100.2 OPEN has CAPABILITY code: 2, length 0
*Oct 16 16:00:14.802: BGP: 192.168.100.2 OPEN has ROUTE-REFRESH capability(new)
   for all address-families
*Oct 16 16:00:14.802: BGP: 192.168.100.2 went from OpenSent to OpenConfirm
*Oct 16 16:00:14.882: BGP: 192.168.100.2 went from OpenConfirm to Established
*Oct 16 16:00:14.882: %BGP-5-ADJCHANGE: neighbor 192.168.100.2 Up
```

2.7　BGP-IGP 的路由交换

BGP 和一种 IGP 之间的路由交换可在两个方向上发生：从 IGP 到 BGP，从 BGP 到 IGP。通常有两种方法将一种 IGP 路由注入到 BGP 中：
- 使用命令 **redistribute**；
- 使用命令 **network**。

使用 **redistribute** 命令可以把 IGP 路由动态地注入到 BGP 中。只要你这样做，你就应该使用适当的过滤和路由汇总手段，来减小 IGP 路由的不稳定性对 BGP 的影响。即使有这些措施，将 IGP 路由动态地重分布到 BGP 中也是不鼓励使用的，这是因为 IGP 路由固有的动态特性，而因此丧失了对它的管理控制。

注意：当你使用 **redistribute** 命令将路由重分布到 BGP 中时，默认条件下，只有有类（classful）网络才会被重分布。为了使每一条路由被单独地重分布到 BGP 中，你必须关闭 BGP 的 **auto-summary** 特性（否则，将会自动地创建一个有类的路由汇总）。最近的 Cisco IOS 软件将引入新的默认行为，即自动启用 **no auto-summary**。

在 Cisco IOS 软件中，BGP 的 **network** 命令的操作不同于 IGP 的 **network** 命令的操作。在大多数的 IGP 配置中，**network** 命令都会绑定一个本地接口到一种路由选择协议上，并将接口地址注入到 IGP 路由中。在 BGP 中，**network** 命令仅当某条路由已经存在于 IP 路由选择表的时候，才会在 BGP 表中创建该路由。这使 IGP 路由被半静态地注入到 BGP 中。这里之所以说是半静态的，是因为只有那些已经存在于 IP 路由选择表中的路由才会被注入到 BGP 表中。

BGP 到 IGP 的重分布，应该只用在当这些路由是 BGP Internet 路由的一个小的子集的时候，或者当 BGP 路由的数量比较小的时候。在重分布的时候，应该部署适当的过滤措施来最小化 IGP 中的前缀数量。第 4 章将讲述各种过滤技巧。

2.8　路由选择信息库

如前面章节"比较控制层面和转发层面"所提到的一样，IP RIB，或者称为 IP 路由选择表，是一个十分关键的数据库，它为控制层面和转发层面之间提供了重要的联系。一方面，不同的路由选择源，或路由选择协议，例如 BGP 和 IS-IS，都将它们的路径加载到 RIB 中。另一方面，RIB 为创建转发数据库（一些交换方法直接使用 RIB 进行数据转发）提供信息。

当每一种路由选择协议接收路由更新或者其他信息时，它会选择到达任何给定目的地的最佳路径，并尝试把这条路径安装到路由选择表中。当多条到达同一条前缀/掩码的路径存在时，路由器会根据该协议所涉及的管理距离来决定是否安装路由。IOS 已经为不同的路由选择协议，或路由选择源预先定义了管理距离，但这些管理距离是可以被配置的。来自于较低管理距离的路由选择源的前缀优先。备份路由仍然被路由选择协议所维持——如果路由选择协议支持的话——当已存的最佳路由失效时，备份路由可以被用作最佳路由。

注意：当 BGP 在 IP RIB 中安装路由失败时，将会在路由器的 BGP RIB 中报告一条 RIB 失败的消息。失败的代码将标识出原因。请查阅附录 B 以了解更多的信息。

IP RIB 被组织成网络描述符块（Network Descriptor Block，NDB）的集合。每一个 NDB 就是路由选择表中的一个表项，它代表了通过下列 3 种来源之一获取的网络前缀：

- 在路由器的本地接口上配置的一个地址/掩码对。这样就成为一条直连路由，它具有最高的优先级，或者说它的管理距离为 0。
- 在路由器上配置的静态路由。静态路由的默认管理距离是 1。
- 动态路由选择协议，例如 BGP。

NDB 包含的信息有网络地址、掩码、管理距离，还有动态路由选择协议操作所需要的信息，例如路由重分布。因为 NDB 中的每一条前缀可能通过多条路径到达，因此也使用了路由选择描述符块（Routing Descriptor Block，RDB）。每一个 NDB 可以连接一个或多个 RDB，这些 RDB 存储了实际的下一跳信息。当前，一个 NDB 最多可以连接 8 个 RDB，这些 RDB 设定了基于每目的地（per destination）的负载分担链路数目的上限（也就是 8 条）。注意到，由于 NDB 受单个路由选择协议的控制，因此路由选择协议就决定了每个 NDB 可以关联多少个 RDB。

包转发数据库是根据 IP RIB 和 IP ARP 表中所包含的信息创建的。在 RIB 表中执行前缀查找就确定了下一跳地址和出站接口（outgoing interface）。实际的第 2 层数据帧的头部是基于 IP ARP 表中的信息创建的。帧中继和 ATM 映射是另外一些例子，它们使用第 3 层地址到第 2 层地址映射的方法。Cisco IOS 软件支持两种普通的 RIB 查找操作（译者注：建议读者参阅 Cisco 文档 http://www.cisco.com/en/US/tech/tk365/technologies_tech_note09186a0080094823.shtml）：

- 无类（classless）——最长匹配前缀查找。如果没有找到匹配的前缀，就使用默认路由；如果有，就使用它。从 Cisco IOS 软件版本 11.3 开始就使用默认的 IP 无类查找了（虽然它仍然显示在运行配置中）。
- 有类——最长匹配查找。如果路由选择表包含了目的主网络（major network）（由目的地址解析出的有类网络）的子网，那么将不考虑选择超网（supernet）和默认路由。

2.9 交换路线

在 Cisco IOS 软件中，依赖于硬件平台和配置，共有 3 种通常的交换路线（switching path）被支持：

- 进程交换；
- 基于缓存的交换；
- Cisco 快速转发（Cisco Express Forwarding，CEF）。

下面的章节将更详细地讨论每一种交换路线。

2.9.1 进程交换

进程交换（process switching）是一种最基本的交换形式，在所有的 Cisco 路由器上统统可用。进程交换指出这样的事实，即 CPU 是和转发数据包所需要的进程直接相关的。在 IOS 软件中，数据包在进程级别上被交换。换句话说，转发决策过程是由 IOS 进程调度表调度的进程实现的，该进程在路由器上作为其他进程的对等进程而运行，例如，像路由选择协议进程一样。正常运行于路由器上的进程是不会被中断，来进程交换（process-switching）数据包的。对于 IP 数据包来说，转发进程就是 IP Input 进程。

图 2-3 显示了典型的 IP 进程交换的主要组件。下面的内容描述了处理过程：

1．从输入接口（inbound interface）上接收到的 IP 数据包被放到同步动态 RAM（Synchronous Dynamic，SDRAM）数据包内存中进行排队。

2．处理器把数据包复制到动态 RAM（Dynamic，DRAM）中的系统缓冲区（system buffer area），IP Input 进程在这里开始对数据包进行第 3 层和第 2 层的处理。

3．利用数据包头部中的目的 IP 地址，进程首先检查 RIB 以确定输出接口，然后它会咨询 ARP 缓存以创建第 2 层的帧头。

4．这时，数据包将被重新写入新的第 2 层帧头，并被复制回数据包内存或系统内存，再被转发到输出接口上去。

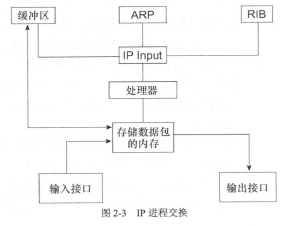

图 2-3 IP 进程交换

进程交换是 CPU 密集的（CPU-intensive），如果大量的数据包需要在进程级别上被检查，就会导致系统性能降低。进程交换 IP 数据包涉及到以下一些 CPU 密集的任务：

- 从接收缓冲区来的数据包被复制到共享内存系统缓冲区的内存复制任务。
- 路由选择表查找任务。由于使用了更有效率的算法来存储信息，因此多年来该任务通常很少出问题。
- 从共享内存系统缓冲区来的数据包被复制到中转缓冲区（transmit buffer）的内存复制任务。

进程交换的局限在于，如果路由器需要在一个不稳定的网络上处理大量的数据包，那么其性能将会恶化，Internet 例如环境。进程交换也不是一个有效率的交换机制，因为数据包信息无法重复使用。进程交换直接在 RIB 中执行前缀查找，这种做法并不是路由表查找的优化方式。

重要的是要注意到，那些指向路由器的数据包是被进程交换的，例如 BGP 数据包。当数据包去往路由器时，IP Input 进程将把数据包排队，以便在次高一层处理；以 BGP 为例，次高一层就是 TCP 层。该进程的效率会直接影响 BGP 的性能。例如，在 BGP 路由收敛期间，TCP 可能会接收大量的 ACK 数据包。如果这些数据包没有被及时地交付给 TCP，那么路由器有可能不能建立会话。第 3 章将详细讲解怎样调整多种参数来避免这种情形的发生。

2.9.2 基于缓存的交换

基于缓存的交换（cache-based switching）是一种更有效率的交换机制，它利用了从第一个被交换的数据包所获得的信息的优势，这第一个数据包是由一个被调度的进程来交换的。在这种交换方式下，当前运行于处理器上 IOS 进程可以被中断，来进行数据包的交换。数据包按需被交换，而不是仅仅在 IP Input 进程可以被调度的时候才被交换，像进程交换方式一样。

处理器在进程级别上交换第一个数据包，并在路由缓存中创建一个表项，以便后续的、具有相同目的地址的数据包能够基于缓存表项被交换。基于路由缓存的数据包交换需要的处理更少，这使得数据包在中断级别上被交换。这也是为什么基于缓存的交换方式也被称为中断上下文交换（interrupt context switching）的原因。

与进程交换相比较，基于缓存的交换具有以下优势：

- 它能够在数据包到达时就进行交换，而不必等待转发进程被调度，因而这种方式可以减少延迟。
- 只有第一个到达目的地的数据包需要被进程交换，以生成路由缓存，这样就使执行 CPU 密集任务所耗费的时间最小化了。
- 后续数据包基于路由缓存中的信息被交换。

几种基于缓存的交换方式当前在 Cisco 路由器上可用：

- 快速交换。
- 最优交换。
- 分布式最优交换。
- 网络流交换。

几种基于缓存的交换路线之间的不同之处在于信息存储于缓存的方式。下面将简要地考察这些交换路线，以及它们各自的缺点。

1. 快速交换

快速交换（fast switching）使用二叉树来存储转发信息和 MAC 头改写字符串（新的 MAC

头），以便快速查找和参考。你可以使用命令 **show ip cache verbose** 来显示快速缓存中的内容。

图 2-4 显示了快速交换的组件。下面简略地描述了处理过程：

（1）当数据包从输入接口到达时，路由器将会执行查找，以确定与该数据包对应的缓存表项是否存在。

（2）如果表项信息不存在，那么该数据包就被进程交换。

（3）从交换第一个数据包中获得的信息会在快速缓存中创建一个表项。

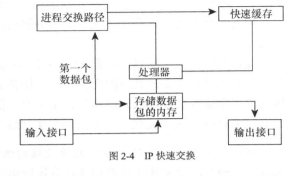

图 2-4 IP 快速交换

（4）当数据包到达时，如果表项已经存在，那么数据包将会被输出接口的第 2 层信息所改写，并被转发到那个接口。数据包并不会被复制到系统缓冲区中去，这与进程交换不同。

2．最优交换

最优交换（optimum switching）在 256-way 的基数树（radix tree）中存储转发信息和 MAC 头改写信息。利用 256-way 的树，可以减少查找一条前缀所必须经过的步骤数，虽然这样需要更多的内存。只有基于路由交换处理器（Route Switch Processor，RSP）的平台上才支持最优交换。

3．分布式最优交换

分布式最优交换（distributed optimum switching）通过将路由选择决策转移到接口处理器上，来寻求卸载主 CPU 的包交换功能负担的方法。只要路由选择平台的每个接口都有专门的 CPU，例如通用接口处理器（Versatile Interface Processor，VIP），这种做法就是可行的。例如，就 VIP 来说，RSP 创建最优缓存（optimum cache）。当数据包到达时，VIP 将试图根据那张表作出路由选择决策。如果 VIP 在它本地的路由缓存中找到了相应的表项，那么它就交换该数据包，而不需要中断 RSP。如果没有找到相应的表项，它就把该数据包放入下一个所配置的交换路线（最优交换，然后是快速交换，再后是进程交换）中去排队。使用分布式交换方式时，访问列表被复制到 VIP，使得 VIP 可以依据访问列表来检查数据包而无需 RSP 干预。

注意：最优交换和分布式最优交换从 Cisco IOS 软件版本 12.0 开始就不再被支持了。

4．网络流交换

网络流交换（Netflow switching）是基于缓存交换的另外一种形式。通过一种标准的交换机制，处理了流的第一个数据包，于是就创建了网络流缓存。结果，每一个流都和一个输入接口与一个输出接口相关联，并且具有特定的安全访问许可策略以及加密策略。这些缓存也包括了由后续数据包的交换而更新的流量统计信息。

流（flow）被定义为两台主机之间特殊的会话（conversation）。源地址和目的地址、端口，以及 IP 数据包类型定义了一个流。对于 TCP 通信来说，会话使用不同的 TCP 控制消息来开始和结束。对于 UDP 来说，会话在计数器超时后就被认为中止了。匹配流标记的后续数据包被认为是相同的流的成员，并简单地被交换到输出接口，旁路了依据访问列表的进一步检查、排队等操作。

设计网络流交换的目的，是使它提供一种高效率的机制，通过这种机制来处理扩展或复杂的访问列表时，不必像其他的交换方式一样丧失同样多的系统性能。在网络流交换方式下，能够为每一个流收集详细的记账信息。事实上，信息收集的功能变得如此重要，以至于在新发布的 IOS 软件中，网络流交换被专门用来实现这个目的，而不再用来交换数据包了。

注意：在同时启用 CEF 和网络流交换的情况下，CEF 为 IP 数据包提供交换路线，并生成流缓存，而网络流交换被用来向流收集器输出统计信息。这些流信息包括基于每个用户、每种协议、每个端口以及每种类型的服务统计信息。这些信息可被广泛用于各种目的，例如，网络分析和规划、记账以及计费。

5. 基于缓存交换方式的缺点

以下是一些基于缓存交换方式的缺点：

- 它们都是流量驱动的（traffic-driven），这在于它们依赖于第一个数据包的接收以生成缓存。这个数据包是在慢速交换路线中被交换的，这就导致了低性能和高 CPU 消耗。在有大量的、不断变化的流量模式的网络中，例如 Internet，处理第一个数据包可能造成系统性能的严重下降。因此，对于 Internet 核心路由器来讲，基于缓存的交换方式具有扩展性问题。作为另外一个例子，网络流交换的效率还依赖于流的长度。如果存在大量的长度较短的流，新表项将会不断被创建，因而导致低效率和低性能。
- 缓存的大小可能增长得比路由选择表还要大，例如，在多条等价路径存在的情况下。结果，快速缓存会消耗大量的内存。
- 如果缓存很大的话，缓存表项周期性的老化也会消耗大量的 CPU 时间。
- 由于路由抖动导致了无效缓存，因此需要依赖进程交换方式把有效的表项重新置入缓存。当路由表发生变化时，受影响的旧表项必须被变成无效的；在缓存被重建时，此前使用该缓存表项的流量也必须被进程交换。如果存在大量的路由抖动——这在 Internet 上是经常发生的——将会出现数量庞大的无效缓存，降低了基于缓存的交换机制的效率。这样还会导致系统缓冲区的争夺和控制流量的丢失，这些因素也会促使网络不稳定。
- 基于缓存的交换在中断级别上不能做到基于每数据包的负载分担。因为基于缓存的交换完全是基于目的地址的，因此其负载分担只能是以每个目的地址为基础的。

2.9.3 Cisco 快速转发

在前面章节的讨论中，虽然基于缓存的交换机制相对进程交换而言提高了转发的性能，但是它们的性能是不确定的。进程交换和基于缓存的交换都是数据驱动的（data-driven），或者说是需求驱动的（demand-driven）。换句话说，只有当数据包进入路由器的时候交换组件才会被布置到位，一旦这些数据包不被路由器转发，交换组件就会被清除。如果存在大量的不可预知流量模式的数据包，交换性能就会显著地下降。显然，在 Internet 的级别上，这些交换路线是不可扩展的。

创建 CEF 是为了避免基于缓存交换机制所固有的问题。它的设计最好地适应了频繁变化的网络态势和流量特征，这些都是由于不断增长的较短持续时间的流所产生的。典型地，这些较短持续时间的流与基于 Web 的应用和交互式 TCP 会话相关联。

CEF 具有以下几个优点：

- **可扩展性（Scalability）**——CEF 是拓扑驱动的（topology-driven），并与路由选择表紧密相关。当激活了分布式 CEF（Distributed CEF）模式时，CEF 在每一块线卡（line card）上也提供了全部的交换能力。CEF 支持硬件辅助的（hardware-assisted）转发方式，这是在高容量的线卡上，提供线速交换（line rate switching）能力所必需的。
- **增强的性能**——CEF 的 CPU 密集程度比路由缓存机制的 CPU 密集程度低。更多的 CPU 处理能力可以专注于第 3 层服务，例如，处理 BGP 更新。
- **弹性（Resilience）**——在大型动态网络中，CEF 提供了更好的交换一致性和稳定性。在这样一些网络中，由于路由选择的变化，快速交换缓存表项会频繁地失效。这些变化导致路由器使用路由选择表进程交换流量，而不是使用路由缓存快速交换流量。由于 CEF 查找表包含了存在于路由选择表中所有已知的路由，因此它消除了路由缓存的维护需要，并使快速交换/进程交换转发不再适用。CEF 能够比典型的按需缓存机制更有效地交换流量。

注意：IP RIB 中所有路由的表项不管是否被使用，它们都需要被维护，因而 CEF 可能比其他交换方式需要更多的内存。

CEF 是拓扑驱动的交换机制，它的转发表和路由选择表是紧密关联的。无论何时路由选择表发生变化，CEF 转发表也将被更新。在表项被创建的时候，数据包被交换到更慢的交换路线上。CEF 把路由缓存的功能分割成两部分：

- 转发信息库（Forwarding Information Base，FIB）；
- 邻接表（ajdancency table）。

1. FIB

FIB 包含了来自于路由选择表的所有 IP 前缀。如果不同的路由选择表被维护着，例如在 MPLS VPN 环境中，那么每个 VPN 都有自己的 FIB。FIB 不是数据驱动的。更确切地说，它是通过路由选择表来创建和更新的。FIB 子系统负责确保所有的递归路由（是指那些没有与直接下一跳相联系的路由）被解析。

为了增强一致性和减少查找时间，FIB 被组织成一个被称为 mtrie 的多路（multiway）数据结构。在 mtrie 数据结构中，树结构用来定位所要找的数据，但是数据本身存储在其他地方。相反，mtree 数据结构在树结构本身中存储了实际的数据。例如，在最优交换的 mtree 缓存中，用来转发数据包的 MAC 头的数据就是实际存储于 mtree 中的。

Cisco 路由器通常使用两种类型的 mtrie 结构：

- **8-8-8-8**——这种格式也被称为 256-way mtrie，因为 4 个八位组的 IPv4 地址被映射到 4 个 8bit 的结构中。因此，一条前缀的最大查找次数是 4 次。这种格式用在大多数 Cisco 路由器中。
- **16-8-8**——这是一个 3 级的 mtrie，它的根级有 65536 个表项。因此，一条前缀的最大查找次数是 3 次。换句话说，第一次查找解析了前面的两个八位组，接着最多再需要 2 次查找就可以解析最后的两个八位组。这种格式只用于 Cisco 12000 系列路由器。

mtrie 的每一级都被称为一个节点（node）。最后的节点被称为叶节点（leaf）。叶节点指向邻接表（adjacency table），或者当到达相同目的地的多条路径存在时，指向另一个负载分担的结构。IP FIB 的内容可以使用 **show ip cef** 命令来显示。

下面列举了一些 FIB 表项：

- **附接的（attached）**——这种前缀被配置为可以通过接口直接到达，不需要由 IP 下一跳来创建邻接关系。这种前缀是指路由器本地接口所属的网络。
- **连接的（connected）**——这种接口是由 **IP address** *address mask* 配置命令来配置的。所有连接的 FIB 表项都是附接的，但不是所有附接的表项都是连接的。
- **收到（receive）**——这种前缀是一个 32 位掩码的主机地址，它是路由器始终接收到的主机地址之一。每个接口通常有 3 种这样的地址：实际的接口地址、全 0 的子网和全 1 的广播地址。
- **递归的（recursive）**——当前缀的输出接口不能通过路由选择协议或静态配置指定时，它就被标记为递归的。当找不到递归 FIB 表项的下一跳 IP 地址时，这个递归 FIB 表项也许就不能被解析。因此，递归标记实际上与下一跳地址，而不是与 FIB 表项相关联。

2．邻接表

邻接表被创建，以包含所有连接的下一跳地址。邻接节点（adjacency node）是指通过链路层一跳就可以到达的节点。一旦邻居变成了邻接的关系，用来到达那个邻居的链路层帧头——被称为 MAC 字符串或者 MAC 改写字符串——就会被创建，并且被保存在邻接表中。例如，在以太网段上，帧头信息就是目的地 MAC 地址、源 MAC 地址和以太类型（EtherType），并按以太网的定义来排列。

例 2-6 显示了以太网的 MAC 头。在这个例子中，00044EB31838 是目的地 MAC 地址，0003E4BB2000 是源 MAC 地址，0800 是 IP 的以太类型。

例 2-6 邻接信息

```
router#show adjacency detail
Protocol Interface           Address
IP       FastEthernet0/0     10.0.4.2(11)
                             0 packets, 0 bytes
                             00044EB31838
                             0003E4BB20000800
                             ARP         01:31:21
```

一旦路由被解析，它就会指向一个邻接的下一跳地址。如果在邻接表中发现了一个邻接，那么与这个邻接相对应的一个指针就会被缓存到 FIB 单元中。如果存在到达相同目的地的多条路径（也就是说，存在多个下一跳或者邻接），那么每一个邻接的指针都会被增添到负载分担的结构中去。在 CEF 中，基于每数据包的负载分担在中断级别上是有用的。

除了上述情况，还存在几种异常邻接的类型。当前缀被增加到 FIB 表中时，需要异常处理（exception handling）的前缀被缓存为特殊的邻接。下面列举了一些特殊的邻接：

- **Null**——这种邻接针对那些指向 Null 0 接口的、要被丢弃的数据包。
- **Glean**——这种邻接针对那些通过广播网络附接的目的地，但是其广播网络又没有对应可用的 MAC 改写字符串。可以设想路由器直连到一个包含几台主机的子网的情形。路由器的 FIB 表维护着这个子网的前缀，而不是单个的主机前缀。这个子网前缀就指向一个 glean 邻接。当数据包需要被转发到一台特定的主机时，为这个特定的前缀就需要收集（glean）邻接数据库。这将导致额外的查找成本。
- **Punt**——如果数据包不被 CEF 支持，那么它们就会被转发给下一级慢速的交换路线来处理。
- **Drop**——是指要丢弃这种数据包，因为这些数据包不能被 CEF 交换，或者不能被踢给（punt）其他交换路线处理。
- **Discard**——类似于 Drop 邻接，但是只应用于 Cisco 12000 系列路由器。

图 2-5 中显示了 CEF 的所有组件之间的关联关系。

3. 分布式 CEF

为了增强扩展性，FIB 也可以被分发到 Cisco 7500 和 12000 系列路由器的线卡上。事实上，分布式 CEF（Distributed CEF，dCEF）是 12000 系列路由器（吉比特交换路由器，Gigabit Switch Roouter，GSR）惟一支持的一种交换机制。路由处理器（route processor，RP）——7500 路由器中的 RSP 或 12000 路由器中的 GRP——使用 IP 路由选择表的信息创建主 FIB 表，在线卡被启动、插入或清除时，主 FIB 表被完整地重新置入到该线卡中。当线卡与 RP 同步后，

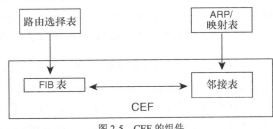

图 2-5 CEF 的组件

RP 只向单个线卡发送增量更新。只有路由选择拓扑发生变化时更新才会被发送。

当 dCEF 激活时，线卡会维护 FIB 和邻接表的一份相同的拷贝。这样线卡会在端口适配器之间执行快速转发，这就消除了 RP 在交换操作中的任务。dCEF 使用进程间通信（Inter-Process Communication，IPC）来确保路由处理器与线卡之间的 FIB 和邻接表的同步。IPC 提供了一种可靠的和有序的消息交付机制。这种交付机制是一种简单的滑动窗口（sliding-window）协议，窗口大小为 1。

图 2-6 显示了 dCEF 的组件。

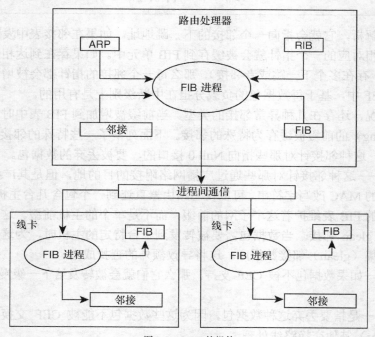

图 2-6 dCEF 的组件

注意： 在 Cisco 12000 系列路由器上，dCEF 是被默认启用的，它不应该被关闭；否则，数据包就会被丢弃。GSR 线卡上不支持 CLI 关键字 **distributed**，因为它是默认的。依赖于实现方式，线卡内的转发可以由软件，也可以由硬件来完成。

即使 IPC 对于 CEF 来说，是一种可靠的通信机制，但在有大量的更新期间，RP 与线卡之间的数据库也可能失去同步。CEF 的不一致可能导致转发问题。从 Cisco IOS 软件版本 12.0（15）S，12.0（14）ST1 和 12.1（17）起，CEF 不一致的检查器（checker）就已经被实现了。这个特性是默认启用的，但可以由 **no ip cef table consistency-check** 命令来关闭。另外，可以通过命令 **ip cef table consistency-check type** *type* [**period** *seconds*] [**count** *count*]来更改检查器的各种参数，其中，*type* 是指被修改的一致性检查器的类型，*seconds* 是指多长时间扫描一次 FIB 表，而 *count* 是指多少数量的前缀被发送给 RP。

一致性检查器有 4 种类型：
- **lc-detect**——线卡为某些地址转发不了数据包，于是把这些地址发送给 RP。如果 RP 检测到它有相关的表项，那么就检测到了不一致，因此输出一个错误消息。RP 向线卡发回信号，以确认不一致的前缀。
- **scan-lc**——线卡周期性地扫描自己的 FIB 表（默认的是 60 秒，但这个参数可以被配置），并把后续 n 条前缀发送给 RP。n 当前是 100，但可以被配置。RP 将执行精确查找工作。如果它发现任何前缀遗漏了，它就会报告不一致性的消息。针对线卡的信号机制和前面描述的一样。
- **scan-rp**——这是 scan-lc 的反面，由 RP 进行扫描。这一次线卡会将任何确认不一致的消息通知给 RP。
- **scan-rib**——RP 周期性地扫描 IP RIB 以确保表项也存在于 RP FIB 表中。这种检查器也可以运行在非分布式 CEF 的机制中。

在所有的情况下，只有 RP 才报告错误消息。一致性检查这种基础设施总是在检测机制里保留了统计信息，同时也记录了确认的不一致性的发生次数（当前是 4）的详细信息。可以使用命令 **show ip cef inconsistency** 来显示不一致性检查的结果。你可以使用下面的方法来清除不一致性：
- 如果一条前缀从线卡上遗漏了，使用 **clear cef linecard** *slot*。
- 如果一条前缀从 RP 上遗漏了，使用 **clear ip route ***。
- 如果要重置一致性检查器，使用 **clear ip cef inconsistency**。

注意：重置路由选择表和 CEF 表可能会引起短暂的数据包丢失。

4．负载分担

CEF 有两种负载分担方式：
- **基于每会话的负载分担（per-session load sharing）**——这种方式通常会被称为基于每目的地的负载分担，虽然这样叫不太正确。这种形式的负载分担是路由器的默认行为，不需要专门去配置。一个会话就是指一路具有相同源和目的 IP 地址的流量。
- **基于每数据包的负载分担（per-packet load sharing）**——基于每个数据包的基础进行负载分担。这种方式可以在路由器的接口配置模式下输入命令 **ip cef load-sharing per-packet** 来激活。为了使基于每数据包的负载分担正确地工作，必须在所有的输出接口上配置这个命令。

（1）基于每会话的负载分担

基于每会话的负载分担允许路由器使用多条路径分发流量。对于一个给定的源——目的主机对，即使有多条路径可用，路由器也会保证数据包取道相同的路径。而对于导向不同的源——目的地址对的流量，则往往取道不同的路径。基于每会话的负载分担在激活 CEF 的时候默认地也被激活，这是大多数情形中选择的方式。由于基于每会话的负载分担依赖于流量的统计分发，因而在源——目的对数量增加的情况下变得更有效率。基于每会话的负载均衡

（balancing）能够确保导向给定的源——目的对的数据包按序到达，因为导向相同主机对的所有数据包都被路由到相同的链路（或多条链路）上。

对于导向给定的源和目的地址的每一个会话，都会指定一条活动的路径。每一条路径运载的会话数量相等。路由器运行一个使用源和目的地址、活动路径数量和路由器 ID 等参数的散列（hash）函数，把会话分配到这些路径上。16 个散列桶从 0 到 15 编号。根据路径的数量和每一条路径的权重，路由器把会话均匀地填充到分配给每条路径的桶中。

例 2-7 中，从 0 到 15 的 16 个桶被均匀地填充了 3 条等价的路径（0 到 2）（这个例子没有使用 15 号桶。）

例 2-7　3 条路径的负载分担

```
Bucket number   0    1    2    3    4    5    6    7    8    9    10   11   12
                13   14   15
Path number     0    1    2    0    1    2    0    1    2    0    1    2    0
                1    2
```

不等价权重的负载分担也是可能的。路由选择协议以不同的流量分担计数来分配权重。当前，IOS 支持每条前缀最多 8 条路径。

基于每会话的负载分担在流量偏态分布时存在潜在的问题。换句话说，如果所有的路由器使用相同的散列函数，那么流量可能总是使用相同的链路。Cisco IOS 软件版本 12.0（11）S2 和以后的版本里集成了一种新的算法，它允许每一台路由器有惟一的 ID。这个 ID 可以自动地被生成，或者使用可选关键字 id 固定下来。最终的目标就是使每一台路由器上的散列函数都是完全不同且相互独立的。

```
ip cef load-sharing algorithm universal [ id ]
```

如果要察看 ID，可以使用命令 show ip cef detail。例子 2-8 显示了输出的一个快照。

例 2-8　CEF 详情

```
router#show ip cef detail
IP CEF with switching (Table Version 5), flags=0x0
 5 routes, 0 reresolve, 0 unresolved (0 old, 0 new), peak 0
 8 leaves, 11 nodes, 12400 bytes, 8 inserts, 0 invalidations
 0 load sharing elements, 0 bytes, 0 references
 universal per-destination load sharing algorithm, id 24D5ED01
 2(0) CEF resets, 0 revisions of existing leaves
 Resolution Timer: Exponential (currently 1s, peak 1s)
 0 in-place/0 aborted modifications
 refcounts:  796 leaf, 795 node
```

（2）基于每数据包的负载分担

基于每数据包的负载分担使得路由器可以把连续的数据包发送到不同的路径上，而不必关心个别的主机或用户会话。它使用轮转的（round-robin）方法来确定每一个数据包取道哪条路径到达目的地。基于每数据包的负载分担确保了在多条链路上更加均衡地分布流量。

当大量数据通过单个会话的多条并行链路时，基于每数据包的负载分担显得更有效率。在这种情况下，基于每会话的负载分担将会过载其中一条链路，而其他链路几乎没有什么流量。启用基于每数据包的负载分担方式，能使你为同一个繁忙的会话交替选择不同的链路。

虽然基于每数据包的负载分担方式的路径利用率比较好，但是对于给定的源——目的主机对而言，数据包可能取道不同的路径。这会引起数据包的重新排序，这对于某些数据流量类型可能是不合适的，这些数据流量必须要依赖于数据包依次到达目的地，例如 IP 语音流量。

2.9.4 交换机制的比较

表 2-3 中比较了 Cisco 路由器上可用的不同的交换方式。

表 2-3　　　比较 Cisco 路由器对穿越数据包的交换路线的支持

交换路线	启用交换路线的配置	低级到中级范围*	Cisco 7200/7100 系列	Cisco 7500 系列	Cisco 12000 系列
进程交换	在接口模式下配置 **no ip route-cache**	是	是	是	否
快速交换	在接口模式下配置 **ip route-cache**	是（默认的）**	是（默认的）	是	否
最优交换***	在接口模式下配置 **ip route-cache optimum**	否	是	是	否
分布式最优交换	在 VIP 接口模式下配置 **ip route-cache distributed**	否	否	是，在 VIP 上	否
网络流交换	在接口模式下配置 **ip route-cache flow**	是	是	是	是****
CEF	在接口模式下配置 **ip route-cache cef**，在全局配置模式下配置 **ip cef**	是	是	是（对于 IP 是默认的）	否
dCEF	在全局配置模式下配置 **ip cef distributed**	否	否	是，在 VIP 上	是（默认的）；不能被全局地关闭

*　　包括没有在这里指定的、所有其他的路由器平台。
**　　对于一个平台，在不同的 IOS 版本下，默认的交换路线可能不同，这依赖于硬件的支持和被交换的协议的类型。
***　　从 IOS 版本 12.0 开始，以后的版本就不再支持最优交换和分布式最优交换了。
****　　只是为了收集流量的统计信息，而不是用于数据包的交换。

下面的几条命令可以显示接口使用的交换路线以及流量是如何被交换的：

- **show ip interface**

- **show interface statistics**
- **show cef interface**
- **show interface switching**

在中断级别上交换数据包所使用的 CPU 周期部分可以通过命令 **show process cpu** 显示。下面的例子提供了一些示例命令的输出。

例 2-9 显示了在接口级别上启用了哪种交换路线。在这个例子中，快速交换和 CEF 都被启用了。

例 2-9 命令 show ip interface 的输出示例

```
router#show ip interface FastEthernet 0/0
...
  IP fast switching is enabled
  IP fast switching on the same interface is disabled
  IP Flow switching is disabled
  IP CEF switching is enabled
  IP Fast switching turbo vector
  IP CEF switching with tag imposition turbo vector
  IP multicast fast switching is enabled
  IP multicast distributed fast switching is disabled
  IP route-cache flags are Fast, CEF
...
```

例 2-10 显示了每个接口上 CEF 的状态。在这个例子中，CEF 已经被启用了，但基于每数据包的负载分担没有被启用。

例 2-10 命令 show cef interface 的输出示例

```
router#show cef interface FastEthernet 0/0
FastEthernet0/0 is up (if_number 2)
  Internet address is 10.0.4.1/24
  ICMP redirects are always sent
  Per packet load-sharing is disabled
  IP unicast RPF check is disabled
  Inbound access list is not set
  Outbound access list is not set
  IP policy routing is disabled
  Hardware idb is FastEthernet0/0
  Fast switching type 1, interface type 18
  IP CEF switching enabled
  IP Fast switching turbo vector
  IP CEF switching with tag imposition turbo vector
  Input fast flags 0x0, Output fast flags 0x0
  ifindex 1(1)
  Slot 0 Slot unit 0 VC -1
  Transmit limit accumulator 0x0 (0x0)
  IP MTU 1500
```

例 2-11 显示了接口交换的统计信息。在这个例子中，所有的数据包都是被进程交换的。

例 2-11   命令 show interface statistics 的输出示例

```
router#show interface statistics
Serial5/0
        Switching path    Pkts In    Chars In    Pkts Out    Chars Out
            Processor     1512063    80735470    1512064     80865400
          Route cache           0           0          0            0
                Total     1512063    80735470    1512064     80865400
```

例 2-12 中显示的命令给出了更详细的信息，并列出了每一种协议的相关信息。这条命令列出了 3 种类型的协议：IP、CDP 以及其他协议。在这个例子中，所有数据包都是被进程交换的。

例 2-12   命令 show interface switching 的输出示例

```
router#show interface switching
Serial5/0
...
        Protocol    Path      Pkts In    Chars In    Pkts Out    Chars Out
         Other      Process         0           0      951854     15229544
                    Cache misses    0
                    Fast            0           0           0            0
                    Auton/SSE       0           0           0            0
         IP         Process    480877    35602293      480869     35727362
                    Cache misses  100
                    Fast            0           0           0            0
                    Auton/SSE       0           0           0            0
         CDP        Process     79323    29903377       79331     29907805
                    Cache misses    0
                    Fast            0           0           0            0
                    Auton/SSE       0           0           0            0
```

2.10   案例研究：BGP 内存的使用评估

本案例研究的目的是为了演示不同组件之间的相互依赖性，这些组件都使用了 BGP 内存，这里特别关心 BGP Router 进程。本案例研究也建立了一个简单的方法，即基于一定数量的前缀和路径来评估所需要的 BGP 内存。这里使用了实验手段，来确定 BGP 组件与它们的内存耗费之间的种种关系。BGP 消耗的总体内存是 BGP 网络（前缀）、BGP 路径、BGP 路径属性、IP NDB、IP RDB，以及 IP CEF 所使用的内存总和。最后将提供一份 Cisco 的 Internet 路由器上 BGP 内存使用的合理评估。

2.10.1 方法

为了模拟 BGP 内存的使用，将使用 Cisco 12012 路由器和 4 个网络仿真工具。GSR 是被测试的设备，它运行 Cisco IOS 版本 12.0（15）S1。网络仿真工具能够模拟出 BGP 和 OSPF 会话。图 2-7 显示了测试拓扑图。

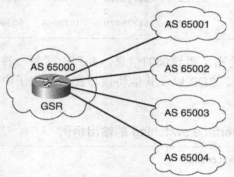

图 2-7 测试网络的拓扑图

GSR 运行了 OSPF 和 BGP。它的 GRP 处理板有 128MB 的 DRAM 内存，例 2-13 和例 2-14 显示了它的版本和相关的配置。

例 2-13 命令 show version 的输出

```
GSR#show version
Cisco Internetwork Operating System Software
IOS (tm) GS Software (GSR-P-M), Version 12.0(15)S1, EARLY DEPLOYMENT RELEASE
  SOFTWARE (fc1)
...GSR uptime is 1 hour, 8 minutes
...
cisco 12012/GRP (R5000) processor (revision 0x05) with 131072K bytes of memory.
1 eight-port FastEthernet/IEEE 802.3u controller (8 FastEthernet).
9 Ethernet/IEEE 802.3 interface(s)
507K bytes of non-volatile configuration memory.

20480K bytes of Flash PCMCIA card at slot 0 (Sector size 128K).
8192K bytes of Flash internal SIMM (Sector size 256K).
Configuration register is 0x2102
```

例 2-14 GSR 的运行配置

```
GSR#show running-config
...
```

（待续）

```
hostname GSR
!
ip subnet-zero
!
interface FastEthernet10/0
 ip address 172.16.1.1 255.255.255.0
 no ip directed-broadcast
!
interface FastEthernet10/1
 ip address 172.16.2.1 255.255.255.0
 no ip directed-broadcast
!
interface FastEthernet10/2
 ip address 172.16.3.1 255.255.255.0
 no ip directed-broadcast
!
interface FastEthernet10/3
 ip address 172.16.4.1 255.255.255.0
 no ip directed-broadcast
!
router bgp 65000
 neighbor 172.16.1.2 remote-as 65001
 neighbor 172.16.2.2 remote-as 65002
 neighbor 172.16.3.2 remote-as 65003
 neighbor 172.16.4.2 remote-as 65004
!
...
```

每个测试工具被分配了不同的 AS 号,从 65001 到 65004。所有被通告的前缀都有 24 位的掩码（/24），并含 2~6 个 C 类网络。所有其他的 BGP 配置都用默认设置。

注意：在这个例子中,没有考虑路由映射、过滤列表、团体,以及路由反射等参数。例如,如果使用了入站温和重配置功能,那么就会消耗更多的内存。

为了在测试结果中提供内存使用的合理分布与前缀数量,模拟了 11 对 BGP 网络和路径组合,这显示在表 2-4 中。

表 2-4　　　　　　　　　　测试网络和路径的组合

网络（以千计）	7	20	40	60	80	100	100	100	100	120	130
路径（以千计）	14	30	70	67	160	100	200	310	400	170	180

对于每一个网络/路径对,这里收集了对 BGP RIB、IP RIB 和 IP CEF 结构的内存分配,也收集了反映 BGP Router 进程、IP CEF 表、BGP 表和 IP 表中的内存使用情况。对于 BGP RIB 来说,这些数据反映了 BGP 网络、BGP 路径和路径属性的内存使用情况。对于 IP RIB 而言,这些数据是有关 NDB 和 RDB 的数据。IP CEF 的内存数据既包括了 FIB 结构,也包括了用来存储 BGP 网络的 mtrie。

对于每一个组件,根据相关性,我们对照 BGP 网络或路径来标出内存使用情况。这里运用了线性回归来获得那个组件的评估模型。线性模型可以表示成下面的形式：

$$y = b + ax$$

其中，y 表示被评估的某种组件的内存使用量，x 表示网络表项的数量或路径表项的数量，b 表示直线的截距（当 x 为 0 时 y 的值），或者说是本案例中的评估偏差，a 表示这条线的斜率，它标志了内存消耗对前缀和路径变化的敏感性。对于每一个线性模型来说，回归计算的结果就是 a 和 b 的值。

每个回归相对于实际数据的精确度可以通过 R^2，即判定系数（coefficient of determination）来表示。从数学上讲，R^2 是平方和的比率，因为回归是在所有平方的总和之上的。它也被称为相关系数（correlation coefficient）的平方。R^2 的值在 0～1 之间，0 表示最差的相关性或没有相关性，而 1 表示最好的相关性或者完美符合。

2.10.2 评估公式

根据前面章节讲述的方法，可以做出多个评估公式。下面的章节将从 BGP 被启用前内存的使用开始讲述。

1. 在 BGP 被启用前的空余内存

在系统启动后但还没有配置任何路由选择协议前，GRP 处理板上 128MB 的 DRAM 内存里可自由分配的内存是 99.8MB，如例 2-15 所示。这时的内存主要是由 IOS 映像文件扩展到 DRAM 内存中所消耗的。这时，其他的进程使用了 12.3MB，而剩下 87.5MB 的空余内存。

例 2-15　内存使用汇总

```
GSR#show memory summary
            Head       Total(b)    Used(b)     Free(b)     Lowest(b)   Largest(b)
Processor   620D3CE0   99795744    12295416    87500328    87426704    87500136
Fast        620B3CE0   131092      128488      2604        2604        2396
```

当启用了 OSPF 并处理了 442 条 OSPF 路由后，空闲的内存就下降到了 86.4MB，如例 2-16 和 2-17 所示。

例 2-16　IP RIB 的内存使用汇总

```
GSR#show ip route summary
Route Source    Networks    Subnets    Overhead    Memory (bytes)
connected       0           9          504         1368
static          1           0          56          152
ospf 1          0           442        24752       67184
  Intra-area: 442 Inter-area: 0 External-1: 0 External-2: 0
  NSSA External-1: 0 NSSA External-2: 0
internal        3                                  3516
Total           4           451        25312       72220
```

例 2-17 进程的内存使用

```
GSR#show process memory | include Total
Total: 99795744, Used: 13410184, Free: 86385560
```

在使用的 1.1MB（13.4 减 12.3）的内存中，OSPF 直接使用了大约 390KB，如例 2-18 所示。剩下的内存被其他已经存在的进程消耗了。

例 2-18 OSPF 进程的内存使用

```
GSR#show process memory | include OSPF
 PID TTY  Allocated    Freed  Holding  Getbufs  Retbufs Process
   2   0        476        0     7272        0        0 OSPF Hello
  98   0     452420    11024   379468        0        0 OSPF Router
```

2．BGP 网络的内存使用

图 2-8 显示了在 BGP RIB 中，用来存储所有 BGP 网络表项的内存的使用情况。这里根据网络表项（以 Actual 显示的）的数量绘制了内存使用情况，这些是实际的测量值。通过图中呈现的一条回归线可以直观地比较实际使用的内存量和模型计算出的内存量。这里的回归线就是：

$$\text{内存（以字节计）} = 214196.9 + 114.9 \text{ 网络表项}$$

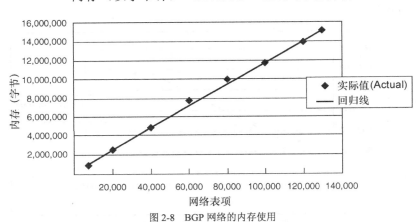

图 2-8 BGP 网络的内存使用

其中，R^2 为 0.996。在这个例子中，网络表项与路径表项之间的内存使用的相关性是可忽略的（没有显示这个数据；从现在开始，仅仅提及比较重要的回归）。

3．BGP 路径的内存使用

图 2-9 显示了在 BGP RIB 中，用来存储所有 BGP 路径属性的内存的使用情况。它的回归

线是：

$$\text{内存（以字节计）} = -20726.5 + 44.0 \text{ 路径表项}$$

其中，R^2 为 1.000。

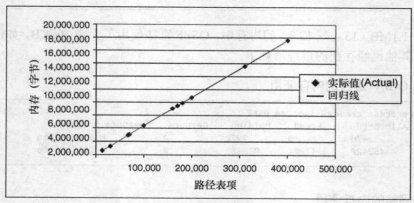

图 2-9　BGP 路径的内存使用

4．BGP 路径属性的内存使用

图 2-10 显示了在 BGP RIB 中，用来存储所有 BGP 路径属性的内存的使用情况。它的回归线是：

$$\text{内存（以字节计）} = -146792.2 + 6.1 \text{ 路径表项}$$

其中，R^2 为 0.908。

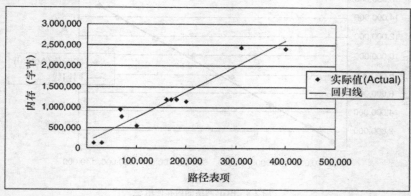

图 2-10　BGP 路径属性的内存使用

5．IP NDB 的内存使用

图 2-11 显示了 NDB 使用的内存情况。它的回归线是：

$$\text{内存（以字节计）} = -47765.9 + 172.5 \text{ 网络表项}$$

其中，R^2 为 1.000。

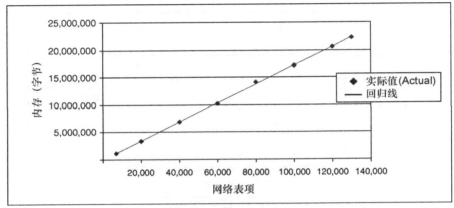

图 2-11　IP NDB 的内存使用

6．IP RDB 的内存使用

图 2-12 显示了 RDB 使用的内存情况。它的回归线是：

$$\text{内存（以字节计）} = 21148.5 + 76.1 \text{ 网络表项}$$

其中，R^2 为 0.996。

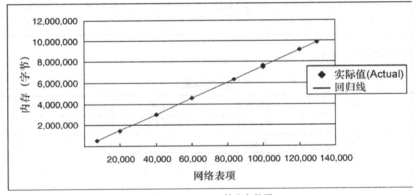

图 2-12　IP RDB 的内存使用

7．IP CEF 的内存使用

图 2-13 显示了 IP CEF 使用的内存情况。它的回归线是：

$$\text{内存（以字节计）} = 32469.1 + 151.9 \text{ 网络表项}$$

其中，R^2 为 0.999。

8．BGP 的内存使用总计

BGP Router 进程使用的内存总量是所有组件使用的内存总和。利用前面讲述的方程式，你可以评估出每一个组件使用的内存。把所有 6 个组件使用的内存加在一起，你就可以获得一份总体内存的使用评估。

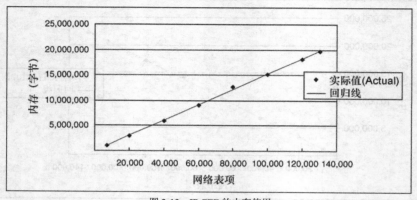

图 2-13　IP CEF 的内存使用

举一个例子，假设 BGP RIB 有 103 213 条网络表项和 561 072 条路径表项。那么，表 2-5 就显示了对每一个组件内存使用的估算。因而，BGP Router 进程总计使用的内存就是所有这些内存使用估算的总和——81.5MB。

表 2-5　　　　　　　　　　　内存使用估算举例

	网络	路径	路径属性	IP NDB	IP RDB	IP CEF	总计
内存使用（MB）	12.1	24.5	3.6	17.8	7.8	15.7	81.5

表 2-6 汇总了所有的斜率。

表 2-6　　　　　　　　　　　回归线的斜率

内存模型	斜率	内存模型	斜率	内存模型	斜率
网络	114.9	路径属性	6.1	IP NDB	172.5
路径	44.0	IP RDB	76.1	IP CEF	151.9

2.10.3　分析

Cisco IOS 软件保持了对 3 种与 BGP 有关的结构的跟踪：BGP RIB、IP RIB 和 IP CEF。BGP RIB 用来保存通过 BGP 接收到的前缀，以及与这些前缀相关联的属性，例如团体属性、AS_PATH 属性等等。一个 BGP 宣告者可以有多个 BGP 会话，这些会话按照 iBGP 和 eBGP 对等体来分，因此每条前缀有可能存在多条路径。每一条惟一的前缀被保存在 BGP 的网络表中，而同一条前缀的所有路径被作为 BGP 路径表项而保存。每一条前缀（或网络）和路径表项消耗的内存数量根据 IOS 版本的不同而不同。

命令 **show ip bgp summary** 的输出可以提供某个 BGP 组件的内存使用情况。在 Cisco IOS 软件版本 12.0（15）S1 中，每一条惟一的前缀使用 129 个字节的内存，而每增加一条路径将再消耗 36 个字节的内存。例如，如果 BGP RIB 包含 100 条前缀和 200 条路径，那么这些表项总计消耗的内存是（100 × 129）+（100 × 36）= 16,500 字节。

命令的输出也包含了路径属性、团体属性、缓存等的内存使用情况，这依赖于 BGP 的配置和从对等体接收到的前缀。注意，这些数量少于所估算的数量（如表 2-6 所示）。这是因为命令 **show ip bgp summary** 输出的内存数量不包含杂项开销。本案例研究的结果是直接从命令 **show memory** 中得出的，它包括了所有的内存使用。

如果在路由器本地启用了 BGP 入站温和重配置功能，那么所有被拒绝的路由依然会被当作仅仅接收（receive-only）的路由而保留，这将导致 BGP RIB 使用更多的内存。由于仅仅接收的路由被排除在最佳路径选择之外，因而它们不会影响 IP RIB 和 IP CEF 的内存使用。从 IOS 软件版本 12.0 开始，路由刷新特性就可用了，当入站策略发生变化时，路由器能够动态地更新它的对等体，因此，不再需要入站温和重配置功能了。路由刷新特性在所支持的软件版本中是自动生效的，为了验证是否支持这个特性，可以执行 **show ip bgp neighbor** 命令。

这个测试没有考虑缓存路由映射和过滤列表所使用的内存。对于一个典型的拥有 10 万条路由和 6 条不同的 BGP 路径的 Internet 路由器来说，这部分内存的使用大约接近 2MB，而 BGP 总计使用大约 80MB 的内存。BGP Scanner、BGP I/O 以及 BGP Router 进程的维护所需要的内存总共大约在 50KB 以下。

在这个案例研究中，只为 BGP 估算了静态的内存使用。这里的静态内存指当 BGP 处于稳定状态时所使用的内存——也就是说，前缀在网络已经收敛后的情形。然后，BGP 在收敛期间可能会使用额外的内存。这种类型的内存称为瞬时内存使用（transient memory use）。瞬时内存的大小难以跟踪，而且它会根据一些因素而变化，例如发送和接收更新的方式，BGP Router 进程所处的状态以及 IOS 版本等。比如，对等体组允许复制一份从对等体组引导路由器（peer group leader）来的路由更新，并把它发送给该组的其他成员，因此维持这些消息只需要较少的内存。更新打包（update packing）是另一个减少发送给对等体更新数据包数量的方法。这些方法和其他一些性能调整技巧将在第 3 章中详细阐述。

根据 IOS 软件的版本、BGP 和路由器状态，BGP Router 进程处于以下 3 种状态之一，越是后面的状态，功能越强，使用的内存越多：

- **只读（read-only）**——BGP 从对等体那儿仅仅接受更新。它不计算最佳路径，也不把这些路由安装到路由选择表中。这就减少了瞬时内存的使用。在路由器初始化的启动阶段，BGP 典型地就处于这种模式。
- **计算最佳路径（calculating the best path）**——BGP 接受更新并运行路径选择进程，这个过程通常会和一些结构的缓存处理相关，因此，会增加瞬时内存的使用。这是典型的过渡模式。
- **读和写（read and write）**——BGP 接受更新，计算最佳路径，安装这些路由到 IP 路由选择表中，并生成更新以发送给它的对等体。这种状态将需要更多的瞬时内存。这种状态是 BGP 的常规模式。

在规划容量时，最佳实践（best-practice）的指导原则是：为瞬时内存和其他因素而考虑另外增加 20%的静态内存使用。需要密切观察的第二个数字是系统中可用的最大 DRAM 块的最小值。如果这个数字是 20MB 或更小，那么就需要增加更多的资源。

BGP RIB 中所有的最佳网络/路径表项都会被安装到 IP RIB 表中，由此引起了 NDB 和 RDB 结构对内存的使用。如果一个主网络以固定长度或可变长度被划分了子网，那么在 IP RIB 中就会为这个主网络创建额外的表项。根据 IOS 版本的不同，每条表项使用 1172 字节的内存。子网化表项的内存使用在命令 **show ip route summary** 中被显示为 internal。这个数值是命令 **show ip route** 中的表项的总数，这是在前缀被划分了子网或可变子网的情况下。在这个测试中，由于只使用了 2～6 个主网络，所以在 IP RIB 中，子网化表项的内存使用小于 7KB。

另一个对 IP RIB 和 IP CEF 中 BGP 内存使用有重要影响的因素是 BGP 负载分担，这个测试中没有考虑它。默认条件下，BGP 只会安装一条最佳路径到 IP RIB 中。如果使用了 BGP 多径特性，那么每条 BGP 前缀的多个表项就可能被安装到 IP 路由选择表中，从而增加了 IP RIB 和 IP CEF 的内存使用。

被安装到 IP RIB 中的 BGP 前缀还会被安装到 FIB 表中。给 IP CEF 分配的内存通常与命令 **show ip cef summary** 报告的内存使用是一致的。对于运行 dCEF 的线卡来说，这只是 BGP 使用的内存，因为线卡不维护 BGP RIB 或 IP RIB。除了与前缀数量有关外，CEF 的内存使用还与前缀长度有关。例如，如果前缀是/16，这条前缀使用的内存就是 1KB，紧接着 mtrie 的根也使用 1KB 内存。如果前缀是/24，将会再使用另外的 1KB。如果前缀长度大于/24，那么再使用 1KB。Internet 上前缀的分布通常显示 9%的前缀长度为/16 或更短，83%的前缀长度在/17～/24 之间，还有 8%的前缀长度大于/24。为了建立一个简单而不失精确性的方法，这个测试所使用的前缀的长度都是/24。

2.11 总　　结

本章以讨论控制层面与转发层面之间的相互关系作为开始；这两个层面都是路由器的基本功能。作为一种路由选择协议，BGP 是控制层面的一部分。但是，转发层面的性能也会影响 BGP 的性能，因为这两个层面可能会竞争同样的资源，例如 CPU 和内存。我们讨论了 Cisco IOS 软件里的 BGP 进程，特别强调了内存使用和这些进程间的相互作用。案例研究提供了一个简单的方法来估算在 Cisco Internet 路由器上的 BGP 内存使用情况。为了给本书余下的章节打下坚实的基础，本章还复习了一些 BGP 的基本组件。这些内容包括 BGP 的属性、路径选择、能力交换、iBGP、BGP-IGP 路由选择交换，以及 RIB 等等。

在转发层面上，本章讨论了 IOS 软件中所有通用的交换路线，特别是 CEF。进程交换和基于缓存的交换也作了复习。作为 IOS 软件中的高性能交换机制，本章对 CEF 作了详细的介绍，例如它的组件、结构、负载分担，以及它的分布式形式。

本章涵盖以下主题:

- BGP 收敛的调整;
- BGP 网络性能的特性;
- 案例研究:BGP 收敛测试。

第 3 章
调整 BGP 性能

本章关注的重点是调整 BGP 的性能。BGP 性能的准确含义显得有些含糊，这是因为 BGP 的性能有几个方面。本章将 BGP 的性能调整分成主要的两类：

- 从一个未初始化状态开始的 BGP 收敛；
- BGP 网络性能。

从一个未初始化状态开始的 BGP 收敛是 BGP 性能的一个方面，它关心的是 BGP 怎样从一个空的路由选择信息库开始尽快地收敛。性能调整关注的是如何优化传输机制和更新生成工具。

BGP 网络性能关注的是如何通过智能的过滤处理来减少路由选择信息，如何管理网络与路由选择的不稳定性，以及 IGP 和 BGP 之间收敛时间的协调问题。本章涵盖的 BGP 网络性能的主题有：

- BGP 快速外部切断；
- IGP/BGP 收敛时间增量；
- BGP 的不中断转发；
- BGP 路由抖动衰减；
- 温和重配置和路由刷新；
- 传输侧的环路检测；
- 出境路由过滤。

本章最后以一个 BGP 收敛优化的案例研究作为结束。通过实验测试，该案例研究深入地检查了对等体组、队列优化、TCP 调整和有效的 BGP 更新打包的影响。

3.1 BGP 收敛的调整

本节讲述从一个未初始化的状态开始的 BGP 收敛性能方面的内容。这个状态是路由器刚刚被重新启动或者被新部署时典型的状态。从一个未初始化的状态开始的 BGP 收敛由于对网络有重要影响而显得特别重要。

注意：术语"BGP 收敛"的概念需要澄清，以保证这是一个可以使用的普遍定义。当满足下面的标准时，我们就说 BGP 路由器已经收敛了：
- 所有的路由都被接受；
- 所有的路由都被安装到路由选择表中了；
- 所有对等体的表版本的计数都必须等于 BGP 表的表版本的计数；
- 所有对等体的 BGP 输入队列（InQ）和输出队列（OutQ）都必须为 0。

本章把收敛定义为：从与第一个对等体成功建立，直到路由器有一个完全填充的 RIB，并更新了它的所有 BGP 对等体所花费的时间。

网络中正在初始化的路由器的布放位置对于确定收敛影响的范围是很重要的。这里关注的是网络内部的收敛。下面的例子描述了 3 种不同的 BGP 收敛情形。

- **情形 1：边缘路由器初始化**——边缘路由器是用来聚合用户的 ISP 路由器。第 9 章中将更详细地讲解有关边缘路由器的 BGP 拓扑。边缘路由器初始化它与客户路由器之间，以及与它的两台上游路由反射器之间的 BGP 会话。路由反射器向下游发送全部的内部表，大约 125 000 条前缀。边缘路由器向上游路由反射器发送 500 条接收自客户的前缀。因此，边缘路由器一共接收大约 250 000 条路径，并且通告 500 条前缀给两个路由反射器。

- **情形 2：对等路由器初始化**——对等路由器（peering router）是用来与其他 ISP 相连的 ISP 路由器，是边缘路由器的特例。第 9 章将会更详细地解释对等的概念。对等路由器初始化它与外部对等体以及两台上游路由反射器之间的 BGP 会话。如果对等路由器从它的多个对等体邻居那里接收到惟一的 80 000 条前缀，它就会把这些前缀发送给上游的路由反射器。路由反射器将内部路由选择表通告给对等路由器，这个表有 125 000 条前缀。

 路由反射器的路径决策过程将会导致在整个网络范围上撤回和更新前缀，这些前缀是从对等路由器接收到的 80 000 条前缀的子集。对等路由器也运行路径决策过程，并且基于决策过程的结果可能会撤回某些来自路由反射器的前缀。

 这种 BGP 情形导致对等路由器从对等体邻居那里接收到 80 000 条路径，并从上游路由反射器那里接收到 250 000 条路径（从每一台路由反射器接收到 125 000 条路径)。每台路由反射器都收到 80 000 条前缀。如果这些前缀的 25%被安装到路由反射器的路由选择表中的话,那么结果将会有 20 000 条更新消息被发送给所有的 iBGP 对等体和这些路由反射器的路由反射器客户。假设路由反射器拥有总共 50 个对等会话,那么将会导致每台路由反射器通告 100 万条路径信息。

- **情形 3:路由反射器初始化**——路由反射器初始化它与常规的 iBGP 对等体和路由反射器客户之间的 BGP 会话。路由反射器可能会从它的非客户 iBGP 对等体那里接收到 400 000 条路径,这会有 125 000 条路由被安装到路由选择表。这 125 000 条前缀被通告给它所有的客户会话。如果路由反射器有 50 个客户,那么将会有 750 万条前缀被通告。如果路由反射器有 100 个客户,那么就会产生 1500 万条前缀通告。这是在最好情况下的结果。如果会话在一段时间内才磕磕碰碰地建立起来,那么最佳路径可能会改变几次,从而导致通告数量的显著增加。

每一种上述情形在网络上会产生不同的影响。对于 BGP 宣告者来说,更新产生的数量是基于前缀信息的起源而变化的。在边缘路由器的情形中,边缘路由器注入了非常少的新前缀信息到网络中,影响的范围小得多。对等路由器注入了相当多的新前缀信息,这大大增加了对网络的影响范围。然而,路由反射器才是真正的 BGP 前缀信息分发的主要角色。不论路由初始化发生在哪里,路由反射器发送的前缀更新都是最多的。

初始化情形的共同特点是 BGP 需要处理数量庞大的前缀信息。信息的改变能够引起数量非常大的数据生成和通告。本节所关注的就是尽可能有效地调整 BGP 去传送大量的信息。可以进行调整的区域如下:

- **TCP 操作**——BGP 的基础传输层面是 TCP。TCP 的操作给提升 BGP 收敛性能提供了机会。
- **路由器队列**——虽然路由反射器为每个对等体生成的数据量中等,但是所有对等体汇聚在一起就产生了非常庞大的数据量。TCP 的操作需要对等体响应路由反射器来确认收到的 TCP 数据包。这种多对一的数据流会因为更多的信息而导致路由反射器过载,这超过路由反射器即时处理的能力。
- **数据打包(data packaging)**——BGP 信息可以以多种方式被打包传输。如果运用了数据或远端对等体属性之间的共性,就可能优化 BGP。这些共性可以利用 BGP 更新打包的机制来急剧地降低所需数据包的数量。

下面的章节将会讲解这些 BGP 更新处理方面的内容,指出网络瓶颈,并推荐了提高性能的种种特性。这些方面都是相互关联的。本节就是以相互关联性的讨论作为结束的。

3.1.1 有关 TCP 的考虑

有两个主要的参数会影响 TCP 的性能,一个是最大分段尺寸(Maximum Segment Size,MSS),一个是 TCP 的窗口大小(window size)。TCP MSS 是用来控制 TCP 段或数据包的大小的，而 TCP 窗口大小是用来控制数据包发送速率的。

1. TCP MSS

会话的 TCP MSS 是在会话初始化的时候确定的。按照 RFC 793 的描述，这个值由一个 TCP 选项来通告。这个 TCP MSS 选项仅仅在 SYN 数据包和与它相对应的 SYN/ACK 数据包中被运载。TCP 会话使用的 TCP MSS 是 SYN 数据包中通告的最小的那个 TCP MSS，如图 3-1 所示。

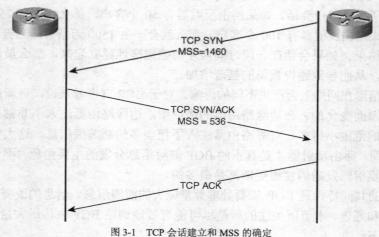

图 3-1　TCP 会话建立和 MSS 的确定

Cisco 路由器默认使用的 MSS 是 536。这是基于 RFC 791 的要求确定的，即一台主机在没有确定目的主机能够接受大于 576 字节的数据包之前，不能发送大于 576 字节的数据包。MSS 的取值之所以是 536，是由所要求的 576 字节减去 20 字节的 IP 报头和 20 字节的 TCP 报头而得出的。

如果确信目的地能够接受大于 576 字节的数据包，这也就意味着这些数据包能够到达目的地而不被分段。只要数据包不是被完全地拒绝，那么任何由较大的 MSS 调整所获得的性能增强就会因为传送路径上过度的数据分段而急剧下降。

TCP MSS 默认值为 536 的主要问题是发送大量的 BGP 前缀信息所需要的数据包的数量巨大。典型地，每隔一个数据包就需要发送一个 TCP ACK。BGP 更新数据包与 TCP ACK 的比率为 2:1。

将 TCP MSS 的值从 536 字节增大到 1460 字节——这是由 1500 字节的最大传输单元（Maximum Transmission Unit，MTU）减去 40 字节的 IP 与 TCP 头得到的——会使更新数据包减少 272%！更新数据包的减少反过来也减少了 2/3 的确认数据包的数量。

2. TCP 窗口大小

TCP 窗口大小是 TCP 用来控制数据包发送速率的一个机制。TCP 窗口大小在 Cisco 路由器中默认是 16KB。有一条命令行界面（Command-Line Interface，CLI）指令来配置 TCP 窗口值。然而，这个值并非应用于 BGP 会话，BGP 会话继续使用默认的 16KB。在"队列优化"一节中将更详细地讲解 TCP 窗口大小的作用。

3．路径 MTU 发现

路径 MTU 发现（Path MTU Discovery，PMTUD）特性被定义在 RFC 1191 中。这个特性决定了两个节点之间的路径上的 MTU。它允许 TCP 会话通过设置最大可能的 MSS 来增强大数据量传输时的 TCP 性能，而不引起 IP 分段。

PMTUD 是基于尝试与错误的。第一个数据包被创建为到达目的地的下一跳接口的 MTU 大小。路由器设置了不分段（Don't Fragment，DF）位，然后发送 IP 数据包。如果该数据包到达了目的地，那么会话也就形成了。

然而，如果该数据包没有到达目的地，那么丢弃该数据包的中间的某一跳会因为 MTU 冲突而回应一个 ICMP 数据包太大（Packet Too Big）的消息，这个回应消息包含了不能容纳该数据包的链路的 MTU。发送主机接着将会使用 ICMP 消息中包含的 MTU 来发布另一个数据包。这个处理过程会重复进行，直到数据包到达目的地。

MSS 的数值可以设置为 MTU 的值减去 40 字节的 IP 和 TCP 开销。40 字节的值建立在假定没有使用额外的 TCP 选项的条件下，这是默认情况下的行为。这就提供了 1460 字节的 MTU。当然，有可能有更大的 MTU，特别是在网络的内部。POS（Packet over SONET）链路的 MTU 为 4470 字节。如果两个 BGP 对等体使用 PMTUD，并且它们由具有 4470 字节的 MTU 的 POS 链路或 ATM 链路相连，那么 MSS 就可能增大到 4430 字节，这种情况下减少的更新数据包和 TCP ACK 消息的数量就更多。

这里有一个告诫信息，就是需要注意从 PMTUD 得出的 MSS 大于 1460 的情况。图 3-2 显示了含有 BGP TCP 会话路径的初始网络拓扑。

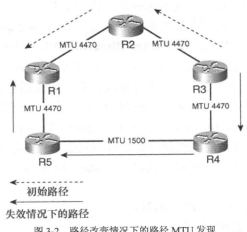

图 3-2　路径改变情况下的路径 MTU 发现

如果 R2 与 R3 之间的链路失效了，那么 TCP 会话将被重新路由，并被发送到 R3 与 R5 之间的链路上。这条路径存在一个快速以太网段，它会使路径上的 MTU 减到 1500 字节。结果，较大的 BGP 更新数据包就在 R5 被分段，这样就降低了性能并增加了收敛时间。

然而，BGP 更新分段的影响严重地依赖于网络事件。如果没有显著的路由选择变化，那么就很少会有影响。如果路由选择明显地抖动，就会严重地损害收敛性，特别是在链路失效时，大量 BGP 会话遭受这种影响。

这个问题可以通过使用吉比特以太网和大帧（jumbo frame）来解决。在大型的 BGP 网络环境中，核心基础设施部分现在也越来越难以见到快速以太网了。现在，典型的大型 BGP 网络由 POS 和吉比特以太网链路构成。

3.1.2 队列优化

队列优化的目的是最小化数据包的丢失。这通常发生在有众多的扇形展开的 BGP 会话的路由器上。发生的根本原因是该路由器同时收到大量对等体发来的确认包。这台路由器无法处理所有的 TCP ACK 包，那么将会引起输入队列（input queue）溢出，造成数据包丢失。这些数据包的丢失会引起 TCP 重传和对等体组同步的丢失。对等体组同步（peer group synchronization）将在"对等体组"一节中讲解。为了更好地理解队列优化，首先要理解数据包接受过程涉及哪些队列。

1. 数据包接受过程

BGP 数据包的接受过程包括 3 个主要的组成部分。

- **输入保持队列（input hold queue）**——这不是一个实际的队列，而是一个为接口指定的计数器。当接口接收到将被发送到处理器的数据包时，输入保持队列就会递增 1。当这个数据包被处理过后，输入保持队列就会递减 1，以反映该数据包已经不在队列中了。每一个输入队列都有最大的队列深度（maximum queue depth）。
- **选择性数据包丢弃（Selective Packet Discard，SPD）头室（headroom）**——SPD 头室是一个计数器，它允许输入保持队列超出它们所配置的最大值。SPD 头室的总值被所有接口所共享。这个头室用来存储高优先级的数据包，例如路由选择控制流量，它的优先级高于输入保持队列。"选择性数据包丢弃"一节将详细讲述 SPD 特性。
- **系统缓冲区（system buffers）**——系统缓冲区存储了正被发送给进程级别的输入（incoming）数据包。发送到处理器的数据包会从接口缓冲区中被清除掉，并被放到系统缓冲区中。这些缓冲区可以通过命令 **show buffers** 看到。

数据包接受过程如下：

（1）在一个接口上收到一个 BGP 数据包。
（2）交换进程请求一个系统缓冲区：

a. 如果没有可用的系统缓冲区，该数据包就会被丢弃，同时输入丢失计数器（input drop counter）增加 1。
b. 如果存在可用的系统缓冲区，那么就检验输入保持队列。如果队列已满，就检查数据包的优先级。
c. 如果数据包的 IP 优先级（IP Precedence）是 6，或者它是一个第 2 层的保活（Keepalive）数据包，那么就检查 SPD 头室。如果有空间，就保留该数据包，并将输入保持队列增加 1。如果 SPD 头室已满，就丢弃该数据包，并将输入丢失计数器增加 1。
d. 如果该数据包是普通优先级的数据包，那么就丢弃它，并将输入丢失计数器增加 1。
e. 如果输入保持队列未满，就保留该数据包，并将输入保持队列计数器增加 1。

（3）该数据包被处理。
（4）将输入保持队列减 1。

数据包接受过程的 3 个主要组成部分中的每一处都可能丢失数据包。队列优化包括了每一个部分的优化调整，以便使合法数据包的丢失减到最小。

2．保持队列的优化

输入保持队列的默认值为 75。在有大量 BGP 会话的网络环境里，这对于保持突发进入的 TCP ACK 包是不够的。下面的接口配置命令用来改变输入保持队列的大小：

hold-queue *value* **in**

这个大小的改变是非影响的（nonimpacting），即意味着在路由器正在运行的时候配置这个参数不会带来负面的影响。输入保持队列的大小可以通过命令 **show interface** 显示。

为了确定用来配置输入保持队列的值，需要考虑最坏的情况，来保证保持队列的大小是足够的。你可以通过检查以下用于 BGP 会话的 TCP 参数，来确定正等待被处理的、最大可能的 TCP ACK 的数量。

- **TCP 窗口大小和 TCP MSS**——TCP 窗口大小是静态的 16kB。TCP 窗口是指 TCP 会话在必须收到一个 ACK 之前能够传输的信息量。TCP MSS 指出每一个数据包中发送的数据量。TCP MSS 和 TCP 窗口大小一起决定了未处理完成的、需要确认的 TCP 数据包的最大数量。

  16000 大小的 TCP 窗口和默认为 536 字节的 TCP MSS 表明，在收到确认包之前能够发送 29 个数据包。1460 字节的 TCP MSS 允许发送 10 个未经确认的数据包，而 4430 字节的 TCP MSS 允许发送 3 个未经确认的数据包。

  为了优化 TCP ACK 的生成，每隔一个 TCP 数据包就生成一个 TCP ACK。该 TCP ACK 确认了路由器已经接收到了所有的 TCP 数据包，这些数据包序号一直到 TCP ACK 中所包含的序号。这把 TCP ACK 的数量减少到 TCP 数据包的数量的 50%。

- **终结在路由器上的 BGP 会话数**——每一个 BGP 会话有一个单独的 TCP 会话。

下面的保持队列大小的公式可以帮助你确定最坏情况下的保持队列大小：

保持队列大小 =［窗口大小/（2 × MSS）］× 对等体数

这是一个最坏情况下的公式，是在一次可能被发送到单个 BGP 路由器的确认包数目的条件下计算的。窗口大小除以 2 倍 MSS 所得的值，提供了在任何一点可以不经确认的 TCP 段的最大数目。在 Cisco IOS 软件里，每发送两个 TCP 段就发送一个 TCP ACK，因而确认包的最大数量就是未处理的段的最大数目的一半。每一个对等体的未处理的确认包的最大数目，乘以该路由器的对等体数，就是一个特定 BGP 路由器的、未处理的 TCP ACK 消息的最大数量。

表 3-1 显示了不同的 TCP MSS 取值的结果。

表 3-1　　　　　　　　针对 BGP 流量的最坏情况下的输入队列值

TCP MSS（字节）	窗口大小（字节）	会话数目	保持队列大小	TCP MSS（字节）	窗口大小（字节）	会话数目	保持队列大小
536	16000	50	700	536	16000	100	1400
1460	16000	50	200	1460	16000	100	400
4430	16000	50	50	4430	16000	100	100

表 3-1 中的值是针对 BGP 数据包在最坏情况下所计算出来的值。这不包括任何其他流向路由处理器的流量，这些流量也需要在保持队列里占用一些空间。通常的建议是，在很繁忙的 BGP 网络环境中，把输入保持队列的值设置为 1000。这也考虑到了其他一些流量，例如管理性质的流量和其他控制层面的流量。

3. SPD

SPD 特性是运行于输入保持队列上的队列管理机制，管理去往路由处理器的流量。SPD 进程能够区分高优先级和普通优先级的流量，这使它在输入队列中可以更好地管理系统资源。SPD 的功能特别适合来管理输入队列的拥挤。

SPD 进程把到路由处理器的队列分成了常规数据包队列（General Packet Queue，GPQ）和优先队列。GPQ 中的数据包受 SPD 中的抢占（preemptive）丢弃机制的影响。GPQ 只用于 IP 数据包，是一个全局队列，而不是接口上的队列。优先队列中的数据包不受这个丢弃过程的影响。

SPD 随机丢弃进程是通过对 GPQ 的 SPD 状态检查来完成的。有两个门限决定 GPQ 的 SPD 状态：最小门限和最大门限。这里有 3 种 SPD 队列状态。

- 普通状态：

  GPQ 深度<=最小门限

- 随机丢弃状态：

  最小门限<GPQ 深度<=最大门限

- 完全丢弃状态：

  最大门限<GPQ 深度

SPD 状态检查利用队列状态来决定对数据包采取的行为。当队列处于普通状态时，不丢弃数据包。如果队列深度超过了最小门限，SPD 进程就处于随机丢弃状态。自这点起，SPD 开始随机地丢弃普通优先级的数据包。如果队列深度超过了最大门限，SPD 进程就处在完全丢弃状态。所有普通优先级的数据包都会被丢弃，直到队列深度下降到最大门限以下。

在随机丢弃状态下，SPD 可以在两种模式下运行：普通模式和主动模式。当在主动模式下运行时，SPD 会丢弃变形（malformed）的 IP 数据包。在普通模式下运行时，SPD 不会注意数据包是否是变形的。

最小门限和最大门限由路由器上最小的保持队列来确定。最小门限是队列的大小减 2。最大门限是队列的大小减 1。这就确保了没有接口被阻塞，这种情况在输入队列完全被填满时会发生。

除了提供队列管理之外，SPD 进程也用来保护高优先级的流量。虽然随机丢弃状态和完全丢弃状态仅仅丢弃普通优先级的流量，但另外有两个对输入队列的扩展可用于高优先级流量：SPD 头室和 SPD 扩展头室（Extended Headroom）。

SPD 头室允许输入队列超过所配置的输入保持队列。如果输入保持队列是 75，SPD 头室是 100——这是默认值——那么输入保持队列能够保持 175 个数据包。一旦输入保持队列达到它的最大深度 75，那么就只有高优先级的数据包才被接受了，这种状态一直延续到输入队列到达 175 的过载深度。IP 优先级 6 的流量（BGP）、IGP 数据包，以及 2 层 Keepalive 包被认为是高优先级的数据包。

第 2 个扩展是 SPD 扩展头室，它允许进一步扩展输入队列，以超过输入保持队列值与 SPD 头室值之和。SPD 扩展头室的默认值是 10，这导致了输入队列的最大深度为 185。SPD 扩展头室仅仅用于 IGP 数据包和 2 层 keepalive 包。这些数据包对于维持一个稳定的网络至关重要。

图 3-3 对输入队列作了一个完整的描述。

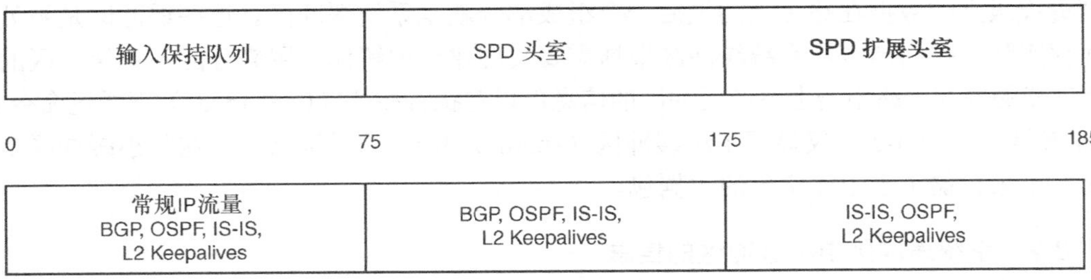

输入保持队列	SPD 头室	SPD 扩展头室
0　　　　　　　　　　　　75	175	185
常规IP流量, BGP, OSPF, IS-IS, L2 Keepalives	BGP, OSPF, IS-IS, L2 Keepalives	IS-IS, OSPF, L2 Keepalives

图 3-3　输入保持队列

最大的输入队列实际上由 3 个值构成：输入保持队列、SPD 头室以及 SPD 扩展头室。它们一个比一个更专用，并为保留高优先级的流量不被挤出提供了空间。

默认的 SPD 头室大小在 Cisco IOS 版本 12.0（19）S 中就已经增大了，以适应大型 BGP 网络的需要。12.0S 系列版本特定的新的默认值是 1000，这和输入保持队列的标准推荐值是相同的。这是因为在最坏的情况下调整输入保持队列时，确定了 1000 个 TCP ACK 是一个合理的预期值。如果输入保持队列由于某种原因而已经充满了普通的 IP 流量，那么 1000 的 SPD 头室就足够来保持 TCP ACK 消息的涌入。

改变 SPD 头室的大小是为了防止高优先级流量的数据包丢失。主动地改变 SPD 头室的大小并不是问题，因为只有高优先级的流量才允许使用 SPD 头室，这是为了超过所配置的输入保持队列，而增加了输入队列的深度。

启动 SPD 的主动模式也是一种通常的做法。如果输入队列已经变得拥挤了，那么维持变形的 IP 数据包就是对系统资源的不当使用。标准的 SPD 配置建议如下：

- **ip spd mode aggressive**
- **ip spd headroom 1000**
- **ip spd queue min-threshold 998**
- **ip spd queue max-threshold 999**

可以使用命令 show ip spd 来验证 SPD 参数，如例 3-1 所示。

例 3-1 命令 show ip spd 的输出

```
Router#show ip spd
Current mode: normal.
Queue min/max thresholds: 73/74, Headroom: 100, Extended Headroom: 10
IP normal queue: 0, priority queue: 0.
SPD special drop mode: none
```

SPD 头室本身不是一个队列，就像输入保持队列不是一个真实的队列一样，而是一种计数器。SPD 头室和 SPD 扩展头室都是输入保持队列计数器的扩展。

4. 系统缓冲区

到进程级别的数据在路径上的最后一个组成部分就是系统缓冲区。这些缓冲区是被处理器用来保存实际数据的地方。系统缓冲区根据需要被创建或被解体。用来分配系统缓冲区的内存是主处理器的内存。路由器上系统缓冲区的信息可以在执行模式（Exec mode）下通过命令 **show buffers** 来显示。例 3-2 仅仅显示了小缓冲区（small buffer）的样例部分。这些小缓冲区是系统缓冲区，用来存储小于 104 字节的数据包。

例 3-2 系统缓冲区中小缓冲区的信息

```
Small buffers, 104 bytes (total 150, permanent 150):
    140 in free list (30 min, 250 max allowed)
    564556247 hits, 148477066 misses, 16239797 trims, 16239797 created
    29356200 failures (0 no memory)
```

从 BGP 调整的角度来看，这些小缓冲区是最感兴趣的。处理大量涌入的 TCP ACK 消息是队列优化的关键。TCP ACK 的大小为 64 字节，因而它被保存在小缓冲区内。表 3-2 解释了例 3-2 中显示的每一个字段。

表 3-2　　　　　　　　　　　　对例 3-2 中的字段的解释

字段	描述
total	当前在缓冲池中缓存的总数，包括已使用的和未使用的
permanent	在缓冲池中总是存在的缓存的最小数目。缓存不能被调得低于这个数值
free list	在缓冲池中当前可用的、并且没有被使用的缓存数量
min	路由器应该尽量在空闲列表（free list）中保留的缓存数量。如果空闲列表下降到了这个数值以下，路由器就应该创建更多的缓存
max allowed	路由器允许在空闲列表中保留的最大缓存数量。如果空闲列表增长到超过了这个数值，那么路由器就应该修整缓存
hits	从空闲列表中成功分配的缓存数量
misses	缓存被请求，但空闲列表中没有可用缓存的次数
trims	由于超过了允许的最大缓存数（max allowed），而从空闲列表中修整缓存的次数
created	由于空闲列表降到最小值（min）以下而被创建的缓存数
failures	给中断处理授权缓存失败的次数。这个失败次数也代表了由于缓存的不足而导致丢弃的数据包的数目
no memory	路由器试图创建新的缓存，但没有足够的空余内存的次数

系统缓冲区的默认值适用于一般的网络环境。对于大型 BGP 部署来说，它们并不是优化的。小缓冲区的数量少是这里关心的主要问题。Permanent 的值是 150，当大量的 TCP ACK 消息涌入一台具有 50～100 个对等体的路由反射器时，会引起严重的丢包。小缓冲区的数量最终会被创建，但这已经是大量的 TCP ACK 消息丢失以后的事了。

在改变缓冲区的设置之前必须检查空余内存的大小，以保证有足够的空余内存可以分配给新的缓冲区。这可以通过命令 **show memory summary** 来完成。

在更改小缓冲区来处理 TCP ACK 消息时，需要调整 3 个参数：

- **永久缓冲区（permanent buffers）**——永久缓存的数目应该足够处理最坏情况下的 TCP ACK 消息的数量。这就确保了路由器拥有可用的缓存去处理突发涌入的数据包。
- **最小空余设置（min-free setting）**——增加最小空余设置，以促使路由器在空闲列表到达临界水平之前创建更多的缓存。这个数值应该是永久缓存的 25% 左右。
- **最大空余设置（max-free setting）**——最大空余设置应该大于永久缓冲区与最小空闲值之和。这有助于防止缓存被过早地修整。

例 3-3 显示了小缓冲区调整的配置命令。

例 3-3　缓冲区调整的配置

```
buffer small permanent 1000
buffer small min-free 250
buffer small max-free 1375
```

调整缓冲区时应该小心。这里执行的缓冲区调整是特定于路由反射器的，这些路由反射器易于遭受大量的 TCP ACK 消息的涌入的影响。如果在 BGP 会话上看到大量的 TCP 重传而引起严重的缓冲区失效（failure），那么缓冲区调整可能是一种选择。当执行缓冲区调整时，最好有 Cisco 的技术支援中心（TAC）的参与。

3.1.3 BGP 更新生成

到目前为止，本章的焦点在于如何减少 BGP 更新传输中的瓶颈。第一节关注的是如何优化 TCP 的传输方面，而第二节关注的是如何确保路由器能够处理被发送的流量。为了完成快速的 BGP 收敛，最重要的性能增强是靠优化更新数据包的生成方式来获得的。

如果路由器不能有效地生成 BGP 更新消息，那么默认的 TCP 配置和队列配置的瓶颈就不是重要因素。这一节关注下列增强更新生成的方法，它们是任何 BGP 收敛调整的基础。

- 对等体组；
- BGP 动态更新对等体组；
- 更新打包增强；
- BGP 只读模式。

1. 对等体组

对等体组给优化 BGP 收敛提供了基础。对等体组为 BGP 对等体提供了一种机制，使具有相同出境策略的 BGP 对等体相互关联。该特性具有两个主要优点：减少配置和增强对等体之间复制更新的能力。

部署对等体组的最普通的原因是减少配置。对等体组形成后，共同的出境策略就被应用在对等体组上。每一个具有相同出境策略的对等体，都可以被指定到对等体组中，这样就可以大大减少那些具有大量 BGP 对等体的路由器的冗余配置。例 3-4 显示了没有使用对等体组的 BGP 配置例子。

例 3-4　BGP 邻居配置

```
router bgp 100
...
neighbor 10.1.1.1 version 4
neighbor 10.1.1.1 remote-as 100
neighbor 10.1.1.1 password cisco
neighbor 10.1.1.1 route-reflector-client
neighbor 10.1.1.1 update-source loopback0
...
```

在例 3-4 中，每一个路由反射器客户需要 5 行配置。例 3-5 是使用对等体组的配置。

例 3-5　使用对等体组的 BGP 邻居配置

```
router bgp 100
 ...
 neighbor RR_CLIENTS peer-group
 neighbor RR_CLIENTS version 4
 neighbor RR_CLIENTS password cisco
 neighbor RR_CLIENTS route-reflector-client
 neighbor RR_CLIENTS update-source loopback0
 neighbor RR_CLIENTS remote-as 100
 neighbor 10.1.1.1 peer-group RR_CLIENTS
 ...
```

在例 3-5 中，初始对等体组配置有 6 行。添加一个新的路由反射器客户只需要一行配置。这样就减小了配置的大小，增加了配置的可读性，并且减小了配置出错的概率。入境配置既能应用到对等体组上，也能应用到单个邻居上。为对等体组成员配置的入境策略并不需要一致。

如果对等体组纯粹是一个增强配置的特性，那么限制所有的对等体共享相同的出境策略就没有意义了。然而，对等体组的主要优点——在对等体之间复制更新的能力——是来自于这一要求的。

因为所有对等体具有相同的出境策略，因此它们发送的更新消息是相同的。这就意味着 BGP 更新消息对于每一个对等体组只需要生成一次，然后就可以被所有的邻居重用。

在非对等体组的环境中，BGP 进程必须为每一个对等体遍历整个 BGP 表，并为每一个对等体单独地创建更新。如果存在 10 万条前缀和 100 个 iBGP 对等体，那么该路由器就需要遍历 1000 万条前缀。

在对等体组的环境中，BGP 进程只需要为每一个对等体组遍历一次整个 BGP 表。根据最低的 IP 地址，每一个对等体组会选举出它的对等体组引导（peer group leader）路由器。BGP 进程为对等体组引导路由器遍历 BGP 表后，就可以创建 BGP 更新消息。这些更新消息被复制给对等体组内的所有其他成员。如果 100 个 iBGP 对等体全部在同一个对等体组中，那么路由器将遍历 10 万条前缀，而不是 1000 万条前缀。这样的优化既减少了对处理器的需求，又减少了对内存的需求。

对等体组成员为了能得到复制信息，必须要与对等体组引导路由器同步。如果通告给对等体组引导路由器的 BGP 路径集合，也已经被通告给了对等体组成员，那我们就说，对等体组成员和对等体组引导路由器同步了。对等体组成员如果在对等体组已经开始收敛后才初始化，那么它就不会与这个对等体组处于同步状态。这就需要路由器为非同步的对等体格式化更新消息，就像对待一个非对等体组成员一样，这会一直持续到那个对等体与对等体组引导路由器同步为止。

检查复制统计信息的命令是 **show ip bgp peer-group**，如例 3-6 所示。

例 3-6　show ip bgp peer-group 命令的输出

```
Router#show ip bgp peer-group
BGP peer-group is regular_group, peer-group leader 10.1.1.2, external
  Index 1, Offset 0, Mask 0x2
   BGP version 4
   Neighbor NLRI negotiation:
     Configured for unicast routes only
   Minimum time between advertisement runs is 30 seconds
   Update messages formatted 2714375, replicated 4174650

BGP peer-group is filter_group, peer-group leader 10.1.1.17, external
  Index 2, Offset 0, Mask 0x4
   BGP version 4
   Neighbor NLRI negotiation:
     Configured for unicast routes only
   Minimum time between advertisement runs is 30 seconds
   Update messages formatted 1904858, replicated 3145550
```

在这个例子中，对于对等体组 regular_group 来说，被格式化的更新消息的数目是 2 714 375，而被复制的数目是 4174650。对等体的数目没有显示。然而，对等体组 regular_group 共有 55 个对等体。如果复制的消息数目被格式化的消息数目除，那么结果就是复制率——在这个例子中，复制率就是 1.54。在优化的情况下，复制率是对等体的总数减 1。每个对等体的更新消息数目为 125255。如果复制是理想的，那么为对等体组引导路由器应该已经格式化了 125 255 条更新，并且为其他 54 个对等体组成员也应该复制了 6 763 770 条更新。

2．BGP 动态更新对等体组

BGP 动态对等体组的特性由 Cisco IOS 版本 12.0（24）S 首次引入，它标识了具有相同出境策略的对等体，并且优化了更新生成和为这些对等体所做的更新复制。在这个特性出现之前，不得不使用传统的对等体组，手工地将这些对等体组合在一起。使用传统的对等体组限制了可用的、能够被定义的出境策略，以及对特有会话配置的能力。动态对等体组通过如下两个新特性将对等体组配置与更新复制功能分开：

- 对等体模板（peer template）；
- 更新组（update group）。

下面将详细地讨论这两个动态对等体组特性。

（1）对等体模板

我们关注传统的对等体组模型的更新复制情况。这样的更新复制限制了配置对等体组的出境策略的更新复制特性的能力。从配置的角度看，传统的对等体组有两个主要缺点：

- 对等体组内的所有邻居必须具有完全相同的出境路由选择策略；
- 对等体组内的所有邻居必须在相同的地址簇中。

满足这些需求才允许在对等体组中执行更新复制。

对等体模板的配置特性使得一组配置选项可以被应用到一组邻居上。对等体模板是可以重用的，并且支持继承性，这样就使你具有更多的控制力和灵活性来创建简明的 BGP 配置。

对等体模板模型允许你开发需要的策略，而不必受由更新复制需求所强加的限制。下一节将讲述处理更新复制的更新组特性。

对等体模板有两种类型：

- 对等体会话模板（peer session template）；
- 对等体策略模板（peer policy template）。

对等体会话模板被用来创建通用的会话配置模板。它不包括任何策略类型属性，而是关注于会话的属性。对等体会话模板支持以下的命令：

- **description**
- **disable-connected-check**
- **ebgp-multihop**
- **local-as**
- **password**
- **remote-as**
- **shutdown**
- **timers**
- **translate-update**
- **update-source**
- **version**

以上所支持的这些命令是所有通用会话的命令。这些命令应用于所有的地址簇。

对等体策略模板被用来创建策略信息的模板。这包括与操纵实际的 BGP 前缀信息相关的 BGP 会话的多个方面，例如过滤、能力以及路由反射等。对等体策略模板支持以下一些命令：

- **advertisement-interval**
- **allowas-in**
- **as-override**
- **capability**
- **default-originate**
- **distribute-list**
- **dmzlink-bw**
- **filter-list**
- **maximum-prefix**
- **next-hop-self**

- **next-hop-unchanged**
- **prefix-list**
- **remove-private-as**
- **route-map**
- **route-reflector-client**
- **send-community**
- **send-label**
- **soft-reconfiguration**
- **unsuppress-map**
- **weight**

这里的大多数命令不能应用于所有的地址簇。例如，给 IPv4 会话指定的前缀列表就不能应用于 IPv6 会话。

对等体模板提供了继承的能力，以最大化模板的重用性。你可以创建一个包含基本属性的、通用的模板，接着，还可以创建一些只包含补充信息的、更专用的模板。例 3-7 中定义了一个通用的会话模板。所配置的属性对于所有的对等体都是真实可用的，包括内部的和外部的对等体。内部会话（internal-session）模板和外部会话（external-session）模板都以基本会话（base-session）模板为基础来创建。

例 3-7　会话继承性的配置

```
router bgp 100
...
neighbor 10.1.1.1 inherit peer-session internal-session
...
template peer-session base-session
 password cisco
 version 4
 exit-peer-session
!
template peer-session internal-session
 inherit base-session
 update-source loopback0
 remote-as 100
 exit-peer-session
!
template peer-session external-session
 inherit base-session
 password customer
 remote-as 65001
 exit-peer-session
!
```

在 base-session 模板中，口令被定义为 cisco，但是在 external-session 模板中它被改成了

customer。在处理模板时，任何被继承的模板都首先被处理，然后再处理专用模板的配置。在这个实例中，设置为 cisco 的口令被 external-session 模板的口令 customer 覆盖了。

使用继承的概念，模板被应用到 BGP 对等会话上。一个邻居把它的默认设置作为它的"基本"配置。这个邻居被配置为继承一个对等体模板，该对等体模板修改了那些"基本"配置。在这个例子中，BGP 会话 10.1.1.1 继承了内部会话模板。在邻居级别上的任何配置都优先于对等体模板的设置。

BGP 会话不能与对等体组和对等体模板同时关联。对等体模板特性预计最终会替代对等体组特性。然而，它们还会继续并存相当长的一段时间。

（2）更新组

传统对等体组的更新复制方面，正是动态对等体组的动态特性发挥作用的地方。对等体模板为对等体组的配置提供了一个高度灵活的替代手段。然而，这是基于放松对某些方面的需求而获得的，这种需求使得跨越对等体组的更新复制成为可能。

基于对已配置的 BGP 会话的出境策略的分析，路由器动态地创建更新组。路由器动态地指定 BGP 对等体到具有相同出境策略配置的更新组中。这一特性不需要做任何配置。

当改变 BGP 对等体的出境策略时，路由器会自动地重新计算更新组。如果需要任何改变，路由器会自动地对所有受影响的 BGP 对等体触发一个出境温和清除（soft clear）操作。

可以通过命令 **show ip bgp update-group** 来获取有关 BGP 更新组的信息，如例 3-8 所示。

例 3-8 show ip bgp update-group 命令的输出

```
Router#show ip bgp update-group
...
BGP version 4 update-group 4, external, Address Family: IPv4 Unicast
  BGP Update version : 0, messages 9482/0
  Update messages formatted 11134, replicated 1002060
  Number of NLRIs in the update sent: max 0, min 0
  Minimum time between advertisement runs is 30 seconds
  Has 91 members (* indicates the members currently being sent updates):
   10.0.101.1      *10.0.101.100   *10.0.101.11    *10.0.101.12
  *10.0.101.13     *10.0.101.14    *10.0.101.15    *10.0.101.16
  *10.0.101.17     *10.0.101.18    *10.0.101.19    *10.0.101.20
... <TRUNCATED>
```

例 3-8 的输出显示了有关更新组的基本信息。被删减的信息由更新组其余成员的 IP 地址构成。在这个例子中，更新组 4 由 IPv4 单播 eBGP 对等体组成。提供的复制统计信息包含了被格式化和被复制的 BGP 更新消息的数目。这里给出了更新组中对等体的数目，随后是这些对等体的列表。对等体 IP 地址前面的星号表明更新依然正被发送给那个对等体。

可以使用命令 **show ip bgp replication** 来概览有关所有更新组的复制统计信息，如例 3-9 所示。

例 3-9   show ip bgp replication 命令的输出

```
Router#show ip bgp replication
BGP Total Messages Formatted/Enqueued : 9490/0

    Index    Type    Members         Leader   MsgFmt  MsgRepl   Csize   Qsize
        1    external    100    10.0.101.201        0        0       0       0
        2    external    100    10.0.101.101      289    28611       4       0
        3    external      9    10.0.101.10     20646   165168       0       0
        4    external     91    10.0.101.1      11134  1002060    9482       0
        5    internal      2    10.0.102.51       302      302       4       0
```

首先提供的是整个 BGP 路由器的 BGP 复制统计的大概信息，接着是每一个更新组的统计信息。更新组索引和更新组引导路由器被列出来以标识这个组，后面跟着显示的是被格式化的消息数目和被复制的消息数目。Csize 与 Qsize 分别指出了有多少消息在更新缓存（Update Cache）和更新写队列（Update Write Queue）里面。非 0 值表明更新组仍然在收敛。

与前面的章节中复制率为 1.54 的对等体组相比，例 3-9 中的更新组 3 有 9 个对等体，它的复制率为 8。这显示出一个优化的复制。更新消息为更新组引导路由器而被格式化，并为其他 8 个对等体所复制。

3．更新打包增强（Update Packing Enhancement）

BGP 更新消息是由 BGP 属性组合而构成的，这些属性组合后面，是与之匹配的所有网络层可达性信息（NLRI）。路由器每隔一段时间就遍历 BGP 表，然后创建更新消息。接着，路由器把所有已经创建的更新发送出去。这不允许 BGP 每次发送更新时，都去遍历整个 BGP 表，因为 BGP 表太庞大了。为一个特定属性组合找到的 NLRI，不一定就是那个属性组合的所有 NLRI。对于每一个属性集合都需要发送多个更新消息。在处理更新的生成方面，这不是更有效的方法。

Cisco IOS 版本 12.0（19）S 引入了一个重要的增强特性，这一特性是关于 Cisco IOS 如何将 NLRI 打包进 BGP 更新消息的。解决方案就是为每一个对等体或更新组创建一个更新缓存，然后把每一个属性组合的 NLRI 打包进为每一个属性组合创建的单一的更新中。这为更新打包处理提供了 100% 的效率，并可以大大减少必须被格式化和被复制的 BGP 更新消息的数目。

4．BGP 只读模式（BGP Read-Only Mode）

最初，当 BGP 对等体上线，并开始接收前缀时，路径选择过程在还没有从一个对等体处接收到所有的路径信息的时候就开始运行了。BGP 进程会基于路径选择过程的结果，开始通告前缀信息给它的对等体。随着更多的路径信息被接收到，对于某个特定的前缀来说，路径选择过程的结果将会引起最佳路径的改变。由于最佳路径的改变，反过来导致了同一条前缀的多条更新被发送，这是低效率的。

另一个类似的问题是，BGP 进程可能开始通告某个特定的属性集的 NLRI 时，并没有收到那个属性集合的所有 NLRI 信息。这也降低了更新打包的效率。

这种低效率可以被避免，方法就是使 BGP 对等体保持在只读模式，直到它停止接收更新。一旦从一个远端对等体那儿接收到了全部的路径信息，路径选择过程就能够在发送任何 BGP 更新之前，为一条前缀选出最佳路径。处于只读模式的 BGP 对等体只接收更新；它不通告任何前缀。从会话建立的时间算起，一个 BGP 对等体保持只读模式状态的时间上限是 2 分钟。

另外，只读模式也优化了更新打包机制。如果 BGP 路由器在收到来自所有对等体的全部路径信息之前正在发送更新，那么某个特定属性组合的所有 NLRI 在 BGP 路由器开始发送更新前可能还没有被收到。在 BGP 对等体接收完了来自于对等体的初始路由选择信息后，这个 BGP 会话就会转变为读—写模式。这时，就允许 BGP 路由器运行路径决策过程并发送更新。可以通过命令 **bgp update-delay** *RO_Limit* 来配置 BGP 停留在只读模式的时间。

RO_Limit 是用来限制 BGP 对等体能够保持在只读模式的时间的。BGP 进程在收到 BGP keepalive 消息时就会自动地脱离只读模式，这表明初始的路由选择更新已经完成了。在发送 BGP keepalive 消息之前，Cisco 的 BGP 实现方式会发送全部的路由选择更新，因此路由器能够检测到初始的路由选择更新过程的结束。第一个 BGP keepalive 消息的到达暗示了初始路由选择更新过程的结束。一旦 BGP 路径决策过程完成后，IP 路由选择表和 CEF 表也会被适当地更新。

3.1.4 性能优化的相互依赖性

本节描述的收敛调整特性不应该以一种孤立零散的方式来部署。因为每一种特性对收敛调整的优化都是建立在其他特性之上的，其间有很多的相互依赖性：

- 收敛调整的基础是对等体组的特性，或者以后的版本中的更新组，更新复制行为大大增加了一台路由器所能生成的 BGP 更新信息的数量；
- 在路由器上执行队列系统的优化就能处理由更新复制所产生的额外负载；
- 利用路径 MTU 发现来操纵 TCP MSS，能够最大化 BGP 更新数据包的大小，减少 BGP 更新消息和相应的 TCP ACK 的数目；
- 只读模式和更新数据包有效地使每一个 BGP 更新的效率最大化了。

所有的这些特性都独立地增强了 BGP 的性能；然而，通过这些增强特性本身之间的相互依赖性才能获取最大的效果。

3.2　BGP 网络性能的特性

BGP 性能的主题不仅仅是 BGP 更新过程的优化。从路由器冷启动开始，在网络上进行 BGP

收敛是一个非常重要的方面；然而，对影响网络的事件进行处理也是一个重要的课题。这一小节关注的是如何减轻网络故障造成的影响和前缀更新的优化。

3.2.1 减轻网络故障的影响

在网络中，节点或链路出现故障是不可避免的。如何快速地检测到故障和将它的影响减到最低，这对于维护网络的高可用性是十分重要的。在恢复的时候，除了快速地处理故障外，IGP和 BGP 之间的交互也是一个问题。这一小节将涵盖以下一些减轻故障的特性：

- **BGP 快速外部切断（BGP fast external fallover）**——BGP 快速外部切断的特性为 BGP 提供了一种不必等待保持计时器（hold timer）超时，就可以快速地拆除 eBGP 会话的机制。
- **IGP/BGP 收敛时间增量（Deltas）**——IGP 和 BGP 收敛速率的差异可能会产生流量损失。IS-IS 和 OSPF 都有可用的机制来帮助减轻这个问题。
- **BGP 不中断转发（Non-Stop Forwarding，NSF）**——这个特性也被称作"优雅重启动（graceful restart）"。它被设计用来使 BGP 进程的重启动对于网络的其余部分来说是不可见的。

1. BGP 快速外部切断

拆除 BGP 会话的默认行为需要保持计时器超时，默认条件下也就是 180 秒。BGP 快速外部切断的功能是，在连接某个 eBGP 对等体的链路出现故障时，可以立即触发拆除这个 eBGP 会话。

这种快速切断提高了清除那个对等体的 Adj-RIB-In 的速度。这个特性仅仅适用于外部对等体。如果到内部对等体的链路失效了，BGP 会话通常可能会绕过这条失效的链路。

由于下一跳链路失效而拆除 iBGP 对等会话可能会引起严重的网络不稳定。典型地，与 iBGP 对等体连接的网络中断，也会导致从那些对等体学来的前缀的下一跳地址的可达性丢失。BGP 扫描器进程会从 BGP 路径选择过程中删除那些前缀。可以参考第 2 章中有关扫描器进程的解释。

BGP 快速外部切断特性是在全局范围下启用，而不是仅仅针对某一个对等体。这个特性是默认激活的。要关闭这个特性，可以在 BGP 路由器进程下配置命令 **no bgp fast-external-fallover**。

Cisco IOS 版本 12.0ST 和 12.1 为这条命令提供了在较大粒度上应用的能力。在 IOS 软件中增加了下面的接口配置命令。默认的设置遵从了全局的设置：

```
ip bgp fast-external-fallover [permit|deny]
```

当使用 BGP 快速外部切断特性时，一条不断抖动的链路会引起 BGP 前缀的衰减。一条链路中断了几秒钟，接着又恢复正常。如果使用了 BGP 快速外部切断特性，那么每隔几分钟 BGP

会话就会被拆除一次，而后仅仅几秒钟又被重启。这更可能导致 BGP 会话再次被拆除前，难以完全收敛。

然而，当用户边缘路由器与上游提供商具有多个 eBGP 会话时，BGP 快速外部切断特性是有用的。如果链路稳定，并且用户需要非常快速的切断，那么这个特性就会触发 BGP 在链路失效的时刻执行。BGP 快速外部切断特性不能工作在 eBGP 多跳（eBGP multihop）的情况下，并且对等体地址必须和物理接口地址相同。

2．IGP/BGP 收敛时间增量

通常，恢复提供通信服务的路由器不会被认为是流量损失的潜在原因。我们通常关心的是路由器失效的检测和失效路由器周边的网络收敛情况。然而，在 BGP 网络中，一台新恢复正常的路由器在 BGP 重新收敛的一段时间内可能导致流量损失。图 3-4 显示了穿越 BGP 网络，从客户的 AS 65000 流到目的地 AS 200 的流量。

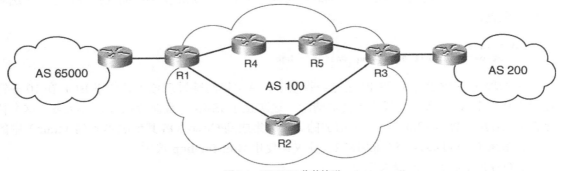

图 3-4　IGP/BGP 收敛情形

如果 R2 发生了故障，流量就会重新路由到途经 R4、R5 和 R3 的较长的路径上去。问题发生在 R2 恢复正常服务的时候。IGP 重新收敛后，在 R1 上，AS 200 的前缀的下一跳是 R2。但是，R2 上的 BGP 还没有重新收敛完成，这就意味着 R2 不知道如何到达 AS 200 的任何目的地。当从 AS 65000 去往 AS 200 的流量被发送给 R2 时，由于没有必需的路由选择信息，这些流量就会被丢弃，直到 R2 学习到 AS 200 的前缀信息为止。

解决方案就是，想办法让刚刚重新启动的路由器在 IGP 中通告一条信息，即它不应该被用作穿越路由器。这就意味着新重启的路由器必须是最短路径树的叶节点。仅仅是去往路由器直连前缀的流量才应该被发送给这台路由器。这台路由器本身的前缀必须是可达的，否则 BGP 会话就不能建立。

IS-IS 和 OSPF 路由选择协议都提供了一种瞬时黑洞（black hole）的避免机制。

（1）IS-IS 过载位

IS-IS 协议提供了一种称为过载位（Overload bit，OL-bit）的特性。过载位是链路状态 PDU（Link State PDU，LSP）中的值，它最初是用作一种信号，在路由器出问题的时候——例如资

源耗尽——通知外界，并且确定了这台路由器不应作为具有穿越能力的路由器而被包括到网络拓扑中。然而，仍然能够通过已被设置了过载位的路由器到达直连前缀，这台路由器更像一台多宿主的主机。这样就允许了远端路由器管理。

IGP 收敛吞噬（black-holing）流量的问题提出了过载位的另一个用法。在新重启的路由器上可以设置过载位，这时，该路由器仍然允许建立 BGP 会话，并进行 BGP 重新收敛，但是它不能被用作穿越路由器。BGP 会话收敛之后，这台路由器发出一个已移除过载位的 LSP 的新拷贝。接着，这台完全收敛的路由器就又变成了穿越拓扑中的一部分了。

在这里有两个选项。第一个选项是配置路由器在启动的时候设置过载位，并保持一段预先定义好的时间长度。这个特性的配置如下：

```
router isis
    set-overload-bit on-starup timeout
```

这种配置的惟一问题是 BGP 收敛的时间可能比配置的预先定义的时间快得多。第二个选项采用如下配置：

```
router isis
    set-overload-bit on-starup wait-for-bgp
```

这个选项允许 BGP 通知 IS-IS 它已经收敛了，并可以清除过载位了。如果 BGP 在 10 分钟后还没有通知 IS-IS，那么过载位也会被清除。这防止了 IS-IS 一直僵持在过载的状态。这个特性是在 Cisco IOS 版本 12.0（7）S 中增加的。对于集成到 Cisco IOS 其他版本系列（train）中的信息，请参考 Cisco DDTs CSCdp01872。建议你使用 **wait-for-bgp** 选项。

（2）OSPF 在启动时的最大度量

OSPF 协议没有过载位。在 OSPF 中，IS-IS 所提供的过载位功能需要通过对度量的操纵来模拟。OSPF 路由器可以在它的路由器链路状态通告（link-state advertisement，LSA）中设置所有度量，并能够使网络 LSA 具有最大的度量。这样就确保了路由器不会被用作穿越路径，但是对于 BGP 会话依然可达。这个配置选项如下：

```
router ospf 100
    max-metric router-lsa on-starup timeout
```

OSPF 的最大度量（max-metric）特性可以通过下面的命令和 BGP 配合使用：

```
router ospf 100
    max-metric router-lsa on-starup wait-for-bgp
```

当收到来自 BGP 的已收敛的通知后，OSPF 路由器就会重新发出它的路由器 LSA 和所有网络 LSA。如果 BGP 在 10 分钟内还没有通知 OSPF，那么路由器 LSA 和网络 LSA 将会以适当的度量被重新生成，以防止路由器僵持在非穿越状态。你可以使用命令 **show ip ospf protocol** 来检验 OSPF 在启动时的最大度量特性，如例 3-10 所示。

例 3-10　检验 OSPF 在启动时的最大度量

```
Routing Process "ospf 100" with ID 10.1.1.1
    Supports only single TOS(TOS0) routes
    Supports opaque LSA
    It is an area border and autonomous system boundary router
    Redistributing External Routes from,
        static, includes subnets in redistribution
    Originating router-LSAs with maximum metric, Time remaining: 00:01:18
        Condition: on startup while BGP is converging, State: active
    SPF schedule delay 5 secs, Hold time between two SPFs 10 secs
    Minimum LSA interval 5 secs. Minimum LSA arrival 1 secs
    Number of external LSA 7. Checksum Sum 0x47261
    Number of opaque AS LSA 0. Checksum Sum 0x0
    Number of DCbitless external and opaque AS LSA 0
    Number of DoNotAge external and opaque AS LSA 0
    Number of areas in this router is 2. 1 normal 0 stub 1 nssa
    External flood list length 0
        Area BACKBONE(0)
            Number of interfaces in this area is 1
            Area has no authentication
            SPF algorithm executed 3 times
            Area ranges are
            Number of LSA 8. Checksum Sum 0x474AE
            Number of opaque link LSA 0. Checksum Sum 0x0
```

OSPF 的最大度量特性被集成在 Cisco IOS 版本 12.0（15）S 中。IS-IS 的过载位设置和 OSPF 的最大度量设置提供了相同的功能，它们都允许路由器可达，但是又被移到穿越路径之外。

3．BGP 不中断转发

当路由器重新启动时，BGP 对等会话将会中断。重启完成后，这些会话又会重新建立。这种转变过程将会引起前缀被撤回并被重新通告，这被称作路由抖动（route flapping）。路由抖动将导致额外的 BGP 路由计算、更新消息生成，以及转发表的波动。

当代中高端的路由器已经把控制层面和数据层面的处理分开了。路由处理器生成转发表，并把它安装到线卡的转发引擎上去，路由处理器不再是转发路径所必需的一部分了。

BGP 的不中断转发（Non-Stop Forwarding，NSF）或优雅重启动（BGP-GR，Graceful restart）特性利用了数据层面处理和控制层面处理的独立性。BGP NSF 的概念是指，在 BGP 重启的一段时期内，数据层面依然能够继续转发数据。这种 BGP 重启的形式可以是路由处理器的重新启动、路由处理器的切换，或者将来发展为 BGP 进程的重启。当 BGP 路由器失效时，它不通知它的对等体自己正在重启。重启后，BGP 进程会建立新的 TCP 会话，重新同步它的 RIB，并且执行 FIB 所需要的更新。这样的整个处理过程仅仅对于正在重启的 BGP 路由器的对等体才是可见的。BGP 的两个补充提供了这样的功能：

- RIB 结束标志（End-of-RIB marker）；
- 优雅重启动能力。

下面将讲述这两个新的机制。

(1) RIB 结束标志

RIB 结束标志暗示了 BGP 对等体，自己在会话初始化后完成了初始路由选择更新。这个特性对于 BGP 的收敛是很有价值的，它独立于 BGP-GR。对于一般的收敛来说，RIB 结束标志可以作为 BGP 运行最佳路径算法的触发器。这样就允许 BGP 保持只读模式，直到所有的对等体收到 RIB 结束标志为止。最佳路径算法创建了本地 RIB，然后 BGP 更新被生成，并被有效地打包，再被发送给远端对等体。

对于 IPv4 来说，RIB 结束标志是一种 BGP Update 消息，它不含可达的 NLRI，并且撤回 NLRI 的字段为空。其他的地址簇也用 BGP Update 消息来标志 RIB 的结束，这个 BGP Update 消息只包含 MP_UNREACH_NLRI 属性而没有关于该 AFI/SAFI 的撤回路由。虽然 Cisco IOS 软件在初始化路由选择更新之前不会发送 keepalive 消息，但是并不是所有的厂商都遵循这一行为。RIB 结束标志提供一个互操作的方法，以表明初始化路由选择更新已经结束。这个功能是独立于 BGP-GR 的，即使没有 BGP-GR 的时候也能使用它。

(2) 优雅重启动能力

如图 3-5 所示，优雅重启动能力一次被发送，第 2 章的"BGP 的能力"一节已经讨论过，这是作为能力协商过程的一部分。优雅重启动能力运载了几条重要的信息。这个能力的存在表明对等体打算使用 RIB 结束标志。该能力作为地址簇标记的一部分，包含了重启状态（Restart State）字段、重启标记（Restart Flags）中的重启时间（Restart Time）字段，以及每一个 AFI/SAFI 的转发状态（Forwarding State）位等。

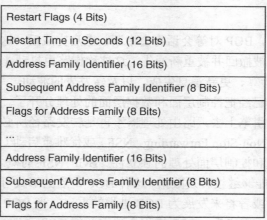

图 3-5 BGP 优雅重启动能力

重启状态字段表明路由器已经重启了。这是为了防止两台正在重启的相邻路由器在等待 RIB 结束标志时产生死锁。在路由器重新启动并建立了 BGP 会话之后，它就一直处于等待状态，直到收到来自于每一个对等体的初始路由选择更新之后，才会运行最佳路径算法，并发送它自己的更新。如果重启状态被设置为 1，它们将不等待对等体发送初始路由选择更新。

重启时间字段表明，正在重启的路由器的对等体应该等待多长时间，以维护它从正在重启的路由器接收过来的前缀。例如，假设路由器 A 向路由器 B 表示它的重启时间是 180 秒，那么如果路由器 A 重启后，但在 180 秒内没有建立与路由器 B 的会话，路由器 B 就会认为路由器 A 的重启出了问题。接着，路由器 B 就会从它的 RIB 中删除所有的来自于路由器 A 的、过时的前缀信息，并把路由器 A 移出转发路径。

转发状态字段表明，路由器在重启过程中是否成功地维护了转发状态。并非所有的平台在路由处理器重启的条件下都能维护状态信息。路由器重启后，这必须在优雅重启动能力中被指示。如果 BGP 路由器具备 BGP-GR 能力，但是在重启过程中不能维护转发状态，那么它自己就不能优雅重启动，而只能作为一种支持的角色参与到其中。这就意味着，如果没有维护转发状态能力的路由器失效了，那么它就不能优雅重启动。然而，如果它的某个对等体具备维护转发状态的能力，并重启了，那么它就可以参与更新重启路由器的 BGP RIB。

在会话初始化时，BGP 路由器通过 BGP 的动态能力协商特性来通告 BGP-GR 能力。路由器收到不含 AFI/SAFI 信息的 BGP-GR 能力，表明发送该信息的对等体支持 RIB 结束标志，并且支持能够维护转发状态和打算利用 BGP-GR 能力的对等体。收到带有 AFI/SAFI 信息的 BGP-GR 能力，表明发送该信息的对等体将要执行针对 AFI/SAFI 的 BGP-GR。

重启时间应该小于 BGP 对等体的保持时间（holdtime）。在下面的章节中，"重启 BGP 路由器"就是指 BGP 在上面已经被重启的路由器，而"接收 BGP 路由器"是指与重启 BGP 路由器建立对等会话的 BGP 路由器。

当 BGP 路由器重启时，转发信息库（FIB）应该被标记为"过时"。过时的转发信息被用来转发数据包。"过时"的设计允许了路由器在重新启动后可以更新这些转发信息。

BGP 路由器重启后，重启状态必须被设置为 1，以便重建与接收 BGP 路由器的对等体会话。在 BGP 会话重建后，重启 BGP 路由器将处于等待状态，一直到它收到完整的初始路由选择更新，这是由来自接收 BGP 路由器的 RIB 结束标志来表示的。接着，重启 BGP 路由器运行 BGP 路径选择过程，刷新转发表，并通过带有 RIB 结束标志的 Adj-RIB-Out 来更新接收 BGP 路由器。

当 BGP 路由器重启时，接收 BGP 路由器可能会，也可能不会检测到会话失效。接收 BGP 路由器仍然可能将 BGP 会话置于 Established 状态，直到重启 BGP 路由器尝试初始化一个与它的新的 BGP 会话时，接收 BGP 路由器才会接收新的会话，并关闭老的 TCP 连接。按照正常的行为，接收路由器不会发送 BGP NOTIFICATION 消息。

接收 BGP 路由器发送 BGP-GR 能力给重启 BGP 路由器，重启状态被设置为 0，除非接收 BGP 路由器也被设置了重启状态 0。接收 BGP 路由器接收来自于重启 BGP 路由器的、带有重启状态为 1 的 BGP-GR 能力。这就触发了接收 BGP 路由器发送初始路由选择更新，后跟一个 RIB 结束标志。

接收路由器维护着"过时"的路由选择信息，直到发生以下 3 个事件之一：

- 接收路由器通过接收到的 BGP-GR 能力中的转发状态位，检测到重启路由器上没有保持转发状态。
- 接收路由器接收到来自重启路由器的 RIB 结束标志。
- 接收路由器的失效保护计时器（failsafe timer）超时了——这是为了确保"过时"的信息不再被使用。

第一个 BGP 对等会话——也就是 BGP-GR 能力被建立的时候——与第一个重启会话之间有重要的区别。BGP-GR 能力初始化的第一个会话告诉对等体，在重启路由器失效时应该维护它的前缀。重启后，路由器会第二次收到这个能力。这次重建告诉对等体，应该为了未来的重启而去维护 BGP 前缀信息。它也指出了为防止影响数据流，重启时自己维护了转发状态。

BGP NSF 特性是在全局模式下启动的，并不是基于一个一个对等体的。它可以使用下面的配置命令启动：

```
router bgp ASN
  bgp graceful-restart
```

BGP 的重启时间可以通过命令 **bgp graceful-restart restart-time** *value*，以秒为粒度来配置。

你也可以为 BGP NSF 配置一个以秒为粒度的过时路径计时器（stale path timer）。过时路径计时器确定了路由器需要将来自优雅重启动对等体的路径保持多久。你可以通过命令 **bgp graceful-restart stale-path-time** *value* 来配置这个计时器。

BGP NSF 特性可以通过命令 **show ip bgp neighbors** 的输出来检验。你也可以检验是否已经通告或接收了优雅重启动能力。BGP NSF 特性集成在 Cisco IOS 版本 12.0（22）S 和 12.2.15T 中。

3.2.2 前缀更新的优化

前缀更新的优化关注如何防止前缀通告中的不稳定性，以及如何将新策略应用的影响减到最低。这包括检测网络外部的不稳定性和过滤不稳定性对内部网络的影响。其他方面就是最小化改变策略所带来的影响，以及降低被通告的前缀信息的数量。可用的前缀处理优化手段包括下面的一些特性：

- **路由抖动衰减**——这个特性监控路由选择信息的不稳定的征兆。那些表现不稳定的前缀将会受到惩罚，直到它们稳定下来为止。
- **BGP 温和重配置和路由刷新**——温和重配置和路由刷新特性被设计用来通过减少对未涉及的前缀的影响来最小化应用新策略的影响。
- **传输（Transmit，TX）侧的环路检测**——传输侧的环路检测关注的是减少发往外部对等体的前缀信息。如果前缀信息由于 AS_PATH 环路检测机制而被远端对等体拒绝，那么抑制这些前缀的通告就能优化更新处理过程。
- **出境路由过滤（ORF）**——ORF 能力和传输侧的环路检测在概念上是类似的，它关注的是如何基于远端对等体的入境策略配置，来减少本端对等体通告的前缀信息。ORF特性特别关心的是在发送 ORF 特性的对等体上卸载入境前缀过滤的压力。

1. 路由抖动衰减

路由抖动衰减特性由 RFC 2439 描述。它主要有以下 3 个目的：

- 提供了一种机制，以减少由于不稳定路由引起的路由器处理负载。
- 防止持续的路由抖动。
- 增强了路由的稳定性，但不牺牲表现良好的（well-behaved）路由的收敛时间。

路由衰减为每一条前缀维护了一个路由抖动的历史记录。路由衰减算法包含以下几个参数：

- **历史状态**——当一条路由抖动后，该路由就会被分配一个惩罚值，并且它的惩罚状态被设置为历史（History）。
- **惩罚（Penalty）**——路由每抖动一次，这个惩罚值就会增加。默认的路由抖动惩罚值是 1000。如果只有路由属性发生了变化，那么惩罚值为 500。这个值是硬件编码的。
- **抑制门限（suppress limit）**——如果惩罚值超过了抑制门限，该路由将被抑制或衰减（dampen）。路由状态将由历史（History）状态转变为惩罚（Damp）状态。默认的抑制门限是 2000，它可以被设置。
- **惩罚状态（或衰减状态，damp state）**——当路由处于惩罚状态时，路由器在最佳路径选择中将不考虑这条路径，因此也不会把这条前缀通告给它的对等体。
- **半衰期（Half life）**——在一半的生命周期的时间内，路由的惩罚值将被减少，半衰期的默认值是 15 分钟。路由的惩罚值每 5 秒钟减少一次。半衰期的值可以被设置。
- **再使用门限（reuse limit）**——路由的惩罚值不断地递减。当惩罚值降到再使用门限以下时，该路由将不再被抑制。默认的再使用门限值为 750。路由器每 10 秒钟检查一次那些不需要被抑制的前缀。再使用门限是可以被配置的。当惩罚值达到了再使用门限的一半时，这条前缀的历史记录将被清除，以便更有效地使用内存。
- **最大抑制门限**——这是前缀抑制的上限。如果路由在短时间内表现出极端的不稳定性，然后又稳定下来，那么累积的惩罚值可能会导致这条路由在过长的时间里一直处于惩罚状态。这就是设置惩罚值上限的基本目的。如果路由表现出连续的不稳定性，那么惩罚值就停留在它的上限上，使得路由保持在惩罚状态。默认的最大抑制门限是 60 分钟，它是可以被配置的。

当路由抖动时，惩罚值就会被分配给该路由，该路由也会被标记为具有不稳定的历史。后续发生的路由抖动会增加这个惩罚值。当惩罚值的增加超过了抑制门限的时候，这条路由就会被抑制，或被称为惩罚。

图 3-6 显示了一条前缀的路由惩罚。

默认的抑制门限是 2000；然而，这在出现 3 次路由抖动后才会触发抑制。这是因为，为每次路由抖动分配的惩罚值是 1000；但是，惩罚值会立即开始衰减。在第一次和第二次路由抖动之间的衰减会使惩罚值保持在抑制门限 2000 之下，直到出现第三次路由抖动为止。

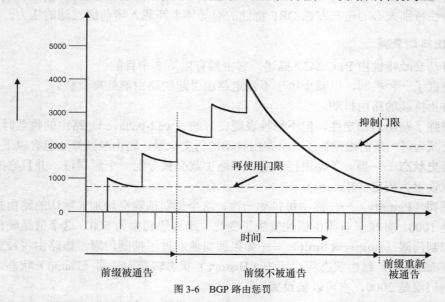

图 3-6 BGP 路由惩罚

　　分配给路由的惩罚值不断地衰减。当该路由的惩罚值衰减到再使用门限以下时，它就会再次被通告给它的对等体。这种机制使表现良好的路由可以快速地收敛；然而，那些表现不稳定的路由将会得到惩罚，直到不稳定性衰退为止。

　　例 3-11 显示了路由惩罚特性的配置。

例 3-11 路由惩罚的配置

```
router bgp 100
  bgp dampening half-life reuse-limit suppress-limit maximum-suppress-time
```

　　如果不小心地配置了 BGP 惩罚参数的值，那么它可能会引起意想不到的行为出现。分配给一条前缀的最大惩罚值可以通过一个公式来确定。如果最大惩罚值不大于抑制门限，那么前缀将不会达到一个足够高的惩罚值而被抑制，使 BGP 的惩罚变得无用。该公式如下：

$$最大惩罚值 = 再使用门限 \times 2^{(最大抑制时间/半衰期)}$$

　　下面是一个 BGP 惩罚参数配置的例子，它被证实是无效的：

bgp dampening 30 750 3000 60

　　在这里，抑制门限是 3000，分配给路由的最大惩罚值也是 3000。对于一条路由来说，它的惩罚值必须超过抑制门限。在这个例子中，惩罚值是等于抑制门限的。

　　下面是一个 BGP 惩罚参数默认配置的例子，它是有效的：

bgp dampening 15 750 2000 60

在这里，抑制门限是 2000，而分配给路由的最大惩罚值是 6000。要始终检验参数来确保它们真正地让 BGP 的衰减特性对摆动的路由起了作用。

BGP 的衰减特性仅仅影响外部的 BGP 路由。如果它应用到内部前缀，完全不同的惩罚参数可能在整个网络上提供不一致的转发表。在边缘上惩罚前缀会把它们清除出内部网络，这给内部也施加了有效的惩罚。BGP 的衰减特性是基于每条路径的路由而操作的。如果一条前缀具有两条路径，并且其中一条被惩罚了，那么另一条前缀仍然是可用的，可以被通告给 BGP 的对等体。

BGP 的衰减特性允许路由映射被应用在惩罚处理过程中。这样就提供了分级化的惩罚，基于分类的匹配规则，不同类型的前缀可以被应用不同的惩罚参数。这个概念将在第 9 章中讲述。

2．BGP 温和重配置（soft reconfiguration）

当 BGP 策略被改变时，为了使新的策略生效需要重置 BGP 会话。重置 BGP 会话会引起路由扰动（churn）和路由抖动。过多的 BGP 对等体重置甚至可能会触发路由抖动衰减。

BGP 的温和重配置和路由刷新特性都是以一种不扰乱路由的方式来清除 BGP 会话的方法，是一种"温和的"清除，而不是通常的"生硬的"清除。温和清除不会真正地重置 BGP 会话。当温和重配置被启用时，它通过适当的出入境策略配置来触发前缀信息的重新处理。

出境温和重配置不需要任何额外的资源。BGP 路由器可以通过针对特定对等体的出境策略来处理 Adj-RIB-Loc，并创建一个新的 Adj-RIB-Out。远端对等体可以被 BGP Update 消息中的任何变化所更新。

入境连接上的温和重置（soft reset）可能有点困难，因为当发送给远端对等体的前缀信息由于远端的入境策略而被拒绝时，那条前缀信息不会被保存在远端对等体的 BGP 表中。这是有意用来优化拥有大量前缀的 BGP 路由器的资源利用的。

BGP 温和重配置特性使 BGP 对等体能够维护所有学自远端对等体的前缀信息，即使这些前缀信息由于入境策略过滤而被拒绝。这个特性增加了对内存资源的需求；然而，路由器可以通过更新的入境配置重新处理所有的入境前缀。

BGP 温和重配置特性是基于每个对等体而被启用的。启用温和重配置的配置如下：

```
router bgp xxxxx
    neighbor address or peer group soft-reconfiguration-inbound
```

被入境策略配置所拒绝的前缀信息，由于温和重配置的特性仍然被保存在 BGP 表中，它们被标记为仅仅接收（received-only）。这些前缀不允许参与 BGP 路径选择过程。

3．路由刷新特性

路由刷新（route refresh）特性是温和重配置特性的替代方式。路由刷新是一种 BGP 能力，它是在会话初始阶段协商的。路由刷新特性允许 BGP 路由器请求远端对等体重新发送它的 BGP Adj-RIB-Out。这使得 BGP 路由器可以重新应用入境策略。

例 3-12 验证了特定的 BGP 会话对路由刷新的支持。

例 3-12 验证路由刷新能力的 show 命令的输出

```
Router#show ip bgp neighbor peer address | include [Rr]oute [Rr]efresh
....
  Neighbor capabilities:
    Route refresh: advertised and received(old & new)
....
```

如果对某个特定的邻居启动了 BGP 温和重配置，那么对那个邻居就运行了路由刷新。这些特性是互斥的。路由刷新的处理是基于每个地址簇的。

4．传输侧的环路检测

传输侧的环路检测必须手工地实现。BGP 路由器把前缀信息通告给它的对等体，如果前缀的 AS_PATH 中包含了对等体的自治系统号（ASN），那么对等体的环路检测机制在 AS_PATH 中将检查到自身的 ASN，因此会拒绝这些前缀。优化的思想就是在第一时间阻止这些前缀被通告出去，以减少 BGP 更新数据包的大小，这使接收对等体能够处理到一组优化过的前缀。

TX 环路检测的配置只用于外部的对等体。TX 环路检测的配置很简单，它可以被路由映射或过滤列表所引用。它的配置示例见例 3-13。

例 3-13 TX 环路检测的配置

```
router bgp 100
 ...
 neighbor 10.1.1.1 remote-as 1
 neighbor 10.1.1.1 filter-list 1 out
 ...
!
ip as-path 1 deny _1_
ip as-path 1 permit any
!
```

as-path 列表与被通告前缀中的 AS_PATH 属性里面存在的远端 ASN 匹配后，就拒绝这些前缀。所有其他的前缀被显式地允许通过。

注意：在一些情况下，传输侧环路检测是不希望出现的——特别是在 MPLS VPN 的环境里。过去，在不使用对等体组的情况下，这个特性是默认行为；但是，在提供 MPLS VPN 支持的时候，该特性被清除了。

5．出境路由过滤

BGP ORF 特性利用了 BGP ORF 的发送（send）和接收（receive）的能力，将对等体路由器之间发送的 BGP 更新数目减少到最低。配置这个特性可以过滤掉传输侧的那些不想要的路由更新，有助于减少生成和处理路由选择更新所需要的资源数量。

通过向 BGP 对等体路由器通告 ORF 能力，可以激活 BGP ORF 特性。这个特性表明 BGP 宣告路由器接受从邻居来的前缀列表，并把这个前缀列表应用到针对那个对等体的出站方向上。BGP ORF 特性可以由 ORF 发送能力、接收能力，或者发送和接收能力来配置。BGP 路由器推送入境前缀列表给远端对等体之后，它会继续应用这个入境前缀列表来接收更新。

例 3-14 提供了一个配置样例。

例 3-14　BGP ORF 能力配置

```
router bgp 100
  ...
  neighbor 10.1.1.1 remote-as 10
  neighbor 10.1.1.1 capability prefixlist-orf both
  ...
!
```

在例 3-14 中，BGP ORF 使用了发送和接收的选项来通告能力。如果不使用 **both** 关键字，使用 **send** 或 **receive** 就允许了单向 ORF。使用 **send** 或 **receive** 关键字表明路由器具有发送或接收前缀列表的能力。它们都没有参照特定路由的通告。

当一个对等体组的成员正在接收前缀列表时，BGP ORF 特性不能用于 BGP 的对等体组。出境策略的动态特性阻止了更新的复制。对等体组的成员能够发送策略。BGP ORF 性能最早由 IOS 版本 12.0（6）S 和 12.0（7）T 引入。

3.3　案例研究：BGP 收敛测试

本章前面介绍了 BGP 收敛性调整的主题。以上的讨论讲解了 BGP 更新过程中的瓶颈，并提供了消除这些问题的配置选项。这一节的案例研究关注的是提供一些实验性的数据，以便用来支持本章前面提出的收敛性调整的建议。

3.3.1　测试环境

执行本次收敛测试的设备有：
- Cisco 7206VXR；
- NPE 300 网络处理器；
- 256MB DRAM。

这个测试使用了两个版本的 Cisco IOS。除了更新增强的测试外，其他所有的测试都运行在 12.0（15）S1 的版本上。更新增强的测试运行在 12.0（23）S 的版本上。这是由于更新打包和 BGP 只读模式的需要才改变软件代码的。

在测单元（Unit Under Test，UUT）由单一的 eBGP 对等会话来配置，该会话提供前缀信息。这些前缀信息然后会被发送给 50 个 iBGP 对等体。前缀数量的范围大约在 70 000～140 000 之间，并以 10 000 为递增单位。

使用的 BGP 表是特别创建的，在不等的前缀长度的分发和不同的属性组合的分发方面，它能体现标准的 Internet 路由选择表。每一个测试都使用了相同的 BGP 表，但采用了不同数量的前缀。

在测单元中，当所有对等体的 BGP 表版本和该路由器的 BGP 表版本相等，并且 BGP 的每一个对等体的 InQ 和 OutQ 都为 0 时，我们就认为 BGP 进程已经收敛了。**show ip bgp summary** 的输出被用来确定路由器什么时候达到收敛状态。这个在测单元的收敛时间就是从第一个 BGP 对等会话的初始化到 BGP 路由器达到收敛状态的时间。

3.3.2 基准（baseline）收敛

基准收敛是由默认的配置来完成的。BGP 特性状态如下：

- 没有启用对等体组；
- 关闭了路径 MTU 发现（TCP MSS 536）；
- 输入保持队列是 75；
- 不支持更新打包。

图 3-7 中显示了测试结果。

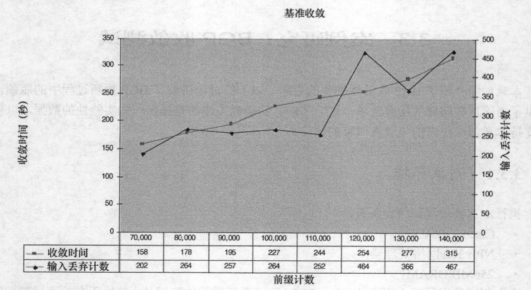

图 3-7　基准 BGP 收敛统计

BGP 收敛时间差不多是线性的。该网络使用了 158 秒收敛了 70000 条前缀，而花费了 315 秒收敛了 140000 条前缀。输入丢弃的数量也比较低；但是，注意到它一直保持较低的水平，直到增长到 120000 条前缀的时候，而在这一点后又显著地增加了。这归结于 TCP 使用了自己的拥塞管理机制。第一个数据包的丢失引起了 TCP 退避（back off）。数据包丢失的减少会引起 TCP 再次增加它的发送速率，导致进一步的丢包。

3.3.3 对等体组的好处

对等体组特性是首先被部署的。按照"对等体组"一节的描述，该特性是所有性能调整的基础。因此，余下的测试内容都包含了 BGP 对等体组。

BGP 特性状态如下：
- 启用了对等体组；
- 关闭路径 MTU 发现（TCP MSS 536）；
- 输入保持队列是 75；
- 不支持更新打包。

图 3-8 显示了测试结果。

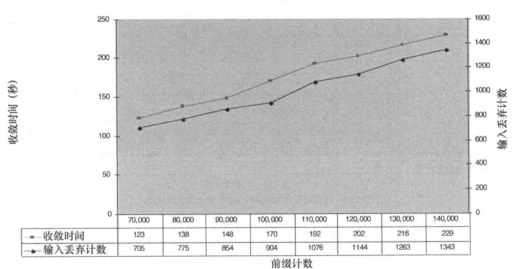

图 3-8 对等体组的收敛统计

BGP 对等体的收敛时间继续保持线性。部署了对等体组后，收敛时间平均减少了 22%。然而，输入丢弃率显著地增加了。这个输入丢弃率的增加是由于更新复制提高了路由器的更新生成效率的结果。

3.3.4 对等体组和路径 MTU 发现

除了对等体组外，这里又启用了路径 MTU 发现的功能。这应该能减少所需要的 BGP 更新数据包的数目，也能减少输入丢弃的数目。

BGP 特性状态如下：

- 启用了对等体组；
- 启用了路径 MTU 发现（TCP MSS 1460）；
- 输入保持队列是 75；
- 不支持更新打包。

图 3-9 显示了测试结果。

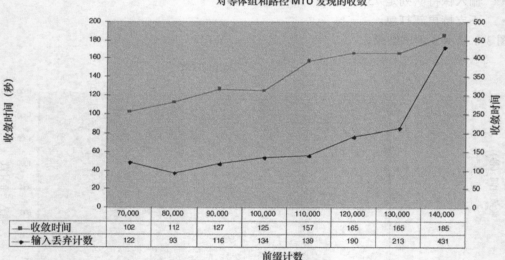

图 3-9 启用对等体组和路径 MTU 发现的收敛统计

PMTUD 的部署应该减少了 63%左右的 BGP 更新的数目，大大地减少了输入队列丢弃的数目。输入队列丢弃数目的减少在 BGP 会话方面提高了 TCP 的吞吐量。数据包大小的增加相对于对等体组的收敛时间减少了平均 20%。

3.3.5 对等体组和队列优化

除了对等体组，优化输入保持队列也可以防止输入的丢弃。这种优化使得 TCP 不需要重传就能为 BGP 对等会话操作。

BGP 特性状态如下：

- 启用了对等体组；
- 关闭了路径 MTU 发现（TCP MSS 536）；
- 输入保持队列是 1000；
- 不支持更新打包。

图 3-10 显示了测试结果。

	70,000	80,000	90,000	100,000	110,000	120,000	130,000	140,000
收敛时间	119	121	134	146	163	174	190	202

前缀计数

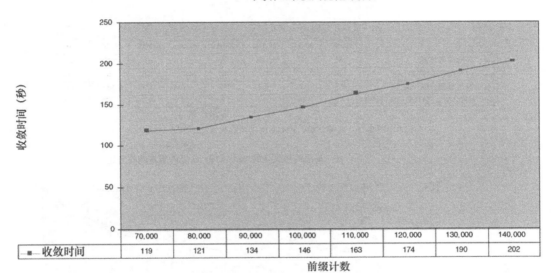

图 3-10 对等体组和队列优化的收敛统计

输入数据包的丢弃率降低到了 0，因此从图上删除了它们。使用队列优化的收敛时间和只用对等体组的收敛时间相比，降低了 12%。

3.3.6 12.0（19）S 以前版本特性的比较

图 3-11 比较了多种特性组合下，收敛时间的减少情况。

这个图显示了多个 BGP 收敛特性的累积影响。在对等体组的基础上，部署了 PMTUD 和队列优化，将收敛时间平均降低了 29%。

图 3-12 比较了完全优化的运行在 12.0（19）S 之前版本的路由器的收敛和基准收敛。

12.0（19）S 版本之前的可用特性被应用后，比默认配置降低了 45%的 BGP 收敛时间。这种 BGP 性能的提高早在 12.0（13）S 版本就可用了。

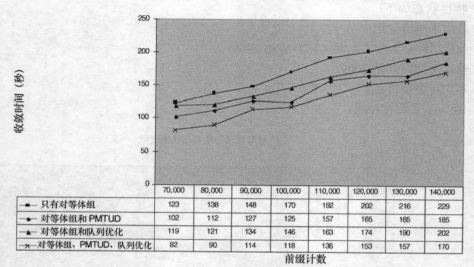

图 3-11　对等体组、PMTUD 以及队列优化的统计

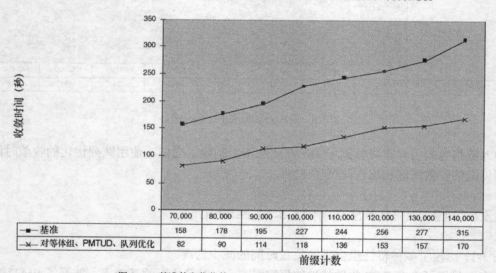

图 3-12　基准的和优化的 12.0（19）S 以前版本的收敛比较

3.3.7　12.0（19）S 以后版本 BGP 性能的增强特性

最后的测试环境将在测单元的软件版本升级到 Cisco IOS 12.0（23）版本。在这个版本就可

以启用 BGP 更新打包和 BGP 只读模式了。在这个案例研究中，这些增强特性结合前面讨论的所有特性一起确定了优化的 BGP 收敛时间。

BGP 特性状态如下：
- 启用了对等体组；
- 启用了路径 MTU 发现（TCP MSS 1460）；
- 输入保持队列是 1000；
- 启用了更新打包。

图 3-13 提供了 3 个重要的收敛情景：基准收敛、优化的 12.0（19）S 以前版本的收敛，以及优化的 12.0（19）S 以后版本的收敛。

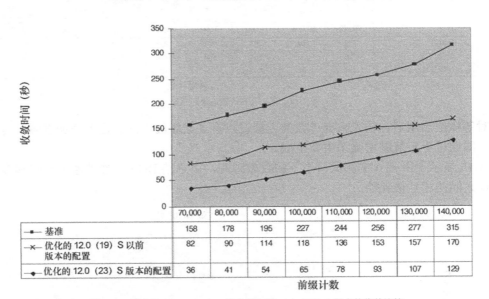

图 3-13　基准的、12.0（19）S 以前版本和 12.0（23）S 版本的收敛比较

按照前面的描述，优化的 12.0（19）S 以前版本的收敛比基准收敛提高了平均 45%的性能。优化的 12.0(19)S 以后版本的收敛又在优化的 12.0(19)S 以前版本的收敛的基础上平均再提高了 43%。优化的 12.0（19）S 以后版本的配置的收敛时间比基准的收敛时间平均减少了 69%。

3.3.8　案例研究总结

这个案例研究检查了在特定测试环境中发生输入丢弃时的情况。输入丢弃的数目给观察 BGP 数据包生成数目提供了机会。BGP 更新的数目越大，到来的 TCP ACK 也就越多。图 3-14 中显示了输入保持队列的丢弃情况。

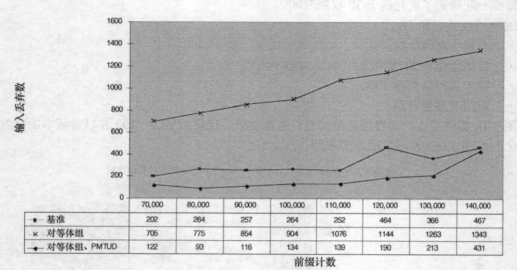

图 3-14 输入丢弃计数的最后总结

当对等体组启用后,输入丢弃计数的主标记点有了显著的增加。这个增加表明了对等体组的影响,即通过更新复制增强了更新生成。

图 3-15 显示了所有 6 个测试情形下的收敛时间,以总结 BGP 收敛调整的影响和多个收敛调整特性之间的相互依赖性。

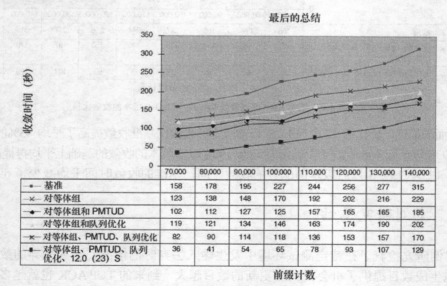

图 3-15 收敛时间的最后总结

在整个案例研究中，对收敛时间的改进都是以百分比的方式描述的。表 3-3 比较了所有前缀数量和相关的情形。

表 3-3　　　　　　　　　　　　　不同情形下收敛性能的改进

控制	改进	70 000	80 000	90 000	100 000	110 000	120 000	130 000	140 000	平均
基准	对等体组	22.15%	22.47%	24.10%	25.11%	21.31%	21.09%	22.02%	27.30%	22.15%
对等体组	PG 和 PMTUD	17.07%	18.84%	14.19%	26.47%	18.23%	18.32%	23.61%	19.21%	19.49%
对等体组	PG 和队列	3.25%	12.32%	9.46%	14.12%	15.10%	13.86%	12.04%	11.79%	11.49%
对等体组	PG、PMTUD、队列	33.33%	34.78%	22.97%	30.59%	29.17%	24.26%	27.31%	25.76%	28.52%
基准	PG、PMTUD、队列	48.10%	49.44%	41.54%	48.02%	44.26%	40.23%	43.32%	46.03%	45.12%
PG、PMTUD、队列	优化的	56.10%	54.44%	52.63%	44.92%	42.65%	39.22%	31.85%	24.12%	43.24%
基准	优化的	77.22%	76.97%	72.31%	71.37%	68.03%	63.67%	61.37%	59.05%	68.75%

这张表显示了控制的方式和所提升的结果。针对每一种测试的前缀数量都显示了性能增长的百分比。设计多种组合的目的是为了显示多种优化之间的相互关系。控制时间是指，测试使用了控制列内定义的优化设置后运行的时间。改进时间是指，测试使用了改进列内定义的优化设置后运行的时间。控制时间和改进时间之间的增量，除以控制时间所得的结果就是改进的百分比。这反映了相对于控制时间的改进程度。

3.4　总　　结

本章阐述了 BGP 性能调整的两个主要方面：BGP 收敛调整和 BGP 网络性能的调整。第一部分讲述的主要特性可以显著地提高 BGP 的收敛性能。案例研究提供的实验性的证据补充了前面概念性的描述。

BGP 网络性能调整的章节关注的是如何减小影响网络的事件的波及范围，并减少通告的 BGP 信息量。

随着网络在节点数量和前缀数量方面的增长，BGP 性能调整的挑战是持续变化的。仅仅是大型 BGP 网络所涉及的信息量就提供了很多值得优化的区域，如果不利用这些优化措施，那么可能会引起整个网络范围内的瘫痪。对于所有的 BGP 网络来说，部署 BGP 收敛的优化手段应该被认为是常用的最佳实践（best practice）。

本章探讨 BGP 策略控制的若干方面：

- 策略控制技巧；
- 条件通告；
- 聚合与拆分；
- 本地 AS；
- QoS 策略传播；
- BGP 策略记账；
- 案例研究：使用本地 AS 的 AS 集成。

第 4 章 有效的 BGP 策略控制

读完这本书，你可以了解到 BGP 最初和最终都是一个策略工具。这使 BGP 被用于组建非常复杂的基于策略的网络架构。BGP 协议本身提供了一系列属性，你可以通过它们来设置策略。另外，Cisco IOS 软件进一步扩展和增强了一些额外的可用的工具和手段。本章将探讨这些工具，并解释如何利用它们来创建复杂和有效的 BGP 策略。

4.1 策略控制技巧

BGP 使用了许多公共的策略控制技巧。这一节从正则表达式开始讲起，接着描述过滤列表的多种形式、路由映射和策略列表。

4.1.1 正则表达式

正则表达式（regular expression）是按照一定的模板来匹配字符串的公式。它评估文本数据并返回一个真值或假值。换句话说，要么表达式正确地描述了该数据，要么没有。

正则表达式是最重要的一种工具。例如，正则表达式能有助于从大量的 IOS 输出中快速地解析出所需要的信息，参见例 4-1。

例 4-1 正则表达式用来解析所有邻居的最大数据段尺寸

```
R2#show ip bgp neighbors | include max data segment
Datagrams (max data segment is 1460 bytes):
Datagrams (max data segment is 1460 bytes):
Datagrams (max data segment is 1460 bytes):
```

作为一种公式，正则表达式允许在 BGP AS_PATH 和团体属性策略设置中进行模式匹配。例 4-2 显示了一个描述 AS_PATH 模板的正则表达式，它用来匹配所有始发于邻近 AS 100 的 AS_PATH。

例 4-2 匹配 AS_PATH 模板的正则表达式

```
ip as-path access-list permit ^(100_)+$
```

1. 正则表达式的组成

正则表达式由两种类型的字符组成：
- 用来匹配的字符，或者叫常规字符；
- 控制字符或具有特殊含义的元字符（metacharacter）。

为了能真正很好地使用正则表达式，理解控制字符和怎样使用它们是非常关键的。控制字符可以分成 3 种类型：
- **原子字符或原子**——原子字符是位于常规字符之前或之后用来限制或扩充常规字符的独立控制字符或占位符。一些原子字符可以独立地被使用，而并没有和常规字符一起被使用。
- **乘法字符或乘法器**——乘法器跟在原子字符或常规字符之后，用来描述它前面的字符的重复使用方式。除了点（.）字符外，所有其他的原子字符必须先与常规字符组合，然后才能附加乘法字符。
- **范围字符**——范围字符（即括号）限定了一个完整的范围。

表 4-1 列出了常用的原子字符。

表 4-1　　　　　　　　　　常用的原子字符和它们的用法

原子字符	用　　法
.	匹配任何单个的字符，包括空格
^	匹配一个字符串的开始字符
$	匹配一个字符串的结束字符
_	下划线。匹配一个逗号（,）、左大括号（{）、右大括号（}）、一个输入字符串的开始、一个输入字符串的结尾或一个空格
|	管道符。它具有逻辑或（OR）的含义，意思是可以匹配两个字符串中的任一个
\	转义字符，用来将紧跟其后的控制字符转变为常规字符

在表 4-2 中列出了一些简单的例子。

表 4-2 原子字符的例子

正则表达式	用 法
^a.$	匹配一个以字符 a 开始，而以任何单一字符结束的字符串，例如，ab、ax、a.、a!、a0 等
^100_	匹配 100、100 200、100 300 400 等
^100$	仅仅匹配 100
^100_500_	匹配 100 500、100 500 500 等
100$\|400$	匹配 100、2100、100 400、400、100 100、1039 2400、600 400 等
^\(65000\)$	仅仅匹配（65 000）

表 4-3 中显示了常用的乘法字符。

表 4-3 常用的乘法字符和它们的用法

乘法字符	用 法
*	匹配前面字符的任何序列（0 次或多次出现）
+	匹配前面字符的一个或多个序列（1 次或多次出现）
?	匹配前面字符的 0 次或 1 次出现

一个乘法字符可以应用于一个单字符模式或一个多字符模式。为了将一个乘法字符应用于一个多字符模式，需要把多字符模板放入一个圆括号中。表 4-4 中列出了一些简单的例子。

表 4-4 乘法字符的例子

正则表达式	用 法
abc*d	匹配 abd、abcd、abccd、abcccd 等
abc+d	匹配 abcd、abccd、abcccd 等
abc?d	匹配 abd、abcd、abcdf 等
a(bc)?d	匹配 ad、abcd、cabcd 等
a(b.)*d	匹配 ad、ab0d、ab0b0d、abxd、abxbxd 等

方括号 [ ] 表示一个范围。只匹配包含在范围内的字符之一。你可以在一个范围的开始处使用脱字符（^）来排除范围内包含的所有字符。你也可以使用短划线（-）来分离开始与结束字符以指定范围。表 4-5 中显示了一些简单的例子。

表 4-5 一些范围的例子

正则表达式	用 法
[aeiouAEIOU]	匹配 a、aa、Aa、eA、x2u 等
[a-c1-2]$	匹配 a、a1、62、1b、xv2 等
[^act]$	匹配 d、efg*、low2、actor、path 等，但不能是 pact

2. 在 Cisco IOS 软件中怎样使用正则表达式

在 IOS 软件中的正则表达式仅仅是其他操作系统的一个可用的子集。在 IOS 软件里正则表达式的用法一般可以表述为下面两个类别：

- 过滤命令的输出；
- 用于定义策略的模式匹配。

正则表达式可以用于命令 **show** 和 **more** 的输出过滤。整个行被看作一个字符串。表 4-6 显示了能够在输出中使用的 3 种类型的过滤。

表 4-6　用于完成 3 种输出过滤类型的正则表达式

关　键　字	用　　法
begin	使用包含正则表达式的第一个输出行作为输出行的开始
include	显示包含正则表达式的输出行
exclude	显示不包含正则表达式的输出行

为了过滤输出，可以发送一个跟在关键字后的管道符（|）和正则表达式。例如，指令 **show run | begin router bgp** 将会显示从包含 router bgp 开始的运行配置部分。为了中断过滤的输出，可以键入 Ctrl-^（同时按 Ctrl、Shift 和 6）。例 4-3 显示了一个过滤 **show ip cef** 输出的例子，它显示了所有与接口 Ethernet0/0 相关的前缀。

例 4-3　使用正则表达式过滤 show ip cef 的输出

```
R1#show ip cef | include Ethernet0/0
172.16.0.0/16       192.168.12.2        Ethernet0/0
192.168.12.0/24     attached            Ethernet0/0
192.168.12.2/32     192.168.12.2        Ethernet0/0
192.168.23.0/24     192.168.12.2        Ethernet0/0
192.168.25.0/24     192.168.12.2        Ethernet0/0
192.168.36.0/24     192.168.12.2        Ethernet0/0
```

注意：为了在路由器上输入一个正则表达式中的问号，首先按 Ctrl-V（退出 CLI），接着可以输入 ?。

正则表达式可以被广泛地用于模式匹配以定义 BGP 策略，例如 AS_PATH 过滤。AS_PATH 属性列表使用相反的方向列出前缀所经过的 AS 号，并使用空格分开。你可以使用命令 **show ip bgp regexp** 来检验所配置的正则表达式的结果。

表 4-7 中显示了一些常用的 AS_PATH 模式匹配的正则表达式例子。

表 4-7　使用正则表达式匹配 AS_PATH 模式的例子

AS_PATH 模式	用　　法
.*	匹配所有的路径信息——对于这个例子就是没有过滤
^$	匹配本地 AS 发起的更新
^200$	匹配所有以 AS 200 开始和结束的路径——也就是说，仅仅匹配由 AS 200 发起或由 AS 200 发出的更新（没有 AS 前置并且没有中间 AS）。例如，它不匹配 200 200
_200$	匹配所有由 AS 200 发起的路由，包括那些添加在 200 前的路径

续表

AS_PATH 模式	用法
^200	匹配任何从邻居 AS 200 收到的更新，例如，200、200 100、200 300 100、2001 等
_200_	AS_PATH 包括 AS 200（穿过 AS 200 的前缀，但是不必是由 AS 200 发起的或直接从 AS 200 收到的前缀），例如 200、200 100、300 200 100 等
^100(_100)*(_400)*$	匹配从 AS 100 和它紧接着的邻居 AS 400 来的路径，例如，100、100 100、100 400、100 400 400、100 100 100 400 400 等

4.1.2 加强 BGP 策略的过滤列表

在 BGP 中，过滤列表被广泛地用来定义策略。本节将涵盖前缀列表，AS 路径列表和团体列表。

1．前缀列表

前缀列表被用来过滤 IP 前缀，并能匹配前缀号（prefix number）和前缀长度（prefix length）。与普通的访问列表相比，前缀列表的使用可以提供更高的性能（即较少的 CPU 周期）。

注意：前缀列表不能用于数据包的过滤。

前缀列表条目的一般格式与 IP 访问列表（ACL）的一般格式是相同的。IP 前缀列表由列表名字、列表行为（允许/拒绝）、前缀号和前缀长度组成。下面是 IP 前缀列表的基本格式：

```
ip prefix-list name [seq seq] {deny|permit} prefix/length
```

注意：分布列表（distribute list）是过滤 BGP 路由选择更新的另一种方式。它使用访问列表来定义规则，并且与前缀列表互相排斥。

任何输入的前缀都会被自动地转换为匹配输入的长度值。例如，输入 10.1.2.0/8 的结果就是 10.0.0.0/8。例 4-4 中显示了一个匹配 172.16.1.0/24 的简单例子。和访问列表一样，前缀列表的末尾隐含了一条拒绝所有的条目。

例 4-4 匹配 172.16.1.0/24

```
ip prefix-list out-1 permit 172.16.1.0/24
```

可选地，对于每一条前缀列表的条目可以应用序号。默认条件下，序号会自动地生成，并以 5 递增。它们可以由命令 **no ip prefix-list seq** 取消。前缀列表条目根据序号被顺序地处理。使用序号给更改前缀列表提供了一定的灵活性。

前缀列表的基本形式是同时精确地匹配前缀号和前缀长度。在例 4-4 中，前缀列表仅仅匹配 172.16.1.0/24。例如，它不匹配前缀 172.16.1.128/25 和 172.16.1.0/25。

为了匹配前缀和长度的范围，就需要一些额外可选的关键字。当某个范围终止于/32 时，那么就可以为之指定大于或者等于（**ge**）关键字。**ge** 的值必须大于由前缀/长度指定的长度值，并且不大于 32。如果仅仅指定 **ge** 属性，那么范围就是从 **ge** 的值到 32。如果范围不是终止于 32 的，那么就需要为之指定另一个关键字 **le**。**le** 的用法将在本节后面讲述。

注意：前缀由前缀号和前缀长度组成。当一个前缀列表指定了范围后，就根据前缀号与前缀长度的范围来匹配前缀。例如，如果前缀列表为 **172.16.1.0/24 ge 25**，前缀号匹配的范围就是 172.16.1.0 255.255.255.0（在本例中代表网络掩码）。与之匹配的前缀长度落在 25 到 32 之间，包含 25 和 32。因而，例如 172.16.1.128/25 和 172.16.1.0/30 的前缀就属于这个范围。作为另一个例子，如果前缀列表为 **172.16.1.0/24 ge 27**，那么前缀号匹配的范围依然相同——也就是 172.16.1.0 255.255.255.0。两者所不同的是第二个例子所匹配的前缀长度的范围更小。

例 4-5 中显示了一个匹配 172.16.0.0/16 的一部分的例子。注意，前缀范围在/17 与/32 之间，包含 17 和 32。因此，网络 172.16.0.0/16 就被排除在范围之外了。为了比较，这里也提供了过时的扩展 ACL 形式的语句。

例 4-5　匹配 172.16.0.0 255.255.0.0 的一部分

```
ip prefix-list range-1 permit 172.16.0.0/16 ge 17
!
access-list 100 permit ip 172.16.0.0 0.0.255.255 255.255.128.0 0.0.127.255
```

注意：标准 ACL 不考虑前缀长度。要过滤无类路由选择更新，你可以使用扩展 ACL。源地址和通配符比特一起指定了前缀号。扩展 ACL 中的目的地址字段用来表示实际的网络掩码，而目的地址通配符比特字段用来说明网络掩码应该如何被解释。换句话说，目的地址和通配符掩码字段指定了范围的前缀长度。下面是一些例子。

这个例子仅仅拒绝了前缀 172.16.0.0/24（不是一个范围）：

```
access-list 100 deny ip host 172.16.0.0 host 255.255.0.0
```

这个例子允许 172.16.0.0 255.255.0.0（一个 B 类地址范围）：

```
access-list 100 permit ip 172.16.0.0 0.0.255.255 255.255.0.0 0.0.255.255
```

这个例子拒绝了任何长度为 25 比特或更长的路由选择更新：

```
access-list 100 deny ip any 255.255.255.128 0.0.0.127
```

除了数字 ACL，也可以使用命名的扩展 IP ACL。

小于或等于（**le**）属性也可以指定范围，该范围从前缀/长度所指定的值到 **le** 的值，并包含这两个值。例 4-6 显示了匹配整个 172.16.0.0/16 范围的例子——也就是使用常规掩码的 172.16.0.0 255.255.0.0 或使用反向掩码的 172.16.0.0 0.0.255.255。如果你想使指定的范围不是从前缀/长度所指定的值开始，那么你必须指定另一个关键字——**ge**，将在下面讨论。

例 4-6　匹配整个 172.16.0.0/16 的 B 类地址范围

```
ip prefix-list range-2 permit 172.16.0.0/16 le 32
```

例 4-7 显示了另一个例子。前缀列表和 ACL 形式的语句都被显示了。

例 4-7　匹配 172.16.0.0 255.255.224.0

```
ip prefix-list range-3 permit 172.16.0.0/19 le 32
!
access-list 100 permit ip 172.16.0.0 0.0.31.255 255.255.224.0 0.0.31.255
```

当同时指定 **ge** 和 **le** 属性时，范围就在 **ge** 值到 **le** 值之间。设定的 **ge** 值和/或 **le** 值必须满足下列条件：

长度<ge 值<=le 值<=32

扩充前缀列表（expanded prefix list）的形式如下。注意 **ge** 属性必须在 **le** 值之前被指定：

ip prefix-list *name* [**seq** *#*] **deny** | **permit** *prefix*|*length* [**ge** *value*] [**le** *value*]

例 4-8 显示了一个同时使用 **ge** 和 **le** 属性匹配 172.16.1.0/24 的部分前缀的例子。ACL 形式的语句也包含在内。

例 4-8　匹配 172.16.1.0 255.255.255.0 的部分前缀

```
ip prefix-list range-3 permit 172.16.1.0/24 ge 25 le 31
!
access-list 100 permit ip 172.16.1.0 0.0.0.255 255.255.255.128 0.0.0.126
```

注意 172.16.1.0/24 不在这个范围，所有的/32 也不在这个范围。匹配的范围包括以下所有的前缀：

- **2 个/25**——172.16.1.0/25，172.16.1.128/25；
- **4 个/26**——172.16.1.0/26，172.16.1.64/26，…，172.16.1.192/26；
- **8 个/27**——172.16.1.0/27，172.16.1.32/27，…，172.16.1.224/27；
- **16 个/28**——172.16.1.0/28，172.16.1.16/28，…，172.16.1.240/28；

- **32 个/29**——172.16.1.0/29，172.16.1.8/29，…，172.16.1.248/29；
- **64 个/30**——172.16.1.0/30，172.16.1.4/30，…，172.16.1.252/30；
- **128 个/31**——172.16.1.0/31，172.16.1.2/31，…，172.16.1.254/31。

表 4-8 中显示了更多的前缀列表的例子。

表 4-8　　前缀列表的其他例子

前缀列表	匹配的内容
0.0.0.0/0	默认网络
0.0.0.0/0 le 32	从 0～32 位的任何地址，包括 0 和 32 位

2．AS 路径列表

AS 路径过滤被用来过滤 BGP 的 AS_PATH 属性。该属性模式由正则表达式字符串来定义，每一个列表的行为或者是允许，或者是拒绝。当使用正则表达式和 AS 路径过滤时，你可以创建出复杂的 BGP 策略。

AS 路径列表由命令 **ip as-path access-list** 来定义。**access-list-number** 是一个 1～500 的整数，代表了全局配置中的一个列表：

　　ip as-path access-list *access-list-number* {**permit**|**deny**} *as-regular-expression*

这个过滤可被应用于使用过滤列表的 BGP **neighbor** 命令或路由映射中（后面的章节"路由映射"将讨论）。例子 4-9 显示了使用 AS 路径过滤来允许只从 AS 100 发起的并来自于对等体 192.168.1.1 的入境路由。

例 4-9　路径过滤只允许由 AS 100 发起的路由

```
neighbor 192.168.1.1 filter-list 1 in
!
ip as-path access-list 1 permit _100$
```

3．团体列表

团体列表（community list）被用来根据共同的团体属性标识和过滤路由。团体列表有两种形式：数字的和命名的。在每一种类别里，都存在标准的和扩充的格式。一个标准格式允许实际的团体属性值或熟知的常量，而扩充格式允许团体作为正则表达式字符串被输入。任意一种数字的列表都有 100 的限制（标准格式为 1～99，而扩充格式为 100～199），但是命名的列表没有这方面的限制。一般的格式如下：

- 标准数字列表：

　　ip community-list *list-number* {**permit**|**deny**} *community-number*

- 扩充数字列表：

```
ip community-list list-number {permit|deny} regular-expression
```

- 标准命名列表：

```
ip community-list standard list-name {permit|deny} community-number
```

- 扩充命名列表：

```
ip community-list expanded list-name {permit|deny} regular-expression
```

默认条件下，*community-number* 的值是一个 32 位的数字，范围在 1～4 294 967 295 之间。如果你以 aa:nn 的格式（新的格式）输入它，结果将会被转换为一个 32 位的数字。如果你在全局下配置了 **ip bgp-community new-format** 命令启用了新的格式，那么将会显示新格式。这个变化是即输即现的。注意，格式的选择是重要的，因为在扩充列表中使用正则表达式的过滤结果会由于格式的不同而不同。

注意：新的团体属性格式将 32 位的数字分成了两个 16 位的数字，即 aa:nn。每个数字以十进制格式被表示。典型地，aa 用来表示一个 AS 号，nn 表示一个任意的 16 位数字以标识一个路由选择策略或管理策略。第 9 章将更详细地讨论设计一套一致的基于团体属性的策略的方法。

每一个条目中可以输入一个或多个团体属性值（使用空格分开），或者每一个列表号或列表名后也可以输入多个条目。当多个团体使用于同一个条目时，只有所有的团体都符合条件时，匹配才成功——换句话说，它采用的是逻辑与的比较方式。当多个条目使用同一个列表号或列表名时，只要符合任何一个条目，匹配就成功了——换句话说，它采用的是逻辑或的比较方式。例 4-10 显示了团体列表的两种形式。

例 4-10　团体列表的两种输入方式

```
ip community-list 1 permit 100:1 100:2
ip community-list 2 permit 100:1
ip community-list 2 permit 100:2
```

使用 **list 1**，只有当前缀携带的团体值既有 100:1 又有 100:2 时才算匹配。对于 **list 2**，一条前缀的团体属性值是 100:1 或 200:1 或两者都有就算匹配。注意，这里描述的规则仅仅应用于匹配团体值。它们并没有指出一个团体是否被允许或被拒绝。例如，如果把例 4-10 中的团体列表 2 改为拒绝 100:1 和 100:2，并允许所有其他的团体值，那么一个携带 100:1 和 100:2 的团体的前缀将会产生匹配，从而该前缀被拒绝。

注意：为了向对等体宣告团体属性设置，你必须为那个对等体配置命令 **neighbor send-community**。这个命令的结果就是将最佳路径的本地出境策略所允许的团体发送给对等体。

除了私有的团体属性值外，还有 4 个熟知的团体属性值，这在第 2 章中已经讲述了——**internet**、**no-export**、**local-as** 以及 **no-advertise**。

可以通过两种方式来设置或重置前缀的团体属性值：

- 在路由映射中使用 **set** 语句来设置团体属性值，增加团体属性值（**additive**），或者清除所有的团体属性值：

    set community {*community-value* [**additive**]} | **none**

- 在路由映射中使用 **set** 语句来选择性地清除某些团体属性值：

    set comm.-list *community-list-number* **delete**

这个路由映射的 **set** 命令清除了入境或出境路由选择更新的团体属性中所携带的团体值。每一个匹配给定的团体列表的团体都将从团体属性中被清除掉。当使用这个命令时，标准团体列表的每个条目都应该只列出一个团体。

注意：当在一个路由映射的同一个实例中同时配置了 **set community** 和 **set comm.-list delete** 命令时，那么在执行设置操作之前执行删除操作。

4.1.3 路由映射

路由映射是设置和控制 BGP 策略的一个灵活和强有力的方法。它能够基于预先定义的条件来设置和重置前缀和 BGP 属性。路由映射经常被用来定义针对 BGP 对等体的策略，也经常在路由生成期间被使用。路由映射可以基于前缀、AS_PATH、团体、度量、下一跳、ORIGIN、本地优先、权重等属性来过滤更新。路由映射经常使用策略控制列表来定义 BGP 策略。

路由映射是命名的过滤器（filter）组，由一个或多个实例构成。每一个实例都通过一个惟一的序号来标识，序号确定了过滤处理的顺序。实例按顺序被应用。如果发现了一个匹配，那么路由映射的其余部分就会被跳过。如果路由映射结束时还没有匹配，那么就执行拒绝的操作。当用在 **neighbor** 命令中时，对于每一个邻居，每个方向的每种类型只允许一个路由映射。

在每个实例中，你可以使用 **match** 语句设置条件，并通过 **set** 语句来设置动作。例子 4-11 中显示了一个名为 Set-comm 的简单的路由映射，当更新源于 AS 100 时，该路由映射把团体属性设为 200:100。

例 4-11 路由映射的简单例子

```
ip as-path access-list 1 permit _100$
!
route-map Set-comm permit 10
 match as-path 1
 set community 200:100
route-map Set-comm permit 20
```

第二个实例（序号为 20）是非常重要的，因为如果没有它，所有其他不能匹配第一个实例的更新都不会被接受。在一个实例中如果没有指定匹配子句，那么结果就是允许所有。这个实例基本的意思是对于不匹配第一个实例的条件的前缀，将不会执行操作。

注意：路由映射中的关键字 **deny** 等价于其他命令中的关键字 **no**，但它不一定意味着拒绝什么内容。确切的含义依赖于路由映射的目的。例如，如果路由映射抑制路由，那么 **deny** 就被用来取消抑制该路由。同样的概念也应用于其他的 BGP 前缀过滤形式和属性过滤形式。

存在两种方式用于不止一个条件的匹配。你可以在相同的 **match** 命令或者不同的 **match** 命令中输入多个条件。处理的规则如下：

- 不论 **match** 命令的类型如何，定义在同一个 **match** 命令中的多个 **match** 参数之间都是一个逻辑或的关系。
- 当存在相同类型的多个 **match** 命令时，它们之间是一个逻辑或的关系。实际上，IOS 软件会把这种方式转换为前面讲述的方式。
- 如果在同一个路由映射实例中存在不同类型的多个 **match** 命令，那么它们之间执行逻辑与的关系。

例子 4-12 显示了上面的规则是如何工作的。路由映射 foo 匹配团体 100:1 或者 100:2。在路由映射 foo2 中，只有当前缀和两个团体都匹配时才算是匹配。

例 4-12   使用 match 命令设置多个条件时的处理例子

```
ip community-list 1 permit 100:1
ip community-list 2 permit 100:2
ip community-list 3 permit 100:1 100:2
!
ip prefix-list 1 seq 5 permit 13.0.0.0/8
!
route-map foo permit 10
 match community 1 2
!
route-map foo2 permit 10
 match ip address prefix-list 1
 match community 3
```

你可以在以下的 BGP 命令中使用路由映射：

- **neighbor**
- **bgp dampening**
- **network**
- **redistribute**

另外，你可以为特定的目的在不同的命令中使用路由映射：

- **suppress-map**
- **unsuppress-map**
- **advertise-map**
- **inject-map**
- **exist-map**
- **non-exist-map**
- **table-map**

4.1.4 策略列表

复杂的路由映射通常具有多个不同类型的匹配子句。在中大型的网络环境中，很多相同的匹配子句被不同的路由映射反复重用。如果相同的匹配子句集从路由映射中被提取出来，那么它们就可以被多个路由映射或同一个路由映射的不同实例重用。这些独立的匹配子句被称为策略列表（policy list）。

策略列表是一个只包含匹配子句的路由映射的子集。当策略列表被其他路由映射引用时，所有的匹配子句都将被评估和处理，就像在路由映射中直接配置它们一样。在策略列表中使用 permit 或 deny 语句来配置匹配子句。基于所引用的策略列表的配置，路由映射评估和处理每一个匹配子句，然后允许或拒绝路由。

策略列表可以通过命令 **ip policy-list** 配置，并在其他路由映射中由命令 **match policy-list** 所引用。在路由映射中可以引用两个或多个策略列表，并且每一个条目可以包含一个或多个策略列表。当多个策略列表在同一个 **match policy-list** 命令中配置时，执行的是逻辑或的操作；当配置了多个 **match policy-list** 语句时，执行的是逻辑与的操作。策略列表和所有其他匹配子句，以及路由映射实例中的设置选项都是可以并存的。

例 4-13 显示了一个使用策略列表配置路由映射的例子。其中配置了两个策略列表：as100 和 as200。在 as100 中，当 AS 路径始于 AS 100 并且团体值为 300:105 时才算匹配。在 as200 中，当 AS 路径始于 AS 200 并且团体值为 300:105 时才算匹配。在路由映射 foo 中，首先选择匹配 10.0.0.0/8 的前缀，接着进行两个策略列表的逻辑或操作。最后的操作是把匹配的路由更新的本地优先值改为 105。

例 4-13 策略列表的配置例子

```
ip prefix-list 1 permit 10.0.0.0/8
ip as-path access-list 1 permit ^100_
ip as-path access-list 2 permit ^200_
ip community-list 1 permit 300:105
!
ip policy-list as100 permit
```

（待续）

```
 match as-path 1
 match community 1
!
ip policy-list as200 permit
 match as-path 2
 match community 1
!
route-map foo permit 10
 match ip address prefix-list 1
 match policy-list as100 as200
 set local-preference 105
route-map foo permit 20
```

4.1.5 过滤处理顺序

当对每个邻居配置了多个过滤时，每个过滤都会按照一个特定的顺序被处理，如图 4-1 所示。对于入站更新，过滤列表首先被处理，接着是路由映射。而分布列表或前缀列表最后被处理。在出站一侧，分布列表或前缀列表首先被处理，接着处理由出站路由过滤（ORF）接收到的前缀列表，再接着处理过滤列表，最后处理路由映射。

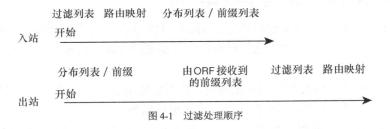

图 4-1 过滤处理顺序

更新要通过所有的过滤。一个过滤不比另一个过滤更优先。如果所有的过滤都没有匹配，那么该更新就不允许通过。举个例子，如果根据过滤列表和路由映射的内容允许了一个入站更新，但前缀列表拒绝了，那么这个更新就会被拒绝。同样的规则适用于出站一侧。

当使用 **neighbor** 命令配置一个邻居的策略，但是该策略没有被定义，那么默认地将执行下面的动作：

- 对于分布列表和前缀列表，允许所有；
- 对于过滤列表和路由映射，拒绝全部。

4.2 条 件 通 告

BGP 默认地通告 BGP 路由选择信息库（RIB）中允许通过的最佳路径给它的外部对等体。在某些情况下，这并不是想要的。一些路由的通告可能依赖于其他一些路由的存在和不存在。

换句话说，通告是有条件的。

在多宿主（multihome）的网络环境中，只有当缺少了来自于其中一个提供商的信息时，一些前缀才会被通告给另一个提供商，例如对等会话失效时，或者在部分的可达性产生的情况下。条件 BGP 通告是 BGP 路由器向它的对等体发送常规通告的一种补充形式。

注意：条件通告不创建路由；如果条件不满足，将仅仅抑制它们。这些路由必须已经存在于 BGP 的 RIB 中。

4.2.1 配置

条件通告有两种形式：当其他一些前缀不存在时通告一些前缀，以及当它们存在时通告一些前缀。需要通告的前缀可以通过一个特殊的、被称为 **advertise-map**（通告映射）的路由映射来定义。可以通过一个被称为 **non-exist-map** 的路由映射来定义不存在的条件，而通过一个被称为 **exist-map** 的路由映射来定义存在的条件。

条件通告的第一种配置形式如下：

```
neighbor advertise-map map1 non-exist-map map2
```

与 non-exist-map 关联的路由映射指定了 BGP 宣告路由器跟踪的前缀。只接受被允许的；忽略所有被拒绝的。当匹配成立时，通告映射的状态是撤回（Withdraw）；而当没有匹配成立时，状态变为通告（Advertise）。

在 non-exist-map 中，需要前缀的匹配语句。你可以使用前缀列表或标准的访问列表来配置。这里只支持精确的匹配。另外，AS_PATH 和团体也可以被匹配。

当 non-exist-map 中的前缀不再存在时——也就是说，状态为通告时，与通告映射关联的路由映射定义了将要被通告给特定邻居的前缀。当状态为撤回时，通告映射定义的前缀不再被通告或撤回。注意，通告映射仅仅用于出境方向，作为其他的出境过滤器的补充。

条件通告的第二种配置形式如下：

```
neighbor advertise-map map1 exist-map map2
```

在这个例子中，与 exist-map 关联的路由映射指定了 BGP 宣告路由器跟踪的前缀。当匹配成功时——也就是说，当跟踪的前缀存在时，状态为通告。如果跟踪的前缀不存在了，那么状态就变为撤回。当 exist-map 中的前缀存在时，与通告映射关联的路由映射定义了将要被通告给特定邻居的前缀。两种路由映射中的前缀必须存在于本地的 BGP RIB 中。

4.2.2 举例

图 4-2 显示了一个条件通告的拓扑图，它跟踪了某条前缀是否存在。AS 100 多宿主到 AS 200

和 AS 300，与 AS 300 相连的链路作为主链路。AS 100 的地址块是从 AS 300 分配的，在 172.16.0.0/16 的范围内。除非到 AS 300 的链路中断，否则地址块 172.16.1.0/24 是不会被通告给 AS 200 的。AS 300 发送 172.16.2.0/24 给 AS 100，该前缀被 R1 的 non-exist-map 跟踪。例 4-14 显示了 R1 的 BGP 配置。注意，设置了团体 100:300 并用来匹配要跟踪的前缀，以便确保该前缀确实来自于 AS 300。

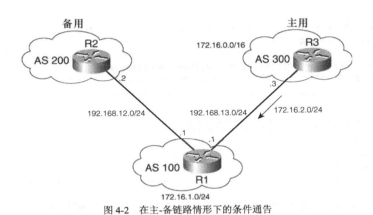

图 4-2　在主-备链路情形下的条件通告

例 4-14　R1 上条件通告的 BGP 配置样例

```
router bgp 100
 network 172.16.1.0 mask 255.255.255.0
 neighbor 192.168.12.2 remote-as 200
 neighbor 192.168.12.2 advertise-map AS200-out non-exist-map AS300-in
 neighbor 192.168.13.3 remote-as 300
 neighbor 192.168.13.3 route-map Set-comm in
!
ip community-list 1 permit 100:300
ip prefix-list AS300-track seq 5 permit 172.16.2.0/24
ip prefix-list Local-prefix seq 5 permit 172.16.1.0/24
!
route-map AS300-in permit 10
 match ip address prefix-list AS300-track
 match community 1
!
route-map Set-comm permit 10
 set community 100:300
!
route-map AS200-out permit 10
 match ip address prefix-list Local-prefix
```

当前缀 172.16.2.0/24 出现在 R1 的 BGP RIB 表中时，172.16.1.0/24 将不被通告给 R2，如例 4-15 和例 4-16 所示。

例 4-15　R1 在通常条件下的通告状态

```
R1#show ip bgp 172.16.2.0
BGP routing table entry for 172.16.2.0/24, version 3
Paths: (1 available, best #1, table Default-IP-Routing-Table)
  Advertised to non peer-group peers:
  192.168.12.2
  300
    192.168.13.3 from 192.168.13.3 (192.168.13.3)
      Origin IGP, metric 0, localpref 100, valid, external, best
      Community: 100:300

R1#show ip bgp neighbor 192.168.12.2 | include Condition-map
  Condition-map AS300-in, Advertise-map AS200-out, status: Withdraw
```

例 4-16　R1 在通常条件下没有 172.16.1.0

```
R2#show ip bgp 172.16.1.0
% Network not in table
```

当 R1 和 R3 之间的会话失效时，172.16.2.0/24 将从 R1 的 BGP RIB 中被清除。现在，R2 的通告状态为通告，如例 4-17 所示。现在前缀 172.16.1.0/24 在 R2 上是可用的，如例 4-18 所示。要让这种设计运作，重要的是要确保来自提供商的正确的前缀正被跟踪。

例 4-17　在主链路失效期间的通告状态

```
R1#show ip bgp neighbor 192.168.12.2 | include Condition-map
  Condition-map AS300-in, Advertise-map AS200-out, status: Advertise
```

例 4-18　在主链路失效期间前缀 172.16.1.0 呈现在 R2 上

```
R2#show ip bgp 172.16.1.0
BGP routing table entry for 172.16.1.0/24, version 14
Paths: (1 available, best #1, table Default-IP-Routing-Table)
  Not advertised to any peer
  100
    192.168.12.1 from 192.168.12.1 (192.168.13.1)
      Origin IGP, metric 0, localpref 100, valid, external, best
```

图 4-3 显示了一个跟踪某条前缀是否存在的条件通告的拓扑。在 AS 100 中，R1 是惟一的 BGP 宣告者，并且它与 AS 300 中的 R3 有一个 eBGP 会话。AS 100 中的所有路由器都使用 OSPF 通信。内部的地址块 10.0.0.0/16 在 R2 上被转换成公共地址块 172.16.0.0/16。除非 10.0.0.0/16 可用，否则 R1 不应该通告 172.16.0.0/16 到 R3，这就是策略。

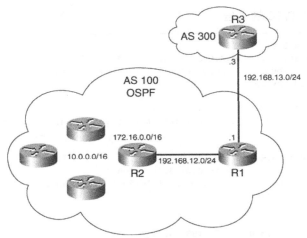

图 4-3 跟踪某条前缀是否存在的条件通告

例 4-19 显示了 R1 上的 BGP 配置。将被通告的前缀（172.16.0.0）和被跟踪的前缀（10.0.0.0）都被注入到 BGP RIB 中。私有前缀在被通告给 R3 时由前缀列表 Block10 阻止。exist-map Prefix10 跟踪 10.0.0.0/16 是否存在，这条前缀学自 OSPF。当匹配运算结果返回为真（状态：通告）时，执行路由映射 AS300-out。当 10.0.0.0/16 不在 OSPF（状态：撤回）时，172.16.0.0/16 将不被通告，即撤回。

例 4-19　R1 上的 BGP 配置样例

```
router bgp 100
 network 10.0.0.0 mask 255.255.0.0
 network 172.16.0.0
 neighbor 192.168.13.3 remote-as 300
 neighbor 192.168.13.3 prefix-list Block10 out
 neighbor 192.168.13.3 advertise-map AS300-out exist-map Prefix10
 no auto-summary
!
ip prefix-list Block10 seq 5 deny 10.0.0.0/16
ip prefix-list Block10 seq 10 permit 0.0.0.0/0 le 32
ip prefix-list adv-out seq 5 permit 172.16.0.0/16
ip prefix-list Private10 seq 5 permit 10.0.0.0/16
!
route-map Prefix10 permit 10
 match ip address prefix-list Private10
!
route-map AS300-out permit 10
 match ip address prefix-list adv-out
```

例 4-20 显示了当 10.0.0.0/16 在 R1 的 BGP RIB 中可用时的情况。前缀 172.16.0.0/16 被通告给 R3。

例 4-20 172.16.0.0/16 的通告

```
R1#show ip bgp 10.0.0.0
BGP routing table entry for 10.0.0.0/16, version 2
Paths: (1 available, best #1, table Default-IP-Routing-Table)
  Not advertised to any peer
  Local
    192.168.12.2 from 0.0.0.0 (192.168.13.1)
      Origin IGP, metric 20, localpref 100, weight 32768, valid, sourced, local,
  best

R1#show ip bgp 172.16.0.0
BGP routing table entry for 172.16.0.0/16, version 4
Paths: (1 available, best #1, table Default-IP-Routing-Table)
  Advertised to non peer-group peers:
  192.168.13.3
  Local
    192.168.12.2 from 0.0.0.0 (192.168.13.1)
      Origin IGP, metric 20, localpref 100, weight 32768, valid, sourced, local,
  best

R1#show ip route 10.0.0.0
Routing entry for 10.0.0.0/8, 1 known subnet
O E2    10.0.0.0/16 [110/20] via 192.168.12.2, 00:36:47, Ethernet0/0

R1#show ip bgp neighbor 192.168.13.3 | include Condition-map
  Condition-map Prefix10, Advertise-map AS300-out, status: Advertise

R3#show ip bgp 172.16.0.0
BGP routing table entry for 172.16.0.0/16, version 12
Paths: (1 available, best #1, table Default-IP-Routing-Table)
  Not advertised to any peer
  100
    192.168.13.1 from 192.168.13.1 (192.168.13.1)
      Origin IGP, metric 20, localpref 100, valid, external, best
```

例 4-21 显示了 10.0.0.0 在 R1 上不可用时的情况。

例 4-21 当 10.0.0.0 失效时不通告

```
R1#show ip bgp neighbor 192.168.13.3 | include Condition-map
  Condition-map Prefix10, Advertise-map AS300-out, status: Withdraw

R3#show ip bgp 172.16.0.0
% Network not in table
```

例 4-22 显示了 10.0.0.0/16 失效时，R1 上的 **debug ip bgp update** 命令的输出。例 4-23 显示了 10.0.0.0/16 再次可用时的类似输出。

例 4-22　10.0.0.0/16 失效时 R1 上的 debug ip bgp update 命令的输出

```
*Jul 29 21:37:39.411: BGP(0): route 10.0.0.0/16 down
*Jul 29 21:37:39.411: BGP(0): no valid path for 10.0.0.0/16
*Jul 29 21:37:39.411: BGP(0): nettable_walker 10.0.0.0/16 no best path
*Jul 29 21:37:39.411: BGP(0): 192.168.13.3 computing updates, afi 0, neighbor
 version 4, table version 5, starting at 0.0.0.0
*Jul 29 21:37:39.411: BGP(0): 192.168.13.3 update run completed, afi 0, ran for
 0ms, neighbor version 4, start version 5, throttled to 5
*Jul 29 21:38:20.331: BPG(0): Condition Prefix10 changes to Withdraw
*Jul 29 21:38:20.331: BGP(0): net 172.16.0.0/16 matches ADV MAP AS300-out: bump
 version to 6
*Jul 29 21:38:20.379: BGP(0): nettable_walker 172.16.0.0/16 route sourced locally
*Jul 29 21:38:20.379: BGP(0): 192.168.13.3 computing updates, afi 0, neighbor
 version 5, table version 6, starting at 0.0.0.0
*Jul 29 21:38:20.379: BGP(0): 192.168.13.3 172.16.0.0/16 matches advertise map
 AS300-out, state: Withdraw
*Jul 29 21:38:20.379: BGP(0): 192.168.13.3 send unreachable 172.16.0.0/16
*Jul 29 21:38:20.379: BGP(0): 192.168.13.3 send UPDATE 172.16.0.0/16 --
 unreachable
*Jul 29 21:38:20.379: BGP(0): 192.168.13.3 1 updates enqueued (average=26,
 maximum=26)
*Jul 29 21:38:20.379: BGP(0): 192.168.13.3 update run completed, afi 0, ran for
 0ms, neighbor version 5, start version 6, throttled to 6
```

例 4-23　10.0.0.0/16 再次可用时，R1 上的 debug ip bgp update 命令的输出

```
*Jul 29 21:40:10.679: BGP(0): route 10.0.0.0/16 up
*Jul 29 21:40:10.679: BGP(0): nettable_walker 10.0.0.0/16 route sourced locally
*Jul 29 21:40:10.679: BGP(0): 192.168.13.3 computing updates, afi 0, neighbor
 version 6, table version 7, starting at 0.0.0.0
*Jul 29 21:40:10.679: BGP(0): 192.168.13.3 update run completed, afi 0, ran for
 0ms, neighbor version 6, start version 7, throttled to 7
*Jul 29 21:40:20.539: BPG(0): Condition Prefix10 changes to Advertise
*Jul 29 21:40:20.539: BGP(0): net 172.16.0.0/16 matches ADV MAP AS300-out: bump
 version to 8
*Jul 29 21:40:21.119: BGP(0): nettable_walker 172.16.0.0/16 route sourced locally
*Jul 29 21:40:37.639: BGP(0): 192.168.13.3 computing updates, afi 0, neighbor
 version 7, table version 8, starting at 0.0.0.0
*Jul 29 21:40:37.639: BGP(0): 192.168.13.3 172.16.0.0/16 matches advertise map
 AS300-out, state: Advertise
*Jul 29 21:40:37.639: BGP(0): 192.168.13.3 send UPDATE (format) 172.16.0.0/16,
 next 192.168.13.1, metric 20, path
*Jul 29 21:40:37.639: BGP(0): 192.168.13.3 1 updates enqueued (average=51,
 maximum=51)
*Jul 29 21:40:37.639: BGP(0): 192.168.13.3 update run completed, afi 0, ran for
 0ms, neighbor version 7, start version 8, throttled to 8
```

4.3　聚合与拆分

前缀信息的聚合减少了 BGP 运载和存储的表项数量。在 BGP 中聚合前缀信息有两种常用

的方式：
- 使用 **network** 命令输入一个聚合地址和一条指向 Null0 的静态路由。
- 使用 **aggregate-address** 命令创建一个聚合。

因为第一种方法简单明了，这一节集中讲述第二种方法——使用 **aggregate-address** 命令。在这里列出了带有多个选项的完整命令：

```
aggregate-address address mask [as-set] [summary-only] [suppress-map map1]
    [advertise-map map2] [attribute-map map3]
```

BGP RIB 中聚合的创建依赖于本地 BGP RIB 表中至少一条组件路由的存在。如果没有指定任何选项，那么个别组件路由的 BGP 属性将不会被包含在聚合中。聚合前缀具有以下默认属性：

- **NEXT_HOP**——0.0.0.0（本地）；
- **AS_PATH**——i（空的 AS_PATH；起源代码 IGP）；
- **MED**——没有设置；
- **LOCAL_PREF**——100；
- **WEIGHT**——32768；
- **AGGREGATOR**——本地；
- **ATOMIC_AGGREGATE**——标记到聚合。

默认条件下，聚合与它的组件路由都会被通告。当对聚合使用 **summary-only** 选项时，只有聚合被通告，并且所有组件路由都被抑制。聚合依然会保留前面刚刚列出的默认属性。如果仅仅需要抑制组件路由的一个子集，那么你可以通过 **suppress-map** 来定义该子集。如果需要让被抑制路由的一个子集变得可用，那么你可以基于每个邻居通过命令 **neighbor unsuppress-map** 来反抑制（unsuppress）那些路由。

选项 **as-set** 允许了聚合路由的 AS 路径环路检测。另外，组件路由的某些属性被追加包含在聚合路由中，即使它们是冲突的。例如，如果一个组件路由前缀的团体属性设置为 100:200，而另一条前缀的团体属性设置为 **no-export**，那么聚合路由的团体属性为 100:200 和 **no-export**。聚合路由不被通告给 eBGP 对等体。

选项 **attribute-map**（用来设置 BGP 属性的一种路由映射的形式）用来清除聚合的属性。使用前面的团体例子，如果属性映射（attribute map）重置团体为 100:300，那么前面两个团体值都被替换为 100:300，并且使用 100:300 属性值的聚合路由将被通告给 eBGP 对等体。如果只需要利用组件路由的一个子集来形成聚合路由的属性，那么这些组件路由也可以被 **advertise-map** 所定义。注意，聚合路由的 AS_SET 属性只从定义在映射中的组件路由中继承。

通常的路由聚合实践就是把尽可能大的地址空间编组到尽可能少的前缀表项中去。对于减少 Internet 承载的前缀数量而言，这是值得的，但是对于具有多条连接到聚合路由网络的邻接网络来说，它是有害的。聚合的一个结果就是丢失了邻居路由选择的精确性。在这种情况下，可以生成更详细的路由来更好地标识那些跨过多条邻接的前缀地址集。拆分（deaggegation）是BGP的一个特性，用来从接收到的聚合前缀中重建出组件路由。

拆分可以通过使用条件注入特性来完成。条件注入（conditional injection）是指当聚合路由存在时，创建更详细的组件路由。这些组件路由被注入到本地BGP RIB中，以便在本地AS中提供比聚合路由更详细的路由选择信息。这些组件路由能够被安装到IP RIB中，并被通告给该AS内的其他BGP对等体。

条件路由注入的配置如下：

```
bgp inject-map map1 exist-map map2 [copy-attributes]
```

BGP跟踪存在映射（exist-map）中的前缀（聚合路由）来确定是否安装由注入映射（inject-map）指定的前缀。存在映射最少具有以下两个匹配子句：

- **Match ip address prefix-list** 指定了聚合路由，该聚合路由需要被注入更详细的路由。只允许一个精确的匹配。
- **Match ip route-source** 指定了发送聚合路由的邻居。如果指定了 **copy-attributes** 选项，那么组件路由将会继承聚合路由的属性；否则，在其他属性方面它们被看作本地生成的路由。NEXT_HOP总是指发起聚合路由的eBGP对等体。根据AS_PATH和团体也可以制造另外的匹配。

在注入映射里，使用 **set ip address prefix-list** 来定义将被注入到本地BGP RIB中的前缀。被注入的前缀可以通过命令 **show ip bgp injected-path** 来显示。

图4-4显示了一个利用条件注入特性的优势来完成拆分的简单拓扑。AS 300和AS 400都是AS 200的客户，并接收由AS 200分配的地址块。AS 300的前缀块是172.16.1.0/24，AS 400的前缀块是172.16.2.0/24。当向AS 100通告时，AS 200的边界路由器把它们的地址空间汇总到单个聚合路由中，即172.16.0.0/16。

由于AS 100遵循最佳出口（best-exit）策略（有时被称为冷土豆路由（cold-potato routing）），因此它试图优化它的出口点。然而，在单个聚合路由的情况下，去往AS 300的流量可能通过R3流出AS。如果具有更详细的前缀信息，那么你就有更好的粒度来控制流量流向。

通过流量统计分析，对于172.16.1.0/24，AS 100确定的最佳出口经过R2。对于172.16.2.0/24，它的最佳出口经过R3。为了优化出口点，条件注入被部署在R2和R3上。图4-4指定了每条链路的网络地址，每台路由器的编号作为主机地址。

例4-24显示了R2的BGP配置样例。路由映射 **AS200-aggregate** 匹配来自R4的入境聚合路由。如果匹配成功，就在本地BGP RIB中创建172.16.1.0/24。为了防止被注入的路由泄漏回去，这些路由被设置了 **no-export** 的团体属性。同时，该路由被标记一个100:200的团体以表明它是针对AS 200的、被本地注入的路由。

114　　第 4 章　有效的 BGP 策略控制

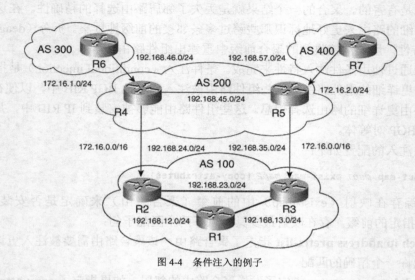

图 4-4　条件注入的例子

例 4-24　R2 的 BGP 配置样例

```
router bgp 100
 bgp inject-map AS200-specific exist-map AS200-aggregate
 neighbor 192.168.12.1 remote-as 100
 neighbor 192.168.12.1 send-community
 neighbor 192.168.23.3 remote-as 100
 neighbor 192.168.23.3 send-community
 neighbor 192.168.24.4 remote-as 200
!
ip bgp-community new-format
ip prefix-list AS200-R4 seq 5 permit 192.168.24.4/32
ip prefix-list Aggregate seq 5 permit 172.16.0.0/16
ip prefix-list Specific seq 5 permit 172.16.1.0/24
!
route-map AS200-specific permit 10
 set ip address prefix-list Specific
 set community 100:200 no-export
!
route-map AS200-aggregate permit 10
 match ip address prefix-list Aggregate
 match ip route-source AS200-R4
```

例 4-25 显示了 R3 上类似的配置。注入详细的组件路由的另一种方法是同时把详细的路由注入 R2 和 R3。可以为其中之一设置本地优先属性。

例 4-25　R3 的 BGP 配置样例

```
router bgp 100
 bgp inject-map AS200-specific exist-map AS200-aggregate
 neighbor 192.168.13.1 remote-as 100
 neighbor 192.168.13.1 send-community
 neighbor 192.168.23.2 remote-as 100
 neighbor 192.168.23.2 send-community
 neighbor 192.168.35.5 remote-as 200
!
ip bgp-community new-format
ip prefix-list AS200-R5 seq 5 permit 192.168.35.5/32
ip prefix-list Aggregate seq 5 permit 172.16.0.0/16
ip prefix-list Specific seq 5 permit 172.16.2.0/24
!
route-map AS200-specific permit 10
 set ip address prefix-list Specific
 set community 100:200 no-export
!
route-map AS200-aggregate permit 10
 match ip address prefix-list Aggregate
 match ip route-source AS200-R5
```

例 4-26 显示了 R1 的 BGP RIB。注意，BGP 下一跳是通告聚合路由的边界路由器，而不是注入详细路由的路由器。有了更详细的信息，R1 把去往 172.16.1.0 的流量发送到 R4，把去往 172.16.2.0 的流量发送到 R5。聚合路由用于所有其他去往 172.16.0.0 的流量。

例 4-26　R1 的 BGP RIB

```
R1#show ip bgp
BGP table version is 38, local router ID is 192.168.14.1
Status codes: s suppressed, d damped, h history, * valid, > best, i - internal,
              r RIB-failure
Origin codes: i - IGP, e - EGP, ? - incomplete

   Network          Next Hop         Metric LocPrf Weight Path
*  i172.16.0.0      192.168.35.5            100      0 200 400 i
*>i                 192.168.24.4            100      0 200 300 i
*>i172.16.1.0/24    192.168.24.4            100      0 ?
*>i172.16.2.0/24    192.168.35.5            100      0 ?
```

例 4-27 显示了 R2 的 BGP RIB。注意到，注入的前缀被附加了 100:200 和 **no-export** 的团体属性。

例 4-27　R2 的 BGP RIB

```
R2#show ip bgp
BGP table version is 34, local router ID is 192.168.24.2
Status codes: s suppressed, d damped, h history, * valid, > best, i - internal,
```

（待续）

```
                   r RIB-failure
Origin codes: i - IGP, e - EGP, ? - incomplete

   Network          Next Hop         Metric LocPrf Weight Path
* i172.16.0.0       192.168.35.5            100        0 200 400 i
*>                  192.168.24.4                       0 200 300 i
*> 172.16.1.0/24    192.168.24.4                       0 ?
* i                 192.168.35.5                       0 ?
*>i172.16.2.0/24    192.168.35.5            100        0 ?

R2#show ip bgp 172.16.1.0
BGP routing table entry for 172.16.1.0/24, version 34
Paths: (2 available, best #1, table Default-IP-Routing-Table, not advertised to
  EBGP peer)
  Advertised to non peer-group peers:
  192.168.12.1 192.168.23.3
  Local, (aggregated by 200 192.168.46.4), (injected path from 172.16.0.0/16)
    192.168.24.4 from 192.168.24.4 (192.168.46.4)
      Origin incomplete, localpref 100, valid, external, best
      Community: 100:200 no-export
  Local, (aggregated by 200 192.168.57.5), (injected path from 172.16.0.0/16)
    192.168.35.5 (metric 20) from 192.168.23.3 (192.168.35.3)
      Origin incomplete, localpref 100, valid, internal
      Community: 100:200 no-export

R2#show ip bgp 172.16.2.0
BGP routing table entry for 172.16.2.0/24, version 32
Paths: (1 available, best #1, table Default-IP-Routing-Table, not advertised to
  EBGP peer)
  Not advertised to any peer
  Local, (aggregated by 200 192.168.57.5)
    192.168.35.5 (metric 20) from 192.168.23.3 (192.168.35.3)
      Origin incomplete, localpref 100, valid, internal, best
      Community: 100:200 no-export
```

当 R2 和 R4 之间的链路失效时，来自 R4 的聚合路由将被清除。在这种条件下，R2 停止注入前缀 172.16.1.0/24。例 4-28 中，R1 的 BGP RIB 显示了这个结果。当 R3 和 R5 之间的链路也失效了，那么 172.16.0.0 和 172.16.2.0 也会从 AS 100 中被清除掉（没有显示）。

例 4-28　R2 与 R4 之间的链路失效时，R1 的 BGP RIB

```
R1#show ip bgp
BGP table version is 56, local router ID is 192.168.14.1
Status codes: s suppressed, d damped, h history, * valid, > best, i - internal,
              r RIB-failure
Origin codes: i - IGP, e - EGP, ? - incomplete

   Network          Next Hop         Metric LocPrf Weight Path
*>i172.16.0.0       192.168.35.5            100        0 200 400 i
*>i172.16.2.0/24    192.168.35.5            100        0 200 400 i
```

4.4 本地 AS

当两个 ISP 合并它们的网络时，将会出现很多与 BGP 设计有关的挑战。如果一个 AS 正在被另一个 AS 替代，那么它以前的对等自治系统可能不认同新的 AS，而可能会继续坚持与以前自治系统的对等协定。举个例子，如果 ISP A 与 ISP B 具有一个私有的对等协定，而 ISP A 被 ISP C 获得，那么 ISP B 可能不想与 ISP C 形成对等关系，但可能与 ISP A 维持原来的对等协定。

一个 ISP 通常与其他的 ISP 具有多个对等协定。对于与其他 ISP 的对等会话而言，大范围地改变 AS 号可能具有太大的破坏性。而且，在一个维护时限内，在一个大型 AS 的所有路由器上改变 AS 号也许是不可行的，也不推荐这样做。在迁移期间，这些自治系统必须共存并且继续通信。BGP 本地 AS（Local AS）特性有助于减少这些挑战。

在本地 AS 的特性下，BGP 宣告路由器可能在物理上位于某个 AS，对于一些邻居来说，同样也表现为处于同一个 AS，而对其他一些邻居来说，却表现为处于另一个 AS。当从配置了本地 AS 的邻居接收 AS_PATH，或者向它发送 AS_PATH 时，BGP 会把本地 AS 置于真实 AS 前面。对于这些邻居，BGP 在配置中使用本地 AS 作为远程 AS。因此，本地 AS 号看起来就像是插入到真实的两个自治系统之间的另一个 AS 一样。

图 4-5 显示了一个实例。当 AS 2 在 AS 200 上被配置为本地 AS 时，对于来自 AS 100 的更新，AS_PATH 的前面被添加了 AS 2。当 AS 100 从 AS 200 收到更新，AS_PATH 的前面也被添加了 AS 2。

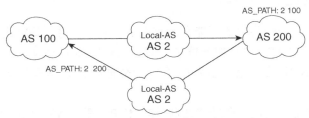

图 4-5　带有本地 AS 的 AS_PATH 更新

注意：本地 AS 可以和对等体组一起被使用，但是不能为对等体组内的个别对等体而定制本地 AS。本地 AS 不具有本地 BGP 的 AS 号或远端对等体的 AS 号。只有当对等体是真实的 BGP 对等体时，**Local-as** 命令才有效。当两个对等体处于同一个联盟内的不同成员自治系统时，它是无效的。

例 4-29 显示了图 4-5 中 AS 200 的边界路由器上的 BGP 配置样例。192.168.1.1 是 AS 100 的 BGP 宣告路由器的 IP 地址。在 192.168.1.1 上，远端 AS 被配置成 2，而不是 200（未显示）。

例 4-29　AS 200 的本地 AS 配置样例

```
router bgp 200
 neighbor 192.168.1.1 remote-as 100
 neighbor 192.168.1.1 local-as 2
```

图 4-6 显示了本地 AS 的另一个例子。在这个实例中，AS 200 在与两个远端自治系统——AS 100 和 AS 300 的 BGP 配置中配置了本地 AS。当 AS 200 的边界路由器通告前缀 172.16.0.0/16 到 AS 300 时，AS_PATH 是 2 200 2 100。由于环路检测只检查来自 eBGP 对等体的入境更新，因此这个 AS_PATH 没有被认为是环路形成的条件。AS 300 接受前缀是因为它没有检测到任何 AS 300 的环路。同样地，AS 100 接受前缀 10.0.0.0/8。eBGP 更新中多次出现本地 AS 意味着本地 AS 会话在不止一个点存在。

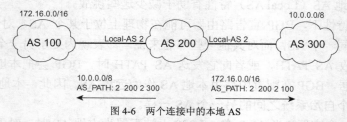

图 4-6　两个连接中的本地 AS

注意：当使用本地 AS 时，AS_PATH 的长度变得更长了。如果 AS_PATH 的长度被用来作为选举优先路径的决定因素，那么在其他路径上可能需要配置 AS_PATH 前置（AS_PATH prepending），使得路径选择不受影响。

在 AS 迁移过程中，一些路由器可能在原来的 AS 中，而另一些路由器可能在新的 AS 中。当边界路由器迁移到新的 AS，并且被配置了针对远端对等体的本地 AS 后，那么从这台边界路由器到仍然在原来 AS 中的其他路由器的更新就会被拒绝，这是因为其他路由器检测到了 AS_PATH 环路。

图 4-7 显示了所发生的情况。在迁移之前，R1 和 R3 都在 AS 2 内。当 R1 被迁移到 AS 200（新的 AS）时，针对 AS 100 内的 R2，它被配置了本地 AS。当 R3 收到了前缀 172.16.0.0/16 后，它在 AS_PATH 中检测到了自己的 AS 号，因而该更新被拒绝了。例 4-30 中显示了 R3 上 **debug ip bgp update** 的输出。

例 4-30　由 debug ip bgp update in 捕获到的 R3 上的环路检测

```
*Apr 22 04:59:32.563 UTC: BGP(0): 192.168.13.1 rcv UPDATE w/ attr: nexthop
 192.168.13.1, origin i, originator 0.0.0.0, path 200 2 100, community , extended
 community
*Apr 22 04:59:32.563 UTC: BGP(0): 192.168.13.1 rcv UPDATE about 172.16.0.0/16 --
 DENIED due to: AS-PATH contains our own AS;
```

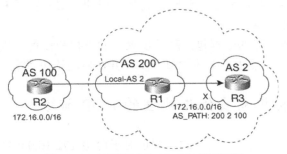

图 4-7　R1 上配置了本地 AS，R3 拒绝了更新

正如前面所提到的，环路检测是在 eBGP 会话的入境方向上被执行的。因为 R1 与 R3 之间的会话现在是 eBGP，因此执行了这个检测。

问题的解决方案是在命令 **local-as** 上增加 **no-prepend** 选项。当使用这个选项时，R1 将不会在从 R2 收到的更新数据包前面添加它的本地 AS 号。对于这个例子，到 R3 的 AS_PATH 是 200 100。更新数据包对 R3 来说是可以接受的。本章快结尾处的案例研究提供了如何使用本地 AS 特性迁移 AS 的更详细的讨论。

4.5　QoS 策略传播

第 2 章讨论了 Cisco 快速转发（CEF）和转发信息库（FIB）。FIB 的叶节点具有 3 种策略参数：
- 优先级（Precedence）；
- QoS 组 ID（QoS-group ID）；
- 流量索引（Traffic index）。

所有这 3 个参数可用于在转发或记账一个 IP 数据包时提供区分的处理方式。按照定义，优先级参数在 IPv4 报头中。当它在 IP 数据包中被重置后，它能影响其他路由器上的 QoS 处理。其他两个参数仅仅被用在本地的路由器上区分流量。

当某些 BGP 前缀和属性匹配时，BGP 能够设置这些参数。CEF 表有了这些信息后，BGP 策略就可以被创建或记账。使用 BGP 的策略记账将在"BGP 策略记账"一节中讨论。

使用 BGP 的 QoS 策略传播（QPPB）可以使你将 BGP 的前缀与属性映射到用来实施流量管制（traffic policing）的 CEF 参数上。与其他的 QoS 方法相比，QPPB 允许在网络的一个地点上设置 BGP 策略，并通过 BGP 把它传播到网络的其他部分，然后在那里创建适当的 QoS 策略。

配置 QPPB 通常有以下几个步骤：

步骤 1　标识需要优先处理的 BGP 前缀，并且用合适的 BGP 属性标记它们。

步骤 2　对每一种流量类型设置合适的 FIB 策略参数。

步骤 3 当从一个接口接收到数据包时，为加标记的前缀配置了 FIB 地址查找，并且设置合适的 QoS 策略。

步骤 4 对于接收或传输的数据包，基于步骤 3 的查找和设置，执行管制。

下面的章节更加详细地描述了上述的每一步，并在后面给出了配置的例子。

4.5.1 标识和标记需要优先处理的 BGP 前缀

图 4-8 显示了这个过程是怎样工作的。假定对于前缀 172.16.0.0/16，AS 100 想为 AS 200 与 AS 300 之间的流量创建一个特殊的转发策略。当 R2 通过 BGP 首先接收到来自 R1 的前缀时，它使用特殊的 BGP 属性标记前缀，例如使用特定的团体值。

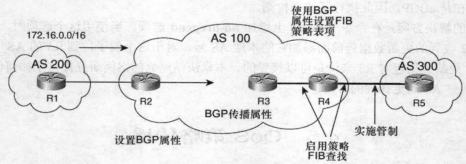

图 4-8 基于 BGP 的 QoS 策略传播是怎样工作的

4.5.2 设置基于 BGP 标记的 FIB 策略表项

当前缀通过 BGP 在 AS 100 内被传播到 R4 时，相应的属性也同时被传播了。当 R4 接收到携带匹配属性的前缀时，在 BGP 中使用命令 **table-map** 能够为之设置多个 FIB 策略表项。对于 QPPB 而言，优先级与 QoS 组 ID（路由器内部的参数）可以单独地被设置，也可以同时被设置。优先级有 8 个值——0～7，QoS 组 ID 有 99 个值——1～99。每一个值或两种值的某个组合都能够代表一类流量。注意，这些设置被用来分类和管制流量（将在下面的章节中讨论）之前是不影响流量转发的。

注意： 使用命令 **clear ip route** *清除 IP RIB，重置 BGP 会话，或重启路由器都可以改变 FIB/RIB。所有这些操作都会中断通信。

在 FIB 中，有关前缀 172.16.0.0/16 的表项，根据表映射的配置，可能具有以下几种映射：

- 172.16.0.0 优先级；
- 172.16.0.0 QoS 组 ID；

- 172.16.0.0 优先级和 QoS 组 ID。

4.5.3 配置接口上的流量查找和设置 QoS 策略

第二步基于 FIB 策略表项，对从接口来的入站流量进行分类。入站接口的定义依赖于流量流向。如果流量从 AS 300 去往 172.16.0.0/16，那么入站接口就是 R4 与 R5 之间的链路；如果流量从 172.16.0.0/16 去往 AS 300（返回的流量），那么入站接口就是 R3 与 R4 之间的链路；在 R4 的入站接口上，可以使用下面的命令启动 FIB 策略查找：

```
bgp-policy {source|destination} {ip-prec-map|ip-qos-map}
```

关键字 **source** 与 **destination** 指明是使用入站数据包的源 IP 地址还是目的 IP 地址来查找 FIB 表项。在 R4 与 R5 的链路上，入站流量是去往 172.16.0.0/16 的，因此应该使用 **destination**。在 R3 与 R4 的链路上，入站流量是源自 172.16.0.0/16 的，因此应该使用 **source**。

在这个配置命令中，如果同时匹配地址和 QoS 参数，也可以设置合适的 QoS 策略。接口的映射关键字指定了为数据包设置这两种策略 FIB 表项中的哪一种。如果指定为 **ip-prec-map**，那么就对所匹配的数据包设置 IP 优先级比特；如果指定为 **ip-qos-map**，那么就对所匹配的数据包设置 QoS 组 ID。注意，在这里设置的 IP 优先级比特可能会影响这些数据包在其他路由器上的 QoS 处理。

4.5.4 当接收和传输流量时，在接口上实施管制

QPPB 配置的最后一步是在通向 AS 300 的接口上创建流量管制。这可以通过承诺接入速率（Commited Access Rate，CAR）和加权随机早期检测（Weighted Random Early Detection，WRED）技术来完成。可以在路由器的输入端针对去往 172.16.0.0 的流量实施管制，也可以在路由器的输出端针对源自 172.16.0.0 的返回流量实施管制。管制的创建基于前面策略查找和设置所完成的结果。

4.5.5 QPPB 的例子

图 4-9 显示了一个简单的拓扑，以演示如何配置 QPPB。在 AS 100 中，AS 200 与 AS 300 之间去往和来自前缀 172.16.0.0/16 的流量需要特殊处理。在 R2 上，来自 R1 的前缀 172.16.0.0/16 被标记了 100:200 的团体值，该前缀通过 iBGP 被传播到 R3。R3 上的 FastEthernet10/0 用来演示针对去往 172.16.0.0/16 的流量是如何设置 QoS 管制的。

例 4-31 显示了 R3 的 BGP 配置样例。路由器号用作主机地址。R2 为前缀 172.16.0.0/16 标记了 100:200 的团体值，R3 上的路由映射 Set-policy 将这些前缀的 FIB QoS 组 ID 设置为 2。

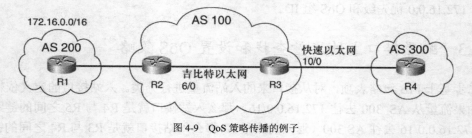

图 4-9 QoS 策略传播的例子

例 4-31 R3 的 BGP 配置样例

```
router bgp 100
 table-map Set-policy
 neighbor 192.168.23.2 remote-as 100
 neighbor 192.168.34.4 remote-as 300
!
ip community-list 1 permit 100:200
!
route-map Set-policy permit 10
 match community 1
 set ip qos-group 2
```

例 4-32 和例 4-33 分别显示了 IP RIB 和 FIB 中的表项。注意到,现在为前缀 172.16.0.0/16 设置了 QoS 组 2。

例 4-32 172.16.0.0 的 IP RIB 表项

```
R3#show ip route 172.16.0.0
Routing entry for 172.16.0.0/16
  Known via "bgp 200", distance 200, metric 0, qos-group 2, type internal
  Last update from 192.168.23.2 00:32:34 ago
  Routing Descriptor Blocks:
  * 192.168.23.2, from 192.168.23.2, 00:32:34 ago
      Route metric is 0, traffic share count is 1
      AS Hops 1, BGP network version 0
```

例 4-33 172.16.0.0 的 FIB 表项

```
R3#show ip cef 172.16.0.0
172.16.0.0/16, version 23, cached adjacency 192.168.12.2
0 packets, 0 bytes, qos-group 2
  via 192.168.23.2, 0 dependencies, recursive
    next hop 192.168.23.2, GigabitEthernet6/0 via 192.168.23.2/32
    valid cached adjacency
```

为了针对去往 172.16.0.0/16 的流量启动 FIB 查找,我们在接口 FastEthernet 10/0 上启动了策略查找。在这个命令中用到了关键字 **destination**。如果数据包匹配目的地址，那么就在 FIB 中执行检查，以确定是否有任何匹配的 QoS 表项。在这个例子中，接口上配置了 ip-qos-map，QoS 组 ID 在 FIB 中被设置为 2，这就意味着 QoS 组 ID 可以被用来设置 QoS 管制。对于匹配 QoS 组 ID 为 2 的流量配置了一个输入方向上的 CAR。例 4-34 显示了配置样例。

例 4-34　QPPB 的接口配置样例

```
interface FastEthernet10/0
 ip address 192.168.34.3 255.255.255.0
 no ip directed-broadcast
 bgp-policy destination ip-qos-map
 rate-limit input qos-group 2 5000000 4000 8000 conform-action transmit
  exceed-action drop
```

例 4-35 显示了 IP 接口的状态。例 4-36 显示了使用 CAR 的流量管制。对于源自 172.16.0.0 而去往 AS 300 的流量也可以做出相似的配置（未显示）。这样入站接口就是 GigabitEthernet6/0。应该在接口 FastEthernet 10/0 上配置输出方向上的 CAR 以执行 QoS 管制。

例 4-35　FastEthernet 10/0 的 IP 接口状态

```
R3#show ip interface FastEthernet 10/0 | include BGP
  BGP Policy Mapping is enabled (output ip-qos-map)
```

例 4-36　接口上的 CAR 状态

```
R3#show interface FastEthernet 10/0 rate-limit
FastEthernet10/0
  Input
    matches: qos-group 2
      params:  5000000 bps, 4000 limit, 8000 extended limit
      conformed 112 packets, 168448 bytes; action: transmit
      exceeded 0 packets, 0 bytes; action: drop
      last packet: 1300ms ago, current burst: 0 bytes
      last cleared 00:13:15 ago, conformed 1694 bps, exceeded 0 bps
```

4.6　BGP 策略记账

BGP 策略记账（BGP policy accounting，BPA）是另一个利用 FIB 策略参数优势的 BGP 特性。在这个案例中，参数是流量索引。流量索引是一台路由器内部的计数器，它包含在 FIB 叶节点里面，值在 1 到 8 之间。可以将流量索引看作一个具有 8 个独立桶的表。每一个桶能对匹配一定标准的某一流量类型进行记账。在接口的每一个桶中都记录了数据包的数量和字节数。

在边缘路由器的每一个输入接口上，基于 BGP 前缀和属性，你可以使用该特性记账不同的 IP 流量。

配置 BPA 通常包含以下几个步骤。

步骤 1 标识需要优先处理的 BGP 前缀，并为它们标记合适的 BGP 属性。
步骤 2 为每一种流量设置 FIB 流量索引。
步骤 3 在输入接口上启动 BPA。

图 4-10 显示了 BGP 策略记账是如何工作的。当前缀 172.16.0.0/16 从 AS 200 被传播到 AS 300 时，某些 BGP 属性被更改了。在 R4 上使用命令 **table-map**，当匹配了前缀的属性时，可以设置流量索引号。一共可以记账 8 种流量类型。

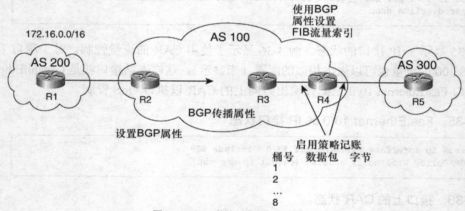

图 4-10 BGP 策略记账是如何工作的

注意：记住，使用命令 **clear ip route *** 清除 IP RIB 表，重置 BGP 会话，或重启路由器都可以改变 FIB/RIB。所有这些操作都会中断通信。

在每一个入站接口上，你可以使用 **bgp-policy accounting** 命令来启动策略记账。有了这条命令，利用目的 IP 地址，匹配某个标准的流量就被记录在它们各自的桶中。命令 **show cef interface policy-statistics** 显示了每个接口的流量计数器表。使用命令 **clear cef interface policy-statistics** 可以清除这些计数器。

利用图 4-9 显示的拓扑，这里演示了一个 BGP 策略记账的例子。对于前缀 172.16.0.0/16，BGP 的团体属性和前面设置的一样。在 R3 上，创建了一个路由映射来更新 FIB 的流量索引，如例 4-37 所示。

例 4-37 R3 的 BGP 配置样例

```
router bgp 100
 table-map Set-policy
 neighbor 192.168.23.2 remote-as 100
```

（待续）

```
 neighbor 192.168.34.4 remote-as 300
!
ip community-list 1 permit 100:200
!
route-map Set-policy permit 10
 match community 1
 set traffic-index 1
```

例 4-38 显示了该前缀更新后的 FIB。为了记录这条前缀，在 FastEthernet 10/0 上启动了策略记账。这个接口是去往 172.16.0.0 的流量的入站接口。注意，这个接口不能记账返回的流量，这是因为匹配是针对目的地址的。为了记账返回流量，必须在 GigabitEthernet 6/0 上启动策略记账，并且要使用 AS 300 的地址来设置合适的标准。例 4-39 显示了接口 FastEthernet 10/0 上的记账统计。

例 4-38　172.16.0.0 的 FIB 流量索引

```
R3#show ip cef 172.16.0.0
172.16.0.0/16, version 23, cached adjacency 192.168.23.2
0 packets, 0 bytes, traffic_index 1
  via 192.168.23.2, 0 dependencies, recursive
    next hop 192.168.23.2, GigabitEthernet6/0 via 192.168.23.2/32
    valid cached adjacency
```

例 4-39　FastEthernet10/0 接口上的策略记账统计信息

```
R3#show cef interface policy-statistics | begin FastEthernet10/0
FastEthernet10/0 is up (if_number 19)
  Corresponding hwidb fast_if_number 19
  Corresponding hwidb firstsw->if_number 19
 BGP based Policy accounting is enabled
  Index       Packets           Bytes
    1          867256         86725600
    2               0                0
    3               0                0
    4               0                0
    5               0                0
    6               0                0
    7               0                0
    8               0                0
```

4.7　案例研究：使用本地 AS 的 AS 集成

这个案例研究向你展示了如何使用本地 AS 特性把两个已经存在的自治系统（AS 100 和 AS 2）集成到一个 AS（AS 2）中去。图 4-11 显示了一个简单的拓扑。AS 100 是多宿主的，与

3 个不同的自治系统相连：200、300 和 2。AS 100 发起前缀 172.15.0.0/16，并把它通告给邻居自治系统。AS 100 也接收到由 AS 400 发起的前缀 172.16.0.0/16。

为了描述这个案例研究，我们把 IP 地址的最后一个八位组用来标识路由器号。例 4-40 和例 4-41 分别显示了 R1 与 R2 上 BGP 的基本配置。

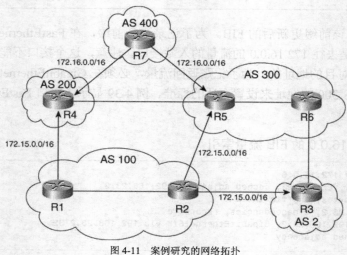

图 4-11 案例研究的网络拓扑

例 4-40 R1 的 BGP 配置

```
router bgp 100
 no synchronization
 bgp log-neighbor-changes
 network 172.15.0.0
 neighbor 192.168.12.2 remote-as 100
 neighbor 192.168.14.4 remote-as 200
 no auto-summary
```

例 4-41 R2 的 BGP 配置

```
router bgp 100
 no synchronization
 bgp log-neighbor-changes
 network 172.15.0.0
 neighbor 192.168.12.1 remote-as 100
 neighbor 192.168.23.3 remote-as 2
 neighbor 192.168.25.5 remote-as 300
 no auto-summary
```

例 4-42 和例 4-43 显示了 R1 和 R2 的 BGP RIB。

例 4-42　R1 的 BGP RIB

```
R1#show ip bgp
BGP table version is 3, local router ID is 192.168.14.1
Status codes: s suppressed, d damped, h history, * valid, > best, i - internal,
              r RIB-failure
Origin codes: i - IGP, e - EGP, ? - incomplete

   Network          Next Hop            Metric LocPrf Weight Path
* i172.15.0.0       192.168.12.2             0    100      0 i
*>                  0.0.0.0                  0         32768 i
* i172.16.0.0       192.168.25.5                  100      0 300 400 i
*>                  192.168.14.4                           0 200 400 i
```

例 4-43　R2 的 BGP RIB

```
R2#show ip bgp
BGP table version is 3, local router ID is 192.168.25.2
Status codes: s suppressed, d damped, h history, * valid, > best, i - internal,
              r RIB-failure
Origin codes: i - IGP, e - EGP, ? - incomplete

   Network          Next Hop            Metric LocPrf Weight Path
* i172.15.0.0       192.168.12.1             0    100      0 i
*>                  0.0.0.0                  0         32768 i
*   172.16.0.0     192.168.23.3                           0 2 300 400 i
* i                 192.168.14.4                  100     0 200 400 i
*>                  192.168.25.5                           0 300 400 i
```

现在 AS 100 和 AS 2 决定合并到单一的 AS 2 中。AS 100 中所有的 BGP 宣告路由器都将被迁移到 AS2。由于同一个 AS 中必须使用统一的 IGP，因此必须首先迁移 IGP（迁移 IGP 的内容超出了本书的范围，因而不在这里讲述）。为了减少迁移的风险和对 BGP 对等体造成的影响，迁移采取渐进的步骤，首先迁移 R2。

R2 在与 R5 的会话上配置了本地 AS。为了维持当前的转发架构，R2 上设置了更高的 WEIGHT 值，以优选从 R5 来的路径。出境 AS_PATH 在 R3 到 R6 的方向上被添加了 2 次，而在 R1 到 R4 的方向上被添加了 1 次。R2 上需要设置 **no-prepend** 选项，以使 R1 可以接收从 R5 来的路径，因为现在 R1 与 R2 之间存在一个 eBGP 会话。

例 4-44、例 4-45 和例 4-46 分别显示了 R1、R2 和 R3 的配置。

例 4-44　R1 的 BGP 配置

```
router bgp 100
 network 172.15.0.0
 neighbor 192.168.12.2 remote-as 2
```

（待续）

```
 neighbor 192.168.14.4 remote-as 200
 neighbor 192.168.14.4 route-map Path-200 out
!
route-map Path-200 permit 10
 set as-path prepend 100
```

例 4-45　R2 的 BGP 配置

```
router bgp 2
 network 172.15.0.0
 neighbor 192.168.12.1 remote-as 100
 neighbor 192.168.23.3 remote-as 2
 neighbor 192.168.25.5 remote-as 300
 neighbor 192.168.25.5 local-as 100 no-prepend
 neighbor 192.168.25.5 weight 100
```

例 4-46　R3 的 BGP 配置

```
router bgp 2
 neighbor 192.168.23.2 remote-as 2
 neighbor 192.168.36.6 remote-as 300
 neighbor 192.168.36.6 route-map Path-300 out
!
route-map Path-300 permit 10
 set as-path prepend 2 2
```

例 4-47、例 4-48 和例 4-49 中分别显示了 R1、R2 和 R7 的新的 BGP RIB。

例 4-47　R1 的 BGP RIB

```
R1#show ip bgp
BGP table version is 3, local router ID is 192.168.14.1
Status codes: s suppressed, d damped, h history, * valid, > best, i - internal,
              r RIB-failure
Origin codes: i - IGP, e - EGP, ? - incomplete

   Network          Next Hop         Metric LocPrf Weight Path
*  172.15.0.0       192.168.12.2          0             0 2 i
*>                  0.0.0.0               0         32768 i
*  172.16.0.0       192.168.12.2                        0 2 300 400 i
*>                  192.168.14.4                        0 200 400 i
```

例 4-48　R2 的 BGP RIB

```
R2#show ip bgp
BGP table version is 5, local router ID is 192.168.25.2
Status codes: s suppressed, d damped, h history, * valid, > best, i - internal,
              r RIB-failure
```

（待续）

```
Origin codes: i - IGP, e - EGP, ? - incomplete

   Network          Next Hop         Metric LocPrf Weight Path
*  172.15.0.0       192.168.12.1     0             0 100 i
*>                  0.0.0.0          0             32768 i
*> 172.16.0.0       192.168.25.5                   100 300 400 i
*                   192.168.12.1                   0 100 200 400 i
* i                 192.168.36.6     100           0 300 400 i
```

例 4-49 R7 的 BGP RIB

```
R7#show ip bgp
BGP table version is 4, local router ID is 192.168.57.7
Status codes: s suppressed, d damped, h history, * valid, > best, i - internal,
              r RIB-failure
Origin codes: i - IGP, e - EGP, ? - incomplete

   Network          Next Hop         Metric LocPrf Weight Path
*  172.15.0.0       192.168.57.5                   0 300 100 2 i
*>                  192.168.47.4                   0 200 100 100 i
*> 172.16.0.0       0.0.0.0          0             32768 i
```

图 4-12 显示了迁移后的拓扑。

下一步，迁移 R1 到新的 AS。R1 在与 R4 的会话上配置了本地 AS。现在 R1 上删除了前置的 AS_PATH。本地优先属性被修改，以优选通过 R4 的路径。使用本地优先属性而不使用 WEIGHT 属性的原因在于如果 R2 与 R5 之间的链路失效了，那么 R2 会优选 R1 的路径去到达 172.16.0.0/16。例 4-50 与例 4-51 分别显示了 R1 和 R2 上新的 BGP 配置。

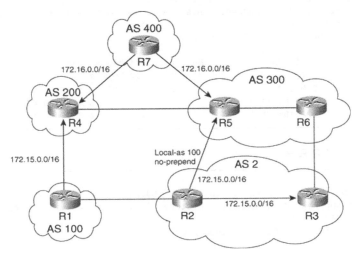

图 4-12 R2 被迁移到 AS 2 后的拓扑

例 4-50 R1 的 BGP 配置

```
router bgp 2
 network 172.15.0.0
 neighbor 192.168.12.2 remote-as 2
 neighbor 192.168.14.4 remote-as 200
 neighbor 192.168.14.4 local-as 100
 neighbor 192.168.14.4 route-map Set-lpref in
!
route-map Set-lpref permit 10
 set local-preference 120
```

例 4-51 R2 的 BGP 配置

```
router bgp 2
 network 172.15.0.0
 neighbor 192.168.12.1 remote-as 2
 neighbor 192.168.23.3 remote-as 2
 neighbor 192.168.25.5 remote-as 300
 neighbor 192.168.25.5 local-as 100 no-prepend
 neighbor 192.168.25.5 weight 100
```

例 4-52、例 4-53 和例 4-54 分别显示了 R1、R2 和 R7 上新的 BGP RIB 信息。

例 4-52 R1 的 BGP RIB

```
R1#show ip bgp
BGP table version is 3, local router ID is 192.168.14.1
Status codes: s suppressed, d damped, h history, * valid, > best, i - internal,
              r RIB-failure
Origin codes: i - IGP, e - EGP, ? - incomplete

   Network          Next Hop         Metric LocPrf Weight Path
* i172.15.0.0       192.168.12.2          0    100      0 i
*>                  0.0.0.0               0         32768 i
*> 172.16.0.0       192.168.14.4        120             0 100 200 400 i
* i                 192.168.25.5             100       0 300 400 i
```

例 4-53 R2 的 BGP RIB

```
R2#show ip bgp
BGP table version is 5, local router ID is 192.168.25.2
Status codes: s suppressed, d damped, h history, * valid, > best, i - internal,
              r RIB-failure
Origin codes: i - IGP, e - EGP, ? - incomplete

   Network          Next Hop         Metric LocPrf Weight Path
```

（待续）

```
* i172.15.0.0      192.168.12.1          0      100       0 i
*>                 0.0.0.0               0                32768 i
* i172.16.0.0      192.168.14.4          120    0 100 200 400 i
*>                 192.168.25.5                 100 300 400 i
* i                192.168.36.6          100    0 300 400 i
```

例 4-54   R7 的 BGP RIB

```
R7#show ip bgp
BGP table version is 5, local router ID is 192.168.57.7
Status codes: s suppressed, d damped, h history, * valid, > best, i - internal,
              r RIB-failure
Origin codes: i - IGP, e - EGP, ? - incomplete

   Network          Next Hop            Metric LocPrf Weight Path
*> 172.15.0.0       192.168.57.5                       0 300 100 2 i
*                   192.168.47.4                       0 200 100 2 i
*> 172.16.0.0       0.0.0.0                  0         32768 i
```

现在 AS 2 可以说服 AS 300 修改它的对等关系，即 R5 的配置了。R2 不需要本地 AS 了。然而，AS 200 只愿意信任它与 AS 100 之间以前的对等协定。R1 与 R4 之间依然需要本地 AS。为了维持相同的转发策略，R2 现在需要在它到 R5 的出境 AS_PATH 上添加路径。例 4-55 显示了 R2 的最终配置。例 4-56 显示了 R7 的 BGP RIB。

例 4-55   R2 的 BGP 配置

```
router bgp 2
 network 172.15.0.0
 neighbor 192.168.12.1 remote-as 2
 neighbor 192.168.23.3 remote-as 2
 neighbor 192.168.25.5 remote-as 300
 neighbor 192.168.25.5 weight 100
 neighbor 192.168.25.5 route-map Path-300 out
!
route-map Path-300 permit 10
 set as-path prepend 2
```

例 4-56   R7 的 BGP RIB

```
R7#show ip bgp
BGP table version is 10, local router ID is 192.168.57.7
Status codes: s suppressed, d damped, h history, * valid, > best, i - internal,
              r RIB-failure
Origin codes: i - IGP, e - EGP, ? - incomplete

   Network          Next Hop            Metric LocPrf Weight Path
*  172.15.0.0       192.168.47.4                       0 200 100 2 i
*>                  192.168.57.5                       0 300 2 2 i
*> 172.16.0.0       0.0.0.0                  0         32768 i
```

图 4-13 显示了最终的拓扑。

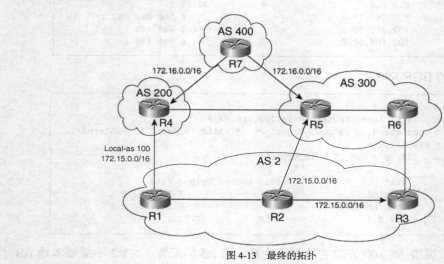

图 4-13 最终的拓扑

4.8 总 结

本章展示了多种技巧，你可以用来创建复杂和有效的 BGP 策略。本章一开始就讲解了一个基本的技巧——正则表达式。在 IOS 中，正则表达式被广泛地应用于模式匹配，以析分命令的输出，或定义 AS_PATH 与团体模板。

另外，我们也讨论了多种多样的过滤工具。它们包括前缀列表、团体列表、AS_PATH 列表、路由映射，以及策略列表，所有这些过滤工具都被广泛地用于创建 BGP 策略。另外，也讲到了更复杂的策略工具，这包括条件通告、聚合、拆分、本地 AS、QoS 策略传播，以及策略记账。本章以一个使用本地 AS 特性进行 AS 合并的案例研究来结束。

第二部分
设计企业 BGP 网络

第 5 章　企业级 BGP 核心网络设计

第 6 章　企业网络的 Internet 连接性

本章探讨了设计企业 BGP 核心网络的诸多方面：

- 在企业核心网中使用 BGP；
- BGP 网络核心设计解决方案；
- 远程站点聚合；
- 案例研究：BGP 核心部署。

第 5 章

企业级 BGP 核心网络设计

企业一般使用内部网关协议（IGP）来组建公司范围的 IP 连网。但是，当使用 IGP 的企业网络到达一个扩展性极限的时候，通常会考虑采用边界网关协议（BGP）。如果前缀数量很大，BGP 可以增强可扩展性，同时也能提高企业分割管理控制的能力。

通过增加网络的层次并更好地汇总前缀，可以有效地提高网络的可扩展性。在很多网络中，由于过去的地址分配并不提供正确的汇总边界，因而使汇总变得非常具有挑战性。但是 BGP 可以通过在网络核心中增加分层来提高网络的可扩展性。

另外，企业还面临着多样化管理控制的挑战。企业在多个不同的地理区域拥有不同的工程中心和操作中心，每个这样的管理中心都对网络的某一部分拥有管理控制能力。企业网络也可以由一个在中心的带有数个独立子网的核心网络构成，每个网络都由不同的管理队伍来控制。当管理控制以这种方式被分散的时候，一个普通的 IGP 进程会呈现出非常显著的运营问题。正如前面章节所说，BGP 是为多样化管理控制的目的而设计的。

这一章会让你知道什么时候该考虑 BGP 作为解决方案和怎样在企业核心网中实施这个方案。通过几个扩展的例子你会清楚如何使用 BGP 去开发稳定的可升级的核心网络架构。

5.1 在企业核心网中使用 BGP

企业的工程师和设计师经常会问："什么时候我应该在企业

核心网中使用 BGP 呢？"虽然这个问题非常普遍，回答起来却并不简单。正如下面几节讨论的那样，确定一个企业网络的正确的路由选择体系架构必须考虑很多因素。

5.1.1 问题定义

设计过程从对问题的精确定义开始，下面的问题帮助你打下这个基础。
- 我试图解决的明确的问题是什么？
- 导致这个问题的根本原因是什么？
- BGP 如何解决这个问题？
- BGP 从本质上解决了这个问题还是仅仅解决了问题的表面症状？

如果 BGP 仅仅解决了表面症状，那就把焦点放在导致问题的本质原因上。使用 BGP 仅仅解决症状的同时往往会导致潜在的问题继续增长。一个典型的例子是在 IGP 中携带的前缀数量。

如果前缀以一种特别的方式被分配而导致不能进行路由汇总，BGP 可以提供一个暂时的补丁，但是依然需要我们找出问题的本质。必须开发并部署一个允许有效汇总的合适的分址机制才能在本质上解决问题，尽管对一个网络重新分址非常费时而且经常会很艰难。

如果问题的本质没有得到解决，这会演变成一个慢性问题，随着网络的扩大，这个问题不会丝毫变得易于解决。网络从来都不应该允许以一种不受控制的方式发展。网络的扩大应该是一种与定义良好并拥有文档证明的网络架构相协调的受控制的扩大。如果网络规模发展过大而不适用于特定的网络架构，这时就必须开发一种新的架构，并且以后的扩展都应该基于这个新的架构。

5.1.2 确定解决方案

在确定 BGP 是否是合适的解决方案时，你必须弄清楚它的优点和缺点。BGP 仅仅是网络工程师和设计师可以采用的又一个工具，使用 BGP 并不是一种万能药，但如果使用恰当，它能帮助工程师解决一些复杂的策略和扩展性问题。当然，这是以另外一些方面的牺牲为前提的。

1. BGP 的优点

下列描述的 BGP 的优点对于设计一个企业网络是非常重要的。
- **路由选择策略控制**——BGP 不仅仅是一个路由选择协议，它还是一个进行策略定义的工具。BGP 协议确实可以携带允许路由选择功能的网络层可达性信息（NLRI），但是，它的主要目的是使网络的管理者在定义路由选择策略时有更充分的灵活性。与之相对应的是，IGP 的主要目的是提供网络的可达性和快速的重新收敛能力。
- **多样化管理控制**——BGP 是为了让多个不同的网络进行互连而设计的，这些不同的网络有着不同的管理控制。在 BGP 中，一个自治系统就是一个可独立控制的单元。BGP 定义管理边界范围的能力其实就是策略控制的一个延伸。BGP 自治系统可以用来分割一个网络的管理控制。
- **处理大量的前缀**——BGP 是为了能和全球 Internet 路由选择表的增长规模相称而设计的，最初只是运载 10 000 条前缀。然而，BGP 建立的机制允许它在生产性网络中进行扩展而运载超过 200 000 条前缀，在实验室测试中，甚至可以携带 500 000 条前缀。可以维护的前缀数量主要受到内存的限制。

2．BGP 的缺点

虽然 BGP 拥有很多优势，但你仍然必须记住它的缺陷。
- **收敛时间增加**——BGP 不能对网络变化快速反应，就快速收敛来说，它也不是优化的路由选择协议。虽然收敛时间可以调整，但是依然要比 IGP 来得慢。
- **复杂度增加**——BGP 不是用来替代 IGP 的，它更多是以 IGP 的补充方式运作的。BGP 和 IGP 一前一后的运作会产生额外的依赖性，这将提高网络的复杂度。

注意：协议设计和网络设计类似，都会有一系列的权衡和折衷。在设计 BGP 的时候，为了达到一些主要的设计目的就必然会做出一些其他方面的牺牲。BGP 设计时做出的牺牲正是 IGP 中最常见的一些特性。

要时刻记住，在网络中加入 BGP 很可能会增加网络操作的复杂度。这就意味着维护人员需要更多的知识，同时，故障排除过程的复杂度也增加了。

假定 BGP 是一种合适的解决方案，余下的章节将指导你如何有效地设计和实现一个企业网络的 BGP 路由选择体系架构。特别是，我们将采用多种不同的体系架构来设计基于 BGP 的企业网络核心。

5.2 BGP 网络核心设计解决方案

BGP 网络核心设计主要有 3 个方案可供选择，每一种都大大减少了 IGP 进程中的前缀数量，并提供了不同程度的路由选择策略和管理控制。
- **内部 BGP（iBGP）架构**——这种架构在核心网络中只使用单一的 BGP 自治系统。使用这种架构的最大优势就是减少了 IGP 中的路由选择信息。从定义上看，这种架构的特点是它不含有任何外部的 BGP 会话，BGP 几乎只被专门用于前缀的传送而不是路由选择策略。这种设计方案对穿过核心的路由选择策略提供了最少的管理控制。
- **外部 BGP（eBGP）架构**——网络中，每一个独特的部分都有它自己的自治系统。每个自治系统只与和它直连的自治系统形成对等关系。有些情况下，在拥有多台核心路由器的区域中也可能会存在一些 iBGP 会话。从定义上看，这种架构的特点是广泛的 eBGP 对等关系把所有区域都连接在一起。这种设计在区域自治系统之间描绘了更清晰的管理控制界线。

- **内部/外部 BGP 体系架构**——网络的核心有它自己的自治系统，并且在所有的核心路由器上运行 iBGP。网络的其他部分被分割成不同的自治系统，每一个自治系统都和网络核心相连，并与其他不同的网络之间进行网络资源传输。从定义上看，这种架构的特点是使用 iBGP 建造核心，再通过 eBGP 提供到核心自治系统的连接。这种设计在区域自治系统之间描绘了清晰的管理控制界线。

针对上面提到的每一种体系架构，都可以应用下面的标准来衡量各自的优点和缺点：

- **路径选择**——应用 BGP 的哪一个关键属性来决定路径选择？怎样操纵 BGP 的决策过程以提供需要的路由选择策略？
- **故障和恢复情形**——链路或路由器出现故障时，网络如何反应？网络重新收敛时将会牵扯什么事件？
- **管理控制**——如何应用 BGP 定义管理控制的范围？这将对故障排除还有网络扩展产生什么影响？
- **路由选择策略**——在某个特定的架构中如何定义路由选择策略？这种架构的灵活性如何？

综观整个 BGP 核心体系架构的讨论，路径选择过程讨论得最多。为了避免重申关于路由器 ID 的分配，读者可以参阅表 5-1。在讨论的网络拓扑示例中，我们将使用一个标准的分址方案来配置所有设备的路由器 ID。所有设备的路由器 ID 为 172.16.X.1，X 是路由器编号。前缀 172.16.13.0/24 被划分了子网，以提供所有网络核心链路的地址。

表 5-1　　　　　　　　　　　　　路由器 ID 分配约定

路由器名字	路由器 ID	路由器名字	路由器 ID	路由器名字	路由器 ID
R1	172.16.1.1	R5	172.16.5.1	R9	172.16.9.1
R2	172.16.2.1	R6	172.16.6.1	R10	172.16.10.1
R3	172.16.3.1	R7	172.16.7.1	R11	172.16.11.1
R4	172.16.4.1	R8	172.16.8.1	R12	172.16.12.1

5.2.1　内部 BGP 核心架构

内部 BGP 核心架构，如图 5-1 所示，完全利用 iBGP 会话而不使用任何 eBGP。这种设计的最主要的优点是限制了区域 IGP 域运载的前缀数量。但是这种设计情形并没有给出有关核心资源和区域资源之间的清晰描述。

区域网络与核心网络的边界共同使用相同的路由器。这会使在每个区域的核心路由器上都必须运行 3 个路由选择进程：区域 IGP 进程、核心 IGP 进程，以及核心 BGP 进程。区域编号对应着区域 IGP——EIGRP 进程的编号。有一点必须记住，由于所有 3 个进程共享相同的资源，当资源短缺时，一个路由选择进程的不稳定可能会影响其他的路由选择进程。

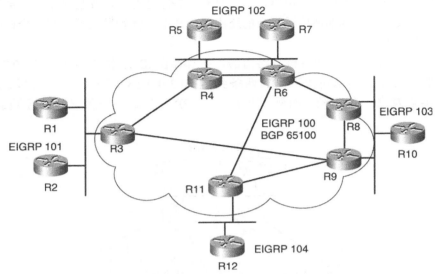

图 5-1　使用 iBGP 的核心架构

　　区域 IGP 进程提供整个区域网络的可达性。这个进程提供完整的区域路由选择信息和拓扑信息。区域 IGP 进程终止于该体系架构的核心路由器上。必须在核心路由器的区域 IGP 进程中注入一个默认路由，以提供到核心和其他区域的可达性。

　　核心 IGP 进程负责维护核心路由器间的连通性。核心 IGP 进程只为核心路由器、核心链路和核心路由器的环回接口运载前缀和拓扑信息。核心 IGP 进程和其他任何路由选择进程之间不应该有重分布。核心 IGP 进程提供各个环回接口之间的可达性，以允许 iBGP 会话形成，并为 BGP 学到的前缀提供下一跳可达性。所有 iBGP 会话的对等连接都使用环回接口，并且使用 **next-hop-self** 命令。

　　每台核心路由器上运行的 BGP 进程应该通过 iBGP 和其他任何一台核心路由器形成对等关系，进而形成 iBGP 会话的全连接。BGP 进程负责每个区域核心路由器之间的前缀信息传播。iBGP 会话必须源于核心路由器的环回接口以确保即使在链路失效的情况下，BGP 会话也能保持活跃状态——除非是核心路由器被隔离开。

　　把区域前缀信息注入 BGP 进程的首选方法是使用 network 语句。不过区域 IGP 也可能以一种受控制的方式进行重分布（使用合适的过滤）来完成前缀注入。BGP 前缀不能被重分布进入区域 IGP，因为这会大大减少起初部署 BGP 给扩展性带来的任何改进。

1．路径选择

本地路由器从其他路由器上接收前缀，通过比较去往这些路由器的 IGP 度量就可以解决 BGP

路径选择问题。这样做必须先假定没有应用其他的策略，除非在配置例子中明确地提到或给出。为了确保确定的路径选择，还得假定在所有的路由器上都配置了 **bgp bestpath compare-routerid**。

如果每个区域只有一台核心路由器，那么只有一条路径存在，并且这条路径会被安装到路由选择表中。如果每个区域都使用了冗余的路由器，那么去往始发区域的每一台核心路由器的每一条前缀都有副本存在。

参看图 5-2，区域 102 有两台核心路由器，并且都在 iBGP 核心中注入了 10.2.0.0/16。所有其他区域的核心路由器都可以看到有两条到达 10.2.0.0/16 的路径——从区域 102 的每一台核心路由器都发来一条路径，如例 5-1 所示。BGP 默认选择一条最佳路径装载到路由选择表中。

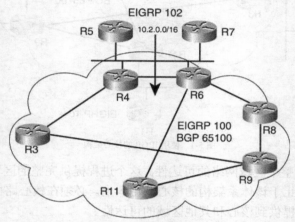

图 5-2　在网络核心中，到 10.2.0.0/16 的路径通告

例 5-1 中，R11 基于 BGP 属性选择的路径表明来自 R6 的这条路径是最佳路径，因为这条路径的 IGP 度量较低。

例 5-1　R11 上到达前缀 10.2.0.0/16 的 BGP 路径信息

```
R11#show ip bgp 10.2.0.0
BGP routing table entry for 10.2.0.0/16, version 3
Paths: (2 available, best #2, table Default-IP-Routing-Table)
  Not advertised to any peer
  Local
    172.16.4.1 (metric 2323456) from 172.16.4.1 (172.16.4.1)
      Origin IGP, metric 307200, localpref 100, valid, internal
  Local
    172.16.6.1 (metric 2297856) from 172.16.6.1 (172.16.6.1)
      Origin IGP, metric 307200, localpref 100, valid, internal, best
```

通过例 5-2 中 R3 上的 BGP 表可以看出，R3 选择的路径来自 R4。这个决定再次基于到下一跳的 IGP 度量。

例 5-2　R3 上到达前缀 10.2.0.0/16 的 BGP 路径信息

```
R3#show ip bgp 10.2.0.0
BGP routing table entry for 10.2.0.0/16, version 4
Paths: (2 available, best #1, table Default-IP-Routing-Table)
  Not advertised to any peer
  Local
    172.16.4.1 (metric 2297856) from 172.16.4.1 (172.16.4.1)
      Origin IGP, metric 307200, localpref 100, valid, internal, best
  Local
    172.16.6.1 (metric 2323456) from 172.16.6.1 (172.16.6.1)
      Origin IGP, metric 307200, localpref 100, valid, internal
```

假定 Weight、LOCAL_PREF 和 MED 这些参数的默认值都不变，这些路径的第一个不同点就是到达前缀的下一跳的 IGP 度量。这是在网络核心中使用 iBGP 的明显优势。基于 IGP 度量标准选择最佳路径避免了决策过程的随意性。已被装载到路由选择表中的路径可以使流量自动地以最短的路径穿越网络。

每台核心路由器都一致地选择具有最低 IGP 度量的路径。这并不意味着它们都选择同样的路径，而是意味着每台路由器把数据包发往和它选择同样路径的路由器，也就是说当数据包穿越网络时目的地保持不变。这种行为产生了确定的流量模式并且阻止了路由选择环路的发生。

如果 IGP 度量保持一致，第二个最常用的路径选择要点就是始发路由器的路由器 ID。在这种情形下，并没有其他的信息可用来决定哪条路径实际上更优。路由器 ID 与路径质量没有关系，于是有人争论，认为基于路由器 ID 选择最佳路径是武断的。

注意：说一个决策是确定的，意思是总是选择相同的路由器。基于路由器 ID 选择的实际路径仅仅是抽签的运气，除非这样做对 BGP 路径选择的影响在地址分配阶段就已经被考虑。

也可以应用其他属性，但必须确保所有路由器都能收到相同的信息，否则就有可能形成路由选择环路。一个普遍的准则是只在发起路由时修改属性，而不要在 iBGP 对等会话之间修改。

一旦一台 BGP 路由器选择了一条路径并安装到它的 IP 路由选择表中，该路由器就会进行递归查找以决定 IGP 的下一跳。这个递归查找通过核心 IGP 路由选择进程完成，因为该路由选择进程应该包含 iBGP 对等体的前缀地址，而这些 BGP 前缀是在 iBGP 对等体上发起的。

如果在 IGP 中存在多条到达 BGP 下一跳的等价路径，那么这些路径都会作为表项被插入到路由选择表中去，流量于是被负载分担。有些 IGP，譬如 EIGRP，支持不等价路径的负载分担。使用 IGP 度量进行路径选择允许通过调整 IGP 链路的成本来优化路由流量。

2．故障和恢复情形

有两种故障类型：链路故障和设备故障。故障发生的场所也有两处：区域网络和核心网络。下面的部分将讨论这两种场所。

（1）区域网络故障

当链路或设备发生故障时，网络重新收敛的速度与区域 IGP 重新收敛的速度直接相关。只有当网络的一部分被分割开，并且没有部署路由汇总的情况下才可能在网络的核心部分看到相关的网络故障。如果网络发生故障的范围足够大，那么当整个汇总前缀都被分割开时，在核心也可能看到网络故障。

当从一个故障中恢复时，重新收敛的时间仍然与 IGP 重新收敛时间直接相关。如果必须在 BGP 中重新通告前缀信息，那么区域核心路由器把前缀重新通告给所有其他核心路由器的时候还会有另一段延时。

（2）核心网络故障

核心链路或设备发生故障时恢复的速度与核心 IGP 重新收敛的速度一致。如果 R11 和 R6 之间的链路中断，如图 5-3 所示，那么 R11 将不能再用这条链路把流量发送到前缀 10.2.0.0/16。

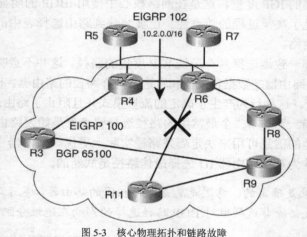

图 5-3　核心物理拓扑和链路故障

例 5-3 显示了链路发生故障前到前缀 10.2.0.0/16 的 BGP 表和路由选择表。

例 5-3　故障发生前的网络状态

```
R11#show ip bgp 10.2.0.0
BGP routing table entry for 10.2.0.0/16, version 3
Paths: (2 available, best #2, table Default-IP-Routing-Table)
  Not advertised to any peer
  Local
    172.16.4.1 (metric 2323456) from 172.16.4.1 (172.16.4.1)
      Origin IGP, metric 307200, localpref 100, valid, internal
  Local
    172.16.6.1 (metric 2297856) from 172.16.6.1 (172.16.6.1)
      Origin IGP, metric 307200, localpref 100, valid, internal, best
```

故障发生后，因为 IGP 下一跳的变化，BGP 表的 IGP 度量也随之增大，如例 5-4 所示。

例 5-4 故障发生后的网络状态

```
R11#show ip bgp 10.2.0.0
BGP routing table entry for 10.2.0.0/16, version 3
Paths: (2 available, best #2, table Default-IP-Routing-Table)
  Not advertised to any peer
  Local
    172.16.4.1 (metric 2861056) from 172.16.4.1 (172.16.4.1)
      Origin IGP, metric 307200, localpref 100, valid, internal
  Local
    172.16.6.1 (metric 2835456) from 172.16.6.1 (172.16.6.1)
      Origin IGP, metric 307200, localpref 100, valid, internal, best
```

因为 iBGP 对等体仍然是可到达的,因此 iBGP 会话并没有受到影响。最佳路径依然来自 R6,到 R6 的新度量依然比到 R4 的要小,如例 5-4 所示。但是,如果 R6 和 R8 之间的链路也中断的话(两个同时中断),那么 BGP 的最佳路径就会受到影响,因为这时候 R11 需要通过 R4 到达 R6,使得 R4 成为到 10.2.0.0/16 的更合适的 BGP 下一跳,见例 5-5。

例 5-5 多个故障发生后的 BGP 路径信息

```
R11#show ip bgp 10.2.0.0
BGP routing table entry for 10.2.0.0/16, version 7
Paths: (2 available, best #2, table Default-IP-Routing-Table)
Flag: 0x240
  Not advertised to any peer
  Local
    172.16.6.1 (metric 3347456) from 172.16.6.1 (172.16.6.1)
      Origin IGP, metric 307200, localpref 100, valid, internal
  Local
    172.16.4.1 (metric 3321856) from 172.16.4.1 (172.16.4.1)
      Origin IGP, metric 307200, localpref 100, valid, internal, best
```

IGP 重新收敛后,BGP 路径选择进程取代了来自 R6 的路径,基于最低的 IGP 度量选择了来自 R4 的路径作为新的最佳路径。

注意:R11 和 R6 之间的 iBGP 会话仍然没有受到影响。等到 BGP 扫描器发现了度量的变化,然后重新选择一条路径,R6 依然是最佳路径。当流量流经 R4 通往 R6 时,它会沿着 EIGRP 路由进入区域网络而不是继续流向 R6。这是因为 R4 有到 10.2.0.0/16 的 EIGRP 路由。

如果因为链路故障而导致一台核心路由器被分割出网络核心,那么这台核心路由器所通告的前缀将不再有可达的下一跳。BGP 扫描器会从 BGP 路径选择进程中删除这些前缀。这相当于核心的一台设备发生故障。重新收敛时间并不取决于故障发生时 BGP 的撤回或更新消息。

在链路或设备恢复的时间里,重新收敛到选择优化路径的时间被 iBGP 会话重新建立和通告它们前缀所经历的时间延长了。这不可能在 IGP 重新收敛之前完成,所以总的收敛时间变长了。IGP 和 BGP 重新收敛时间之间的差异可能会导致恢复期间的流量丢失。这个问题已经在第 3 章中阐述过了。

3．管理控制

这种架构下管理控制没有很好地分开，因为并没有划分出清晰的边界。核心路由器在运行区域 IGP 进程的同时还要运行核心 IGP 进程。资源共享的应用要求所有的管理团队可以访问那些资源。

如果核心 IGP 和 BGP 进程由一个团队来管理，区域 IGP 进程由另一个团队管理，两个团队都需要能访问区域核心路由器。设计 IGP 的时候并不希望让管理者只访问路由器的一个子集，设计 BGP 的时候也不希望让完全不同的团队管理同一个自治系统。

4．路由选择策略

在某些情况下，希望阻止两个区域互相通信。但是，在这种设计方案下，每台核心路由器都必须携带全部的路由选择信息，因为它很可能成为两个其他区域之间的穿越路由器。这样就不能允许使用路由过滤来阻断两个区域之间的连通性。最好的限制连通性的方法是在连接区域网络的核心路由器的接口处对入境数据包进行过滤。

5.2.2 外部 BGP 核心架构

外部 BGP 设计主要应用不同区域间的 eBGP 会话。如果在每个区域中存在冗余的核心路由器，那么也会有限地部署 iBGP。这种设计的最主要的好处是减少了区域 IGP 进程的前缀数量并体现出了管理控制。图 5-4 显示了一个例子。

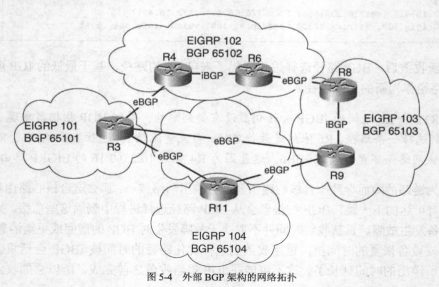

图 5-4 外部 BGP 架构的网络拓扑

在每个区域中的核心路由器都有两个路由选择进程：区域 IGP 进程和核心 BGP 进程，没有核心 IGP 进程。

区域 IGP 进程提供到整个区域网络的可达性。这个进程携带完整的区域路由选择和拓扑信息。这种架构下，区域 IGP 进程终结在核心路由器上。在核心路由器的区域 IGP 进程中必须注入一条默认路由。

这种 BGP 架构虽然会话更少，但是却要比先前的那种更复杂。每个区域有自身的 BGP 自治系统。如果一个区域有多台核心路由器，它们必须通过 iBGP 相连，并使用区域 IGP 为 iBGP 学到的前缀提供下一跳的解析。为一个区域中的多台核心路由器提供穿越服务的所有路由器也要运行 iBGP 来避免路由选择环路，这一点是至关重要的。

如果在一个区域的核心路由器之间运行 iBGP 会话，那么它们应该起源于环回接口，并且环回接口信息应该包含在区域 IGP 的路由选择信息中。为了解决可能的下一跳解析的问题，应该给 iBGP 会话配置 **next-hop-self** 命令。

这种情况下不再存在核心 IGP 路由选择进程，因为自治系统间的 eBGP 会话直接绑定到直连接口上。每台核心路由器都仅与它直连的自治系统建立 eBGP 对等会话。

1．路径选择

在这种设计架构下，BGP 路径选择主要受到两个参数的影响：AS_PATH 的长度和邻居路由器 ID。如果不做修改，通过最佳路径选择算法选择的路径未必是优化路径。所有 BGP 路由器都配置了 **bgp bestpath compare-routerid** 命令以确保基于最低的路由器 ID 来确定性地选择路径。

在这种设计下，前缀的通告在一个例子中得到很好的演示。在图 5-5 中，前缀 10.2.0.0/16 首先在 R4 和 R6 上被注入到 AS 65102 的 BGP 中。两台路由器通过 iBGP 互相通告该前缀，并分别把前缀通告给 AS 65101 和 AS 65103 的 eBGP 对等体。

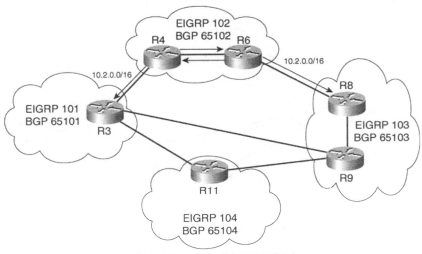

图 5-5　10.2.0.0/16 的初始前缀通告

在 AS 65101 中，R3 通过与 AS 65102 的 R4 之间的 eBGP 会话接收前缀信息。R3 把前缀安装到路由选择表中，因为到目前为止这是到达前缀 10.2.0.0/16 的惟一路径。然后 R3 通过 eBGP 把前缀通告给 AS 65103 中的 R9 和 AS 65104 中的 R11。这一过程参看图 5-6。

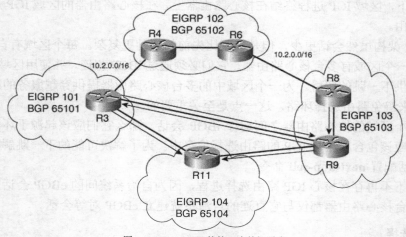

图 5-6　10.2.0.0/16 的第二次前缀通告

分开来看，在 AS 65103 中，R8 通过与 AS 65102 中的 R6 之间的 eBGP 会话接收前缀。该前缀被安装到 R8 的路由选择表中，然后再通过 iBGP 被通告给 R9，从 R8 到 R9 的这条路径被安装到 R9 的路由选择表中，然后再被通告给 AS 65104 中的 R11 和 AS 65101 中的 R3。这也显示在图 5-6 中。

R11 在 AS 65104 中收到来自 AS 65101 的 R3 和 AS 65103 的 R9 的前缀。因为路由器 ID 最低，来自 R3 的那条路径被安装到 R11 的路由选择表中。R11 通过 eBGP 把 AS 65104 中的这条前缀通告给 AS 65103 中的 R9。图 5-7 显示了前缀 10.2.0.0/16 的完整通告流向。

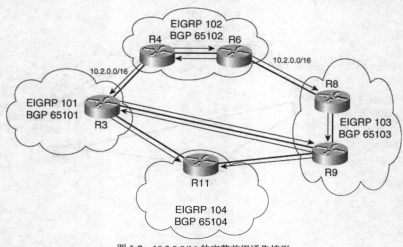

图 5-7　10.2.0.0/16 的完整前缀通告情形

表 5-2 总结了每台路由器的路径选择过程。

表 5-2　　　　　　　　　　　路径选择总结

ASN	路由器	路径信息和选择标准
65101	R3	**(R9) 65103 65102** 172.16.13.2 from 172.16.13.2 (172.16.9.1) Origin IGP,localpref 100,valid,external **(R4) 65102** 172.16.13.6 from 172.16.13.6 (172.16.4.1)
65101	R3	Origin IGP,metric 307200,localpref 100,valid,external,best 来自 R4 的路径具有最短的 AS_PATH
65102	R4	**(R6) Local** 172.16.6.1 (metric 409600)from 172.16.6.1 (172.16.6.1) Origin IGP,metric 307200,localpref 100,valid,internal **(R4) Local** 172.17.2.1 from 0.0.0.0 (172.16.4.1) Origin IGP,metric 307200,localpref 100,**weight 32768** ,valid, **sourced** ,local,best 该路径是本地发起的，并且 WEIGHT 值被设置为 32768
65102	R6	**(R4) Local** 172.16.4.1 (metric 409600)from 172.16.4.1 (172.16.4.1) Origin IGP,metric 307200,localpref 100,valid,internal **(R6) Local** 172.17.2.1 from 0.0.0.0 (172.16.6.1) Origin IGP,metric 307200,localpref 100,**weight 32768** ,valid, **sourced** ,local,best 该路径是本地发起的，并且 WEIGHT 值被设置为 32768
65103	R8	**(R6) 65102** 172.16.13.13 from 172.16.13.13 (172.16.6.1) Origin IGP,metric 307200,localpref 100,valid,external,best 仅仅收到一条路径——事实上的赢家
65103	R9	**(R11) 65104 65101 65102** 172.16.13.18 from 172.16.13.18 (172.16.11.1) Origin IGP,localpref 100,valid,external **(R8) 65102** 172.16.8.1 (metric 409600)from 172.16.8.1 (172.16.8.1) Origin IGP,metric 307200,localpref 100,valid,internal,best **(R3) 65101 65102** 172.16.13.1 from 172.16.13.1 (172.16.3.1) Origin IGP,localpref 100,valid,external 来自于 R8 的路径具有最短的 AS_PATH
65104	R11	**(R9) 65103 65102** 172.16.13.17 from 172.16.13.17 (172.16.9.1) Origin IGP,localpref 100,valid,external **(R3) 65101 65102** 172.16.13.9 from 172.16.13.9 (172.16.3.1) Origin IGP,localpref 100,valid,external,best 来自于 R3 的路径具有最低的 ROUTER_ID

在这一小节的开头部分，我们已经提到这种体系架构很可能会选择一条次优的路由选择。这是因为，在表 5-2 中显示的路径选择同样忽视了链路速度。如果网络核心的所有链路都具有同样的带宽，路径选择就会令人满意。但是，举个例子，假如通过 R3 的 R11 和 R4 之间的链路

均为 DS3 电路，而通过 R8 和 R9 的 R11 和 R6 之间的链路为 OC-12 电路，那么对可用带宽的利用有可能较差。

对于到前缀 10.2.0.0/16 的流量，假定经由 R11 到 R9 的路径要比经由 R11 到 R3 的路径更合适。我们可以在 R11 上手动应用一个它与 R9 之间的 eBGP 会话的入站路由映射来完成这种设置，这个路由映射改变了本地优先属性值以优选从 AS 65103 接收来的前缀。例 5-6 显示了配置，例 5-7 显示了结果。

例 5-6 使从 AS 65103 接收来的前缀优先的 BGP 配置

```
router bgp 65104
 no synchronization
 bgp log-neighbor-changes
 network 10.4.0.0 mask 255.255.0.0
 neighbor 172.16.13.9 remote-as 65101
 neighbor 172.16.13.17 remote-as 65103
 neighbor 172.16.13.17 route-map LPREF in
 no auto-summary
!
route-map LPREF permit 10
 set local-preference 120
!
```

例 5-7 修改了 LOCAL_PREF 值后的前缀 10.2.0.0/16

```
R11#show ip bgp 10.2.0.0
BGP routing table entry for 10.2.0.0/16, version 20
Paths: (2 available, best #1, table Default-IP-Routing-Table)
Flag: 0x208
  Advertised to non peer-group peers:
  172.16.13.17
  65103 65102
    172.16.13.17 from 172.16.13.17 (172.16.9.1)
      Origin IGP, localpref 120, valid, external, best
  65101 65102
    172.16.13.9 from 172.16.13.9 (172.16.3.1)
      Origin IGP, localpref 100, valid, external
```

注意：给从 R9 接收来的前缀赋予更高的 WEIGHT 值也可以达到同样的效果。因为 AS 65104 只有一个 BGP 宣告路由器。

当修改默认的 BGP 行为时，你必须清楚所有的含义以避免副作用的产生。如例 5-8 所示，前缀 10.1.0.0/16 由 AS 65101 发起。R11 通过 BGP 从 R3 和 R9 接收到两条路径。更改来自 R9 的入站路径的 LOCAL_PREF 值后，会导致发往 AS 65101 的数据流必须通过 AS 65103 发送。假定 AS 65104 需要通过 R3 和 R11 的连接直接与 AS 65101 相连，那么这个新的行为就不是我们想要的。

例 5-8   前缀 10.1.0.0/16 由 AS 65101 发起

```
R11#show ip bgp 10.1.0.0
BGP routing table entry for 10.1.0.0/16, version 22
Paths: (2 available, best #1, table Default-IP-Routing-Table)
Flag: 0x208
  Advertised to non peer-group peers:
  172.16.13.9
  65103 65101
    172.16.13.17 from 172.16.13.17 (172.16.9.1)
      Origin IGP, localpref 120, valid, external, best
  65101
    172.16.13.9 from 172.16.13.9 (172.16.3.1)
      Origin IGP, metric 307200, localpref 100, valid, external
```

这个问题可以通过在路由映射中应用 as-path 列表，以便和仅仅由 AS 65102 发起的前缀进行匹配，从而可以修改本地优先属性。新的路由映射配置见例 5-9。

例 5-9   R11 上的 BGP 配置和路由映射配置

```
!
ip as-path access-list 1 permit _65102$
!
route-map LPREF permit 10
 match as-path 1
 set local-preference 120
!
route-map LPREF permit 20
!
```

到前缀 10.1.0.0/16 和 10.2.0.0/16 的最终结果分别在例 5-10 和例 5-11 中给出。

例 5-10   到 10.1.0.0/16 的路径信息

```
R11#show ip bgp 10.1.0.0
BGP routing table entry for 10.1.0.0/16, version 45
Paths: (2 available, best #2, table Default-IP-Routing-Table)
  Advertised to non peer-group peers:
  172.16.13.17
  65103 65101
    172.16.13.17 from 172.16.13.17 (172.16.9.1)
      Origin IGP, localpref 100, valid, external
  65101
    172.16.13.9 from 172.16.13.9 (172.16.3.1)
      Origin IGP, metric 307200, localpref 100, valid, external, best
```

例 5-11　到 10.2.0.0/16 的路径信息

```
R11#show ip bgp 10.2.0.0
BGP routing table entry for 10.2.0.0/16, version 57
Paths: (2 available, best #1, table Default-IP-Routing-Table)
  Advertised to non peer-group peers:
  172.16.13.9
  65103 65102
    172.16.13.17 from 172.16.13.17 (172.16.9.1)
      Origin IGP, localpref 120, valid, external, best
  65101 65102
    172.16.13.9 from 172.16.13.9 (172.16.3.1)
      Origin IGP, localpref 100, valid, external
```

纵观这些路径选择的例子，我们很明显地发现外部 BGP 核心架构没有在路径选择过程中使用 IGP 度量。这是因为没有一个共同的 IGP 运行于整个网络核心。结果就是 BGP 路径选择过程不具备物理拓扑和链路带宽的可见性。这可以通过手工修改 BGP 属性来克服。在修改属性的时候要小心，确保这些改动精确，而且要避免产生额外的次优化路由。

2．故障和恢复情形

这种架构中的一些故障很有讨论的必要。区域自治系统的设备故障由区域 IGP 来处理，从 BGP 的角度来看，没有什么可以多说的。

核心链路的故障导致这个链路上的 BGP 会话的中断。故障持续的时间依赖于对链路失效的检测时间和 BGP 的保持计时器。假定已经激活了 **bgp fast-external fallover** 这条默认命令，如果路由器检测到链路故障，那么从那个接口发起的会话就会立刻被拆除。

如果对等体通过多路访问广播媒介连接，譬如快速以太网，一条链路的失败并不意味着另一条链路也失败。这将导致出现链路失效的对等体拆除该会话，而其他对等体依然保持"Established"状态。没有检测出链路失效的对等体直到会话保持时间超时的时候才会拆除该会话。

BGP 会话被拆除后，从那个对等体接收到的 BGP 路径将会从 Adj-RIB-In 中被清除掉，但路径选择过程依然在运行。当选择过程结束时，BGP 宣告路由器会以消息撤回和通告的形式，以新的 BGP 可达性信息来更新它的对等体。这个过程一跳接一跳地进行，直到受到故障影响的所有 BGP 自治系统的所有 BGP 宣告路由器都被更新为止。

参看图 5-8，在这个图里面前缀 10.2.0.0/16 从 AS 65102 被通告到 AS 65103 和 AS 65101 中。当 R6 和 R8 之间的链路失效时，AS 65102 和 AS 65103 之间的 eBGP 会话就会被拆除，前缀 10.2.0.0/16 也就从 R8 上的 BGP RIB 中被清除掉。

R9 收到一个撤回消息，然后依次发送 10.2.0.0/16 的撤回消息给 AS 65101 中的 R3 和 AS 65104 中的 R11。在 R9 上，到 10.2.0.0/16 的最佳路径现在来自 R3，因为它的 AS_PATH 比来自 R11 的要短。新的路径通过 iBGP 被通告给 R8，通过 eBGP 被通告给 R11。

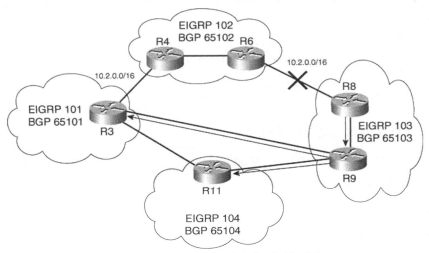

图 5-8 R8 和 R6 之间的链路失效后的路径更新

在"外部 BGP 核心架构"章节中，探讨了使用设置本地优先属性的路由映射导致的次优化路径问题。如果同样的路由映射在这里也存在，即流量将穿越 R9 到达 R3 和 R4，那么这在故障情形下可能并不是优化的。重要的是要在头脑中记住哪些副作用会在故障情形下出现。

例 5-12 使用的 AS 路径列表匹配 AS 65102 发起的所有前缀。如果 AS 65102 和 AS 65103 之间的连接被切断，AS 65104 依然优先考虑通过 AS 65103 到达 AS 65102，如例 5-13 所示。这种并不希望使用的流量模式可以通过使 AS 路径列表更加精确的得以解决，所做的修改就是在 AS_PATH 中包含 65103 65102 的序列，即只对由 AS 65102 发起的、并被直接通告给 AS 65103 的前缀修改本地优先属性。新的配置见例 5-14，而路径信息的结果显示在例 5-15 中。

例 5-12 R11 上的路由映射配置

```
ip as-path access-list 1 permit _65102$
!
route-map LPREF permit 10
 match as-path 1
 set local-preference 120
!
route-map LPREF permit 20
!
```

例 5-13 R11 上到达前缀 10.2.0.0/16 的路径信息

```
R11#show ip bgp 10.2.0.0
BGP routing table entry for 10.2.0.0/16, version 59
Paths: (2 available, best #1, table Default-IP-Routing-Table)
Flag: 0x208
```

（待续）

```
Advertised to non peer-group peers:
172.16.13.9
65103 65101 65102
  172.16.13.17 from 172.16.13.17 (172.16.9.1)
    Origin IGP, localpref 120, valid, external, best
65101 65102
  172.16.13.9 from 172.16.13.9 (172.16.3.1)
    Origin IGP, localpref 100, valid, external
```

例 5-14　R11 上修改过的路由映射

```
ip as-path access-list 1 permit _65103_65102$
!
route-map LPREF permit 10
 match as-path 1
 set local-preference 120
!
route-map LPREF permit 20
!
```

例 5-15　R11 上到达前缀 10.2.0.0/16 的路径信息

```
R11#show ip bgp 10.2.0.0
BGP routing table entry for 10.2.0.0/16, version 63
Paths: (2 available, best #2, table Default-IP-Routing-Table)
Flag: 0x208
  Advertised to non peer-group peers:
  172.16.13.17
  65103 65101 65102
    172.16.13.17 from 172.16.13.17 (172.16.9.1)
      Origin IGP, localpref 100, valid, external
  65101 65102
    172.16.13.9 from 172.16.13.9 (172.16.3.1)
      Origin IGP, localpref 100, valid, external, best
```

核心路由器故障的影响和核心链路故障的影响基本类似，只不过影响会更大。当核心路由器发生故障时，到那台路由器的所有 BGP 会话都会中断。如图 5-9 所示，R9 发生了故障。从其他路由器的角度来看，路由器故障和链路故障类似，并更容易被看到。R3 发现到 R9 的链路中断，R11 发现到 R9 的链路中断，同样，R8 也发现到 R9 的链路中断。

例如，考虑由 AS 65102 发起的 10.2.0.0/16，只有 R11 实际使用了从 R9 来的这条路径。R11 检测出故障后，将从 BGP RIB 中移除来自 R9 的这条路径，使用来自 R3 的路径。

更有意思的情形是 AS 65103 发起的前缀 10.3.0.0/16 的重新路由。当 R3 检测到 R9 的 BGP 会话中断后，它把前缀从 BGP RIB 中移除。然后 R3 安装从 R4 接收来的路径，并且把这条路径通告给 R11，这导致 R11 用这条路径替换了原来的路径。

在此我们还可以注意到很重要的一点：没有使用对网络变化快速反应的 IGP 会对网络重新收敛的速度产生一些影响。重新收敛需要的时间也会是累加的。因为每个正在接收新路径信息的 BGP 宣告路由器必须运行路径选择过程，然后基于算出的结果撤回和通告更新，所以对重新收敛的时间产生了额外的影响。

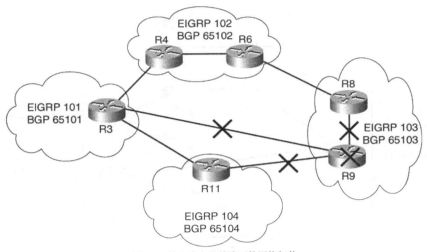

图 5-9　核心路由器故障下的网络拓扑

3．管理控制

这种体系架构清晰地指出了管理权限是如何被分割的。从路由选择的角度看，最简单的分割管理控制的方法是引入 eBGP 会话。使用 eBGP 的时候，被通告前缀的下一跳变到正在通告该前缀的路由器地址上。在每一个互连点上，只需要一个单独的 BGP 会话。并不是每一个自治系统都需要在它们之间直接使用 eBGP 会话——除了那些有直接物理连接的自治系统外。

4．路由选择策略

在某些情况下，希望阻止两个区域互相通信。但是，在这种设计方案下，每台核心路由器都必须携带全部的路由选择信息，因为它很可能成为两个其他区域之间的穿越路由器。这样就不能允许使用路由过滤来阻断两个区域之间的连通性。最好的限制连通性的方法是在连接区域网络的核心路由器的接口处对入境数据包进行过滤。

5.2.3　内部/外部 BGP 核心架构

内部/外部 BGP 核心架构采用一个 iBGP 核心，采用外部 BGP 作为区域和核心连接的机制，如图 5-10 所示的例子。这种体系架构减少了区域 IGP 进程的前缀数量，拥有清晰的管理边界的描述，并且还有灵活的策略控制能力。这种架构还限制了区域 IGP 不稳定性的范围。

最初，由于这种体系架构的构成部分较多，使内部/外部 BGP 看上去似乎是最复杂的情形。然而，最终结论却是这种架构在路由选择策略定义、故障排除和网络扩展方面更易于操作。

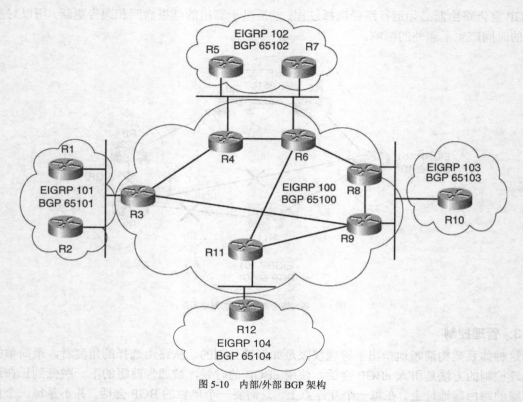

图 5-10 内部/外部 BGP 架构

区域 IGP 进程提供整个区域网络的可达性并且携带完整的区域路由选择和拓扑信息。区域 IGP 进程提供区域边界路由器间 iBGP 已学到的前缀的下一跳解析，还提供到 iBGP 对等体的可达性，这是冗余的区域环境所必需的。每台区域边界路由器的区域 IGP 进程都被注入一条默认路由。

在这种体系架构中引入了区域边界路由器这个新概念。在核心和区域之间的中立区（DMZ）就是指区域边界路由器和核心路由器之间的连接。所有区域边界路由器只在区域网络中存在并且通过 eBGP 连接到网络核心。这样便把区域路由和核心路由分离开来。在前面提到的架构中，区域边界路由器的功能和核心路由器的功能都在同一台设备上实现。

核心 IGP 提供核心路由器之间 iBGP 对等会话的下一跳解析和可达性。核心 IGP 只包含核心路由器、核心连接和核心路由器上的环回接口。核心 IGP 进程不参与任何协议之间的重分布。

这种架构下的 BGP 有多个方面的特点。核心路由器间使用 iBGP 全连接。这些 iBGP 会话起源于核心路由器的环回接口，并且配置了 **next-hop-self** 命令。使用 **next-hop-self** 命令消除了注入与区域边界路由器相连的链路子网到下一跳解析的需要。让 iBGP 会话起源于环回接口使得在核心链路发生故障的情况下，iBGP 会话依然能够以迂回的路径保持活跃状态。

每个区域都有它自己的 BGP 自治系统，核心也有它自己的自治系统。通过在区域边界路由器上使用 **network** 语句，每个区域的网络前缀就被注入到区域 BGP 进程中。**Network** 语句的使用允许有控制地注入在 IGP 中可达的前缀。在区域边界路由器上将 IGP 直接重分布到 BGP 是可能的。虽然不鼓励这样操作，但是当相关的前缀数量使得 **network** 描述在管理上不可行时，重分布是个可以考虑的方法。任何协议间重分布的时候都应该使用前缀过滤，这一点再怎么强调都是不过分的。另一种办法是利用指向 Null0 的静态路由来聚合前缀，然后用 **network** 命令注入这条聚合。

区域 BGP 自治系统通过 eBGP 连接到核心 BGP 自治系统。当有冗余路由器的时候，所有区域边界路由器通过 eBGP 与它直连的所有核心路由器建立对等关系。

1．路径选择

核心路由器的路径选择和只使用 iBGP 架构的情形非常类似。BGP 决策过程一般由到下一跳的 IGP 度量来确定。

R5 和 R7 把前缀 10.2.0.0/16 注入 BGP 65102。然后 R5 通过 eBGP 把这条前缀通告给 R4 和 R6。R7 也通过 eBGP 把前缀通告给 R4 和 R6。R4 和 R6 都得进行路径选择，除非通过修改 BGP 的一个参数来操作路径选择过程，或者 BGP 多径（multipath）特性被激活，否则确定的结果将会基于路由器 ID。前缀通告可参看图 5-11。例 5-16 和例 5-17 显示了路径选择过程。R4 和 R6 都选择了来自 R5 的这条路径。

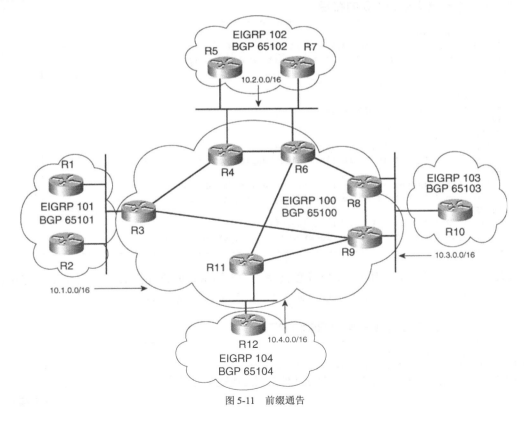

图 5-11　前缀通告

例 5-16　R4 选择来自 R5 的路径

```
R4#show ip bgp 10.2.0.0
BGP routing table entry for 10.2.0.0/16, version 6
Paths: (3 available, best #3, table Default-IP-Routing-Table)
Flag: 0x200
  Advertised to peer-groups:
     internal
  Advertised to non peer-group peers:
  172.17.2.2
  65102
    172.16.6.1 (metric 409600) from 172.16.6.1 (172.16.6.1)
      Origin IGP, metric 0, localpref 100, valid, internal
  65102
    172.17.2.2 from 172.17.2.2 (172.16.7.1)
      Origin IGP, metric 0, localpref 100, valid, external
  65102
    172.17.2.1 from 172.17.2.1 (172.16.5.1)
      Origin IGP, metric 0, localpref 100, valid, external, best
```

例 5-17　R6 选择来自 R5 的路径

```
R6#show ip bgp 10.2.0.0
BGP routing table entry for 10.2.0.0/16, version 8
Paths: (3 available, best #3, table Default-IP-Routing-Table)
Flag: 0x210
  Advertised to peer-groups:
     internal
  Advertised to non peer-group peers:
  172.17.2.2
  65102
    172.17.2.2 from 172.17.2.2 (172.16.7.1)
      Origin IGP, metric 0, localpref 100, valid, external
  65102
    172.16.4.1 (metric 409600) from 172.16.4.1 (172.16.4.1)
      Origin IGP, metric 0, localpref 100, valid, internal
  65102
    172.17.2.1 from 172.17.2.1 (172.16.5.1)
      Origin IGP, metric 0, localpref 100, valid, external, best
```

在 R4 和 R6 上都激活 eBGP 多径特性就使得 R5 和 R7 负载分担流量，而不是被选中的一个接收去往 AS 65102 的全部入站流量。例 5-18 和例 5-19 显示了这些改变。

例 5-18　R4 的流量负载分担到 R5 和 R7 上

```
R4#show ip bgp 10.2.0.0
BGP routing table entry for 10.2.0.0/16, version 10
Paths: (3 available, best #2, table Default-IP-Routing-Table)
```

（待续）

```
  Advertised to peer-groups:
     internal
  Advertised to non peer-group peers:
  172.17.2.1
  65102
     172.16.6.1 (metric 409600) from 172.16.6.1 (172.16.6.1)
       Origin IGP, metric 0, localpref 100, valid, internal
  65102
     172.17.2.2 from 172.17.2.2 (172.16.7.1)
       Origin IGP, metric 0, localpref 100, valid, external, multipath, best
  65102
     172.17.2.1 from 172.17.2.1 (172.16.5.1)
       Origin IGP, metric 0, localpref 100, valid, external, multipath
```

例 5-19　R6 的流量负载分担到 R5 和 R7 上

```
R6#show ip bgp 10.2.0.0
BGP routing table entry for 10.2.0.0/16, version 11
Paths: (3 available, best #1, table Default-IP-Routing-Table)
  Advertised to peer-groups:
     internal
  Advertised to non peer-group peers:
  172.17.2.1
  65102
     172.17.2.2 from 172.17.2.2 (172.16.7.1)
       Origin IGP, metric 0, localpref 100, valid, external, multipath, best
  65102
     172.16.4.1 (metric 409600) from 172.16.4.1 (172.16.4.1)
       Origin IGP, metric 0, localpref 100, valid, internal
  65102
     172.17.2.1 from 172.17.2.1 (172.16.5.1)
       Origin IGP, metric 0, localpref 100, valid, external, multipath
```

R4 和 R6 通过 iBGP 把前缀 10.2.0.0/16 通告给 R3、R8、R9 和 R11。这些路由器上的路径选择都是基于到达下一跳地址的 IGP 度量的，这里下一跳地址是指 R4 和 R6 的环回接口。当 IGP 度量相同的时候，路径选择就以最低的路由器 ID 为准。

区域边界路由器上的路径选择过程依赖于那个区域的冗余性，有所不同，如图 5-12 所示。

在 AS 65104 中，R12 仅仅接收到一条到达前缀 10.2.0.0/16 的路径。在图 5-13 中，显示了 AS 65104 和 AS 65100 之间中立区（DMZ）的拓扑图。结果就是 R12 把从 R11 接收到的到 10.2.0.0/16 的路径安装到路由选择表中。

在 AS 65101，R1 和 R2 都接收到从 R3 来的、到前缀 10.2.0.0/16 的路径。图 5-14 显示了 AS 65101 和 AS 65100 之间的 DMZ。R1 和 R2 都通过 eBGP 从 R3 获得路径并存储起来，然后通过 iBGP 把这条路径通告给对方。R1 和 R2 上路径选择过程的最终结果应该是从外部学到的路径。这条路径是基于决策算法中内部和外部相对的那一步而选择的，并且假定了没有应用 eBGP 策略。

160 第 5 章 企业级 BGP 核心网络设计

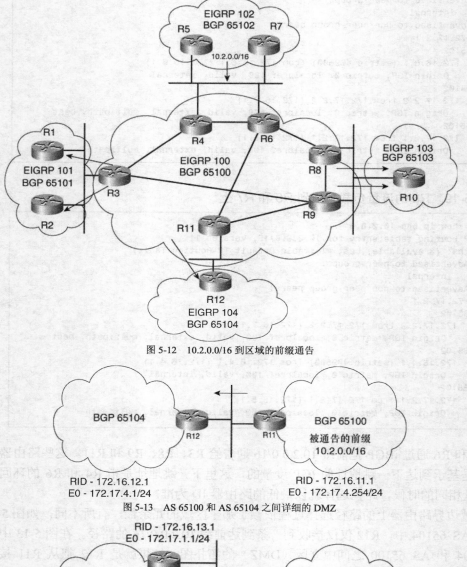

图 5-12 10.2.0.0/16 到区域的前缀通告

图 5-13 AS 65100 和 AS 65104 之间详细的 DMZ

图 5-14 AS 65100 和 AS 65101 之间详细的 DMZ

AS 65103 的情形有些不同。在图 5-15 中显示了 AS 65103 和 AS 65100 之间的 DMZ 拓扑结构。R10 接收到两条路径，看上去来自 R8 和 R9 的两条路径都是相同的。区别仅仅是路由器 ID，这样导致的结果是 R10 基于最低路由器 ID 作为它的路径选择依据，来选择 R8 或 R9 中的一条路径。

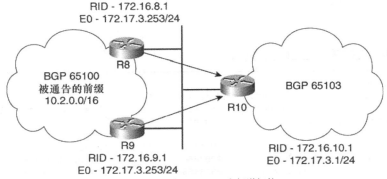

图 5-15　AS54100 和 AS 65103 之间详细的 DMZ

这将对网络的流量模式产生有趣的影响。一个例子是往 AS 65104 发起的前缀 10.4.0.0/16 发送流量的时候，经过 R8 而不是 R9。这就意味着流量模式变为 R10→R8→R9→R11，而不是 R10→R9→R11，这种情况下路径只是轻微地次优化，然而这却是个很有意义的概念，如例 5-20 所示。

例 5-20　选择 R8 的次优路径选择

```
R10#show ip bgp
BGP table version is 10, local router ID is 172.16.10.1
Status codes: s suppressed, d damped, h history, * valid, > best, i - internal
Origin codes: i - IGP, e - EGP, ? - incomplete

    Network          Next Hop          Metric LocPrf Weight Path
*   10.1.0.0/16      172.17.3.254                        0 65100 65101 i
*>                   172.17.3.253                        0 65100 65101 i
*   10.2.0.0/16      172.17.3.254                        0 65100 65102 i
*>                   172.17.3.253                        0 65100 65102 i
*>  10.3.0.0/16      0.0.0.0                0          32768 i
*   10.4.0.0/16      172.17.3.254                        0 65100 65104 i
*>                   172.17.3.253                        0 65100 65104 i
```

我们要提出的有两点：第一点是所有流量都流向一台核心路由器 R8，第二点是流量可能是次优化的。第一点可以通过在 R10 上使用 eBGP 多径来解决。这个方法并没有解决路径次优化的问题。另一种解决方法是提供与每条前缀关联的拓扑信息给 R10。在 R8 和 R9 上设置一个出站路由映射，把 MED 设置成 IGP 度量，这样便提供给 R10 进行优化决策所需的拓扑信息。例 5-21 显示了 R8 和 R9 上的出站 MED 配置。例 5-22 显示了带 MED 值的新 BGP 路径信息。

例 5-21　R8 和 R9 上的出站 MED 配置

```
router bgp 65100
 neighbor 172.17.3.1 route-map SET_MED out
!
route-map SET_MED permit 10
 set metric-type internal
!
```

例 5-22　带 MED 值的 BGP 路径信息

```
R10#show ip bgp
BGP table version is 11, local router ID is 172.16.10.1
Status codes: s suppressed, d damped, h history, * valid, > best, i - internal
Origin codes: i - IGP, e - EGP, ? - incomplete

   Network          Next Hop           Metric LocPrf Weight Path
*> 10.1.0.0/16      172.17.3.254       2297856            0 65100 65101 i
*                   172.17.3.253       2323456            0 65100 65101 i
*  10.2.0.0/16      172.17.3.254       2323456            0 65100 65102 i
*>                  172.17.3.253       2297856            0 65100 65102 i
*> 10.3.0.0/16      0.0.0.0                 0        32768 i
*> 10.4.0.0/16      172.17.3.254       2297856            0 65100 65104 i
*                   172.17.3.253       2323456            0 65100 65104 i
```

这样使得 R10 能智能地选择哪些流量发送到每台核心路由器上。流量被发送到正确的核心路由器上以提供优化路由选择，同时流量在核心路由器中得以分发。

在 AS 65102 中我们可以看到类似的情景，AS 65102 有两台核心路由器，这两台路由器到达远程区域的链路成本是不同的。通过 BGP MED 通告 IGP 度量标准可以优化数据流，这是又一个例子。因为 AS 65100 在同样的管理控制下，通常 MED 设置是可以信赖的。对所有到区域 BGP 宣告路由器的通告而言，把 MED 值设成 IGP 度量有助于确保路由选择的优化，这是一条通用的设计准则。

2．故障和恢复情形

我们应该考查这种体系架构下一些有趣的故障情形。首要关心的故障是区域边界路由器的故障以及核心路由器的故障和核心链路的故障。区域 IGP 进程处理所在区域发生的故障。

区域边界路由器失效后有几个方面会影响网络的重新收敛。第一个方面是被发起的默认路由。区域 IGP 进程会移除现在失去功能的默认路由。图 5-16 显示了 AS 65102 的区域边界路由器 R7 的故障。

第二个方面是拆除核心路由器和已发生故障的区域边界路由器之间的 eBGP 会话，并从核心处撤回这些前缀。这将会影响入境流量。这些前缀在核心路由器的 BGP RIB 和核心的其余地方被移除之前，流量将在与区域边界路由器对等的核心路由器上被吞噬（black-holed）。如果核心路由器上的接口转为关闭，BGP 进程就会拆除与 R7 的 BGP 会话并且清除与那个对等体交换的路径信息。

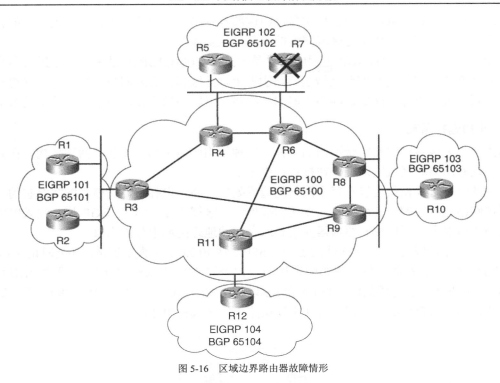

图 5-16 区域边界路由器故障情形

然而，核心路由器上的接口不容易转变为关闭，在这个例子中，区域边界路由器和核心路由器之间的连接是个多路访问广播媒介。R7 发生故障后，这个多路访问媒介上剩下的 3 台设备依然保持活跃状态。这会使 BGP 会话因为 BGP 保持时间的机制而超时中断。这大大增加了设备失效后网络重新收敛的时间。BGP 会话超时中断后，从 BGP 对等体收到的路径将成为无效的，路径选择过程会为任何受到影响的前缀重新安装一条新的路径。

核心网络的 iBGP 会话绑定到环回接口上。核心链路中断导致 IGP 将流量重新路由到其他可用的连接上，也导致 BGP RIB 中路径的 IGP 度量的更新。当 BGP 扫描器进程运行的时候，如果有必要，会基于每条前缀的新 IGP 度量更新 BGP 表。

核心路由器失效后，网络重新收敛的时间和区域边界路由器失效的情形很类似。核心 IGP 进程将失效的路由器中的流量重新定向，同时 BGP 进程会从路由选择表中移除前缀，因为这些前缀的下一跳解析失败。BGP 由于下一跳解析失败而移除前缀的时延依赖于 BGP 扫描器何时运行。这可能导致最长可达 60 秒的时延。区域边界路由器会继续向这个区域通告默认路由。通往不可用前缀的流量会沿着默认路由到达区域边界路由器，在这里被丢弃，因为下一跳信息继续指向发生故障的上行核心路由器。

3．管理控制

内部/外部 BGP 架构提供了清晰分割管理控制的方法。eBGP 会话提供了区域和核心之间的清晰描述。每个区域可以轻松地管理它自己的这部分网络。核心管理可以由一组独立的管理团队来处理。核心网络在本质上是区域网络的服务提供实体。

BGP 自治系统的边界和 IGP 进程的边界是一致的。区域 IGP 进程并不延伸到核心路由器上；核心 IGP 进程也不会延伸到区域边界路由器上。区域和核心之间缺乏共享资源使得管理控制可以清晰地被分割开。区域边界路由器和核心路由器之间的连接形成了一个清晰的 DMZ。

4．路由选择策略

因为核心和区域网络是完全不同的实体，这种架构明显不同于先前的两种架构。在先前的架构中，核心网络和区域网络混合在核心路由器上。

生成的这种边界使得可以在每个网络的边界处应用路由选择策略。核心网络有它的一套前缀，区域网络也有它的一套前缀。在以前的架构中，区域 IGP 由于往 BGP 核心注入路由而终止于核心路由器上，所以核心路由器并没有从它们的地理区域中分割出来。

在图 5-17 中，假定需要的策略是阻止 AS 65103 往 10.2.0.0/16 发送流量，还要阻止 AS 65102 往 10.3.0.0/16 发送流量。我们需要配置核心路由器以阻止从 R8 和 R9 上通过 eBGP 通告 10.2.0.0/16 到 R10。还需要配置核心 R4 和 R6 以阻止发送 10.3.0.0/16 到 R5 和 R7。阻止数据流是双向的，而且假定核心路由器没有通告默认路由给区域路由器。

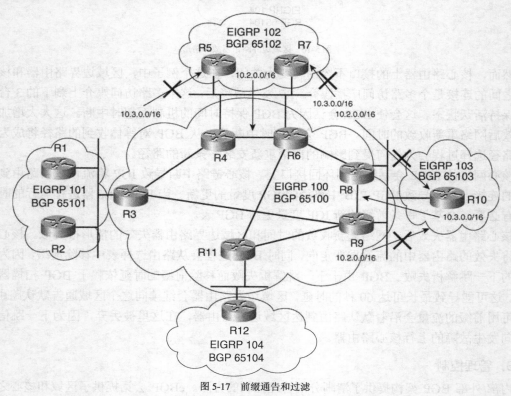

图 5-17　前缀通告和过滤

在图 5-18 中，AS 65103 需要通过 R8 和 R9 到达 AS 65102。区域前缀信息和核心前缀信息的分离允许 R8 和 R9 依然拥有到 10.2.0.0/16 的可到达信息，并且依然提供中继服务，尽管已经阻止直接相连的区域和 AS 65102 通信。

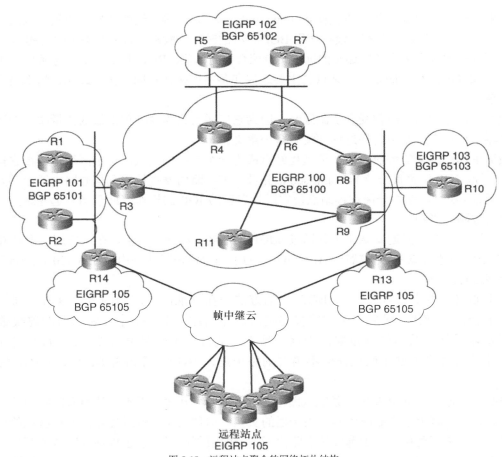

图 5-18　远程站点聚合的网络拓扑结构

核心网络可以阻止被发送到某个特定区域网络的前缀信息，但并不影响该区域的核心路由器为其他区域提供到这条前缀的穿越服务。

到现在为止的例子，因为表述清晰的需要，每个区域都被汇总为一条前缀。然而，没有任何地方要求一个区域的前缀必须在注入 BGP 之前进行汇总。在以前的例子中，因为是单一的前缀，很轻易便可应用前缀列表进行前缀过滤。如果前缀数量庞大，基于 AS 使用过滤列表阻止前缀通告也许更合适，而且也是可能的。以前的架构要求数据包过滤，这样做对资源的利用会更紧张，并且因为访问控制列表语法的缘故常常有更高的管理复杂度。

5.3 远程站点聚合

企业一般都会有大量的中心和辐条（hub-and-spoke）连接，这些连接一般被用来连接零售场所、制造场所和远程办公室。没有使用 BGP 核心的时候一般都会有针对整个网络的单一 IGP，使得处理拥有地理上多个备用连接的远程站点聚合要简单些。BGP 核心的加入导致网络被分割为多个区域 IGP 进程。如果远程站点的主要连接和备用连接在不同的区域终止，情形将会变得更加复杂。

远程站点路由器一般都受到资源限制，因为它们通常只需要处理很低的流量率。在远程站点路由器上运行多个路由选择进程并没有多少意义。

最简单和最清晰的解决方法是使远程站点成为一个单独的区域。这个区域可以在它自己的 IGP 里运行，IGP 仅负责维持 hub-and-spoke 拓扑。中心路由器直接连到核心路由器上并且在它们之间运行 eBGP。这种分离远程站点使它成为自己的 IGP 的操作有助于当与远程站点连接的链路中断时隔离影响。

核心路由器必须发起默认路由并通过 eBGP 发送到中心路由器上，在这个例子中是 R13 和 R14。中心路由器会重新分发默认路由到 IGP。为了确保仅是默认路由被注入 IGP，重新分发的节点应该进行过滤。

在中心路由器上注入路由到 BGP 中的方法与在标准区域应用的方法有所不同。标准区域一般会汇总前缀，然后应用网络描述把汇总路由注入 BGP。中心路由器的前缀数量庞大，经常以千计，具体的数量取决于远程站点的数目。中心路由器必须把 IGP 重分布到 BGP，并且使用路由过滤避免任何不需要的路由进入 BGP，譬如由 BGP 注入 IGP 的默认路由。

中心路由器通过 IGP 发出一条默认路由到远程站点路由器，而不是让所有的路由选择信息传播出去。由于减少了中心路由器路由传播的负担，这种做法导致远程站点所在区域的扩展性大大提高了。它还避免了由于远程站点路由器的资源限制而局限了远程站点区域的规模。如果只是中心站点的可用资源限制了远程站点区域的规模，那么只需升级中心路由器即可扩大区域的规模。

只允许默认路由被发送到远程站点的另一个好处是远程站点在故障情形中不作为任何其他区域的穿越区。到远程站点的带宽一般都根据站点的需要，通过设置 PVC 电路的大小来合理配置。如果某个远程站点作为另一个站点的穿越区，就会导致 PVC 过载，并且恶化作为穿越区的远程站点的性能。

远程站点的前缀不应该在 BGP 中汇总。除非所有的中心路由器都在物理上连接在一起，否则汇总这些前缀会导致流量被吞噬（black-holed）。图 5-19 中，R1 和 R2 是中心路由器，R3 和 R4 是远程站点路由器。远程站点通过帧中继 PVC 双宿主到 R1 和 R2。

到远程站点的路由选择信息经过过滤，以确保只有一条默认路由从中心路由器发送到远程站点。远程站点仅仅向中心路由器通告本地的前缀。假定这两个远程站点以通过 R1 的链路为优先链路，然后 R1 通告 R3 和 R4 前缀的聚合前缀到 BGP 核心网络，设置 MED 使得 R1 发起的前缀是优先路径。如果 R3 和 R1 之间的 PVC 中断，由于对 R3 和 R4 进行了路由汇总，因而流量依然会流向 R1。到 R3 的链路中断导致流量沿着用来创建路由汇总的永久静态路由的方向流向 Null0。

如果中心路由器物理上连在了一起，在它们之间便可以创建 iBGP 会话，这就允许 R1 经过 R2 发送目的地为 R3 的流量，流量经过 R2 后顺着备用 PVC 到达 R3。然而，如果中心路由器并没有在物理上连在一起，基于这个例子中的 IGP 设计，在它们之间就不能创建 iBGP 会话。为了创建 iBGP 会话，必须在中心路由器间通告环回地址，通过远程站点为 iBGP 会

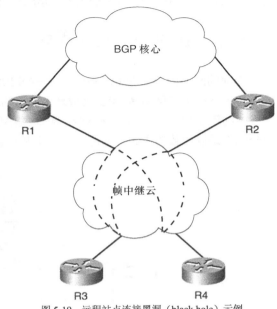

图 5-19 远程站点连接黑洞（black hole）示例

话提供可达性。这会导致远程站点为了提供可达性被用来成为中心路由器的穿越区。根据前面的讨论，由于在故障情形下会产生 PVC 电路容量和隔离性的影响，因此这一点不是我们想得到的。这种情况还会导致路由选择环路。

解决方法是不直接汇总前缀，而把它们直接重新分发到 BGP 中。MED 被设成 IGP 度量值，就能给核心提供拓扑信息，这是关于哪台中心路由器向哪条前缀发送流量的拓扑信息。这将允许 R3 优先使用 R1，R4 优先使用 R2。中心路由器并不需要直接相连，也不需要在它们之间运行 iBGP。

作为一般的原则，我们希望只要可能就尽量地使用汇总，但在有些情形下汇总会导致复杂性大大提高而实际的好处却没有多少。如果有 5000 条前缀，在 BGP 中把它们汇总为一条前缀可以节省少于 5MB 的 RAM。在 IGP 里减少前缀数量比在 BGP 里更重要。

5.4 案例研究：BGP 核心部署

在这里的案例研究中，讲述了一个典型的企业网络并力求提出一些工程师在进行网络扩展时可能遇到的挑战。我们给出了详细的设计需求，并且基于这些确定的需求选择了一个 BGP 体系架构。确定了合适的架构之后，我们检查了网络的一个个不同组件以确定整合它们的最佳方式，然后开发并实施了迁移策略。案例研究以回顾最终的配置结束。

这个案例研究是在很复杂的需求下建立的，而且拥有很大数量的路由器。这样做的目的是能把在前面章节中讨论的所有概念一起放到真实的情形中去。

5.4.1 BGP 核心设计情形

当前的网络由单一的 EIGRP AS——AS 100 构成。在 EIGRP 进程中看到"粘滞于活跃"（Stuck In Active，SIA）信息和高 CPU 负载是很普遍的现象。在路由选择表中有大约 7000 条 EIGRP 前缀，网络中的第 3 层设备大概有 900 台。整个网络现在用 RFC 1918 的 10.0.0.0/8 地址空间来编号。前缀分配不是以一致的方式，即能允许分级和汇总的方式进行的。图 5-20 展示了网络的初始拓扑。

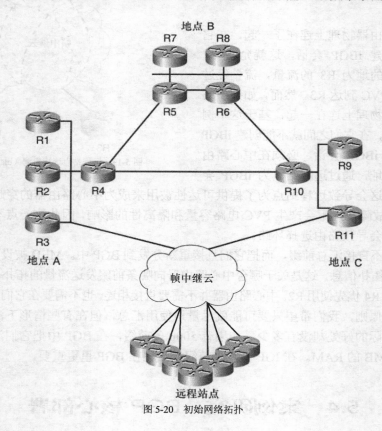

图 5-20 初始网络拓扑

5.4.2 设计需求

现在网络的不稳定性已经到了不能忍受的地步，因为很明显地已经影响到了生产率。为增加可靠性，CIO 已经牵头整改网络。不过，这个工程是在零星的预算下完成的，所以不允许提供整体的升级。公司的 IT 部门和运作部门之间创建了服务等级协定（SLA）。这些协定的有效期是 30 天。

公司计划采取主动收购的策略。公司希望每一个被收购的部门将继续管理自己的 IT 基础设施，但必须在内部建立完全的连接性。每一个主要中心和数据中心都管理自己的本地基础设施，同时还有一支由来自不同的区域的个人组成的团队负责区域之间的互连。

为了节省开支，每个区域的 Internet 连接都将被统一到两个数据中心。当前的设计使用代理服务器。为了不使用代理服务器，公司已经提出了基于 NAT 的设计方案。这将意味着将代理服务器的某个特定地址转变为 Internet 连接的某条默认路由。

下面列出了这些需求的总结：
- 低预算，没有整体升级；
- 增加稳定性是最优先考虑的；
- 项目完成期限为 30 天；
- 多样化管理；
- 适应主动收购策略；
- 适应新的 Internet 连接设计。

5.4.3 潜在解决方案

最关键的一点是网络的不稳定性。没有清晰的架构目标，没有受控制的网络扩大是导致不稳定性的真正原因。网络中的前缀数量巨大和缺乏汇总是灾难的诱因。要想真正修复网络就得清理地址和 EIGRP 设计。

稳定性并不是惟一的问题。给定的时间并没有提供足够的时间来清除地址和 EIGRP。一个贯穿网络的单独 EIGRP 进程不允许管理分离，而管理分离却是采用主动收购策略所必需的。

5.4.4 需求分析

需求必须和可用的 BGP 架构做比较。三种架构的任何一种都可以很好地满足前三条需求。后三条需求是决定采用哪种设计的决定性因素。

内部 BGP 核心架构没有提供清晰的管理控制界面。主动收购策略也可能导致 iBGP 之间的网状连接迅速扩大。

内部/外部 BGP 核心架构是符合设计需求的最好解决方案。外部 BGP 核心架构要求管理站内连通性的团队拥有每个区域核心路由器的控制权。每个区域站点的 IT 工作人员为了管理区域路由要求拥有对同样的路由器拥有控制权，这样的话就没有很好的实现管理控制。

在这种情形下，我们选择内部/外部 BGP 核心架构，这是因为它有更好的重新收敛特性；并且，在核心处使用 IGP 可以提供基于链路速度的优化路由选择；而且，在排除两个没有直接相连的区域之间的连接性故障时，管理开销更少。这种架构为将来的策略需求提供了最大限度的灵活性。

5.4.5 解决方案描述

BGP 核心的新架构如图 5-21 所示。新拓扑设计了新建造的 6 个 BGP 自治系统（65100 到 65105）。网络核心是一个自治系统，每一个主要中心也有它自己的自治系统，远程站点聚合是另一个自治系统，Internet 连接是最后一个自治系统。

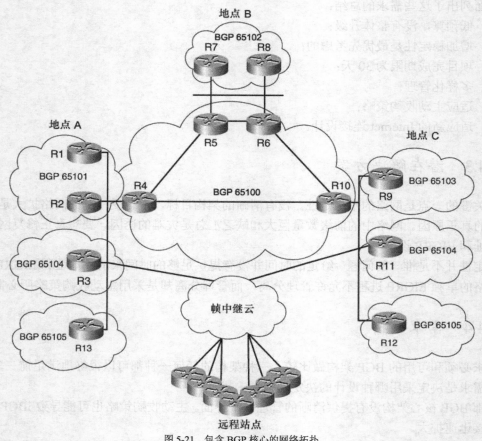

图 5-21　包含 BGP 核心的网络拓扑

5.4.6 核心设计

这种拓扑下的新的网络核心由 R4、R5、R6 和 R10 组成。网络核心本身由 iBGP 来建造，这些路由器之间使用 iBGP 全连接。对等会话起源于环回接口，只在这 4 台核心路由器上配置的核心 EIGRP AS 为环回接口之间提供了可达性。每个 iBGP 会话都配置了 **next-hop-self** 命令以消除运载 DMZ 以太网前缀的需要。网络核心的 BGP AS 是 65100。核心向主要中心和远程站点聚合路由器发出一条默认路由。

1. 主要中心的相连

网络有 3 个主要中心，每一个都有它自己的 BGP 自治系统。主要中心的 BGP 自治系统为 AS 65101、AS 65102 和 AS 65103。主要中心通过 eBGP 会话和 BGP 核心相连。每个主要中心运行它自己的 EIGRP 进程，主要中心的对外连接性由网络核心来提供。AS 65101 的边界路由器是 R1 和 R2。AS 65102 的边界路由器是 R7 和 R8。AS 65103 的边界路由器是 R9。主要中心的边界路由器与核心的 BGP 对等会话起源于以太网 DMZ 的物理连接地址。当主要中心有多台边界路由器时，它们由起源于环回接口的 iBGP 相连，并且在 iBGP 会话中配置了 **next-hop-self** 命令。

2. 远程站点聚合

整个网络有接近 400 台远程站点路由器。为了冗余，远程站点通过帧中继 PVC 双宿主到不同主要中心的中心（hub）路由器上。中心路由器不是主要中心的 BGP 或 EIGRP 路由选择进程的一部分。远程站点聚合的 BGP 和 IGP 设计基于前面关于远程站点连接的讨论。

物理上位于地点 A 和地点 C 的中心路由器与物理上放在一起的核心路由器之间通过 eBGP 连接。这意味着 R3 与 R4 是 eBGP 对等体，R11 与 R10 是 eBGP 对等体。中心路由器之间没有使用 iBGP 建立对等关系，因为它们之间除了通过远程站点外没有直接的连接。为了扩展远程站点 EIGRP 进程，使用 EIGRP 向远程站点路由器只通告了默认路由。远程站点路由器只通告那些在远程站点上的前缀。

远程站点到中心路由器的带宽并不一样，这在采用双 PVC 设计，一个作为主要 PVC 一个作为备用 PVC 的时候更加普遍。中心路由器直接把路由从 EIGRP 重新分发到 BGP，并且把这条前缀的 IGP 度量设置到出境 MED 上。这给核心提供了哪一条 PVC 应该被优先选择为主要路径的信息，并且为远程站点提供了可选的主要连接，这些主要连接或者是到 R3 的，或者是到 R11 的。

默认路由将从 BGP 被注入 EIGRP。进入 EIGRP 的重分发将被过滤到只剩下默认路由。从 EIGRP 到 BGP 的重分发也要被过滤，以阻止默认路由。

3. Internet 连接

到提供商网络的实际的 Internet 连接终结在某台路由器上，这里没有显示出来。内部网络的设计与 Internet 连接性的设计是分开的。然而，必须为内部网络提供到达 Internet 目的地的路由信息，并通告 Internet 资源。地点 A 和地点 C 提供了 Internet 连接。公共 Internet DMZ 被设置在防火墙外面。

在地点 A 中，R13 连接到通往外部 DMZ 的防火墙。在地点 C 中，R14 连接到通往另一台外部 DMZ 的防火墙。网络核心通过 eBGP 向 R13 和 R12 通告完整的内部路由选择信息。R13 和 R12 向网络核心发起一条默认路由，这条默认路由被散布到主要中心和远程站点聚合自治系统中。R13 和 R12 有指向防火墙的默认路由以提供完整的可达性。

这两个具有 Internet 连接的站点属于同一个 AS，即便 R12 和 R13 之间没有 iBGP 会话。通常，同一个 AS 里，多台 BGP 路由器之间没有通过 iBGP 连接是不可接受的。然而在这种情形下，它们扮演了一个末梢 AS（stub AS）的角色。它们不需要彼此互连。R12 没有任何理由向 R13 发送流量，反之亦然。

5.4.7 迁移计划

设计的迁移计划首先要为 BGP 会话提供所需要的支撑基础设施。BGP 部分将被部署到网络上，以检验正确的前缀传播。边界路由器和核心路由器之间的 EIGRP 邻接将被打破，使得从 BGP 学到的前缀能够生效。应该对 EIGRP 核心进程重新编号以避免误配置，这种误配置会导致边界路由器和核心路由器之间的 EIGRP 邻接意外地重新建立。设计的迁移计划使得 BGP 核心的部署对网络的正常操作带来最小的影响。

1. 支撑基础设施

支撑基础设施包括环回接口。每台路由器上的环回地址也作为路由器 ID。环回接口首先根据预先定义好的机制被配置，然后被包括在 EIGRP 路由选择进程中。172.16.0.0/16 地址空间将被用于环回地址，以便检查路由选择表时可以轻易地辨认出环回地址。环回地址空间是 172.16.X.1/24，其中 X 是路由器编号。表 5-3 显示了将会使用到的地址。

表 5-3　　　　　　　　　　　　环回地址分配

路由器名	环回地址	路由器名	环回地址
R1	172.16.1.1/24	R8	172.16.8.1/24
R2	172.16.2.1/24	R9	172.16.9.1/24
R3	172.16.3.1/24	R10	172.16.10.1/24
R4	172.16.4.1/24	R11	172.16.11.1/24
R5	172.16.5.1/24	R12	172.16.12.1/24
R6	172.16.6.1/24	R13	172.16.14.1/24
R7	172.16.7.1/24	—	—

注意：没有必要为每一个环回接口使用 /24 的地址。事实上，使用 /32 的地址被认为是好习惯。然而，企业环境中普遍地使用 /24 的环回接口。本例中使用 /24 的地址是为了清晰。

例 5-23 显示了应该在每台路由器上使用的配置模板。

例 5-23　支撑基础设施的配置模板

```
!
interface Loopback0
  ip address 172.16.X.0 255.255.255.0
!
router eigrp 100
  no auto-summary
  network 10.0.0.0
  network 172.16.0.0
!
```

BGP 配置后，为了能发起默认路由，新的 Internet 路由器也必须在这个阶段被安装到位。Internet 路由器不需要加入 EIGRP AS。它们仅仅需要与每个区域的 DMZ 以太网段连接起来，这些以太网段具有 Internet 连接性。这一阶段仍然使用基于代理服务器的 Internet 连接。

2. 覆盖性地部署 BGP 并注入前缀

迁移计划的下一个部分包括部署 BGP 配置和将前缀从 EIGRP 注入到 BGP 中。BGP 的管理距离被配置成高于 EIGRP 的管理距离，以确保从 BGP 学到的前缀信息被证实有效之前可以继续使用从 EIGRP 学到的前缀。从 eBGP 学到的前缀的管理距离被设成 200，从 iBGP 学到的前缀的管理距离被设成 220。例 5-24 到例 5-36 提供了所有路由器的 BGP 配置。

例 5-24　R1 的 BGP 配置

```
router bgp 65101
 no auto-summary
 no synchronization
 redistribute eigrp 100 route-map DENY_DEFAULT
 neighbor 172.16.2.1 remote-as 65101
 neighbor 172.16.2.1 update-source loopback0
 neighbor 10.1.1.4 remote-as 65100
 neighbor 10.1.1.4 route-map SET_MED out
 distance bgp 200 220 220
 bgp bestpath compare-routerid
!
ip prefix-list NO_DEFAULT seq 5 deny 0.0.0.0/0
ip prefix-list NO_DEFAULT seq 10 permit 0.0.0.0/0 le 32
!
route-map DENY_DEFAULT permit 10
 match ip address prefix-list NO_DEFAULT
!
route-map SET_MED permit 10
 set metric-type internal
!
```

例 5-25 R2 的 BGP 配置

```
router bgp 65101
 no auto-summary
 no synchronization
 redistribute eigrp 100 route-map DENY_DEFAULT
 neighbor 172.16.1.1 remote-as 65101
 neighbor 172.16.1.1 update-source loopback0
 neighbor 10.1.1.4 remote-as 65100
 neighbor 10.1.1.4 route-map SET_MED out
 distance bgp 200 220 220
 bgp bestpath compare-routerid
!
ip prefix-list NO_DEFAULT seq 5 deny 0.0.0.0/0
ip prefix-list NO_DEFAULT seq 10 permit 0.0.0.0/0 le 32
!
route-map DENY_DEFAULT permit 10
 match ip address prefix-list NO_DEFAULT
!
route-map SET_MED permit 10
 set metric-type internal
!
```

例 5-26 R3 的 BGP 配置

```
router bgp 65104
 no auto-summary
 no synchronization
 redistribute eigrp 100 route-map DENY_DEFAULT
 neighbor 10.1.1.4 remote-as 65100
 neighbor 10.1.1.4 route-map SET_MED out
 distance bgp 200 220 220
 bgp bestpath compare-routerid
!
ip prefix-list NO_DEFAULT seq 5 deny 0.0.0.0/0
ip prefix-list NO_DEFAULT seq 10 permit 0.0.0.0/0 le 32
!
route-map DENY_DEFAULT permit 10
 match ip address prefix-list NO_DEFAULT
!
route-map SET_MED permit 10
 set metric-type internal
!
```

例 5-27 R4 的 BGP 配置

```
router bgp 65100
 no auto-summary
 no synchronization
 neighbor internal peer-group
 neighbor internal update-source loopback0
```

（待续）

```
 neighbor internal remote-as 65100
 neighbor 172.16.5.1 peer-group internal
 neighbor 172.16.6.1 peer-group internal
 neighbor 172.16.10.1 peer-group internal
 neighbor 10.1.1.1 remote-as 65101
 neighbor 10.1.1.2 remote-as 65101
 neighbor 10.1.1.3 remote-as 65104
 neighbor 10.1.1.13 remote-as 65105
 distance bgp 200 220 220
 bgp bestpath compare-routerid
!
```

例 5-28　R5 的 BGP 配置

```
router bgp 65100
 no auto-summary
 no synchronization
 neighbor internal peer-group
 neighbor internal update-source loopback0
 neighbor internal remote-as 65100
 neighbor 172.16.4.1 peer-group internal
 neighbor 172.16.6.1 peer-group internal
 neighbor 172.16.10.1 peer-group internal
 neighbor 10.1.2.7 remote-as 65102
 neighbor 10.1.2.7 route-map SET_MED out
 neighbor 10.1.2.8 remote-as 65102
 neighbor 10.1.2.8 route-map SET_MED out
 distance bgp 200 220 220
 bgp bestpath compare-routerid
!
route-map SET_MED permit 10
 set metric-type internal
!
```

例 5-29　R6 的 BGP 配置

```
router bgp 65100
 no auto-summary
 no synchronization
 neighbor internal peer-group
 neighbor internal update-source loopback0
 neighbor internal remote-as 65100
 neighbor 172.16.4.1 peer-group internal
 neighbor 172.16.5.1 peer-group internal
 neighbor 172.16.10.1 peer-group internal
 neighbor 10.1.2.7 remote-as 65102
 neighbor 10.1.2.7 route-map SET_MED out
 neighbor 10.1.2.8 remote-as 65102
 neighbor 10.1.2.8 route-map SET_MED out
 distance bgp 200 220 220
 bgp bestpath compare-routerid
!
```

（待续）

```
route-map SET_MED permit 10
 set metric-type internal
!
```

例 5-30 R7 的 BGP 配置

```
router bgp 65102
 no auto-summary
 no synchronization
 redistribute eigrp 100 route-map DENY_DEFAULT
 neighbor 172.16.8.1 remote-as 65102
 neighbor 172.16.8.1 update-source loopback0
 neighbor 10.1.2.5 remote-as 65100
 neighbor 10.1.2.5 route-map SET_MED out
 neighbor 10.1.2.6 remote-as 65100
 neighbor 10.1.2.6 route-map SET_MED out
 distance bgp 200 220 220
 bgp bestpath compare-routerid
!
ip prefix-list NO_DEFAULT seq 5 deny 0.0.0.0/0
ip prefix-list NO_DEFAULT seq 10 permit 0.0.0.0/0 le 32
!
route-map DENY_DEFAULT permit 10
 match ip address prefix-list NO_DEFAULT
!
route-map SET_MED permit 10
 set metric-type internal
!
```

例 5-31 R8 的 BGP 配置

```
router bgp 65102
 no auto-summary
 no synchronization
 redistribute eigrp 100 route-map DENY_DEFAULT
 neighbor 172.16.7.1 remote-as 65102
 neighbor 172.16.7.1 update-source loopback0
 neighbor 10.1.2.5 remote-as 65100
 neighbor 10.1.2.5 route-map SET_MED out
 neighbor 10.1.2.6 remote-as 65100
 neighbor 10.1.2.6 route-map SET_MED out
 distance bgp 200 220 220
 bgp bestpath compare-routerid
!
ip prefix-list NO_DEFAULT seq 5 deny 0.0.0.0/0
ip prefix-list NO_DEFAULT seq 10 permit 0.0.0.0/0 le 32
!
route-map DENY_DEFAULT permit 10
 match ip address prefix-list NO_DEFAULT
!
route-map SET_MED permit 10
 set metric-type internal
!
```

例 5-32　R9 的 BGP 配置

```
router bgp 65103
 no auto-summary
 no synchronization
 redistribute eigrp 100 route-map DENY_DEFAULT
 neighbor 10.1.3.10 remote-as 65100
 neighbor 10.1.3.10 route-map SET_MED out
 distance bgp 200 220 220
 bgp bestpath compare-routerid
!
ip prefix-list NO_DEFAULT seq 5 deny 0.0.0.0/0
ip prefix-list NO_DEFAULT seq 10 permit 0.0.0.0/0 le 32
!
route-map DENY_DEFAULT permit 10
 match ip address prefix-list NO_DEFAULT
!
route-map SET_MED permit 10
 set metric-type internal
!
```

例 5-33　R10 的 BGP 配置

```
router bgp 65100
 no auto-summary
 no synchronization
 neighbor internal peer-group
 neighbor internal update-source loopback0
 neighbor internal remote-as 65100
 neighbor 172.16.4.1 peer-group internal
 neighbor 172.16.5.1 peer-group internal
 neighbor 172.16.6.1 peer-group internal
 neighbor 10.1.3.9 remote-as 65103
 neighbor 10.1.3.11 remote-as 65104
 neighbor 10.1.3.12 remote-as 65105
 distance bgp 200 220 220
 bgp bestpath compare-routerid
!
```

例 5-34　R11 的 BGP 配置

```
router bgp 65104
 no auto-summary
 no synchronization
 redistribute eigrp 100 route-map DENY_DEFAULT
 neighbor 10.1.3.10 remote-as 65100
 neighbor 10.1.3.10 route-map SET_MED out
 distance bgp 200 220 220
 bgp bestpath compare-routerid
!
ip prefix-list NO_DEFAULT seq 5 deny 0.0.0.0/0
```

（待续）

```
ip prefix-list NO_DEFAULT seq 10 permit 0.0.0.0/0 le 32
!
route-map DENY_DEFAULT permit 10
 match ip address prefix-list NO_DEFAULT
!
route-map SET_MED permit 10
 set metric-type internal
!
```

例 5-35　R12 的 BGP 配置

```
router bgp 65105
 no auto-summary
 no synchronization
 neighbor 10.1.3.10 remote-as 65100
 neighbor 10.1.3.10 default-originate
 distance bgp 200 220 220
 bgp bestpath compare-routerid
!
```

例 5-36　R13 的 BGP 配置

```
router bgp 65105
 no auto-summary
 no synchronization
 neighbor 10.1.1.4 remote-as 65100
 neighbor 10.1.1.4 default-originate
 distance bgp 200 220 220
 bgp bestpath compare-routerid
!
```

在 BGP 配置到位后，BGP 基础设施的有效性必须被证实，以确保当每个区域的以太网 DMZ 上面的 EIGRP 邻接被拆除时，路由选择信息可用，并能够提供完全的可达性。这个阶段对运行 BGP 会话的路由器提出更多的内存需求，因为它们需要携带每条前缀的多份拷贝。前缀将在这些路由器上的 BGP 和 EIGRP 中存在。同时，前缀将会在多个地方被注入 BGP。如果从 BGP 学到的前缀被注入路由选择表，将会导致很严重的路由选择问题，但 BGP 更高的管理距离将会阻止这种现象的发生。

在配置样例中，把所有通过 eBGP 被通告的、并从边界路由器进入核心路由器的前缀的 MED 设成了 Internal。这样做的结果是核心路由器在 BGP 决策过程中为每条前缀选择了优化的路径，如下所述。

第 1 步　使用 **show ip bgp summary** 命令证实所有 BGP 会话已到达 Established 状态。

第 2 步　验证前缀通告是一致的。从每个区域中选择前缀，然后在核心路由器上验证该前缀在 BGP 表中，并被 BGP 决策过程正确地选择。可以使用 **show ip bgp** 命令来完成这个操作。确认 BGP 表中的这些前缀被设置了正确的下一跳。

在 4 台核心路由器上，从 iBGP 学到的每条前缀的下一跳必须是 172.16.0.0/16 网络中的环回地址。核心路由器上从 eBGP 学到的每条前缀的下一跳必须是某个直接相连的边界路由器的 IP 地址。每个主要区域的边界路由器和远程连接中心路由器必须在 BGP 表中有一条默认路由，它的 AS_PATH 为 65100 65105。

第 3 步　验证 BGP 中的前缀数量与 EIGRP 中的前缀数量近似相等。在每台核心路由器和边界路由器上使用 **show ip route summary** 命令保存输出结果。在切换到 BGP 核心后，这些信息将被用于进一步的验证。

3．BGP 核心激活

从数据包交换的角度来看，这一步激活了 BGP 核心。这一步的目的是通过拆除每个区域以太网 DMZ 上的 EIGRP 邻接把网络分割成不同的 EIGRP 域。为了做到这点，在所有的路由器上，从 R1 到 R13，在 EIGRP 路由选择进程中把每个区域内连接到以太网 DMZ 的接口配置为被动接口。重要的是需要验证 EIGRP 和 BGP 重新收敛后的完全连接性。

在每台核心路由器和边界路由器上使用命令 **show ip route summary** 收集输出信息。比较 EIGRP 和 BGP 进程加在一起的路由数量和拆除 EIGRP 邻接前收集的路由数量。这些路由器上路由选择表中的路由总数量应该相同。这就确认了所有的路由选择信息已经被接收。

EIGRP 和 BGP 之间的路由分配因区域的不同而不同。核心路由器上几乎全是 BGP 路由。边界路由器上两者都有，这取决于那个区域的 EIGRP 发起了多少路由，其他地方的 BGP 发起了多少前缀。

4．最后的清除

迁移计划里的最后一步是把人为加进去的东西从这次迁移中清除掉。当全连接被验证后，BGP 的管理距离需要恢复到默认值，这可以通过在 BGP 路由器进程配置中清除 **distance** 命令来完成。为了使新的管理距离生效，必须使用 **clear ip route** 命令。

最后一步是重新编号核心 EIGRP 进程。这可以通过在每台核心路由器上配置相同的 EIGRP 进程但不同的 ASN 来完成，然后就可以清除旧的 EIGRP 进程了。每台核心路由器上配置好新的 EIGRP 进程并且已通过 **show ip eigrp neighbor** 命令确认正确的邻接建立之前，旧的 EIGRP 进程不应该被清除。

5.4.8　最终情形

例 5-37 到例 5-40 显示了 BGP 核心的所有路由器的最终配置。

例 5-37　R1 的最终配置

```
hostname R1
!
interface Loopback0
```

（待续）

```
  ip address 172.16.1.1 255.255.255.0
!
interface Ethernet0/0
  ip address 10.1.1.1 255.255.255.0
!
interface Ethernet1/0
  ip address 10.1.101.1 255.255.255.0
!
!
router eigrp 100
  redistribute bgp 65101 route-map DEFAULT_ROUTE
  network 10.0.0.0
  network 172.16.0.0
  default-metric 10000 100 255 1 1500
  no auto-summary
  no eigrp log-neighbor-changes
!
router bgp 65101
  no synchronization
  bgp log-neighbor-changes
  redistribute eigrp 100 route-map DENY_DEFAULT
  neighbor 10.1.1.4 remote-as 65100
  neighbor 10.1.1.4 route-map SET_MED out
  neighbor 172.16.2.1 remote-as 65101
  neighbor 172.16.2.1 update-source Loopback0
  no auto-summary
  bgp bestpath compare-routerid
!
ip prefix-list DEFAULT seq 5 permit 0.0.0.0/0
ip prefix-list DEFAULT seq 10 deny 0.0.0.0/0 le 32
ip prefix-list NO_DEFAULT seq 5 deny 0.0.0.0/0
ip prefix-list NO_DEFAULT seq 10 permit 0.0.0.0/0 le 32
!
route-map DENY_DEFAULT permit 10
  match ip address prefix-list NO_DEFAULT
!
route-map DEFAULT_ROUTE permit 10
  match ip address prefix-list DEFAULT
!
route-map SET_MED permit 10
  set metric-type internal
!
```

例 5-38 R2 的最终配置

```
hostname R2
!
interface Loopback0
  ip address 172.16.2.1 255.255.255.0
!
interface Ethernet0/0
```

（待续）

```
 ip address 10.1.1.2 255.255.255.0
!
interface Ethernet1/0
 ip address 10.1.101.2 255.255.255.0
!
router eigrp 100
 redistribute bgp 65101 route-map DEFAULT_ROUTE
 passive-interface Ethernet0/0
 network 10.0.0.0
 network 172.16.0.0
 default-metric 10000 100 255 1 1500
 no auto-summary
 no eigrp log-neighbor-changes
!
router bgp 65101
 no synchronization
 bgp log-neighbor-changes
 redistribute eigrp 100 route-map DENY_DEFAULT
 neighbor 10.1.1.4 remote-as 65100
 neighbor 10.1.1.4 route-map SET_MED out
 neighbor 172.16.1.1 remote-as 65101
 neighbor 172.16.1.1 update-source Loopback0
 no auto-summary
 bgp bestpath compare-routerid
!
ip prefix-list DEFAULT seq 5 permit 0.0.0.0/0
ip prefix-list DEFAULT seq 10 deny 0.0.0.0/0 le 32
ip prefix-list NO_DEFAULT seq 5 deny 0.0.0.0/0
ip prefix-list NO_DEFAULT seq 10 permit 0.0.0.0/0 le 32
!
route-map DENY_DEFAULT permit 10
 match ip address prefix-list NO_DEFAULT
!
route-map DEFAULT_ROUTE permit 10
 match ip address prefix-list DEFAULT
!
route-map SET_MED permit 10
 set metric-type internal
!
```

例 5-39　R3 的最终配置

```
hostname R3
!
interface Loopback0
 ip address 172.16.3.1 255.255.255.0
!
interface Ethernet0/0
 ip address 10.1.1.3 255.255.255.0
!
interface Serial2/0
 ip address 10.1.104.5 255.255.255.252
```

（待续）

```
!
router eigrp 100
 redistribute bgp 65104 route-map DEFAULT_ROUTE
 passive-interface Ethernet0/0
 network 10.0.0.0
 network 172.16.0.0
 default-metric 10000 100 255 1 1500
 no auto-summary
 no eigrp log-neighbor-changes
!
router bgp 65104
 no synchronization
 bgp log-neighbor-changes
 redistribute eigrp 100 route-map DENY_DEFAULT
 neighbor 10.1.1.4 remote-as 65100
 neighbor 10.1.1.4 route-map SET_MED out
 no auto-summary
 bgp bestpath compare-routerid
!
ip prefix-list DEFAULT seq 5 permit 0.0.0.0/0
ip prefix-list DEFAULT seq 10 deny 0.0.0.0/0 le 32
ip prefix-list NO_DEFAULT seq 5 deny 0.0.0.0/0
ip prefix-list NO_DEFAULT seq 10 permit 0.0.0.0/0 le 32
!
route-map DENY_DEFAULT permit 10
 match ip address prefix-list NO_DEFAULT
!
route-map DEFAULT_ROUTE permit 10
 match ip address prefix-list DEFAULT
!
route-map SET_MED permit 10
 set metric-type internal
!
```

例 5-40 R4 的最终配置

```
hostname R4
!
interface Loopback0
 ip address 172.16.4.1 255.255.255.0
!
interface Ethernet0/0
 ip address 10.1.1.4 255.255.255.0
!
interface Serial2/0
 ip address 10.1.100.5 255.255.255.252
!
interface Serial3/0
 ip address 10.1.100.1 255.255.255.252
!
router eigrp 101
 passive-interface Ethernet0/0
 network 10.0.0.0
```

（待续）

```
 network 172.16.0.0
 no auto-summary
 no eigrp log-neighbor-changes
!
router bgp 65100
 no synchronization
 bgp log-neighbor-changes
 neighbor internal peer-group
 neighbor internal remote-as 65100
 neighbor internal update-source Loopback0
 neighbor internal next-hop-self
 neighbor 10.1.1.1 remote-as 65101
 neighbor 10.1.1.2 remote-as 65101
 neighbor 10.1.1.3 remote-as 65104
 neighbor 10.1.1.13 remote-as 65105
 neighbor 172.16.5.1 peer-group internal
 neighbor 172.16.6.1 peer-group internal
 neighbor 172.16.10.1 peer-group internal
 no auto-summary
 bgp bestpath compare-routerid
!
```

例 5-41　R5 的最终配置

```
hostname R5
!
interface Loopback0
 ip address 172.16.5.1 255.255.255.0
!
interface Ethernet0/0
 ip address 10.1.2.5 255.255.255.0
!
interface Ethernet1/0
 ip address 10.1.100.9 255.255.255.252
!
interface Serial2/0
 ip address 10.1.100.6 255.255.255.252
!
router eigrp 101
 passive-interface Ethernet0/0
 network 10.0.0.0
 network 172.16.0.0
 no auto-summary
 no eigrp log-neighbor-changes
!
router bgp 65100
 no synchronization
 bgp log-neighbor-changes
 neighbor internal peer-group
 neighbor internal remote-as 65100
 neighbor internal update-source Loopback0
 neighbor internal next-hop-self
```

（待续）

```
 neighbor 10.1.2.7 remote-as 65102
 neighbor 10.1.2.7 route-map SET_MED out
 neighbor 10.1.2.8 remote-as 65102
 neighbor 10.1.2.8 route-map SET_MED out
 neighbor 172.16.4.1 peer-group internal
 neighbor 172.16.6.1 peer-group internal
 neighbor 172.16.10.1 peer-group internal
 no auto-summary
 bgp bestpath compare-routerid
!
route-map SET_MED permit 10
 set metric-type internal
!
```

例 5-42　R6 的最终配置

```
hostname R6
!
interface Loopback0
 ip address 172.16.6.1 255.255.255.0
!
interface Ethernet0/0
 ip address 10.1.2.6 255.255.255.0
!
interface Ethernet1/0
 ip address 10.1.100.10 255.255.255.252
!
interface Serial2/0
 ip address 10.1.100.13 255.255.255.252
!
router eigrp 101
 passive-interface Ethernet0/0
 network 10.0.0.0
 network 172.16.0.0
 no auto-summary
 no eigrp log-neighbor-changes
!
router bgp 65100
 no synchronization
 bgp log-neighbor-changes
 neighbor internal peer-group
 neighbor internal remote-as 65100
 neighbor internal update-source Loopback0
 neighbor internal next-hop-self
 neighbor 10.1.2.7 remote-as 65102
 neighbor 10.1.2.7 route-map SET_MED out
 neighbor 10.1.2.8 remote-as 65102
 neighbor 10.1.2.8 route-map SET_MED out
 neighbor 172.16.4.1 peer-group internal
 neighbor 172.16.5.1 peer-group internal
 neighbor 172.16.10.1 peer-group internal
 no auto-summary
```

（待续）

```
 bgp bestpath compare-routerid
!
route-map SET_MED permit 10
 set metric-type internal
!
```

例 5-43 R7 的最终配置

```
hostname R7
!
interface Loopback0
 ip address 172.16.7.1 255.255.255.0
!
interface Ethernet0/0
 ip address 10.1.2.7 255.255.255.0
!
interface Ethernet1/0
 ip address 10.1.102.7 255.255.255.0
!
router eigrp 100
 redistribute bgp 65102 route-map DEFAULT_ROUTE
 network 10.0.0.0
 network 172.16.0.0
 default-metric 10000 100 255 1 1500
 no auto-summary
 no eigrp log-neighbor-changes
!
router bgp 65102
 no synchronization
 bgp log-neighbor-changes
 redistribute eigrp 100 route-map DENY_DEFAULT
 neighbor 10.1.2.5 remote-as 65100
 neighbor 10.1.2.5 route-map SET_MED out
 neighbor 10.1.2.6 remote-as 65100
 neighbor 10.1.2.6 route-map SET_MED out
 neighbor 172.16.8.1 remote-as 65102
 neighbor 172.16.8.1 update-source Loopback0
 no auto-summary
 bgp bestpath compare-routerid
!
ip prefix-list DEFAULT seq 5 permit 0.0.0.0/0
ip prefix-list DEFAULT seq 10 deny 0.0.0.0/0 le 32
ip prefix-list NO_DEFAULT seq 5 deny 0.0.0.0/0
ip prefix-list NO_DEFAULT seq 10 permit 0.0.0.0/0 le 32
!
route-map DENY_DEFAULT permit 10
 match ip address prefix-list NO_DEFAULT
!
route-map DEFAULT_ROUTE permit 10
 match ip address prefix-list DEFAULT
!
route-map SET_MED permit 10
 set metric-type internal
!
```

例 5-44 R8 的最终配置

```
hostname R8
!
interface Loopback0
 ip address 172.16.8.1 255.255.255.0
!
interface Ethernet0/0
 ip address 10.1.2.8 255.255.255.0
!
interface Ethernet1/0
 ip address 10.1.102.8 255.255.255.0
!
router eigrp 100
 redistribute bgp 65102 route-map DEFAULT_ROUTE
 network 10.0.0.0
 network 172.16.0.0
 default-metric 10000 100 255 1 1500
 no auto-summary
 no eigrp log-neighbor-changes
!
router bgp 65102
 no synchronization
 bgp log-neighbor-changes
 redistribute eigrp 100 route-map DENY_DEFAULT
 neighbor 10.1.2.5 remote-as 65100
 neighbor 10.1.2.5 route-map SET_MED out
 neighbor 10.1.2.6 remote-as 65100
 neighbor 10.1.2.6 route-map SET_MED out
 neighbor 172.16.7.1 remote-as 65102
 neighbor 172.16.7.1 update-source Loopback0
 no auto-summary
 bgp bestpath compare-routerid
!
ip prefix-list DEFAULT seq 5 permit 0.0.0.0/0
ip prefix-list DEFAULT seq 10 deny 0.0.0.0/0 le 32
ip prefix-list NO_DEFAULT seq 5 deny 0.0.0.0/0
ip prefix-list NO_DEFAULT seq 10 permit 0.0.0.0/0 le 32
!
route-map DENY_DEFAULT permit 10
 match ip address prefix-list NO_DEFAULT
!
route-map DEFAULT_ROUTE permit 10
 match ip address prefix-list DEFAULT
!
route-map SET_MED permit 10
 set metric-type internal
!
```

例 5-45 R9 的最终配置

```
hostname R9
!
```

（待续）

```
interface Loopback0
 ip address 172.16.9.1 255.255.255.0
!
interface Ethernet0/0
 ip address 10.1.3.9 255.255.255.0
!
interface Ethernet1/0
 ip address 10.1.103.9 255.255.255.0
!
router eigrp 100
 redistribute bgp 65103 route-map DEFAULT_ROUTE
 passive-interface Ethernet0/0
 network 10.0.0.0
 network 172.16.0.0
 default-metric 10000 100 255 1 1500
 no auto-summary
 no eigrp log-neighbor-changes
!
router bgp 65103
 no synchronization
 bgp log-neighbor-changes
 redistribute eigrp 100 route-map DENY_DEFAULT
 neighbor 10.1.3.10 remote-as 65100
 neighbor 10.1.3.10 route-map SET_MED out
 no auto-summary
 bgp bestpath compare-routerid
!
ip prefix-list DEFAULT seq 5 permit 0.0.0.0/0
ip prefix-list DEFAULT seq 10 deny 0.0.0.0/0 le 32
ip prefix-list NO_DEFAULT seq 5 deny 0.0.0.0/0
ip prefix-list NO_DEFAULT seq 10 permit 0.0.0.0/0 le 32
!
route-map DENY_DEFAULT permit 10
 match ip address prefix-list NO_DEFAULT
!
route-map DEFAULT_ROUTE permit 10
 match ip address prefix-list DEFAULT
!
route-map SET_MED permit 10
 set metric-type internal
!
```

例 5-46 R10 的最终配置

```
hostname R10
!
interface Loopback0
 ip address 172.16.10.1 255.255.255.0
!
interface Ethernet0/0
 ip address 10.1.3.10 255.255.255.0
!
```

(待续)

```
interface Serial2/0
 ip address 10.1.100.14 255.255.255.252
!
interface Serial3/0
 ip address 10.1.100.2 255.255.255.252
!
router eigrp 101
 passive-interface Ethernet0/0
 network 10.0.0.0
 network 172.16.0.0
 no auto-summary
 no eigrp log-neighbor-changes
!
router bgp 65100
 no synchronization
 bgp log-neighbor-changes
 neighbor internal peer-group
 neighbor internal remote-as 65100
 neighbor internal update-source Loopback0
 neighbor internal next-hop-self
 neighbor 10.1.3.9 remote-as 65103
 neighbor 10.1.3.11 remote-as 65104
 neighbor 10.1.3.12 remote-as 65105
 neighbor 172.16.4.1 peer-group internal
 neighbor 172.16.5.1 peer-group internal
 neighbor 172.16.6.1 peer-group internal
 no auto-summary
 bgp bestpath compare-routerid
!
```

例 5-47 R11 的最终配置

```
hostname R11
!
interface Loopback0
 ip address 172.16.11.1 255.255.255.0
!
interface Ethernet0/0
 ip address 10.1.3.1 255.255.255.0
!
interface Serial3/0
 ip address 10.1.104.9 255.255.255.252
!
router eigrp 100
 redistribute bgp 65104 route-map DEFAULT_ROUTE
 passive-interface Ethernet0/0
 network 10.0.0.0
 network 172.16.0.0
 default-metric 10000 100 255 1 1500
 no auto-summary
 no eigrp log-neighbor-changes
!
```

（待续）

```
router bgp 65104
 no synchronization
 bgp log-neighbor-changes
 redistribute eigrp 100 route-map DENY_DEFAULT
 neighbor 10.1.3.10 remote-as 65100
 neighbor 10.1.3.10 route-map SET_MED out
 no auto-summary
 bgp bestpath compare-routerid
!
ip prefix-list DEFAULT seq 5 permit 0.0.0.0/0
ip prefix-list DEFAULT seq 10 deny 0.0.0.0/0 le 32
ip prefix-list NO_DEFAULT seq 5 deny 0.0.0.0/0
ip prefix-list NO_DEFAULT seq 10 permit 0.0.0.0/0 le 32
!
route-map DENY_DEFAULT permit 10
 match ip address prefix-list NO_DEFAULT
!
route-map DEFAULT_ROUTE permit 10
 match ip address prefix-list DEFAULT
!
route-map SET_MED permit 10
 set metric-type internal
!
```

例 5-48　R12 的最终配置

```
hostname R12
!
interface Loopback0
 ip address 172.16.12.1 255.255.255.0
!
interface Ethernet0/0
 ip address 10.1.3.12 255.255.255.0
!
interface Serial2/0
 no ip address
 shutdown
 no fair-queue
!
router bgp 65105
 no synchronization
 bgp log-neighbor-changes
 neighbor 10.1.3.10 remote-as 65100
 neighbor 10.1.3.10 default-originate
 no auto-summary
 bgp bestpath compare-routerid
!
```

正如在"定义问题"阶段中讨论的那样，必须处理问题的本质原因。当整个网络已经迁移到 BGP 核心之后，关于地址分配和前缀汇总的根本问题也得到了解决。

例 5-49　R13 的最终配置

```
hostname R13
!
interface Loopback0
 ip address 172.16.13.1 255.255.255.0
!
interface Ethernet0/0
 ip address 10.1.1.13 255.255.255.0
!
router bgp 65105
 no synchronization
 bgp log-neighbor-changes
 neighbor 10.1.1.4 remote-as 65100
 neighbor 10.1.1.4 default-originate
 no auto-summary
 bgp bestpath compare-routerid
!
```

本案例研究所涉及的前缀数量使得使用 **network** 语句不可行，而需要直接的重分布。当地址分配和前缀汇总的问题解决后，边界路由器上的 BGP 配置必须被修改为使用 **network** 语句注入前缀，重分布也应该被清除掉。远程站点聚合因为黑洞流量的原因不包括在这里面，除非与中心路由器有直接物理链路连接，并且中心路由器之间已经建立了 iBGP 连接。

5.5　总　　结

本章概览了什么时候该在企业核心网中使用 BGP。应该强调的是，还没有找到问题的根本原因的时候，BGP 不应该作为解决问题的一个补丁。这在一些网络中最常见，其中 BGP 被用来解决地址分配问题，而这些问题阻止了地址汇总。BGP 部署以收敛时间延长的代价获得了更好的可扩展性。

我们给出了 3 种常见的 BGP 核心体系架构，并对每一种架构都作了深入地讨论。只使用内部 BGP 的核心架构和只使用外部 BGP 的核心架构在小型和中型网络中最为常见。当网络扩大的时候，它们也日益变得难以管理。内部/外部 BGP 核心架构是最常用的一种架构，并且随着网络的扩大依然可以很好地扩展。

最后，我们给出了一个案例研究，以阐述如何将一个只有 IGP 的网络迁移到 BGP 网络核心。网络的需求既复杂又理想化，提供了一个真实世界的情形。我们列出了迁移的详细步骤，并且提供了大量的配置信息。

本章讨论连接 Internet 的多个方面的内容:

- 确定从上游提供商接收什么信息;
- 多宿主;
- 路由过滤;
- 负载平衡;
- 其他连接性考虑;
- 案例研究:多宿主环境下的负载平衡。

第 6 章

企业网络的 Internet 连接性

与 Internet 结合在一起的日常商业通信已使提供高度冗余的 Internet 连接性的服务成为一种紧迫的任务。使用电子邮件和浏览网页已经与世界经济以及完成商业的方式紧密地结合在一起。BGP 正是因为其连接 Internet 的能力而常见于企业环境。

本章提供了可用的设计方案并解释了每一种方案的主要概念,同时提供了与之关联的使用告诫以及任何使用要求,例如是否需要惟一的公共自治系统号(ASN)。

6.1 确定从上游提供商接收什么信息

关于从上游提供商接收什么信息的问题是常见的。当你在做路由选择决定的时候,可用的更详细的信息使得你有机会更优化地确定应该采取哪条路径到达目的地。然而,信息量的增加导致的结果是你需要在信息量和更高的资源需求,包括系统的和管理的资源需求之间做出权衡。这里探讨 3 种选择:

- 只需要默认路由;
- 默认路由加部分路由;
- 完全的 Internet 路由选择表。

6.1.1 只需要默认路由

只需要默认路由的方法可以和 BGP 一起被使用,也可能不可以。默认路由既可以被静态定义,也可以从提供商那里通过 BGP 被接收到。被注入 IGP 的默认路由指示流量流向最近的边界路由器。使用默认路由需要的系统资源最少,但可能会导致次优化路由选择。

6.1.2 默认路由加部分路由

最常见的情况是使用部分路由。它提供了相当数量的详细信息以允许路由选择优化,但又比获得完全路由选择表所需要的资源更少。部分路由可以由提供商发送,也可以被企业所定义。如果企业定义了部分路由选择表,那么就需要向提供商请求完全路由选择表,并需要应用入境过滤措施。如果提供商发送了部分路由,那么它通常是提供商的本地路由和客户路由,并已过滤了从其他对等体或上游穿越提供商接收到的路由。在使用部分路由的时候,企业也需要使用默认路由以确保完全的连接性。

6.1.3 完全的 Internet 路由选择表

企业从提供商那里接收完全的 Internet 路由选择表。这种方法能提供最多的详细信息,但强烈地需要最多的资源,因此必须在两者之间做出权衡。每一条可达前缀的可用详细信息允许了最大限度的路由选择优化。因为任何没有详细路由的目的地都是不可达的,所以如果使用完全路由选择表,就不需要使用默认路由。

6.2 多 宿 主

术语多宿主(*multihoming*)已经变得相当常用了。如此一来,和 Internet 连接性有关的多宿主意味着什么呢?只要网络有多于一条路径到达 Internet,那么它就是多宿主的。这也许有多条路径到达单个提供商或者多条路径到达不同的提供商。使用多宿主有两个主要的原因。
- **可靠性**——为许多商业环境提供 Internet 连接性服务已经成为一种紧迫的任务。只要做得正确,多宿主可以提供所需要的冗余以确保可靠的服务。
- **选择路由**——通过多宿主可以增强 Internet 连接性的性能。这通常可以通过使用不同的提供商来完成,这些提供商能够提供更多相异的路径选择以到达目的地。

以下章节研究了为企业提供 Internet 连接性的种种方法:
- 单宿主末端网络;
- 使用单台或多台边界路由器的多宿主末端网络;

- 使用单台或多台边界路由器的标准多宿主网络。

在一个上游提供商的情况下,有多种选择来设计末端网络情景。根据定义,一个单宿主的网络就是末端网络。在多个上游提供商的情况下,有多种选择来设计非末端网络情景。关于与 ISP 的多个会话的讨论集中于如何在两台路由器之间使用多条链路以提供额外的带宽。

6.2.1 单宿主末端网络

图 6-1 显示的末端网络设计在小型商业环境中最为常见。这种设计通常几乎提供不了冗余性,就算有也很少。当 Internet 连接性对于商业操作并非至关重要的时候,该设计选择可以提供一种低成本的解决方案。

单宿主末端网络不需要使用 BGP。提供商可以配置一条指向用户前缀的静态路由。企业可以配置一条静态默认路由。

如果提供商路由器和用户路由器之间使用了多条链路,那么就需要使用多个静态路由。假定在这一设计中使用的多条连接都终结在相同的设备上,那么该设计所提供的冗余程度就是最小的,并且只能保护链路失效。路由器失效将导致连接性的完全丢失。

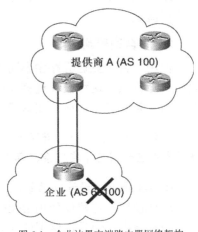

图 6-1 企业边界末端路由器网络架构

6.2.2 多宿主末端网络

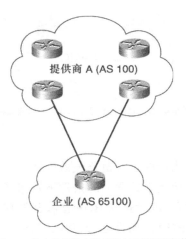

图 6-2 单台边界路由器多宿主末端网络架构

中小型商业通常使用多宿主末端网络设计选择。虽然企业连接到单个上游提供商,但却不是连接到提供商的某一点上,而是连接到提供商的多个地方。这样提供的冗余增强程度就在于它不仅保护了单台提供商路由器失效,而且保护了链路失效。

当末端网络多宿主时,它通常需要使用 BGP。在末端网络环境下,企业典型地接收默认路由,最多加上部分前缀,而很少有理由接收完全的路由选择信息。

多宿主末端网络设计通常选择在企业边缘使用单台或多台边界路由器。以下的章节将详细描述这些设计情景。

1. 单台边界路由器

图 6-2 显示的单台路由器设计情景涉及到在企业边

缘使用单台路由器，并有连接到同一个提供商的多条连接，这些连接终结在提供商的不同地方。

在部署这一设计方案时，应该使用 BGP 来为可能的负载分担提供额外的控制。单个上游提供商的情况使得能够使用私有 AS。这意味着企业不需要从注册机构那儿获得惟一公用的、且能被外界看到的 ASN。上游提供商可以从接收到的更新信息中清除私有 ASN。

在这种设计中使用 BGP 使企业能够很大程度地影响入境流量模式并更好地控制出境流量。在链路容量不相等的情况下，这特别有用，因为可以使用路由选择策略根据链路容量来按比例地分担流量。

2．多台边界路由器

使用单台企业边界路由器可能会产生故障单点。再增加一台或多台边界路由器就消除了最后的故障单点。这种设计选择在企业网络中有多台边界路由器，每一台路由器有连接到上游提供商的一条或多条连接。在该设计中，仍然使用单个上游提供商。

注意：也许有人会争辩说单个上游提供商也是故障单点。不过，这仅仅是一种设想。如果上游提供商在它的网络中有冗余，那么就需要多个地方发生故障才能触发企业用户网络的失效。

图 6-3 显示了设计的情景。

这种设计选择建议使用 BGP。虽然提供商和企业可能使用静态路由，但是，这不能让企业影响流量模式。而如果连接到上游提供商的多条链路具有不相等的容量，或者这些链路终结在世界上的不同地方，比如说在不同的大洲，那么 BGP 的这种能力就显得特别重要了。

在这种设计中，企业仍然可以使用私有 AS。运行私有 AS 的主要好处在于企业不需要履行获得一个新的公用 AS 的程序。运行 BGP 的目的在于它能够为企业定义出入境路由选择策略提供额外的支持。除了需要与上游提供商建立 eBGP 会话外，企业还应该在边界路由器之间和涉及到有可能为边界路由器提供穿越（transit）服务的所有第 3 层设备之间建立 iBGP 全连接会话。这一要求保证了流量不会被发送到没有去往目的地址的路由选择信息的设备上。

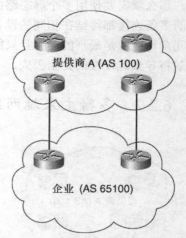

图 6-3　多台边界路由器多宿主末端网络架构

企业应该从每一台边界路由器上发起默认路由。在边界路由器的上行链路失效的情况下，为了防止流量沿着默认路由流到边界路由器上，应该在链路连接起来并激活的条件下发布默认路由。这种条件性通告可以基于指向接口的静态默认路由来完成，或者把从 BGP 接收到的默认路由重分布入 IGP。在这种上下文情况下，条件性通告不是指 BGP 的条件通告特性。如果从上游提供商接收到其他前缀信息，不要把它们重分布入边界路由器上运行的任何 IGP 进程中。

6.2.3 标准多宿主网络

在讨论多宿主时，最常说的情况就是本节描述的标准多宿主网络情景。这种情况下的设计涉及到的企业连接了多个上游提供商。

这种情况下的设计需要企业从区域地址注册机构获得自己的 ASN。企业也需要一块地址空间，它应该足够大以通过标准的对等过滤器。后面的章节"对等过滤器"将详细讨论标准的对等过滤器的例子。企业通常可以从它的一个或多个上游提供商那里获得所需要的地址空间。

企业也可能从区域地址注册机构获得分配的地址空间；不过，这通常需要充分的理由。获得 ASN 比获得 IP 地址空间更容易。区域地址注册机构既分配 ASN，也分配 IP 地址空间。当前有 3 个区域地址注册机构：

- 美洲 Internet 地址注册机构（American Registry for Internet Numbers，ARIN）——www.arin.net。
- 亚太网络信息中心（Asia Pacific Network Information Centre，APNIC）——www.apnic.net。
- 欧洲 Internet 地址注册机构（Réseaux IP Européens，RIPE）——www.ripe.net。

下面的章节描述了选择单台或多台边界路由器而为企业边缘提供 Internet 连接性的情景。

1．单台边界路由器

使用单台边界路由器的标准多宿主网络涉及到多个上游提供商，所有的连接都终结到单台企业边界路由器上（参见图 6-4）。这为保护链路失效提供了冗余，并能避免上游提供商发生故障所带来的影响。同时，这样设计也为优化出境流量提供了额外的支持。

在这种设计下，企业边界路由器和两个上游提供商都建立了 eBGP 对等关系。企业边界路由器从两个提供商接收到的信息可能为零，也可能一直到完全的路由选择表。在这一设计情景下，需要 eBGP 对等关系来使得企业的 IP 地址空间可以被一致地发起。如果不使用 BGP，那么提供商 A 和提供商 B 看起来都在发起相同的前缀，这没有什么意义。多个始发自治系统通告相同的前缀叫做非一致通告。非一致的前缀通告工作得很好，但是因为前缀始发点的不明确，因此大家并不赞成这种通告方式。

配置路由选择信息的第一种方法就是让企业边界路由器拒绝所有的前缀而配置指向出站接口的静态默认路由。如果链路宕掉了，那么企业的地址空间就不会被通告给那个提供商。指向失效链路的默认路由也会从路由选择表中被清除掉。假设链路的容量是相等的，那么就会为出境流量提供相当均匀的负载分担。这种情况下的问题在于以提供商 A 为目的地的流量可能会被发送到连接提供商 B 的链路上。

下一种方法就是接收部分路由选择信息。企业可以请求上游提供商只发送它们本地发起的前缀和它们用户的前缀。这使得企业可以正确地路由以某一个提供商为目的地的流量。企业仍然需要指向每一个提供商的默认路由以到达紧连的上游提供商和它们的用户范围之外的任何目的地。

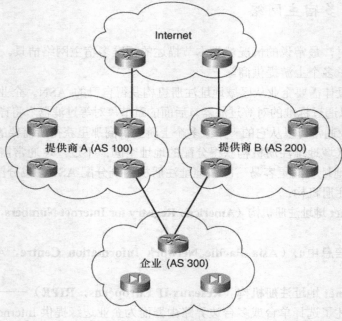

图 6-4　单台边界路由器多宿主网络架构

企业还可以从两个提供商接收完全的路由选择表。这使得企业边界路由器可以向逻辑上离目的地最近的上游提供商发送流量。这一逻辑距离是从 AS_PATH 中导出的。如果 AS_PATH 具有相等的长度，那么流量就会沿着具有最低的 ROUTER_ID 的路径被发送给上游提供商。

2．多台边界路由器

如图 6-5 所示，对于大中型企业来说，使用多台边界路由器来设计的标准多宿主网络最为常见。这种设计通过多个提供商、多条链路，以及多台企业边界路由器提供了最高程度的冗余。

在这种设计下，企业边界路由器和它们的上游提供商建立了 eBGP 对等关系。所有的边界路由器之间和可能为企业边界路由器提供穿越（transit）服务的任何其他的第 3 层设备之间也有 iBGP 全连接会话。接收到的前缀信息量可能只有默认路由，也可能一直到完全的路由选择表。这种情况下，接收前缀信息的状况和使用单台边界路由器的状况是相同的。

最常见的机制涉及到使用部分路由选择信息。这可能意味着企业从上游提供商请求部分路由选择信息并和默认路由一起使用，或者请求完全路由选择表并修改入境过滤策略而获得合理的负载分担。最后，使用的方法依赖于企业特定的目标。最简单的方法就是把一条链路用作主要连接，而把其他链路纯粹用作备份连接。最困难的任务就是在多条链路上达到相当均衡的负载分担。

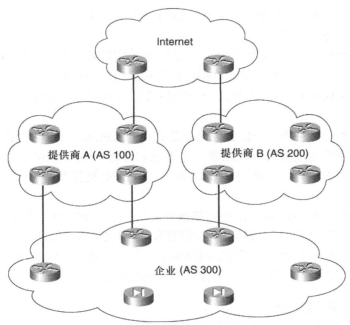

图 6-5 多台边界路由器多宿主网络架构

6.3 路 由 过 滤

路由选择信息正确过滤的重要性无论怎么强调都不过分。本节简单地概览了过滤机制，而你应该在企业边界和服务提供商之间使用这种过滤机制。

6.3.1 入境过滤

你应该在从上游提供商接收到的前缀信息中过滤掉两类主要的前缀组——火星地址（Martian address）空间和你自己的前缀信息。

火星地址空间是不应该被全球通告的地址空间。以下列举了一些火星地址：

- **RFC 1918 地址**——RFC 1918，即 Address Allocation for Private Internets，规定了私有地址的分配方法。这些地址被保留为私有网络所使用。因此，很多网络可能会用相同的地址块。这一地址空间，包括 10.0.0.0/8、172.16.0.0/12 和 192.168.0.0/16，都不应该在全球被通告。
- **系统本地地址**——127.0.0.0/8 地址空间被保留为系统内部所使用。例如，127.0.0.1 地址通常被用作内部系统地址，以模拟主机上的环回功能。
- **终端节点自动配置地址块**——169.254.0.0/16 网络块是为自动地址分配而保留的，它用于 DHCP 服务不可用的条件下。
- **0.0.0.0/8 地址**——0.0.0.0 到 0.255.255.255 地址空间被一些系统内部使用。它们没有被分配出来，也不应该被使用。这不包括默认路由 0.0.0.0/0。
- **测试网络（Test network）地址**——192.0.2.0/24 地址空间被保留作网络测试。该前缀被用于文档和例证代码。
- **D 类和 E 类地址空间**——D 类地址不是真正的主机地址；它们代表 IP 多播组。这些组不能被单播路由选择协议所通告，也不应该通过 BGP 被接收到。D 类地址空间是 224.0.0.0/4，E 类地址空间是 240.0.0.0/4，它们都是被保留的，也不应该被前缀通告所使用。

地址空间中还有一些地址块是你不应该接收其通告的，这些地址块就是你自己的地址空间。这包括等于或长于你的网络地址块的前缀通告，而不包括短于你的网络地址块的前缀通告，因为这也许代表了一个地址聚合，而你的网络地址块是其中的一个组成部分。例 6-1 显示了一个过滤样例。注意到最后一句声明允许了你没有明确拒绝的任何前缀。

例 6-1　入境火星地址过滤

```
Router#show running-config | begin prefix
ip prefix-list MARTIAN seq 5 deny 0.0.0.0/8 le 32
ip prefix-list MARTIAN seq 10 deny 10.0.0.0/8 le 32
ip prefix-list MARTIAN seq 15 deny 172.16.0.0/12 le 32
ip prefix-list MARTIAN seq 20 deny 192.168.0.0/16 le 32
ip prefix-list MARTIAN seq 25 deny 127.0.0.0/8 le 32
ip prefix-list MARTIAN seq 30 deny 169.254.0.0/16 le 32
ip prefix-list MARTIAN seq 35 deny 192.0.2.0/24 le 32
ip prefix-list MARTIAN seq 40 deny 224.0.0.0/4 le 32
ip prefix-list MARTIAN seq 50 deny 240.0.0.0/4 le 32
ip prefix-list MARTIAN seq 55 permit 0.0.0.0/0 le 32
!
```

6.3.2　出境过滤

你应该仔细过滤发送给你的上游提供商的前缀信息以保证只向它们通告企业网络地址块。如果企业网络多宿主到不同的提供商，并且没有应用出境过滤策略，那么企业网络就有可能为两个提供商提供穿越服务。

我们通常建议你使用多层的出境过滤以防止误配置。第一层前缀过滤机制是使用前缀列表或分布列表。第二层过滤机制是使用过滤列表，并根据 AS_PATH 来过滤，使得只有源于企业 AS 的前缀才能被发送到上游提供商。

6.4 负载平衡

Internet 连接性的最大挑战就在于优化地利用可用带宽。与 IGP 一样，BGP 总是选择单条路径而不是负载平衡（load balancing）流量这一事实可以导致非常不均衡的流量模式。在优化流量流向的时候，入境流量是独立于出境流量的。用来控制每一个方向上流量的机制也是相互独立的，接下来的章节将会讨论到。

6.4.1 入境流量负载平衡

有一些方法可以控制入境流量。可用的方法依赖于使用的多宿主的形式：
- 如果企业多宿主到同一个提供商，控制入境流量就有很多方法。
- 如果到上游提供商有两条连接，就把地址空间分成两半。
- 如果企业有一个由提供商分配的/21 的地址块，那么它可以把该地址块分成两个/22 的网络，并在一条链路上通告一个/22，在另一条链路上通告另一个/22。另外，在两条链路上都通告/21。如果这不能提供所期望的负载平衡，就把网络进一步拆分，并在每一条链路上通告不同的网络直到获得期望的流量模式为止。同样重要的是要注意如果被用作负载平衡的链路的容量不等，那么把前缀劈成相等的两半的方法可能就不是最优化的分法。

平衡流量真正的困难在于当企业网络多宿主到两个不同的提供商的时候。如前面的例子讨论的一样，通告更详细的前缀的方法并非总是可用的。在这种环境下，获得均衡流量的过程是一个反复尝试的过程。

你把汇总前缀通告给两个提供商，并监视链路的利用率。重要的是要记住完美的负载平衡并不是明智的目标；相当接近的负载分担才是目标。如果流量严重偏爱其中一条链路，你就在高利用率的路径前面添加你的 ASN，然后继续监视链路的利用率。如果流量仍然偏爱同一条链路，你可以再添加一次 ASN。记住：即使是用一个 ASN 来增加 AS_PATH 的长度也能对流量造成急剧的影响，因此一次只添加一个 ASN。

一旦使用了 AS_PATH 前置的方法来把流量尽可能地分摊到两条链路上以后，几乎就没有什么更进一步平衡流量的方法所剩了。惟一剩下的方法就是利用上游提供商分配的团体属性值。不同的提供商提供不同的团体属性。第 9 章详细讨论了服务提供商如何设立他们的团体属性策略。

6.4.2 出境流量负载平衡

平衡出境流量有更多的控制方法可用。这是因为有可能接受超过 12 万条详细的路由选择信息或者是定义远端目的地的前缀。而在平衡入境流量时，只通告了一些前缀。流量被操纵的粒度是以使用的前缀数量为基础的。

平衡流量最简单的办法就是只使用默认路由。这可以提供均衡的流量；不过，它所产生的次优化路由的可能性非常大。如果企业多宿主到同一个上游提供商，那么使用默认路由很可能就是最简单的解决办法。

当企业多宿主到不同的上游提供商时，获得足够的负载分担就需要更多的创造性。最简单的方法就是向两个上游提供商请求部分路由，这些路由可以和静态默认路由组合在一起以提供完全的可达性。这种方法本身也许能提供可接受的负载分担，也能提供合理程度的路由选择优化。

如果默认路由和提供商通告的部分路由一并被使用的方法不能提供足够的负载分担，下一步就是向上游提供商请求完全的 Internet 路由选择表。然后，企业应该执行入境过滤策略以生成自己的部分路由选择表。最有效的过滤形式就是 AS_PATH 过滤。你只要保证不阻断直接上游的 AS，即你的提供商的 AS 就行了。同时，默认路由和你专门创建的部分路由选择表需要被一并使用，否则你可能只有部分可达性！

对这种方法所做的细微的修改就是降低非优选前缀的本地优先属性值而不是过滤它们。这样就把流量转移到具有更高优先属性值的前缀上而又保住了具有更低优先属性值的备份路由。在发生故障的情况下，默认路由的存在可以维护网络的可达性，而这种方法消除了这一需要。

6.4.3 与同一个提供商的多个会话

当企业通过 BGP 连接上游提供商，并在两台路由器之间使用多条链路来获得额外的带宽的时候，有可能仅仅使用到这些链路中的一条链路。在这种情况下，单台企业边缘路由器和单台提供商边缘路由器之间有多条链路。

把 eBGP 会话直接捆绑在物理接口上的方法被认为是最佳的实践方法。如果只使用单个 eBGP 会话，那么接收到的前缀的下一跳就是提供商路由器的接口 IP 地址，并且只有那条链路才被使用。如果那条链路失效，eBGP 会话就会被拆除，即使两台路由器之间的其他链路仍然正常工作。

如果使用多个 BGP 会话，比如一条链路一个 BGP 会话，那么 BGP 选择单条路径的实际情况将会导致只有单条链路被利用。如果这条链路失效，流量就切换到另一条链路上，但没有利用到多条链路。

在多条链路上负载分担流量有两种流行的方法——EBGP 多跳（EBGP multihop）和 EBGP 多径（EBGP multipath）。接下来就讨论这两种方法。

1. EBGP 多跳解决办法

第一种解决办法就是使用 eBGP 多跳特性。这种方法在两台路由器之间使用单个 eBGP 会话，这个 eBGP 会话源于环回地址而不是物理地址。对每一个接口都配置了一条指向远端环回地址的静态路由。这种方法解析了下一跳地址，并通过到下一跳的递归路由选择来负载分担流量。图 6-6 显示了该情景。例 6-2 和例 6-3 显示了路由器的配置和产生的输出结果。

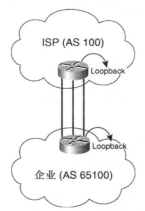

图 6-6 使用 EBGP 多跳的多个连接

例 6-2 企业路由器和提供商路由器的配置

```
Enterprise#show running-config | begin bgp
router bgp 65100
 no synchronization
 bgp log-neighbor-changes
 network 172.18.0.0
 neighbor 172.16.2.1 remote-as 100
 neighbor 172.16.2.1 ebgp-multihop 2
 neighbor 172.16.2.1 update-source Loopback0
 no auto-summary
!
ip classless
ip route 172.16.2.1 255.255.255.255 10.1.1.10 Serial0
ip route 172.16.2.1 255.255.255.255 10.1.1.6 Serial1
ip route 172.16.2.1 255.255.255.255 10.1.1.2 Serial2
ip route 172.18.0.0 255.255.0.0 Null0

Provider#show running-config | begin bgp
router bgp 100
 no synchronization
 bgp log-neighbor-changes
 network 172.19.0.0
 neighbor 172.16.1.1 remote-as 65100
 neighbor 172.16.1.1 ebgp-multihop 2
 neighbor 172.16.1.1 update-source Loopback0
 no auto-summary
!
ip classless
ip route 172.16.1.1 255.255.255.255 10.1.1.1 Serial0
ip route 172.16.1.1 255.255.255.255 10.1.1.5 Serial1
ip route 172.16.1.1 255.255.255.255 10.1.1.9 Serial2
ip route 172.19.0.0 255.255.0.0 Null0
```

例 6-3 递归路由选择信息

```
Enterprise#show ip route 172.19.0.0
Routing entry for 172.19.0.0/16
  Known via "bgp 65100", distance 20, metric 0
  Tag 100, type external
  Last update from 172.16.2.1 00:05:04 ago
  Routing Descriptor Blocks:
  * 172.16.2.1, from 172.16.2.1, 00:05:04 ago
      Route metric is 0, traffic share count is 1
      AS Hops 1

Enterprise#show ip route 172.16.2.1
Routing entry for 172.16.2.1/32
  Known via "static", distance 1, metric 0
  Routing Descriptor Blocks:
  * 10.1.1.10
      Route metric is 0, traffic share count is 1
    10.1.1.6
      Route metric is 0, traffic share count is 1
    10.1.1.2
      Route metric is 0, traffic share count is 1
```

必须配置 **ebgp-multihop** 命令，否则 BGP 会话将不能建立。必须把多跳数设为 2。通常的误配置就是把多跳值设为 255，在发生故障的情况下，这可能会使会话经过一个非常迂回的路径而形成。

2．EBGP 多径解决办法

eBGP 多径特性提供了另一种在多条链路上负载分担流量的解决办法。两台路由器之间的每一条链路都被配置了一个 eBGP 会话。这些 eBGP 会话被直接捆绑到接口地址上。其结果就是两台路由器接收到多条路径信息，每一条链路一条路径信息。除了路径是从不同的邻居地址接收到的以外，这些路径信息都是相同的。eBGP 多径特性使得路由器可以安装所有的路径，一直到配置的最大路径的值。图 6-7 显示了这种解决办法。例 6-4 和例 6-5 显示了路由器的配置和产生的输出结果。

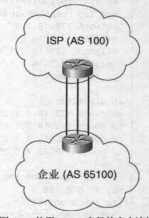

图 6-7 使用 EBGP 多径的多个连接

例 6-4 企业路由器和提供商路由器的配置

```
Enterprise#show running-config | begin bgp
router bgp 65100
 no synchronization
 bgp log-neighbor-changes
 network 172.18.0.0
 neighbor 10.1.1.2 remote-as 100
```

（待续）

```
 neighbor 10.1.1.6 remote-as 100
 neighbor 10.1.1.10 remote-as 100
 maximum-paths 3
 no auto-summary
!

Provider#show running-config | begin bgp
router bgp 100
 no synchronization
 bgp log-neighbor-changes
 network 172.19.0.0
 neighbor 10.1.1.1 remote-as 65100
 neighbor 10.1.1.5 remote-as 65100
 neighbor 10.1.1.9 remote-as 65100
 maximum-paths 3
 no auto-summary
!
```

例 6-5　从提供商获得的多路径路由选择信息

```
Enterprise#show ip route 172.19.0.0
Routing entry for 172.19.0.0/16
  Known via "bgp 65100", distance 20, metric 0
  Tag 100, type external
  Last update from 10.1.1.2 00:03:03 ago
  Routing Descriptor Blocks:
  * 10.1.1.10, from 10.1.1.10, 00:03:03 ago
      Route metric is 0, traffic share count is 1
      AS Hops 1
    10.1.1.6, from 10.1.1.6, 00:03:03 ago
      Route metric is 0, traffic share count is 1
      AS Hops 1
    10.1.1.2, from 10.1.1.2, 00:03:03 ago
      Route metric is 0, traffic share count is 1
      AS Hops 1
```

这种解决办法需要在企业边界路由器和提供商路由器上都配置多径特性。提供商很可能不愿意在路由器上激活 BGP 多径特性，因为该特性可以导致大量的内存需求，而且，激活这一特性的命令并不是只对某个特殊的对等体或一组对等体起作用，而是对路由器上的所有 BGP 前缀起作用。因此，需要使用 eBGP 多跳的解决办法。

6.5　其他连接性考虑

有一些因素是操作企业网络的工程师不能直接控制的，这些因素可能影响连接性。本节考查两个主要的问题：

- 基于提供商的汇总；
- 在私有对等点上的前缀过滤。

6.5.1 基于提供商的汇总

提供商给许多用户分配地址空间后，再把这些地址块聚合到一个汇总表中，然后向它的上游穿越提供商和对等体通告，这种情况就是基于提供商的汇总（*Provider-based summarization*）。通常，提供商执行这种汇总被认为是一种好的做法，因为它能减小全球路由选择表的大小。但是，某些情况下，把一些更详细的前缀和汇总路由一起通告更为有利。

比如，图 6-8 中，企业有两个上游提供商。提供商 A 给企业分配了 100.16.0.0/20。企业通过 BGP 把这条前缀通告给提供商 A 和提供商 B。提供商 A 把这条前缀汇总进 100.16.0.0/16，并只把汇总路由通告给它的对等体或上游穿越提供商。提供商 B 没有这个地址空间，因此它不执行任何汇总，但它把 100.16.0.0/20 直接通告给它的对等体或上游穿越提供商。

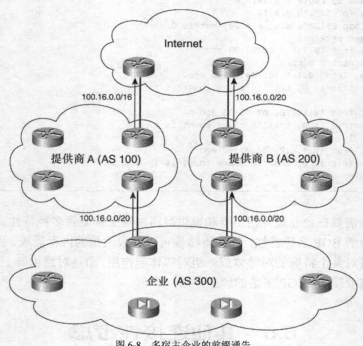

图 6-8　多宿主企业的前缀通告

这些通告的结果就是：由于最长掩码匹配规则，因此除了在提供商 A 网络中的路由查找外，其余所有的路由查找都会优先选择通过提供商 B 的路径。从提供商 A 来的入境流量仅仅是从提供商 A 本身以及它的用户来的流量。事实上，任何提供商 A 的多宿主用户发出的流量很可能都将会使用提供商 B 到达企业。

这个问题的解决办法就是提供商 A 要把前缀 100.16.0.0/20 和 100.16.0.0/16 一并通告。这就给企业提供了更接近平衡的入境流量。重要的是你需要把多宿主的意图和你的上游提供商沟通，这样可使他们作出必要的修改，并使你的多宿主意图得以成功实施。

6.5.2 对等过滤器

为了减小路由选择表的大小，几乎所有的服务提供商都在公共和私有对等点上执行前缀过滤。前缀过滤的目的是不允许太详细的前缀通过，因为使用更短的汇总路由仍然可以获得可达性。通常的对等过滤器也许看起来像这样：

- 对于传统的 A 类地址空间，允许/21 或更短的前缀。
- 对于传统的 B 类地址空间，允许/22 或更短的前缀。
- 对于传统的 C 类地址空间，允许/24 或更短的前缀。

对等过滤器通常是以地址注册机构分配的地址块的大小为基础的。在传统的 A 类地址空间中，最长的前缀分配块是/20 的网络。在传统的 B 类地址空间中，最长的前缀分配块是/21 的网络。在传统的 C 类地址空间中，最长的前缀分配块是/24 的网络。

假设提供商 A 已经分配了 100.16.0.0/24 给企业。企业多宿主到提供商 A 和提供商 B。企业把它的/24 的网络向两个提供商都通告。提供商 A 汇总了前缀并通告了 100.16.0.0/16。提供商 B 无法汇总，因此通告了 100.16.0.0/24。

100.16.0.0 的网络是传统的 A 类地址空间。这意味着标准的对等过滤器只允许/21 或更短的前缀通告。提供商 A 通告的是一个/16 的网络，因此该通告被接受。提供商 B 通告的是一个/24 的网络，因此该通告被拒绝。这显示在图 6-9 中。

注意：被认为是"标准的"对等过滤器随着时间的推移而改变。ISP 接受任何/24 或更短的前缀的这一现象开始变得更常见了。

企业的连接性可以穿过提供商 A，但是几乎没有什么流量穿过提供商 B。如果提供商 A 和企业之间的链路失效，将会产生另外的问题。从提供商 B 发来的通告被阻断会导致连接性的丢失，因为前缀 100.16.0.0/24 不能被传播到提供商 B 的网络之外。

这一问题的解决办法就是企业从提供商 A 或提供商 B 获得的地址分配足够大，以适合并能通过标准的对等过滤器的检查。当需要多宿主时，把你的意图和你的上游提供商讨论通常能避免发生类似这样的情况。

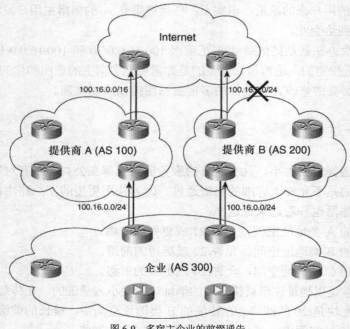

图 6-9 多宿主企业的前缀通告

6.6 案例研究：多宿主环境下的负载平衡

本案例研究考查了多宿主环境下平衡流量的过程。这里提供了一个标准的企业 DMZ 网络，讨论的重点在于 Internet 连接性方面的问题和流量流向策略的定义。部署 Internet 连接性的安全方面的问题超出了本讨论范围。

6.6.1 情景概览

当前，企业单宿主且没有冗余。企业没有自己的 ASN 而使用了指向上游 ISP 的静态默认路由。

Internet 连接性的服务已经成为一种紧迫的任务。一个新的多宿主 Internet 连接性设计必须被部署以提供容错的业务。新的连接性设计将利用与不同的上游提供商连接的多台边界路由器。图 6-10 显示了新的设计方案。

企业已经获得了 ASN 300，并将与 AS 100 和 AS 200 多宿主。这里有两条到 AS 100 的连接——一条 OC-3（155 Mbit/s）的链路和一条 DS3（45 Mbit/s）的链路。OC-3 的链路连接到 R1，DS3 的链路连接到 R2。到 AS 200 还有一条 DS3 的链路。

6.6 案例研究：多宿主环境下的负载平衡

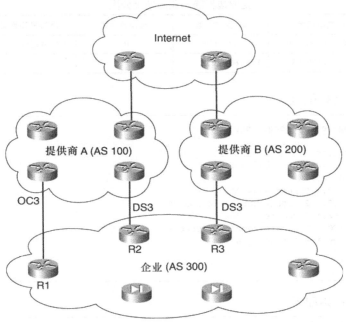

图 6-10 多宿主企业网络情景

1．流量流向需求

大部分流量应该把 R1 到 AS 100 的 OC-3 链路用作首要链路。只有当 R1 的 OC-3 链路宕掉时才能使用 R2 的 DS3 链路。到 AS 200 的流量应该使用到 AS 200 的 DS3 链路，而不是穿越任何可能存在于 AS 100 和 AS 200 之间的直接的或间接的对等连接。

2．失效的情况

如果 OC-3 链路失效，流量应该相当均匀地被分布到两条 DS3 链路上。流量应该被优化地路由到某种程度，即去往 AS 200 的流量不被发送到 AS 100，反之亦然。

如果某一条 DS3 链路失效，流量应该被继续发送到 OC-3 链路上。只有当到 AS 100 的 OC-3 链路失效的时候才使用到 AS 100 的 DS3 链路。如果到 AS 200 的 DS3 链路失效，流量应该被切换到 OC-3 链路上。

6.6.2 初始配置

表 6-1 显示了所用的 IP 地址。串口地址对应于 OC-3 和 DS3 的链路接口。环回地址用于 iBGP 会话。企业使用的地址空间是 172.160.0.0/16。例 6-6、例 6-7、例 6-8 提供了初始路由器配置。

表 6-1　　　　　　　　　　　　企业边界路由器的地址分配

路由器名称	远端串口地址	环回地址	路由器名称	远端串口地址	环回地址
R1	100.100.100.2/30	172.160.1.1/32	R3	200.200.200.2/30	172.160.1.3/32
R2	100.100.150.2/30	172.160.1.2/32			

例 6-6　R1 的初始配置

```
R1#show running-config | begin bgp
router bgp 300
 no synchronization
 bgp log-neighbor-changes
 network 172.160.0.0
 neighbor 172.160.1.2 remote-as 300
 neighbor 172.160.1.2 update-source loopback0
 neighbor 172.160.1.3 remote-as 300
 neighbor 172.160.1.3 update-source loopback0
 neighbor 100.100.100.1 remote-as 100
 no auto-summary
!
```

例 6-7　R2 的初始配置

```
R2#show running-config | begin bgp
router bgp 300
 no synchronization
 bgp log-neighbor-changes
 network 172.160.0.0
 neighbor 172.160.1.1 remote-as 300
 neighbor 172.160.1.1 update-source loopback0
 neighbor 172.160.1.3 remote-as 300
 neighbor 172.160.1.3 update-source loopback0
 neighbor 100.100.150.1 remote-as 100
 no auto-summary
!
```

例 6-8　R3 的初始配置

```
R3#show running-config | begin bgp
router bgp 300
 no synchronization
 bgp log-neighbor-changes
 network 172.160.0.0
 neighbor 172.160.1.1 remote-as 300
 neighbor 172.160.1.1 update-source loopback0
 neighbor 172.160.1.2 remote-as 300
 neighbor 172.160.1.2 update-source loopback0
 neighbor 200.200.200.1 remote-as 200
 no auto-summary
!
```

6.6.3 入境流量策略

初始配置没有提供入境流量的任何优先级。在决定使用 AS 100 还是 AS 200 的时候，流量根据 AS_PATH 属性来采取优化的路径进入企业网络。这可能导致从 AS 200 来的 DS3 链路过载。根据到下一跳地址的 IGP 度量，进入 AS 100 的流量既可能采取 DS3 链路，也可能采取 OC-3 链路，这可能过载从 AS 100 来的 DS3 链路。

通过在到 AS 100 的 DS3 链路上使用 AS_PATH 前置的方法可以转换入境流量模式，使得从 AS 100 来的流量只使用 OC-3 的链路。R2 前置了两次 ASN。这使得 AS 100 优先选择 R1 的路径并只使用 OC-3 的链路。

为了防止到 AS 200 的 DS3 链路过载，大部分流量被转移到 AS 100。这里使用了 AS_PATH 前置的方法，在到 AS 200 的出境方向上前置了两次 ASN。

在 AS_PATH 前面添加了 ASN 之后，过了一段时间，流量流向根据新的策略稳定下来。由于某种原因，所有的入境流量都通过 OC-3 的链路进入，没有任何流量穿越 DS3 的链路。这不是完全所期望的策略。源自 AS 200 的流量应该从那条 DS3 的链路进入。查看了 AS 200 的上游提供商之后，你发现它与 AS 100 有直接的对等连接并正在接收 AS_PATH 为 300 100 的 172.160.0.0/16 前缀，这是优于 AS_PATH 300 300 300 的，而这个 AS_PATH 是你向它通告的。

讨论了你对流量流向的意图后，建议你继续使用添加两次 ASN 的方法通过 DS3 的链路向 AS 200 发送前缀。此外，你可以向 AS 200 发送团体属性 200:120，这使得它可以为前缀设置更高的优先级，继而优先选择这些前缀而不是从 AS 100 来的前缀。设置这些团体属性是以 AS 200 预先定义的策略为基础的，可以使用以下一些团体属性：

200:80 = 设置 LOCAL_PREF 80
200:100 = 设置 LOCAL_PREF 100（默认）
200:120 = 设置 LOCAL_PREF 120

在你应用了团体属性之后，流量开始沿着从 AS 200 的 DS3 链路上流进来。此时，在所有的链路激活的时候，入境流量流向符合期望的策略。下一步就是检查发生故障的情况。

因为没有流量沿着从 AS 100 的 DS3 链路上流进来，因此拆除这条链路不会影响流量流向。关闭到 AS 200 的 DS3 链路就造成从 AS 100 来的路径是惟一剩下的路径，而全部流量都将使用 OC-3 链路。到目前为止，一切都很好。

最后的失效情况就是关闭到 AS 100 的 OC-3 链路的时候。这使得在 AS 100 内，从 R2 来的已被前置了 ASN 的路径优先。期望出现的行为就是流量流经两条 DS3 链路，以相当均匀的方式流到 AS 100 和 AS 200。当然，完美的负载平衡是不可能的。不过，在关闭了 OC-3 链路后，到 AS 200 的 DS3 链路上的流量大约在 35Mbit/s 左右，而到 AS 100 的 DS3 链路上的流量大约在 12Mbit/s 左右。这样的流量分布不符合期望的入境流量策略。

在 AS 200 内被设置的 LOCAL_PREF 属性不能影响到 AS 200 之外的网络，因此不应该是它影响了流量平衡。这看起来好像是 AS 200 比 AS 100 有更好的 Internet 连接造成的结果，它意味着 Internet 上大多数自治系统到 AS 200 比到 AS 100 有更短的 AS_PATH。根据这种假设，可以把 R2 上到 AS 200 的 ASN 前置数从 2 减到 1，并清除 BGP 会话以使新的策略生效——优先选择 BGP 温和清除（soft clear）的方法，它能防止前缀抖动。

结果就是更多的流量从 AS 100 流到 DS3 的链路上；从 AS 100 来的流量大约有 25Mbit/s，从 AS 200 来的流量大约有 22Mbit/s。当 OC-3 的链路恢复在线后，流量流向重新稳定下来，并恢复到失效前的模式。这样的策略满足了企业流量流向的策略需求。例 6-9、例 6-10、例 6-11 显示了入境策略的最终配置。

例 6-9　R1 的入境策略配置

```
R1#show running-config | begin bgp
router bgp 300
 no synchronization
 bgp log-neighbor-changes
 network 172.160.0.0
 neighbor 172.160.1.2 remote-as 300
 neighbor 172.160.1.2 update-source loopback0
 neighbor 172.160.1.3 remote-as 300
 neighbor 172.160.1.3 update-source loopback0
 neighbor 100.100.100.1 remote-as 100
 no auto-summary
!
```

例 6-10　R2 的入境策略配置

```
R2#show running-config | begin bgp
router bgp 300
 no synchronization
 bgp log-neighbor-changes
 network 172.160.0.0
 neighbor 172.160.1.1 remote-as 300
 neighbor 172.160.1.1 update-source loopback0
 neighbor 172.160.1.3 remote-as 300
 neighbor 172.160.1.3 update-source loopback0
 neighbor 100.100.150.1 remote-as 100
 neighbor 100.100.150.1 route-map AS100_OUT_POLICY out
 no auto-summary
!
route-map AS100_OUT_POLICY permit 10
 set as-path prepend 300
!
```

例 6-11　R3 的入境策略配置

```
R3#show running-config | begin bgp
router bgp 300
 no synchronization
 bgp log-neighbor-changes
 network 172.160.0.0
 neighbor 172.160.1.1 remote-as 300
 neighbor 172.160.1.1 update-source loopback0
 neighbor 172.160.1.2 remote-as 300
 neighbor 172.160.1.2 update-source loopback0
 neighbor 200.200.200.1 remote-as 200
 neighbor 200.200.200.1 send-community
 neighbor 200.200.200.1 route-map AS200_OUT_POLICY out
 no auto-summary
!
route-map AS200_OUT_POLICY permit 10
 set community 200:120
 set as-path prepend 300 300
!
```

6.6.4　出境流量策略

默认配置不会在出境策略上应用任何优先级。在前面关于入境策略的一节中，你发现了 AS 200 有更好的连接。如果接受了完全的 Internet 路由选择表，大部分流量完全有可能将被发送到 AS 200 的 DS3 链路上。这是不希望看到的，因为这会使到 AS 100 的 OC-3 链路未被充分利用，而到 AS 200 的 DS3 链路被过度使用。

期望的出境策略是大部分流量应该流到 OC-3 的链路上。如果是去往 AS 200 的流量，那么它就应该在 R3 被直接发送到 AS 200 的 DS3 的链路上。

应用该策略的第一步就是向所有的 3 个 BGP 会话请求部分路由加上默认路由。R1 和 R2 从 AS 100 接收到的前缀在相当大的程度上应该是相同的。在向上游提供商请求了这些信息后，流量应该平衡在所有的 3 条链路上；然而，太多的流量沿着默认路由流到通往 AS 100 和通往 AS 200 的 DS3 链路上。

这一出境策略问题的解决办法就是在 OC-3 链路的入境方向上把 LOCAL_PREF 设为 120。这样就保证了从 OC-3 链路来的默认路由是惟一被使用的默认路由。R3 从 AS 200 接收到的更详细的前缀，于是去往 AS 200 的流量被直接发送到那儿。

OC-3 链路的失效情景是主要的问题。OC-3 链路失效产生了两条默认前缀。于是，发送到 R3 的流量继续被发送到 AS 200，而发送到 R2 的流量继续被发送到 AS 100。部分路由保证了去往 AS 100 的流量不会被发送到 AS 200，反之亦然。

6.6.5 最终的配置

在本案例研究中，到目前为止，你主要集中在定义流量策略上。本节中，你将学到需要路由过滤来防止接受火星地址空间，并防止企业为提供商提供穿越服务。为了提供完整的设计情景，路由过滤将被添加到最终的配置里面。例 6-12 显示了火星前缀过滤列表。D 类和 E 类的前缀列表已经被精简到一条过滤规则中。在实际的部署中，这些路由过滤将会是初始配置中的一部分。例 6-13、例 6-14 和例 6-15 显示了最终的配置。

例 6-12　火星前缀过滤列表

```
Router#show running-config | begin prefix
ip prefix-list MARTIAN seq 5 deny 0.0.0.0/8 le 32
ip prefix-list MARTIAN seq 10 deny 10.0.0.0/8 le 32
ip prefix-list MARTIAN seq 15 deny 172.16.0.0/12 le 32
ip prefix-list MARTIAN seq 20 deny 192.168.0.0/16 le 32
ip prefix-list MARTIAN seq 25 deny 127.0.0.0/8 le 32
ip prefix-list MARTIAN seq 30 deny 169.254.0.0/16 le 32
ip prefix-list MARTIAN seq 35 deny 192.2.0.0/24 le 32
ip prefix-list MARTIAN seq 40 deny 224.0.0.0/3 le 32
ip prefix-list MARTIAN seq 50 deny 172.160.0.0/16 le 32
ip prefix-list MARTIAN seq 55 permit 0.0.0.0/0 le 32
!
```

例 6-13　R1 的最终配置

```
R1#show running-config | begin bgp
router bgp 300
 no synchronization
 bgp log-neighbor-changes
 network 172.160.0.0
 neighbor 172.160.1.2 remote-as 300
 neighbor 172.160.1.2 update-source loopback0
 neighbor 172.160.1.3 remote-as 300
 neighbor 172.160.1.3 update-source loopback0
 neighbor 100.100.100.1 remote-as 100
 neighbor 100.100.100.1 route-map LPREF_IN in
 neighbor 100.100.100.1 prefix-list MARTIAN in
 neighbor 100.100.100.1 filter-list 10 out
 neighbor 100.100.100.1 prefix-list PFX_OUT out
 no auto-summary
!
route-map LPREF_IN permit 10
  set local-preference 120
!
ip as-path access-list 10 permit ^$
!
ip prefix-list PFX_OUT seq 5 permit 172.160.0.0/16
ip prefix-list PFX_OUT seq 10 deny any
```

例 6-14 R2 的最终配置

```
R2#show running-config | begin bgp
router bgp 300
 no synchronization
 bgp log-neighbor-changes
 network 172.160.0.0
 neighbor 172.160.1.1 remote-as 300
 neighbor 172.160.1.1 update-source loopback0
 neighbor 172.160.1.3 remote-as 300
 neighbor 172.160.1.3 update-source loopback0
 neighbor 100.100.150.1 remote-as 100
 neighbor 100.100.150.1 route-map AS100_OUT_POLICY out
 neighbor 100.100.150.1 prefix-list MARTIAN in
 neighbor 100.100.150.1 filter-list 10 out
 neighbor 100.100.150.1 prefix-list PFX_OUT out
 no auto-summary
!
route-map AS100_OUT_POLICY permit 10
 set as-path prepend 300
!
ip as-path access-list 10 permit ^$
!
ip prefix-list PFX_OUT seq 5 permit 172.160.0.0/16
ip prefix-list PFX_OUT seq 10 deny any
```

例 6-15 R3 的最终配置

```
R3#show running-config | begin bgp
router bgp 300
 no synchronization
 bgp log-neighbor-changes
 network 172.160.0.0
 neighbor 172.160.1.1 remote-as 300
 neighbor 172.160.1.1 update-source loopback0
 neighbor 172.160.1.2 remote-as 300
 neighbor 172.160.1.2 update-source loopback0
 neighbor 200.200.200.1 remote-as 200
 neighbor 200.200.200.1 send-community
 neighbor 200.200.200.1 route-map AS200_OUT_POLICY out
 neighbor 200.200.200.1 prefix-list MARTIAN in
 neighbor 200.200.200.1 filter-list 10 out
 neighbor 200.200.200.1 prefix-list PFX_OUT out
 no auto-summary
!
route-map AS200_OUT_POLICY permit 10
 set community 200:120
 set as-path prepend 300 300
!
ip as-path access-list 10 permit ^$
!
ip prefix-list PFX_OUT seq 5 permit 172.160.0.0/16
ip prefix-list PFX_OUT seq 10 deny any
```

6.7 总　　结

本章详细讨论了企业连接到 Internet 的种种方式；同时讨论了每一种方法的要求，比如是否需要拥有一个官方分配的 ASN 或注册的地址空间；另外还讨论了定义流量策略的通用方法学；此外也解释了多宿主引起的其他的问题，比如基于提供商的汇总和对等过滤。

案例研究演示了如何部署一个复杂的 Internet 连接性的情景，这一情景包含了多个提供商，以及到上游提供商的多个不同带宽的连接。通过一个简单的配置实现了复杂的流量策略。多宿主的问题本身并不难，只要你很好地定义了流量策略并理解可用的策略工具。

第三部分

设计服务提供商 BGP 网络

第 7 章 可扩展的 iBGP 设计和实施指南

第 8 章 路由反射和联盟迁移策略

第 9 章 服务提供商网络架构

本章探讨 iBGP 设计和实施的多个方面：

- iBGP 扩展性的问题；
- 路由反射；
- 联盟；
- 联盟与路由反射的比较。

第 7 章 可扩展的 iBGP 设计和实施指南

典型的 ISP 环境中，一个 AS 包含了许多运行 BGP 的路由器。全连接所有这些 iBGP 宣告者将导致大量的 BGP 会话和每台路由器上大量的资源消耗。本章关注于两种常见的解决方案——路由反射和联盟。通过使用这两种方案的广泛的例子，本章示范了如何设计可扩展的 iBGP 路由选择架构的实践指南。第 8 章的 4 个案例研究包含了一步接一步的迁移流程，从这几个案例研究中，你将进一步了解 iBGP 扩展性的主题。

7.1 iBGP 扩展性的问题

也许你还回忆得起，第 2 章引入了 BGP 环路防止机制的主题。当 BGP 用在一系列的自治系统间分发可达性信息时，就 eBGP 而言，BGP 属性 AS_PATH 用作环路防止机制。eBGP 宣告者丢弃它从 eBGP 对等体接收到的包含了自身 AS 号的任何更新信息。由于在同一个 AS 中，AS_PATH 属性被保留，因此 iBGP 必须使用不同的环路防止机制。事实上很简单，iBGP 宣告者不会把通过 iBGP 从一个 iBGP 宣告者接收到的可达性信息中继或再通告给另一个 iBGP 宣告者。例如，如果 R1、R2 和 R3 都是同一个 AS 中只运行 iBGP 的宣告者，R2 从 R1 接收到一条前缀，那么 R2 就不会通过 iBGP 把那条前缀发送给 R3。

iBGP 中的环路防止机制迫使所有的 iBGP 宣告者相互之间建立 BGP 会话。换句话说，它们是全互连的，因而所有的

BGP 宣告者可以接收完全的路由选择信息。就上一段给出的例子，全互连意味着 R1 需要与 R2 和 R3 建立 BGP 会话。同样，R2 和 R3 也必须通过 iBGP 相互建立会话。n 个 iBGP 路由器之间的 iBGP 会话总数是 $n(n-1)/2$，每一台路由器有 $(n-1)$ 个会话。图 7-1 显示了全互连的 iBGP 路由器的数目和 iBGP 会话总数的关系，这通常叫做"n^2 关系"。例如，当 iBGP 路由器的数目从 10 增加到 100 时，iBGP 会话总数将从 45 增加到 4950。

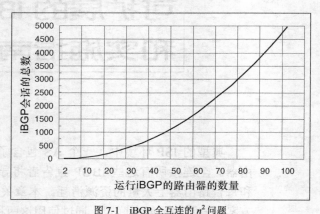

图 7-1　iBGP 全互连的 n^2 问题

解决 iBGP 扩展性问题的两种有效的方法是路由反射（RFC 2796）和联盟（RFC 3065）。路由反射依据的思想是对一定类型的路由器放松 iBGP 环路防止机制，而联盟采用的方法是把大的 AS 分成许多小的成员自治系统。两种方法都可以把 iBGP 会话的数量减少到可管理的程度。

7.2　路 由 反 射

本节讨论路由反射的多个方面：
- 路由反射如何运作；
- 前缀通告规则；
- 分簇（clustering）；
- 环路防止机制；
- 层次化路由反射；
- 路由反射设计例子。

7.2.1　路由反射如何运作

路由反射涉及到创建一组特殊的路由器，它们叫做路由反射器（Route Reflector，RR）。这些路由器的 iBGP 环路防止规则被放松，在一定的限制下，它们被允许把路由从一个 iBGP 宣告者再通告或反射给另一个 iBGP 宣告者。在这种新的结构下，iBGP 宣告者被分成 3 组：
- 路由反射器（RR）；
- 路由反射器客户（也叫客户或客户对等体）；
- 常规的 iBGP 宣告者（也叫非客户或非客户对等体）。

注意：客户和非客户的概念总是处在与路由反射器有关的上下文中，这些路由反射器为它们服务或不为它们服务。一个 RR 的客户可以是另一个客户的 RR。与一个 RR 相关的非客户可以是另一个客户的 RR。

尽管对于其他常规的 iBGP 宣告者，路由反射器表现得像常规的 iBGP 宣告者一样，并且相互之间也表现得像常规的 iBGP 宣告者一样，但是它们却可以在客户和非客户之间反射路由。这包括从一个客户向另一个客户反射路由，换句话说，这是客户到客户的反射。使用路由反射的时候，只有在 RR 之间，或在 RR 和非客户之间才需要全互连的 iBGP 会话。

考虑图 7-2 显示的拓扑，其中有 3 个相互连接的自治系统。在 AS 200 中，R5 是 RR，R6 和 R7 是它的客户。路由器 R3 和 R4 是非客户并和 R5 全互连。客户 R6 和 R7 只与 R5 有 iBGP 会话。AS 200 内的 iBGP 会话的总数是 5。如果不使用路由反射，AS 200 内的 iBGP 会话的总数将是 10。

路由反射提供了另一种可扩展特性——RR 只反射每条前缀的最佳路径。当 RR 接收到同一个目的地的多条路径时，它首先顺着路径选择过程以确定那个目的地的最佳路径，然后再反射它。RR 的路由选择信息摘录减小了域中 BGP RIB 的大小。注意这种摘录不同于 BGP 前缀汇总，尽管它们都减少了路由选择表项的大小。然而，RR 的路由选择信息摘录的副作用在于 RR 和它们的对等体之间的不一致的路由选择可能导致路由选择信息的损失或路由选择环路。本章详细描述了在设计 RR 的时候如何避免这类问题。

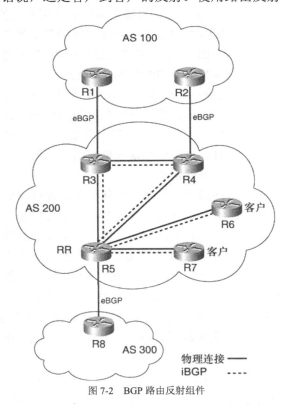

图 7-2 BGP 路由反射组件

为了维护一致的 BGP 拓扑，RR 在反射路由的时候不修改某些 BGP 路径属性。这些属性包括 NEXT_HOP、AS_PATH、LOCAL_PREF 和 MED。另外两种属性被引入 RR 的环境中以帮助防止路由选择信息环路——ORIGINATOR_ID 和 CLUSTER_LIST。后面都要讲到它们。本章后面也要讨论路由选择信息环路，这种现象发生在当路由器发出和接收的路由选择信息是起源于自己的时候。

7.2.2 前缀通告规则

在讨论前缀通告规则之前，必须明确定义。作为前缀通告的特殊形式，反射是一种由 RR 完成的通告，它把从一个客户学到的前缀通告给另一个客户，或者把从一个客户学到的前缀通告给一个非客户，或者把从一个非客户学到的前缀通告给一个客户。按照该定义，以下的通告不是反射的例子：从外部对等体向 RR 通告，从 RR 向外部对等体通告，把从外部对等体学到的前缀自 RR 向内部对等体（客户或非客户）通告。总之，反射的概念是与 RR 一起被引入的，并作为通告概念的子集。

为了避免路由选择信息环路，涉及 RR 的前缀通告必须遵循一定的规则。

- 规则 1：RR 只通告或反射它所知道的最佳路径。
- 规则 2：RR 总是向 eBGP 对等体通告。
- 规则 3：RR 客户在通告前缀的时候遵循常规的 iBGP 环路防止规则。
- 规则 4：如果向 iBGP 对等体、客户，或者非客户通告，必须遵循额外的规则（见规则 5、6、7）。当向 iBGP 对等体通告时，这些规则是根据前缀是从何处学到的来确定的。
- 规则 5：如果 RR 从外部对等体学到前缀，就向它所有的客户和非客户通告。

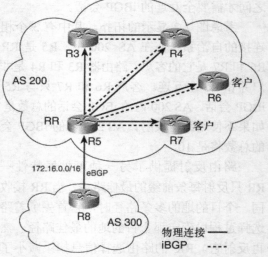

图 7-3 从外部对等体接收前缀后的通告行为

考虑图 7-3，其中 RR（R5）从 eBGP 对等体（R8）接收到前缀 172.16.0.0/16。它把这条路由通告给它的两个客户，R6 和 R7。R5 也把这条路由通告给它的非客户，R3 和 R4。R3 和 R4 建立了 iBGP 对等关系，它们相互之间不允许再通告这条路由。

- 规则 6：如果前缀通过一个非客户 iBGP 对等体到达 RR，RR 就向它所有的客户反射这条路由。

图 7-4 显示了前缀通告。R3 通过 iBGP 向 R5 通告了前缀 172.16.0.0/16。R5 把这条前缀反射给它的客户，R6 和 R7。RR 不会把它从 iBGP 对等体学到的前缀通告给另一个非客户对等体，比如 R4（标准的 iBGP 要求）。因为 R3 和 R4 建立了 iBGP 对等关系，所以 R4 直接从 R3 接收到前缀。根据规则 2 的要求，RR 总是向外部对等体通告，比如向 R8 通告。

- 规则 7：如果前缀通过客户到达 RR，RR 就向所有其他的客户和非客户反射这条路由。

图 7-5 中，R7（客户）向 R5（RR）通告了前缀 172.16.0.0/16，R5 就把这条前缀再通告或

反射给 R6（客户）、R3（非客户）和 R4（非客户）。和通常的情况一样，R5 也把这条前缀通告给它的外部对等体 R8（规则 2）。

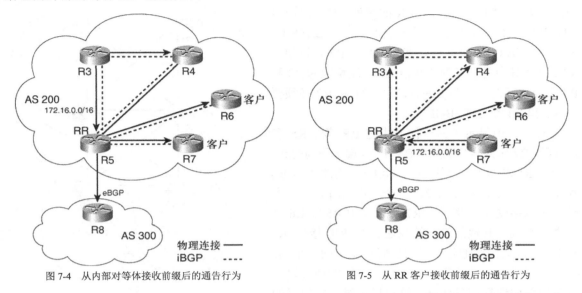

图 7-4　从内部对等体接收前缀后的通告行为　　　　图 7-5　从 RR 客户接收前缀后的通告行为

注意：如果所有的客户属于同一个对等体组，RR 就会把从一个客户接收到的前缀反射给所有的客户，这包括发起前缀的那个客户。本章后面讨论路由反射和对等体组的关系。

7.2.3　分簇

引入分簇是要在 RR 的环境中提供冗余性。在传统的分簇设计中，多个 RR 用来为一个或多个客户服务。这些 RR 被配置了相同的 CLUSTER_ID，这个 CLUSTER_ID 是一个 4 字节的 BGP 属性，通常具有 IP 地址的形式，并且默认情况下就是 BGP 路由器 ID。如果两台路由器共享同一个 CLUSTER_ID，那么它们就属于同一个簇。同一个簇中，接收信息的 RR 将不理会携带相同 CLUSTER_ID 的路由通告。例 7-1 显示了从 RR 上捕获的 **debug ip bgp update** 的输出，这个 RR 和它的对等体（192.168.12.1）具有相同的 CLUSTER_ID（10.0.0.100）。

例 7-1　来自具有相同 CLUSTER_ID 的 RR 的更新数据包被拒绝

```
*Jul  3 22:48:51.899: BGP: 192.168.12.1 RR in same cluster. Reflected update
  dropped
*Jul  3 22:48:51.899: BGP(0): 192.168.12.1 rcv UPDATE w/ attr: nexthop
  192.168.14.4, origin i, localpref 100, metric 0, originator 192.168.24.4,
  clusterlist 10.0.0.100, path , community , extended community
*Jul  3 22:48:51.899: BGP(0): 192.168.12.1 rcv UPDATE about 11.0.0.0/8 -- DENIED
  due to: reflected from the same cluster;
```

多年以来，为了改善冗余性，并使设计灵活化，RR 分簇的概念已经被扩展了。现在一个 RR 簇可以包括一个或多个 RR，每一个 RR 有一个或多个客户。图 7-6 显示了 RR 的两种形式。路由器 R1、R2、R3 和 R4 形成了一个簇，由 192.168.1.3 的 CLUSTER_ID 来标识。客户 R1 和 R2 可以使用 R3 或 R4 其中之一来到达其他的簇。注意因为 R3 和 R4 丢弃相互发送的路由通告，所以 R1 和 R2 必须要与 R3 和 R4 都形成 iBGP 会话。

图 7-6 也显示了另一种形式的 RR 簇。R5 和 R6 都把 R7 作为客户，但是 R5 和 R6 属于不同的簇。路由器 R5 和 R7 属于簇 192.168.1.1，而路由器 R6 和 R7 属于簇 192.168.1.2。一个客户同时属于多个簇是可以接受的。路由器 R7 可以使用 R5 或 R6 其中之一来到达其他的簇。接收通告的 RR 接受 R5 和 R6 之间的前缀通告，因为它们不属于同一个簇。在这种形式的簇中，客户必须理解 RR 的属性以防潜在的路由选择信息环路。这可以通过一定等级的 IOS 版本来实现，比如 12.0 或更高版本。后面将通过一个例子来讲述分簇设计。

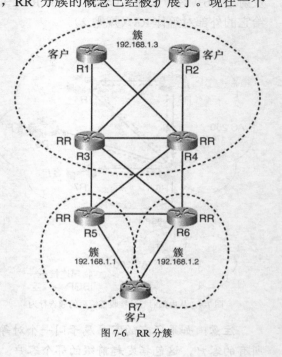

图 7-6　RR 分簇

7.2.4　环路防止机制

这里，重要的是要区分两种类型的环路：路由选择信息环路和路由选择环路。在路由选择信息环路发生的情况下，可达性信息被通告该信息的路由器所接收，并接受。此环路类型与路由选择协议有关，比如 BGP。路由选择信息环路可以导致此优化路由选择和路由选择环路，还能浪费系统资源。路由选择信息环路是这里考虑的首要问题。

另一方面，路由选择环路可以直接影响转发平面。当一台设备接收到的数据包和原先由同一台设备传送（transmit）的数据包相同的时候就发生了路由选择环路。路由选择环路导致 IP 数据包在两台或多台设备之间来回发送而不会达到它们最终的目的地。当 TTL 值降为 0 的时候，这些数据包最终就被丢弃。

由于在 RR 的环境中放松了 iBGP 环路防止的要求，因而潜在地形成路由选择信息环路的可能性，这种环路既可能导致，也可能不会导致路由选择环路。图 7-7 描绘了这样一种配置，其中 3 个 RR 相互连接。在这一假设的拓扑中，R3 被配置成 R4 的客户，R5 被配置成 R3 的客户，R4 被配置成 R5 的客户。为了改变最佳路径选择条件，R3 上默认的 WEIGHT 值被改为 100 以优先选择 R4。

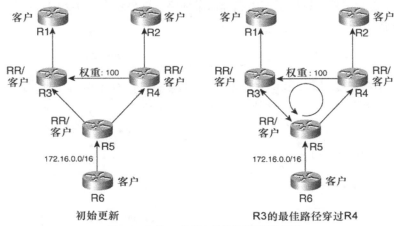

图7-7 含有RR的路由选择信息环路的例子

当R5从它的客户R6接收到前缀172.16.0.0/16后,它向R3和R4反射。该前缀又被R4反射到R3。现在R3就有去往该前缀的两条路径:一条来自于R5,一条来自于R4。

因为R3优选具有更高的WEIGHT值的路径,所以通过R4的路径是最佳路径。这使R3撤回已发送给R4的路由并向R5和R1再通告新的最佳路径。因此R5从R3接收到和它以前发送给R4的相同的路由。由于没有环路防止机制,所以R5接受了这条路由并把它安装到BGP RIB中,形成了路由选择信息环路。

为了在RR的环境中防止路由选择信息环路,和前几段中讲述的一样,专门构造了两个BGP路径属性:ORIGINATOR_ID和CLUSTER_LIST。

1．ORIGINATOR_ID

第2章解释了ORIGINATOR_ID属性并讲述了如何在RR的环境中设置它。本章将主要解释ORIGINATOR_ID是如何防止环路的。

考虑图7-8显示的拓扑,其中属于不同簇的两个RR共享同一个客户。当客户R5从外部对等体R6接收到172.16.0.0/16的前缀更新后,它通过iBGP向R3和R4再通告这条前缀。接着,R3和R4相互再次通告。因为R3和R4属于不同的簇(IOS中的默认行为),因此相互之间通告的这条前缀被接受。现在R3和R4都有去往同一个目的地的两条路径。现在假设R3为它与R4的会话设置了更高的WEIGHT值。R3优选通过R4的路径。

一旦R3选择R4作为最佳路径时,它就撤回已发送给R4的路由。同时它向R5发送新的路由选择更新,并通知它新的最佳路径。因为更新包含了R5的ORIGINATOR_ID,所以R5拒绝了从R3来的这一更新消息,因此防止了环路。

在RR的环境中,第一个RR创建ORIGINATOR_ID属性并用发起该路由的路由器的BGP路由器ID来设置它。图7-8中,R4把ORIGINATOR_ID设为R5的路由器ID,即192.168.1.1。这个属性不会被后来的RR所修改。当R5接收到的更新包含的ORIGINATOR_ID是自己的时候，它就拒绝这条更新消息，打破了路由选择信息环路。这显示在例 7-2 中，这是由 **debug ip bgp update** 命令捕获的信息。

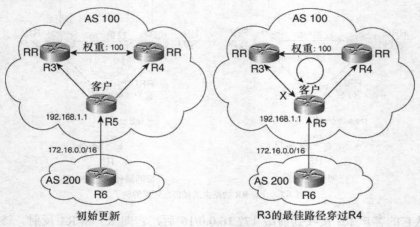

图 7-8 ORIGINATOR_ID 是如何打破环路的

例 7-2　在 R5 上，ORIGINATOR_ID 打破了路由选择信息环路

```
Local router is the Originator; Discard update
rcv UPDATE about 172.16.0.0/16 -- DENIED due to: ORIGINATOR is us;
```

2. CLUSTER_LIST

CLUSTER_LIST 是另一种 BGP 属性，有助于在 RR 的环境中打破路由选择信息环路。它按照相反的顺序记录了路由穿越的簇。如果在列表中发现了本地 CLUSTER_ID，路由就被丢弃。和 ORIGINATOR_ID 不一样，CLUSTER_LIST 只用于 RR 以防止环路，因为客户或非客户（如果它本身不是 RR）不了解它属于哪个簇。

注意：RR 只在反射路由的时候才创建或更新 CLUSTER_LIST 属性——也就是说，只在路由从一个客户被反射给另一个客户，或者从一个客户被反射给一个非客户，或者从一个非客户被反射给一个客户的时候。如果 RR 发起路由，那么它不会创建 CLUSTER_LIST。当 RR 向外部对等体通告路由时，已有的 CLUSTER_LIST 就被清除掉。当 RR 把从外部对等体学到的路由通告给客户或非客户时，它不会创建 CLUSTER_LIST。

使用了图 7-7 显示的相同的配置，图 7-9 展示了 CLUSTER_LIST 是如何在 RR 的环境中打破路由选择信息环路的。每一台路由器旁边的 IP 地址是它的 RID。当 R5 向 R3 和 R4 反射路由时，它用自己的 CLUSTER_ID，即 192.168.1.1 来创建 CLUSTER_LIST。默认条件下，CLUSTER_ID 就是路由器 ID。当 R4 向 R2 和 R3 反射路由时，它把自己的 CLUSTER_ID 添加到列表的前面。因此在 R3 上有两条路径——一条路径的 CLUSTER_LIST 是 192.168.1.2、

192.168.1.1，另一条路径的 CLUSTER_LIST 是 192.168.1.1。默认条件下，R3 优选具有最短 CLUSTER_LIST 的路径（对于更多的 BGP 路径选择信息，参见第 2 章），但是因为通过 R4 的路径有更高的 WEIGHT 值，因此通过 R4 的路径是 R3 的最佳路径。

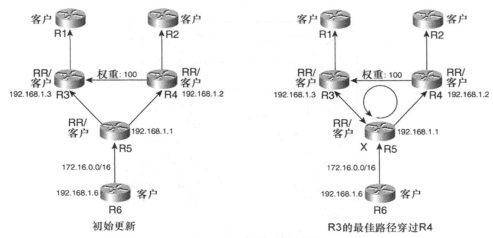

图 7-9 CLUSTER_ID 是如何打破环路的

当 R3 反射最佳路径的时候，在更新数据包中，它把自己的 CLUSTER_ID，192.168.1.3 添加到列表的前面。当 R5 接收到更新后，它意识到自己的 CLUSTER_ID 在列表中，因此拒绝了更新。例 7-3 显示了 R5 上发生的事件，这是由 **debug ip bgp update** 命令捕获的信息。

例 7-3 在 R5 上，CLUSTER_LIST 打破了环路

```
Route Reflector cluster loop; Received cluster-id 192.168.1.1
rcv UPDATE w/ attr: nexthop 192.168.1.6, origin i, localpref 100, metric 0,
   originator 192.168.1.6, clusterlist 192.168.1.3 192.168.1.2 0.0.0.0, path,
   community , extended community
rcv UPDATE about 172.16.0.0/16 -- DENIED due to: CLUSTERLIST contains our own
   cluster ID;
```

7.2.5 层次化路由反射

路由反射减少了域中 iBGP 会话的总数。然而，因为 RR 相互之间必须全互连，所以在非常大的网络中，存在一种可能性，即仍然需要的大量的 iBGP 会话。为了进一步减少会话数量，引入了 RR 的层次。

层次化路由反射结构以超过 1 层的 RR 为特征，其中低层的 RR 作为高一层的 RR 的客户。层数没有限制，但 2～3 层被证明为更有实际意义。图 7-10 显示了一个有两层 RR 的架构，其中，虚线包含的区域表示了一定的层级。1 级 RR 也是 2 级 RR 的客户。因为 1

级 RR 本身就是客户，所以它们相互之间不需要全互连。这就减少了域中的 iBGP 会话的数量。

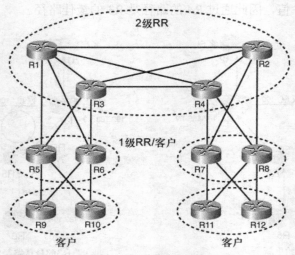

图 7-10　层次化路由反射

图 7-10 中的顶层 RR——2 级 RR 必须全互连，因为它们不是任何 RR 的客户。和全互连情况下的 66 个 iBGP 会话相比，本例中，iBGP 会话的数量是 22 个。

层次化 RR 的前缀通告规则和单级 RR 的前缀通告规则一样。图 7-11 显示了例子。前缀 172.16.0.0/16 被 AS 100 内的两台边界路由器接收到。为了简化问题的讨论，以下关注于其中一台路由器 R7。

作为 1 级 RR，R7 把前缀通告给它的客户，R11 和 R12。同时，R7 把前缀通告给它的非客户，R2 和 R4（译者注：R7 不知道自己实际上是 R2 和 R4 的客户；在它这一层面上，它只会认为 R2 和 R4 是它的非客户）。路由器 R2 和 R4 相互反射该前缀，并向其他的客户和其他的 2 级 RR 反射。注意 R1 和 R3 不会相互反射该前缀，因为相对于通告该前缀的邻居来说，它们是通常的 iBGP 对等体。

作为 RR，R1 和 R3 进一步向它们的客户——R5 和 R6 传播该前缀。接着，R5 和 R6 把前缀通告给它们的客户，R9 和 R10。现在这条前缀已经散布到了整个域中。

重要的是要记住 RR 只反射最佳路径，而不是全部路径信息。在这一点上，尽管层次化 RR 和单级 RR 的行为是一样的，但是多级 RR 的结构对路径选择的影响却有更重要的意义。例如，图 7-11 中的 R1 接收到前缀的两条路径，但是基于 BGP 属性和 RR 本地的参数，R1 把最佳路径反射给 R5 和 R6。同样的过程发生在 R3 上。当 R5 接收到两条路径后，它根据路径属性和本地可用的参数来评估路径。接着，它把最佳路径反射给 R9 和 R10。如果路径属性未被修改，并且在 RR 和客户之间是可比较的，那就应该不会有什么问题。否则，次优化路由选择和路由振荡就可能发生。后面的章节将提供由于不正确的 RR 设计导致的路由振荡的例子。

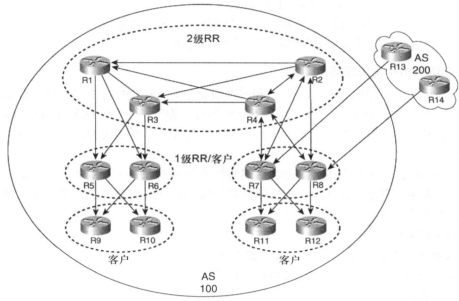

图 7-11 使用层次化路由反射的前缀通告

如此一来，你应该在什么时候考虑使用层次化路由反射呢？要回答这个问题，你应该首先评估以下两个因素：

- 顶层全连接拓扑的大小；
- 可替代路径的数量。

在大多数情况下，顶层全连接拓扑的大小是首要考虑的因素。如果你认为从管理的角度看，全连接会话的数量已经变得不可管理了，你很可能应该考虑引入 RR 的层次。如第 3 章中讨论的一样，配置在路由器上的 BGP 对等体数量对性能有影响。全连接会话的数量可能取决于你的需求。可替代路径的数量直接影响负载分担（如果打开了 iBGP 负载分担功能）和资源消耗。越多的层次就越会减少负载分担链路的数量，但需要的路由器资源更少。

7.2.6 路由反射设计例子

本节提供了广泛的例子以详细示范最佳的 RR 设计实践，并提供了每一个问题可能的解决办法。

当设计路由反射架构时，应该遵循以下的一般性原则。

- 保持逻辑拓扑和物理拓扑吻合以增加冗余和优化路径，并防止路由选择环路。
- 使用可比较的度量来选择路由，以避免收敛时产生的路由振荡。
- 适当地设置簇内和簇间的 IGP 度量以防止收敛时产生的路由振荡。

- 利用正确的分簇技巧来增加 RR 的冗余性。
- 小心修改下一跳，并只在把 RR 放到转发路径上时才这样做。
- 在有 RR 的情况下使用对等体组来减小收敛时间。

1. 保持逻辑拓扑和物理拓扑吻合

有一点是正确的：即在建立对等关系和转发数据包时，iBGP 对物理拓扑没有要求，只要 IGP 能够提供对等体之间的可达性和 BGP 下一跳即可。物理拓扑在传统的 iBGP 环境下带来的问题比在 RR 的环境下带来的问题更少，因为所有对等体都是全连接的，并持有域中所有的路由选择信息。

在 RR 的环境中，BGP 宣告者只能看到网络拓扑的一部分——特别地，这就是去往邻居自治系统的出口路径。因此，设计一个逻辑拓扑和物理拓扑吻合的架构就显得更为重要。以下更详细的例子阐述了原因：

- 遵循物理拓扑；
- RR 和非客户之间的会话不应该穿过客户；
- RR 和它的客户之间的会话不应该穿过非客户。

（1）遵循物理拓扑

在 RR 的环境中，重要的是要保持物理拓扑和逻辑拓扑吻合。当两种拓扑不吻合时，可以考虑一些解决办法：

- 改变物理拓扑；
- 修改逻辑拓扑；
- 遵循物理拓扑。

第一种考虑的解决办法就是改变物理拓扑以适应逻辑拓扑，因而能提供更优化的设计。然而，因为链路成本和地理限制，这种办法也许不总是能被接受。

另一种解决办法就是修改逻辑拓扑以适应物理拓扑，这样做导致的设计方案也许在优化方面要差一些，但在成本上却更有效。因为网络设计通常是在种种约束条件和设计目标之间的一种折中，因此可以产生一整套可行的设计方案。优选哪一种方案依赖于对每一种问题特定的需求。

图 7-12 显示了需要在两个拓扑之间维护吻合性的一个例子。R1 和 R2 都是 RR，但是它们的 iBGP 会话穿过了一个客户——R4。如果 R4，或者 R1 和 R2 之间的链路有什么问题，那么两个 RR 和它们的客户就被隔离开来。一种解决办法（图 7-12 中间的拓扑）就是在 R1 和 R2 之间增加一条直连的链路。

另一种解决办法就是遵循物理拓扑，如图 7-12 中右边的拓扑所示。以这种解决办法，R4 是 RR，R2 和 R5 都是 R4 的客户。注意 R4 和 R5 之间的会话没有物理链路，但是因为 R2 和 R5 都是客户，其间也没有物理冗余，所以不会带来其他的危险性。

图 7-13 是通过遵循物理拓扑来解决问题的另外一个例子。尽管客户与 RR 之间都有冗余的

iBGP 会话，但是却没有冗余的物理链路。比如，如果 R3 和 R1 之间的物理链路断开，那么 R3 与 R2 之间的 iBGP 会话也会断开。一种解决办法就是用客户与冗余的 RR 之间的物理链路来平衡逻辑连接。

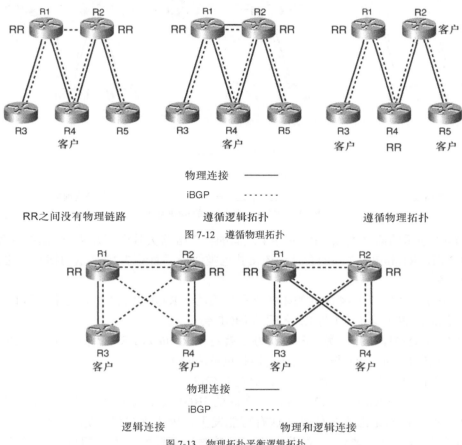

图 7-12　遵循物理拓扑

图 7-13　物理拓扑平衡逻辑拓扑

如果原先的设计是用来在 RR 簇（R1 和 R2 都属于同一个簇）中获得冗余的逻辑连接，并且有没有其他的物理链路，那么原先的设计就可以完成这一目标，需要告诫的是，R3 和 R4 之间没有冗余性。如果 R1 和 R2 在不同的簇中，没有物理链路冗余的 BGP 会话就不会带来更多的价值。接下来的章节会讨论分簇设计的例子。

（2）RR 和非客户之间的会话不应该穿过客户

除了 RR 和非客户之间的会话穿过了客户外，图 7-14 中的问题和图 7-12 中的类似。此外，R2 与 R4（R1 的客户）建立了 iBGP 对等关系。

首先，一般不建议客户与非客户之间建立 iBGP 会话。因为一个客户对于另一个非客户会表现为常规的 iBGP 对等体（规则 3），客户从非客户那里接收来的路由不会被通告给其他对等体。此外，其他客户愿意从 RR 接收路由选择信息，因此 RR 必须和非客户建立对等关系。额外的 iBGP 会话也就导致了客户上有额外的路径。因此，不建议 R2 和 R4 之间建立 iBGP 会话。

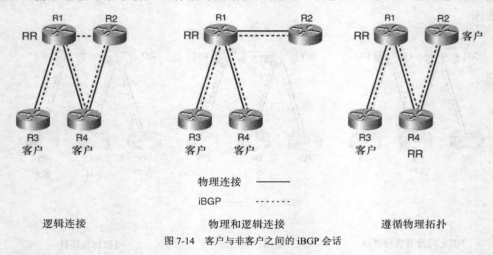

图 7-14 客户与非客户之间的 iBGP 会话

和图 7-12 显示的问题类似，R1 和 R4 之间的物理链路失效会断开两个 BGP 会话：R1 和 R4 之间的会话，R1 和 R2 之间的会话。该拓扑也类似于后面图 7-28 显示的拓扑，这会导致僵持的转发环路。

一种解决办法（如图 7-14 中间的拓扑所示）就是把 R4 和 R2 之间的链路移到 R1 和 R2 之间。这种方法同时也去除了 R4 与 R2 之间的 iBGP 会话。

如果不能改变物理拓扑，另一种解决办法就是使 R4 成为 RR 并使 R2 成为它的客户，如图 7-14 右边的拓扑所示。R1 与 R2 之间的拓扑也被清除了。

（3）RR 和它的客户之间的会话不应该穿过非客户

图 7-15 中，R1（RR）与 R2（客户）之间的 iBGP 会话穿过了非客户 R4。如果 R4 与 R2 之间存在不一致的路由选择信息（这有可能发生，因为客户没有完整的路由选择信息并且 RR 有可能修改了路径属性），数据包有可能就被循环转发。为了假设一个例子，假定以下事件为真：

- R3 从外部邻居学到一条前缀并把它通告给 R1。
- R2 从另一个外部对等体学到相同的前缀并把它通告给 R1 和 R4。
- R1 到达该前缀的最佳路径是通过 R3 的，它把此路径反射给 R2 和 R4。
- R2 因为它本地的管理策略而把从 R1 来的路径选择为最佳路径。于是，R2 撤回了它以前向 R1 的通告。
- R4 因为它本地的管理策略，所以把从 R2 来的路径选择为最佳路径。

该拓扑下，R4 和 R2 之间的 BGP 下一跳的冲突导致了路由选择环路——因为被 R2 转发的去往该前缀的数据包从 R4 又折回到 R2。一种解决办法就是物理连接 R1 和 R2，如图 7-15 右边的拓扑所示。

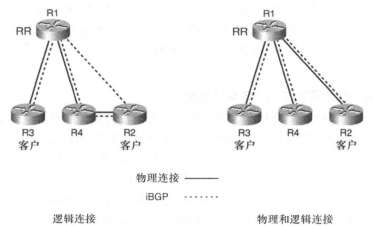

图 7-15 RR 和客户之间的 iBGP 会话穿过客户

图 7-16 是另一个拓扑样例，其中两个 RR 与客户之间的会话穿过了非客户。该例中，R5 是 RR，它有两个客户——R3 和 R8。R6 是 RR，它有两个客户——R4 和 R7。R5 和 R8 之间的会话穿过了 R7，而 R6 和 R7 之间的会话穿过了 R8。

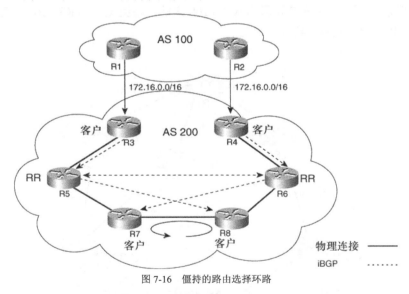

图 7-16 僵持的路由选择环路

前缀 172.16.0.0/16 从 AS 100 被插入到 AS 200 的两台边界路由器上。路由器 R3 把前缀通告给 R5，接着 R5 又把它反射给 R8 和 R6。假设按照通常的做法，R3 把它自身设为下一跳，那么该前缀在 R8 上的下一跳就是 R3。另一方面，R4 也这么做。最后，R7 接收到前缀，其下一跳指向 R4。

当 R8 尝试向目的地 172.16.0.0/16 转发流量时,它查找去往 R3 的 IGP 下一跳,即 R7。R8 然后向 R7 转发流量。同样的事也发生在 R7 上,因此它会向 R8 转发流量。这个问题的解决办法和前面讨论的一样:使物理拓扑和逻辑拓扑吻合。要遵循逻辑拓扑,R5 与 R6 之间、R5 与 R8 之间、R6 与 R7 之间应该增加物理链路。要遵循物理拓扑,就要使 R7 只做 R5 的客户,R8 只做 R6 的客户。

2. 在 RR 环境中使用可比较的 AS 间的度量

为 RR 设计使用可比较的度量是重要的,因为 RR 只反射最佳路径。任何影响 RR 的最佳路径选择并使它和 AS 中的其他对等体的最佳路径选择不一致的因素都可能导致不一致的和非确定性的结果。不可比较的度量的最好例子就是 MED。如第 2 章中讨论的一样,MED 是可以用来影响 AS 间路径选择的 BGP 度量。默认条件下,只在从同一个毗邻 AS 来的路径中比较 MED;因此,从不同的自治系统来的 MED 是不可比较的。第 2 章同时也指出,默认条件下,路径被接收的顺序可能会影响最佳路径选择的结果。下面的例子详细演示了这两个默认条件在 RR 环境中是如何潜在地导致僵持的收敛振荡的。

(1) 问题描述:不可比较的 AS 间的度量

考虑图 7-17 显示的拓扑。前缀 172.16.0.0/16 由 AS 400 被通告给 AS 200 和 AS 300。当前缀从 R5 到达 AS 100 中的 R2 时,MED 被设为 10。在 AS 300 中,R6 把发送给 R3 和 R4 的更新消息中的 MED 值分别设为 5 和 6,也许是要影响从 AS 100 来的入境流量使用 R3~R6 的链路。在 AS 100 中,R1 是 RR,R2、R3 和 R4 是客户。

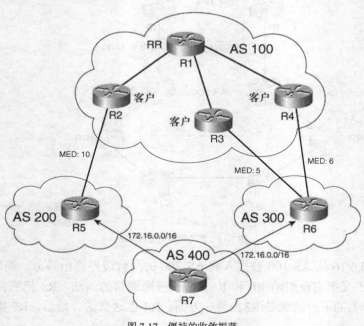

图 7-17 僵持的收敛振荡

图 7-17 中,所有的 3 台边界路由器——R2、R3 和 R4 在向 R1 通告前缀时设置了 **next-hop-self**,并保持了 WEIGHT 和 LOCAL_PREF 的默认值。所有的链路都有相等的 IGP 度量,其值为 10。

表 7-1 显示了 R1 上的邻居和路径信息。为了简化讨论,我们只关注 R1 和 R4。

表 7-1　　　　　　　　　　　R1 上的邻居和路径信息

BGP 下一跳	对等体 RID	AS_PATH	MED
R2	192.168.45.4	200 400	10
R3	192.168.45.5	300 400	5
R4	172.16.67.6	300 400	6

以下描述了前缀通告的步骤,它导致了僵持的收敛环路:

第 1 步　所有的 3 台边界路由器从它们的外部邻居那里接收到前缀。这些前缀被安装到每一台路由器的 BGP RIB 中,如表 7-2 所示。

表 7-2　　　　　　　　所有的 3 台边界路由器的初始 BGP 路径信息

路由器	BGP 下一跳	AS_PATH	MED
R2	R5	200 400	10
R3	R6	300 400	5
R4	R6	300 400	6

第 2 步　所有的 3 台边界路由器通过 iBGP 向 R1 通告前缀,如图 7-18 所示(为了简化图,只显示了 AS 100 内的路由器)。现在 R1 有了该前缀的 3 条路径,如表 7-3 所示。注意最近接收到的路径被列在表的最上面,最早接收到的路径被列在最下面,假设从 R3 来的路径是最早接收到的,接着是从 R2 和 R4 来的路径。

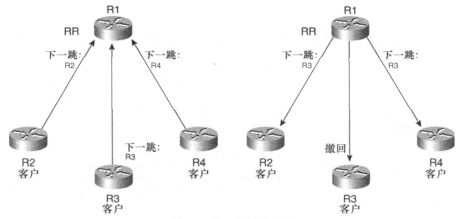

图 7-18　第 2 步的前缀传播

注意:在本章的列表中,最佳路径由星号(*)指示。

表 7-3　　　　　　　　　　　　R1 的初始路径信息

路　径	BGP 下一跳	AS_PATH	MED	RID
1	R4	300 400	6	172.16.67.6
2	R2	200 400	10	192.168.45.4
3*	R3	300 400	5	192.168.45.5

使用第 2 章描述的步骤，R1 把通过 R3 的路径选为最佳路径。下面是发生的事件：

（a）R1 比较最上面的两条路径。

（b）因为这两条路径是从不同的毗邻自治系统来的，所以不比较 MED 值。

（c）打破平局的因素（tiebreaker）是路由器 ID（RID）。由于 R4 有更低的 RID，所以在最先被比较的两条路径中，从 R4 来的路径被确定为更好的路径。

（d）R1 比较路径 1 和路径 3。路径 3 被确定为更好的路径，因为它有更低的 MED 值。

（e）R1 把最佳路径反射给它的客户。

（f）因为最佳路径是通过 R3 的，所以 R1 向 R3 发出了该路由的撤回消息（译者注：在第 4 步的时候，R1 向 R3 和 R4 通告了通过 R2 的路径是最佳路径的消息，在这里就是撤回这条消息，只有读完本节才能理解整个循环过程）。

（g）路由器 R2 和 R4 接收到把 R3 作为 BGP 下一跳的路径信息。

图 7-18 显示了前缀传播。

第 3 步　现在 R4 有了该前缀的两条路径，一条是它以前接收的路径，一条是从 R1 发来的新的更新消息，如表 7-4 所示。因为路径 1 有更低的 MED 值，所以它被选为最佳路径。由于做了这样的选择，因此 R4 必须撤回已发送给 R1 的路由，如图 7-19 所示。

表 7-4　　　　　　　　　　　　R4 的新路径信息

路　径	BGP 下一跳	AS_PATH	MED
1*	R3	300 400	5
2	R6	300 400	6

第 4 步　接收到撤回消息后，R1 清除了从 R4 来的路径。现在 R1 只剩下了两条路径，如表 7-5 所示。

表 7-5　　　　　　　　　　　　R1 的新路径信息

路　径	BGP 下一跳	AS_PATH	MED	RID
1	R2	200 400	10	192.168.45.4
2*	R3	300 400	5	192.168.45.5

因为被清除的路径不是最佳路径，所以 BGP 不会重新计算最佳路径。因此，路径 2 仍然是

最佳路径。当 BGP 扫描器运行时，它启动了路径选择进程。因为 R2 有更低的 RID，所以路径 1 被选为新的最佳路径。

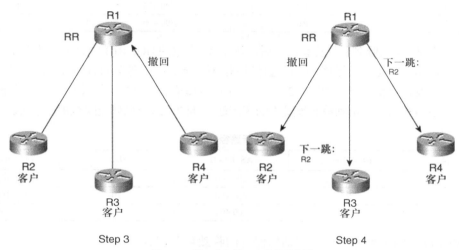

图 7-19　第 3 步和第 4 步的前缀传播

现在 R1 需要用新的最佳路径消息来更新它的客户，因此它向 R3 和 R4 发送了更新消息（译者注：参照第 2 步中的"(f)"），向 R2 发送了撤回消息。图 7-19 显示了这一过程。

第 5 步　当从 R1 接收到新的更新消息后，R4 就有了新的 BGP RIB，如表 7-6 所示。因为路径 2 是从外部邻居（R6）学到的，所以它被选为最佳路径。接着，R4 向 R1 发送了新的路径信息，如图 7-20 所示。

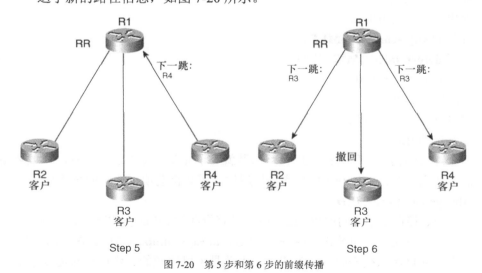

图 7-20　第 5 步和第 6 步的前缀传播

表 7-6　R4 的新路径信息

路　径	BGP 下一跳	AS_PATH	MED
1	R2	200 400	10
2*	R6	300 400	6

第 6 步　在从 R4 接收到新的更新消息后，现在 R1 在它的 BGP RIB 中有了 3 条路径，如表 7-7 所示。于是它运行整个路径选择过程，然后把路径 3 选为最佳路径。现在 R1 向它的客户发送更新消息，如图 7-20 所示。注意这和第 2 步中显示的 RIB 相同。接下来发生的事情和从第 2 步到第 6 步发生的事情是一样的。这一循环无限地进行下去。

表 7-7　R1 的新路径信息

路　径	BGP 下一跳	AS_PATH	MED	RID
1	R4	300 400	6	172.16.67.6
2	R2	200 400	10	192.168.45.4
3*	R3	300 400	5	192.168.45.5

通过观察以下两个事件，可以识别出僵持的收敛环路问题：
- BGP 表的版本持续增加。只要最佳路径发生改变，BGP 表的版本就被增加。
- IP RIB 中，去往目的地的下一跳不断地改变。当 BGP 最佳路径改变时，新的下一跳就更新了 IP RIB。

（2）不可比较的 AS 间的度量问题的解决办法

因为这是 BGP 架构和协议固有的问题，因此必须从设计领域中找到解决办法。你可以单列地或组合地实施一些选择：
- 使用全互连的 iBGP；
- 打开 always-compare-MED；
- 打开 deterministic-MED 比较；
- 把 MED 值重置为 0；
- 使用团体属性。

下面探讨这 5 种解决办法。

使用全互连的 iBGP

当使用全互连结构时，所有的 iBGP 路由器就有了完整的路由选择信息，收敛环路也不会形成。然而，如果一开始就选择 RR 来增强扩展性，那么该选项也许不能被接受。

打开 always-compare-MED：

当在所有的邻接自治系统间比较 MED 时，具有最低的 MED 值的路径总是胜出。比如，在图 7-17 中，AS100 总是优选通过 R3 的路径。不过，**always-compare-MED** 这一选项有一些争议：
- 从不同的自治系统来的 MED 值也许不总是可以比较的。作比较时需要紧密地协调所有的对等自治系统，以便用一致的和有意义的度量来与 MED 值关联。

- 总是优选具有最低 MED 值的路径也许并非优化的，因为这没有把 AS 间的拓扑考虑进去。比如，R4 需要通过 R1 向 R3 转发去往 172.16.0.0/16 的流量而不是直接发向 R6。

打开 **deterministic-MED** 比较

当打开了 **deterministic-MED** 时，接收路径的次序就不重要了（要获取更多的信息，请参考第 2 章）。与"问题描述：不可比较的 AS 间的度量"描述的一样，第 2 步和第 3 步中的路径选择将受影响。

表 7-8 显示了 R1 新的 BGP RIB。路径 1 成为最佳路径因为它有比路径 2 更低的 RID。

译者注：考虑 AS_PATH 中最后通过的 AS，于是 3 条路径被分成两组：一组是路径 1，来自于 AS 200；另一组是路径 2 和路径 3，来自于 AS 300。第二组中的路径 2 胜出，再和第一组中的路径 1 比较。因为打开了 **deterministic-MED**，而两条路径来自于不同的 AS，所以 MED 值不作为比较因素，最终打破平局的因素是 RID，因此路径 1 胜出。

参考 Cisco 文档：

"How the 'bgp deterministic-med' Command Differs from the 'bgp always-compare-med' Command"，http://www.cisco.com/en/US/tech/tk365/tk80/technologies_tech_note09186a0080094925.shtml；

"How BGP Routers Use the Multi-Exit Discriminator for Best Path Selection"，http://www.cisco.com/en/US/tech/tk365/tk80/technologies_tech_note09186a0080094934.shtml。

现在通过 R2 的路径被发送给 R4。

表 7-8　　　　　　　　　　　　　R1 的初始路径信息

路径	BGP 下一跳	AS_PATH	MED	RID
1*	R2	200 400	10	192.168.45.4
2	R3	300 400	5	192.168.45.5
3	R4	300 400	6	172.16.67.6

第 7 步　表 7-9 显示了 R4 新的 BGP RIB。路径 2 是最佳路径因为它来自于外部邻居。

表 7-9　　　　　　　　　　　　　R4 新的路径信息

路径	BGP 下一跳	AS_PATH	MED
1	R2	200 400	10
2*	R6	300 400	6

注意 R1 和 R4 的最佳路径不受新的更新信息的影响，因此最佳路径不发生振荡。由于没有负面影响，所以在网络中打开 **deterministic-MED** 几乎总是一种好的做法。

把 MED 值重置为 0

在路径选择中把 MED 的影响全部清除掉的一种常用的办法就是把入境的 MED 值重置为 0。典型地，一般在网络边缘上做这些配置，这些配置会在从其他自治系统接收更新消息的时候起作用。

例 7-4 显示了 R4 的配置样例（只显示了相关命令）。一个名为 Med-reset 的入站路由映射被配置到 R4 与 R6（IP 地址是 192.168.46.6）的会话上。该路由映射把 MED 值重置为 0。在 R2 和 R3 上做了类似的配置，于是 R1 在路径选择时有了一致的度量（0）。

例 7-4 R4 上把 MED 值重置为 0 的 BGP 配置

```
neighbor 192.168.46.6 remote-as 300
neighbor 192.168.46.6 route-map Med-reset in
!
route-map Med-reset permit 10
 set metric 0
```

使用团体属性

当使用团体属性来设置 BGP 策略时，需要在边界路由器上重置 MED，而路由选择策略可以从入境团体属性值中导出。这有效地清除了 MED 的影响。由于在路径选择时不评估团体属性，所以应该创建一套与路由优先设置相对应的团体属性值的机制，并使用它和毗邻自治系统的管理员通信。第 9 章讨论了如何基于 BGP 团体属性来设计连贯的路由选择策略。

3．在 RR 的环境中设置适当的 IGP 度量

在前面的例子中，你学到了不一致的 AS 间的度量（MED）会导致僵持的收敛环路。在本节中，你将看到在 RR 的环境中，不适当的 IGP 度量也可以导致僵持的收敛环路。

在 iBGP 最佳路径选择过程中，IGP 度量经常是打破平局的因素之一。在多簇 RR 的架构下，应该以这样的方式来设置 IGP 度量，即簇内的度量要比簇间的度量更低，这使得 RR 可以优先选择簇内路径而不是簇间路径。不适当地设置 IGP 度量可能会导致僵持的收敛环路。

（1）问题描述：不适当的 IGP 度量

图 7-21 显示了一个潜在地导致无限收敛环路的拓扑。除了 IGP 度量不相同并且 AS 100 中有两个 RR 簇以外，这个拓扑类似于图 7-17 显示的拓扑。

以下步骤描述了导致收敛环路的过程。

第 1 步 AS 100 内的所有 3 台边界路由器使用 **next-hop-self** 通告了前缀 172.16.0.0/16。表 7-10 显示了邻居和路径信息。

表 7-10 3 台边界路由器上的邻居和路径信息

路 由 器	BGP 下一跳	AS_PATH	MED
R2	R5	200 400	10
R3	R6	300 400	5
R4	R6	300 400	6

第 2 步 一开始，R1 在它的 BGP RIB 中有两条路径，如表 7-11 所示。IGP 度量是从路由器到 BGP 下一跳的链路的累积度量值。

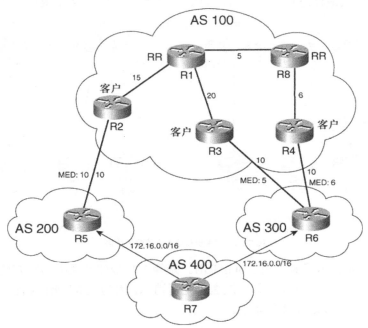

图 7-21　不适当的 IGP 度量导致的僵持的收敛振荡

表 7-11　R1 的初始路径信息

BGP 下一跳	AS_PATH	MED	IGP 度量
R2	200 400	10	15
R3	300 400	5	20

表 7-12 显示了 R8 的初始 BGP RIB。

表 7-12　R8 的初始路径信息

BGP 下一跳	AS_PATH	MED	IGP 度量
R4	300 400	6	6

第 3 步　在接收到从 R8 发来的更新消息后，R1 有了 3 条路径，如表 7-13 所示。为了确定最佳路径，R1 首先比较路径 1 和路径 2。路径 1 胜出是因为它有更低的 IGP 度量。然后路径 1 与路径 3 比较，路径 3 胜出是因为它有更低的 MED。

表 7-13　R1 的 BGP 路径

路　径	BGP 下一跳	AS_PATH	MED	IGP 度量
1	R4	300 400	6	11
2	R2	200 400	10	15
3*	R3	300 400	5	20

R1 的所有邻居被最佳路径信息更新，如图 7-22 所示。对于 R3，R1 发送了撤回消息。

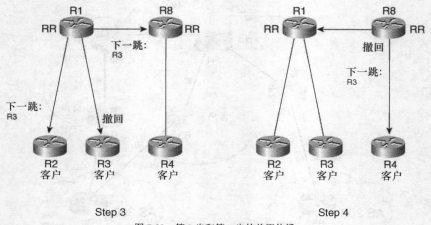

图 7-22　第 3 步和第 4 步的前缀传播

第 4 步　表 7-14 显示了 R8 新的 BGP RIB。路径 1 是最佳路径因为它有更低的 MED 值。图 7-22 显示了 R8 向邻居发送了更新消息。因为从 R1 来的路径是最佳路径，所以 R8 向 R1 发送了撤回消息。

表 7-14　R8 的 BGP 路径

路　　径	BGP 下一跳	AS_PATH	MED	IGP 度量
1*	R3	300 400	5	25
2	R4	300 400	6	6

第 5 步　表 7-15 显示了 R4 的 BGP RIB。路径 1 是最佳路径因为它有更低的 MED。这使得 R4 向 R8 发送了撤回消息，如图 7-23 所示。

表 7-15　R4 的 BGP 路径

路　　径	BGP 下一跳	AS_PATH	MED	IGP 度量
1*	R3	300 400	5	31
2	R6	300 400	6	10

第 6 步　表 7-16 显示了 R8 当前的 BGP RIB。

表 7-16　R8 的 BGP 路径

路　　径	BGP 下一跳	AS_PATH	MED	IGP 度量
1*	R3	300 400	5	25

第 7 步　表 7-17 显示了 R1 新的 BGP RIB。路径 1 是最佳路径因为它有更低的 IGP 度量。现在 R1 向它的邻居通告了新的最佳路径的更新消息，如图 7-24 所示。因为 R2 是下一跳，所以 R1 向它发送了撤回消息。

表 7-17　R1 的 BGP 路径

路　径	BGP 下一跳	AS_PATH	MED	IGP 度量
1*	R2	200 400	10	15
2	R3	300 400	5	20

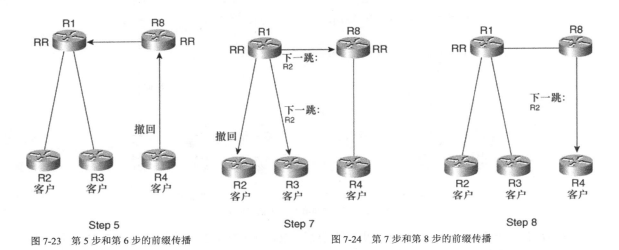

图 7-23　第 5 步和第 6 步的前缀传播　　　图 7-24　第 7 步和第 8 步的前缀传播

第 8 步　表 7-18 显示了 R8 当前的 BGP RIB。接着，R8 向 R4 通告了新路径的更新消息，如图 7-24 所示。

表 7-18　R8 的 BGP 路径

路　径	BGP 下一跳	AS_PATH	MED	IGP 度量
1*	R2	200 400	10	20

第 9 步　表 7-19 显示了接收到从 R8 发来的新的更新消息后，R4 的 BGP RIB。路径 2 是最佳路径因为它是外部路由。接着，R4 向 R8 发送了更新消息，如图 7-25 所示。

表 7-19　R4 的 BGP 路径

路　径	BGP 下一跳	AS_PATH	MED	IGP 度量
1	R2	200 400	10	26
2*	R6	300 400	6	10

第 10 步　表 7-20 显示了 R8 更新后的 BGP RIB。路径 1 是最佳路径因为它有更低的 IGP 度量。接着，R8 向它的邻居发送了更新消息，如图 7-25 所示。

表 7-20　R8 的 BGP 路径

路径	BGP 下一跳	AS_PATH	MED	IGP 度量
1*	R4	300 400	6	6
2	R2	200 400	10	20

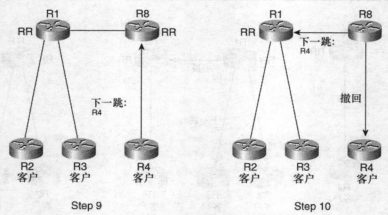

图 7-25　第 9 步和第 10 步的前缀传播

第 11 步　当接收到从 R8 发来的更新消息后，R1 现在有了 3 条路径，如表 7-21 所示。注意这和第 3 步中描述的 BGP RIB 是完全相同的。从这里开始，同样的收敛循环再次启动并无限地进行下去。

表 7-21　R1 的 BGP 路径

路径	BGP 下一跳	AS_PATH	MED	IGP 度量
1	R4	300 400	6	11
2	R2	200 400	10	15
3*	R3	300 400	5	20

（2）不适当的 IGP 度量问题的解决办法

在几种可能的解决办法中，除了有一种办法还没有描述外，"在 RR 环境中使用可比较的 AS 间的度量"一节中描述了其他所有的办法。这另外一种办法就是设置适当的 IGP 度量。因为打开 **deterministic-MED** 的结果更复杂，因此本节关注两种解决办法。

执行适当的 IGP 度量设置

为了按照前面阐述的规则（簇内的度量要比簇间的度量更低）来设置正确的 IGP 度量，把 R1 和 R8 之间的 IGP 度量从 5 增加到 50。现在让我们再次过一遍收敛步骤，看看会发生什么。

第 1 步　AS 100 中的 3 台边界路由器（参见图 7-21）都从外部邻居接收到前缀，把下一跳设为自身后再在 AS 内部通告它们。

第 2 步 R2 和 R3 把前缀通告给 R1，同时 R4 把前缀通告给 R8，R8 再把前缀通告给 R1。

第 3 步 表 7-22 给出了 R1 的 BGP RIB。路径 1 与路径 2 比较，路径 2 被认为是更好的路径因为它有更低的 IGP 度量。然后路径 2 与路径 3 比较，路径 2 再次被认为是最好的路径因为它有更低的 IGP 度量。现在 R1 用新的最佳路径信息来更新它的邻居。

表 7-22　　　　　　　　　　　　R1 的 BGP 路径

路　径	BGP 下一跳	AS_PATH	MED	IGP 度量
1	R4	300 400	6	56
2*	R2	200 400	10	15
3	R3	300 400	5	20

第 4 步 表 7-23 显示了 R8 新的 BGP RIB。路径 2 是最佳路径因为它有更低的 IGP 度量。这样一来，R8 的最佳路径就不受来自于 R1 的新的更新消息的影响。

表 7-23　　　　　　　　　　　　R8 的 BGP 路径

路　径	BGP 下一跳	AS_PATH	MED	IGP 度量
1	R2	200 400	10	65
2*	R4	300 400	6	6

第 5 步 R4 的 BGP RIB 也不受影响，因为 R8 优选通过 R4 的路径，因此 R4 仍然只有一条路由表项，如表 7-24 所示。

表 7-24　　　　　　　　　　　　R4 的 BGP 路径

路　径	BGP 下一跳	AS_PATH	MED	IGP 度量
1*	R6	300 400	6	10

第 6 步 从第 6 步到以后的步骤，最佳路径没有改变。网络收敛了。每一台路由器的最佳路径如图 7-26 所示。箭头指示数据包转发的方向。比如，R1 的最佳路径始终是通过 R2 的。

打开 deterministic-MED 选项

本节使用了前一种情况中的一些步骤，但最佳路径被修改了。以下的步骤描述了收敛过程：

第 1 步 AS 100 中的 3 台边界路由器都从外部邻居接收到前缀，它们分别把下一跳设为自身后再在 AS 内部通告它们。

第 2 步 R2 和 R3 把前缀通告给 R1，同时 R4 把前缀通告给 R8，R8 再把前缀通告给 R1。

第 3 步 表 7-25 显示了 R1 新的 BGP RIB。当比较路径 2 与路径 3 时，路径 2 是最佳路径因为它有更低的 MED 值。路径 1 比路径 2 有更低的 IGP 度量，因此路径 1 是最佳路径。接着，R1 用新的最佳路径信息来更新它的邻居。

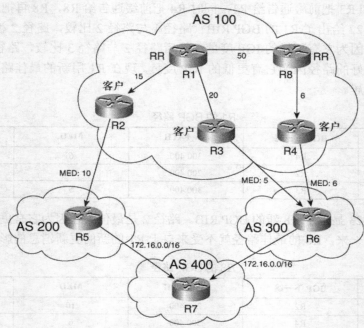

图 7-26 沿最佳路径的数据包转发方向

表 7-25　　　　　　　　　　　　　R1 的 BGP 路径

路径	BGP 下一跳	AS_PATH	MED	IGP 度量
1*	R2	200 400	10	15
2	R3	300 400	5	20
3	R4	300 400	6	11

第 4 步 表 7-26 显示了 R8 的 BGP RIB。路径 2 是最佳路径因为它有更低的 IGP 度量。

表 7-26　　　　　　　　　　　　　R8 的 BGP 路径

路径	BGP 下一跳	AS_PATH	MED	IGP 度量
1	R2	200 400	10	20
2*	R4	300 400	6	6

不需要其他的步骤，因为现在网络已经收敛了。每一台路由器的最佳路径和图 7-26 中显示的一样。

4．分簇设计

为了在基于 RR 的架构中提供所期望的冗余，正确的分簇是非常重要的。考虑图 7-27 中左边的拓扑，其中两台 RR 使用相同的簇 ID。R4 通告了前缀 172.16.0.0/16 后，两台 RR 再向 R1 通告，并相互之间通告。然而，RR 之间的更新消息被丢弃掉，因为它们处于相同的簇。

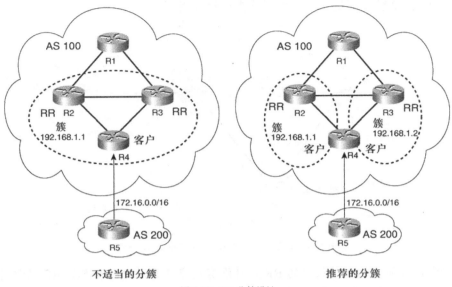

图 7-27　RR 分簇设计

　　两台 RR 明显为客户提供冗余,但是这就够了吗?和本节要解释的一样,答案依赖于如何配置 RR。R1 有两条到达目的地的 BGP 路径——一条从 R2 学来,另一条从 R3 学来。在两条路径之间,R1 选择一条最佳路径——也许是通过 R2 的路径(哪一条路径是最佳路径对于这一讨论来说并不重要)。

　　现在假设可以通过两条相同成本的 IGP 路径到达 BGP 下一跳,R1 于是使用这两条 IGP 路径负载分担数据包。到目前为止,一切都没问题。现在假设 R4 与 R3 之间的 iBGP 会话宕掉了,也许是因为误配置或者是管理关闭(administrative shutdown)。尽管 R2 像以往一样继续转发流量,但通过 R3 的流量却被丢弃了,因为它没有该前缀的路径——即使 R3 和 R4 之间的物理链路仍然是可以工作的。这导致了大约 50%的数据包损失。

　　为了纠正这一问题,考虑图 7-27 右边的设计方案。一旦 R4 与 R3 之间的 iBGP 会话失效,R3 仍然继续转发流量,因为前缀仍从 R2 学到。这一设计不仅提供了针对于链路失效的物理冗余,同时也提供了针对于客户与 RR 之间的 iBGP 会话失效的逻辑冗余。不过要注意这种设计会因为额外的路径信息而导致更多的内存使用。

5. 重置下一跳

　　iBGP 宣告者,包括 RR,需要保持如 NEXT_HOP 的 BGP 属性。为避免路由选择环路,这一要求很重要,特别是在属性被不正确地修改的时候。考虑图 7-28 显示的拓扑。当前缀 172.16.0.0/16 被通告给 R1(RR)时,R2 把自身设为 BGP 下一跳,因为它被配置了 **next-hop-self**。当 R1 反射路由给 R3 和 R4 时,假设它把下一跳重置为自身。于是 R4 把去往目的地 172.16.0.0/16 的流量转发给 R1。由于 R1 和 R2 没有物理连接(和前面指出的一样,这是不正确的设计),所以 R1 通过 R4 向 R2 转发流量。这导致了路由选择环路。

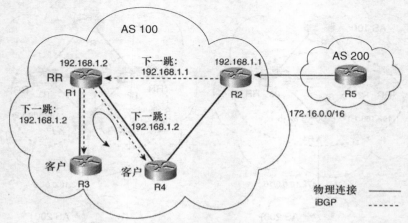

图 7-28　不正确的下一跳设置导致了路由选择环路

注意：图 7-28 显示的拓扑使用的 RR 设计没有遵照前面讨论的基本的 RR 的设计指南。这里使用该拓扑是要演示正确的下一跳设置的重要性。

然而在一定的条件下，在 RR 上重置 BGP 下一跳也许是希望看到的。一个例子就是想要把 RR 放到转发路径上。IOS 提供了完成这一工作的方法。下面讨论如何做。

基本上，你可以用两种方法在 RR 上设置 BGP 下一跳：

- **neighbor next-hop-self** 命令；
- 出站路由映射。

如果路由是从外部对等体学到的，那么你可以在 RR 上对客户和非客户使用 **next-hop-self** 或出站路由映射来重置下一跳。注意这里的 RR 是边界路由器。图 7-29 显示了一个例子。

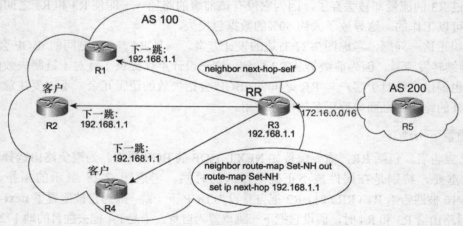

图 7-29　对于从外部邻居学到的路由所做的下一跳设置

如果路由是从内部邻居学到的（非客户或客户），那么在 RR 只能使用出站路由映射来重置下一跳。在这种情况下，**neighbor next-hop-self** 命令被忽略。图 7-30 显示了一个例子。

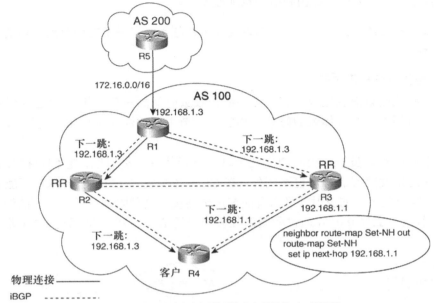

图 7-30　对于从内部邻居学到的路由所做的下一跳设置

R1 从外部对等体 R5 接收到前缀 172.16.0.0/16。R1 把下一跳重置为自身，然后再向 R2 和 R3 通告。R2 和 R3 两者都是 RR，处于不同的簇中并把 R4 作为客户。当 R3 反射路由给它的客户 R4 时，它把 BGP 下一跳重置为自身。这是通过出站路由映射 Set-NH 来完成的。
在 R2 上，没有配置下一跳重置。

作为 R2 和 R3 两者的客户，R4 接收到该前缀的两条路径。从 R3 来的路径的下一跳被设为 R3，而从 R2 来的路径的下一跳被设为 R1。因此 R4 使用它与 R3 之间的链路转发去往该前缀的流量（因为到达 BGP 下一跳有更低的 IGP 度量），除非 R4 与 R3 之间的链路宕掉了，或者 R3 失效。在两种失效的情况下 R4 都向 R2 转发流量，R2 再向 R1 发送流量并离开 AS 100。

有两点值得进一步讨论。首先，在 R3 上重置下一跳有什么好处呢？如果不重置下一跳，R4 可能会选择到 R2 的链路转发去往 172.16.0.0/16 的流量。假设路由选择策略指示通过 R3 的路径应该被用于 R4 通常的操作，因为以下的原因：

- R3 和 R4 之间的链路有更大的带宽或更低的成本。
- R2 和 R4 之间的链路有更小的带宽或更高的成本。
- R1 和 R2 之间的链路已经被过度使用了。

在 R3 上重置下一跳是一种强制流量取道通过 R3 的路径的方法（尽管改变 IGP 度量也许也能实现同样的目的）。

第二个要点就是：两种设置下一跳的方法之间的区别是重要的，因为 RR 通常对从外部学到的路由设置 **next-hop-self**。由于这一差异，所以如果路由是从 iBGP 对等体学到的，那么下一跳就不会被改变，除非出站路由映射特意地改变它。

警告：在 RR 上使用出站路由映射来改变 iBGP 路由的下一跳可能导致路由选择环路。小心使用这一特性。

6. 含对等体组的路由反射

作为一种增强更新消息生成的有效性并缩短收敛时间的技巧，第 3 章已经讨论了对等体组的概念。本节不重述对等体组的好处。相反，本节主要关注对等体组在基于 RR 的架构中的行为。

对等体组的所有成员继承相同的出站策略或更新信息。类似地，它们也接收相同的更新信息——即使是始发前缀的客户也不例外。在 Cisco IOS 版本 12.0 之前，RR 不能使用对等体组，除非关闭客户到客户的反射并且所有的客户全连接。这种限制可以用下面的例子来解释。图 7-31 中，前缀 172.16.0.0/16 通过两条路径被通告给 R3（RR），即通过 R1（非客户）和通过 R2（客户）。

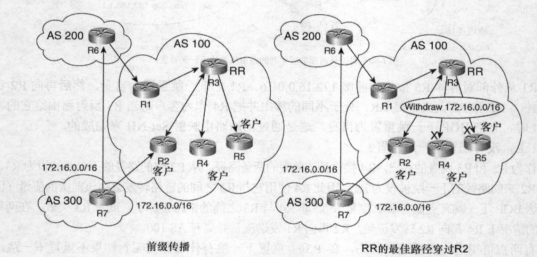

前缀传播　　　　　　　　　　RR的最佳路径穿过R2

图 7-31　IOS 12.0 以前对等体组和 RR 一起使用

假设通过 R2 的路径是 R3 上的最佳路径，因为它有更短的 AS_PATH。由于所有的客户处于同一个对等体组，因此 R3 向对等体组的所有成员反射最佳路径，包括 R2。而由于最佳路径是通过 R2 的，因此 R3 也需要撤回从 R2 来的路由。既然所有的客户都在同一个对等体组中，R3 也不能停止向 R4 和 R5 发送撤回消息。因此，前缀从 R4 和 R5 的 BGP RIB 中被清除掉。如果 R2、R4 和 R5 全连接，并且关闭了 R3 上默认的客户到客户的路由反射，那么 R4 和 R5 就可以直接从 R2 上接收到前缀。

在 Cisco IOS 版本 12.0 和更高的版本中消除了刚才描述的这种限制，因为客户理解与 RR 相关的属性。当 RR 需要撤回向对等体组中的某个客户发出的路由的时候，它不是发送撤回消息。相反，它向所有的客户发送当前的最佳路径。同时，收到前缀后，对等体组的所有其他成员都被正确地更新。当 R2 接收到更新消息时，它检测到自己的 ORIGINATOR_ID 并丢弃更新，如图 7-32 所示。

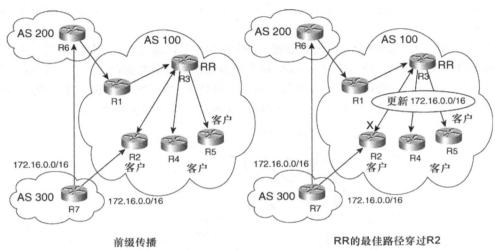

图 7-32　IOS 12.0 或更高版本对等体组和 RR 一起使用

7.3　联　　盟

如前面的章节指出的一样，路由反射通过放松 RR 的 iBGP 通告规则来解决扩展性问题。这些路由器可以在它们所服务的客户和其他的 iBGP 对等体之间反射路由；于是，客户只需要和 RR 建立对等关系。联盟从另一个角度解决同样的问题。本节讨论联盟的多个方面的内容以及它的设计指南。

7.3.1　联盟如何工作

联盟通过把大的 AS 分成多个更小的自治系统来解决 iBGP 全互连的问题，这些自治系统叫做成员自治系统（*member autonomous system*）或子自治系统（*subautonomous system*）。因为成员自治系统之间使用 eBGP 会话，因此它们不需要全互连。然而，在每一个成员 AS 中，iBGP 全互连的要求仍然适用。

联盟中的 eBGP 会话和常规的 eBGP 会话有点不同。为了区分它们，这种类型的 eBGP 会话叫做联盟内 eBGP 会话（*intraconfederation eBGP session*）。当这种会话刚建立起来的时候，它表现得简直就像 eBGP 会话一样。换句话说，两个对等体都没有做验证以确定这个会话是否是真的 eBGP 会话还是联盟 eBGP 会话。区别就发生在当通过会话传播前缀的时候。联盟内 eBGP 会话在一方面遵循前缀通告的 iBGP 规则，在另一方面又遵循前缀通告的 eBGP 规则。例如，在发送更新的时候，NEXT_HOP、MED 和 LOCAL_PREF 被保留，而 AS_PATH 被修改。

对于外部邻居来说（联盟外的对等体），子 AS 的拓扑是不可见的。也就是说，在发向 eBGP 邻居的更新消息中，已经剥去了联盟内已被修改的 AS_PATH。从其他的自治系统来看，联盟就像单个 AS 一样。

每个成员 AS 中，iBGP 全互连是需要的。路由反射也可以被部署。部署联盟的一个明显优势就是其成员自治系统不需要使用相同的 IGP。每个成员自治系统不需要向其他成员自治系统揭示自己的内部拓扑。不过，当使用不同的 IGP 时，每一个成员 AS 内必须保证 BGP 下一跳的可达性。

图 7-33 显示了联盟的一个例子。一个联盟由 3 种类型的对等关系组成：

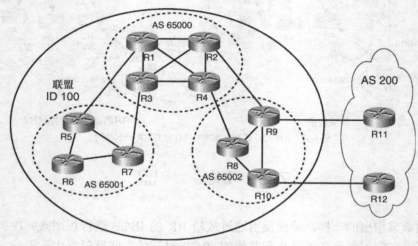

图 7-33　BGP 联盟

- 外部对等关系，比如 R10 和 R12 之间的关系。
- 联盟外部对等关系，比如 R4 和 R8 之间的关系。
- 内部对等关系，比如 R5 和 R6 之间或 R5 和 R7 之间的关系。

1. AS_PATH 的特殊处理

联盟内的环路预防机制是基于 AS_PATH 属性的。联盟引入了两个新的 AS_PATH 分类型：

- **AS_CONFED_SEQUENCE**——本地联盟中，路由穿过的成员 AS 号的有序序列。
- **AS_CONFED_SET**——本地联盟中，路由穿过的成员 AS 号的无序序列。

注意： 在 Cisco IOS 软件中，**show ip bgp** 的输出显示的成员 AS 号是被包括在圆括号中的。

AS_PATH 在联盟内如何被更新取决于会话的类型。图 7-34 显示了 3 种对等关系下 AS_PATH

的变化（为了简化图，只显示了单向通告）：

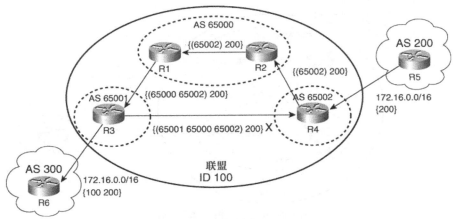

图 7-34 BGP 联盟中的 AS_PATH

联盟内 eBGP 会话——成员 AS 号被添加到 AS_PATH 中的 AS_CONFED_SEQUENCE 前面，比如从 R4 到 R2 的时候。

内部 BGP 会话——不修改 AS_PATH，比如在 R2 到 R1 的路径上就是这样。

外部 BGP 会话——成员 AS 号从 AS_PATH 中被清除掉，而联盟号被添加到 AS_PATH 的前面，如显示的从 R3 到 R6 的路径一样。

联盟中，AS_PATH 中的 AS_CONFED 字段用来防止成员自治系统间的路由选择信息环路。当 R3 向 R4 发回关于 172.16.0.0/16 更新消息时，由于 65002 已经出现在路径中，因此更新消息会被拒绝。

2. 团体属性的特殊处理

第 2 章讨论了熟知团体属性的 4 种类型。其中，LOCAL_AS 熟知团体属性应用于 BGP 联盟。图 7-35 演示了在联盟环境中这些熟知团体属性是如何被用来设置 BGP 策略的。

在联盟成员 AS 65000 中，当 4 条前缀从 R1 被通告给 R2 时，3 个熟知团体属性被分别附加在 3 条前缀上。第 4 条前缀没有被设置团体属性。

前缀 172.16.0.0/16 的团体属性值是 **internet**；因此，它没有被施加限制。该前缀被 R2、R3、R4 和 R5 接收到。

前缀 172.16.1.0/24 的团体属性值是 **local_as**；因此，R2 不会把前缀通告给 AS 65001。该前缀不会被 R3、R4 和 R5 看到。

因为 172.16.2.0/24 的团体属性值是 **no-export**，所以 R2 把前缀通告给 R3。接着，R3 又把前缀通告给 R4，而 R4 不向 R5 通告该前缀。

当前缀 172.16.3.0/24 从 R2 被通告给 R3 时，团体属性值 **no-advertise** 被附加在它上面。当 R3 接收到前缀后，它不会进一步向 R4 通告该前缀。于是，该前缀不会被 R4 和 R5 所看到。

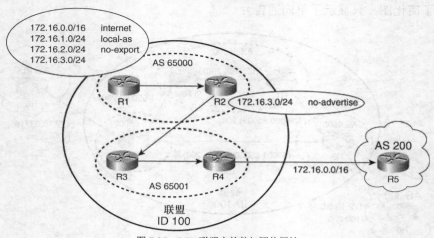

图 7-35　BGP 联盟中的熟知团体属性

3. 联盟外部和联盟内部路由

联盟外部路由（*confederation external route*）是从联盟外部对等体接收到的路由，而联盟内部路由（*confederation internal route*）是从联盟内部对等体接收到的路由。从路径选择的角度看，这两种路由没有区别。

4. 私有 AS 号

联盟内使用的成员 AS 号不会被联盟外部看到。于是，典型地，但不是必须地，私有 AS 号（从 64512 到 65535）被用来标识联盟内的成员 AS，这不需要与官方的 AS 代表机构所分配的 AS 号协调。在 IOS 中，所有的成员 AS 号在联盟边界上会被自动地清除掉，因此不需要手工配置以清除成员 AS 号。

7.3.2　联盟设计例子

在设计联盟体系架构的时候，你应该遵循一定的方法来降低复杂性和减少路由选择问题。本节提供了以下两个设计例子：

- 中心和辐条（hub-and-spoke）架构；
- 在联盟内设置适当的 IGP 度量。

1. 中心和辐条架构

一个成员 AS 作为骨干，它担当穿越子 AS（transit sub-AS）的作用，连接其他的成员自治系统，这种联盟架构就是中心和辐条联盟架构。图 7-36 显示了该架构的一个例子，其中 AS 65000 是联盟 100 的骨干穿越 AS。

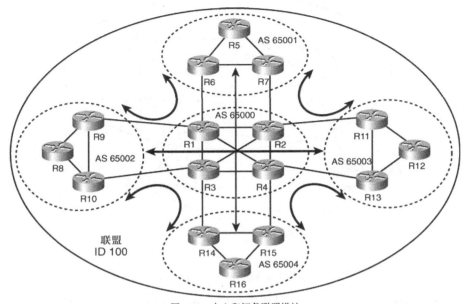

图 7-36 中心和辐条联盟设计

这种架构的优势如下：

- 其他的子自治系统不必相互直接连接，这就减少了联盟内 eBGP 会话的数量。
- 中心和辐条架构导致了在联盟内产生可预测的和一致的 AS_PATH 的结果。对于从一个非穿越成员 AS 到另一个非穿越成员 AS 的流量来说，它总是穿过了两跳 AS。比如，从 AS 65002 来的流量经过两跳到达 AS 65001、65003 或 65004。

2. 在联盟内设置适当的 IGP 度量

IGP 度量在联盟环境中对路径选择的影响颇似它在基于 RR 的环境中对路径选择的影响，这种基于 RR 的环境部署了用 MED 来选择路径的多个簇。在这样的联盟环境下，应该把成员 AS 内的 IGP 度量设置为小于成员 AS 间的 IGP 度量，使得路由器在路径选择过程中优先选择子 AS 内的链路而不是子 AS 间的链路。不以这样的方式来设置 IGP 度量可能会导致僵持的收敛振荡。

（1）问题描述：联盟内不适当的 IGP 度量

图 7-37 显示的拓扑有可能会导致联盟内的收敛振荡。联盟 100 内的每条链路都被赋予了 IGP 度量。其他路由选择信息和图 7-21 中显示的类似。本节描述的问题几乎和"问题描述：不适当的 IGP 度量"一节中描述的问题是相同的，因为就路径选择而言，成员 AS 颇似 RR 簇。惟一的例外是 AS_PATH。在联盟条件下，子 AS 号被插入到发送给联盟内 eBGP 对等体的 AS_PATH 中。然而，最佳路径不受影响，因为路径选择不考虑子 AS 的因素。这就是这里的过程和结果和前面涉及到 RR 簇的案例的过程和结果是一样的原因。

以下步骤简要地描述了导致僵持的收敛振荡的过程：

258　第 7 章　可扩展的 iBGP 设计和实施指南

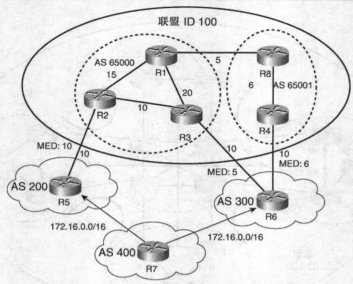

图 7-37　联盟内不适当的 IGP 度量导致僵持的收敛振荡

第 1 步　联盟 100 内的所有 3 台边界路由器使用 **next-hop-self** 通告了前缀 172.16.0.0/16。表 7-27 显示了邻居和路径信息。IGP 度量是从路由器到 BGP 下一跳的链路的累积度量值。

表 7-27　　　　　　　　　　3 台边界路由器上的邻居和路径信息

路 由 器	BGP 下一跳	AS_PATH	MED	IGP 度量
R2	R5	200 400	10	10
R3	R6	300 400	5	10
R4	R6	300 400	6	10

第 2 步　一开始，R1 在它的 BGP RIB 中有两条路径，如表 7-28 所示。

表 7-28　　　　　　　　　　　　R1 的初始路径信息

BGP 下一跳	AS_PATH	MED	IGP 度量
R2	200 400	10	15
R3	300 400	5	20

表 7-29 显示了 R8 的初始 BGP RIB。

表 7-29　　　　　　　　　　　　R8 的初始路径信息

BGP 下一跳	AS_PATH	MED	IGP 度量
R4	300 400	6	6

第 3 步　在接收到从 R8 发来的更新消息后，R1 有了 3 条路径，如表 7-30 所示。为了确定最佳路径，R1 首先比较路径 1 和路径 2。路径 1 胜出因为它有更低的 IGP 度

量。注意成员 AS 号在路径选择过程中没有被考虑。因此，对于路径选择过程来说，路径 1 和路径 2 有相等长度的 AS_PATH。然后路径 1 与路径 3 比较，路径 3 胜出因为它有更低的 MED 值。子 AS 65001 再一次没有被路径选择过程所考虑。

表 7-30　　　　　　　　　　　　　　R1 的 BGP 路径

路　径	BGP 下一跳	AS_PATH	MED	IGP 度量
1	R4	(65001) 300 400	6	11
2	R2	200 400	10	15
3*	R3	300 400	5	20

R1 的所有邻居被最佳路径信息所更新。对于 R3，R1 发送了撤回消息。

第 4 步　表 7-31 显示了 R8 新的 BGP RIB。路径 1 是最佳路径因为它有更低的 MED 值。成员 AS 号在路径选择过程中没有被考虑。R8 向 R1 发送了撤回消息。

表 7-31　　　　　　　　　　　　　　R8 的 BGP 路径

路　径	BGP 下一跳	AS_PATH	MED	IGP 度量
1*	R3	(65000) 300 400	5	25
2	R4	300 400	6	6

第 5 步　表 7-32 显示了 R4 的 BGP RIB。路径 1 是最佳路径因为它有更低的 MED 值。现在 R4 撤回了已发送给 R8 的路由。

表 7-32　　　　　　　　　　　　　　R4 的 BGP 路径

路　径	BGP 下一跳	AS_PATH	MED	IGP 度量
1*	R3	(65000) 300 400	5	31
2	R6	300 400	6	10

第 6 步　表 7-33 显示了 R8 当前的 BGP RIB。

表 7-33　　　　　　　　　　　　　　R8 的 BGP 路径

路　径	BGP 下一跳	AS_PATH	MED	IGP 度量
1*	R3	(65000) 300 400	5	25

第 7 步　表 7-34 显示了 R1 新的 BGP RIB。路径 1 是最佳路径因为它有更低的 IGP 度量。R1 向它的邻居通告了新的最佳路径的更新消息。

表 7-34　　　　　　　　　　　　　　R1 的 BGP 路径

路　径	BGP 下一跳	AS_PATH	MED	IGP 度量
1*	R2	200 400	10	15
2	R3	300 400	5	20

第 8 步 表 7-35 显示了 R8 当前的 BGP RIB。接着,R8 向 R4 通告了新路径的更新消息。

表 7-35　　　　　　　　　　　　　　R8 的 BGP 路径

路　径	BGP 下一跳	AS_PATH	MED	IGP 度量
1*	R2	65000 200 400	10	20

第 9 步 表 7-36 显示了接收到从 R8 发来的新的更新消息后,R4 的 BGP RIB。路径 2 是最佳路径,因为它是从外部对等体学到的路由。接着,R4 向 R8 发送了更新消息。

表 7-36　　　　　　　　　　　　　　R4 的 BGP 路径

路　径	BGP 下一跳	AS_PATH	MED	IGP 度量
1	R2	65000 200 400	10	26
2*	R6	300 400	6	10

第 10 步 表 7-37 显示了 R8 更新后的 BGP RIB。路径 1 是最佳路径因为它有更低的 IGP 度量。接着,R8 向它的邻居发送了更新消息。

表 7-37　　　　　　　　　　　　　　R8 的 BGP 路径

路　径	BGP 下一跳	AS_PATH	MED	IGP 度量
1*	R4	300 400	6	6
2	R2	65000 200 400	10	20

第 11 步 当接收到从 R8 发来的更新消息后,R1 现在有了 3 条路径,如表 7-38 所示。注意这和第 3 步中描述的 BGP RIB 是完全相同的。从这里开始,同样的收敛循环再次启动并无限地进行下去。

表 7-38　　　　　　　　　　　　　　R1 的 BGP 路径

路　径	BGP 下一跳	AS_PATH	MED	IGP 度量
1	R4	65001 300 400	6	11
2	R2	200 400	10	15
3*	R3	300 400	5	20

(2) 解决方案:适当地设置联盟内的 IGP 度量

因为路径选择不考虑成员 AS 号,因此这种问题的解决办法类似于为路由反射提供的解决办法。以下简要地描述了每一种方法:

- **使用全互连的 iBGP**——和路由反射一样,如果一开始就选择联盟来增强扩展性,那么这种方法也许不能被接受。
- **打开 always-compare-MED**——因为成员自治系统不修改 MED,因此应用在路由反射上的设计指南和告诫也同样适用于联盟。

- **打开 deterministic-MED 比较**——打开确定性的 MED 比较几乎总是一种好的做法，尽管在某些情况下单独使用这一方法不会解决问题。
- **把 MED 值重置为 0**——这消除了 MED 对确定路径的影响。应用在路由反射上的设计指南也同样适用于联盟。
- **使用团体属性**——在外部邻居之间交换的团体属性主要是私有团体属性，因此，应用在路由反射上的设计指南也同样适用于联盟。
- **设置适当的 IGP 度量**——在所有其他的高优先级的比较因子相等的情况下，如果把成员 AS 内的度量设置为小于成员 AS 间的度量，那么成员 AS 内的路径将优于成员 AS 间的路径。这就打破了路由选择环路。

7.4 联盟与路由反射的比较

本章介绍了两种方法来解决 iBGP 扩展性的问题——联盟与路由反射。每一种方法都有它的优缺点，因此，在设计网络的时候，你如何确定使用哪一种方法呢？本节通过这两种方法的对照比较来帮助你回答这一问题。

表 7-39 列出了路由反射和联盟的相似点和相异点。

表 7-39 清楚地说明了每一种方法的价值对比；对于使用它们的建议，可以归结为以下两个通用的策略：

表 7-39　　　　　　　　　　路由反射和联盟的比较

要　　素	比　　较
多级层次	两种方法都支持层次来进一步增强扩展性。路由反射特性支持多级路由反射结构。联盟允许在成员 AS 内使用路由反射
策略控制	两者都提供路由选择策略控制，尽管联盟可能提供更大的灵活性
常规 iBGP 迁移的复杂性	路由反射的迁移复杂性非常低，因为总体网络配置几乎很少发生改变。然而，从 iBGP 到联盟的迁移需要对配置和网络架构做很大的改变。第 8 章提供了如何从 iBGP 架构迁移到基于 RR 或基于联盟的架构的两个案例研究
能力支持	联盟内的所有路由器必须支持联盟配置能力，因为所有路由器需要理解联盟 AS_PATH 属性。在路由反射的架构中，只需要 RR 支持路由反射能力。然而，在新的分簇设计中，客户也必须理解 RR 属性。因为很早的 IOS 版本就引入了路由反射和联盟特性，因此这一比较并非真正重要。事实上，即使你不使用新的分簇设计，也最好让所有的路由器都支持路由反射功能，因为这可以给你灵活性，使你可以在未来使用这一设计
IGP 扩展	路由反射在 AS 内需要单一的 IGP，而联盟支持单一的或分开的 IGP。这可能是联盟比路由反射所具有的最明显的优势。如果你的 IGP 达到了它的扩展性限制，或者是因为它太大而难于处理管理任务，那么可以使用联盟来减小 IGP 路由选择表的大小
部署经验	因为更多的提供商已经部署了路由反射而非联盟，因此从路由反射中已经获得了更多的经验
AS 合并	实际上 AS 合并与 iBGP 扩展性是无关的，但在这里讨论它是因为它是联盟的优势之一。一个 AS 可以和一个已存的联盟合并，这是通过把新的 AS 作为联盟的一个子 AS 对待来完成的

- 如果你需要扩展 IGP，你应该使用联盟。

- 如果你不需要扩展 IGP，只要条件允许你就使用路由反射以简化迁移和管理。

7.5 总　　结

本章详细讨论了两种增强 iBGP 扩展性的方法。第一种方法——路由反射，通过对一组被称为路由反射器的路由器放松要求来处理 iBGP 全互连的要求。这些路由器可以在它们所服务的客户和其他的 iBGP 对等体，或非客户之间反射路由。因为客户只需要与为它们服务的 RR 建立对等关系，因此减少了 iBGP 会话的数量。

联盟是增强 iBGP 扩展性的第二种方法，它和路由反射不一样就在于联盟通过把大的 AS 分成多个更小的自治系统来解决 iBGP 全互连的问题，这些自治系统叫做成员自治系统或子自治系统。因为成员自治系统之间使用 eBGP 会话，因此不需要全互连。

本章的焦点是设计例子。对于每一个例子，我们都给出了合适的设计指南，同时也讨论了不按照这些设计指南来做导致的后果。此外，我们也为每一个例子提供了可能的解决方案。第 8 章的 4 个案例研究讲述了如何设计和部署涉及路由反射和联盟的迁移策略。

本章探讨了路由反射和联盟的多个方面：

- 一般迁移策略；
- 案例研究 1：从 iBGP 全连接到路由反射的迁移；
- 案例研究 2：从 iBGP 全连接到联盟的迁移；
- 案例研究 3：路由反射到联盟的迁移；
- 案例研究 4：联盟到路由反射的迁移。

第 8 章 路由反射和联盟迁移策略

本章涵盖以下一些与 iBGP 扩展性有关的迁移策略：
- 从 iBGP 全连接环境迁移到路由反射环境；
- 从 iBGP 全连接环境迁移到联盟环境；
- 从路由反射环境迁移到联盟环境；
- 从联盟环境迁移到路由反射环境。

路由反射和联盟的主题已经在第 7 章中讨论过了。随着网络的扩大，为了增强 iBGP 的扩展性，需要将网络从一种架构迁移到另一种架构。本章的焦点就是讨论这些迁移技巧的部署方法。本章所提供的 4 个案例研究详细演示了如何将一种网络架构迁移到另一种网络架构。注意这些步骤仅仅记录了完成迁移工作的多种方法之一，很可能还有许多方法。在适当的地方，我们把不同的方法作对照比较。所讲述的迁移步骤的目的在于使网络中断时间和流量损失最小化。

8.1 一般迁移策略

本节讨论的一般迁移策略适用于本章的所有 4 个案例研究。为保证迁移成功，在此之前必须采取一些准备步骤。同时，本节也讨论了一些迁移中通常的考虑因素。

8.1.1 准备步骤

迁移前，一些准备步骤是必要的。以下是一些考虑要点：

- 验证所有环回地址，当用作对等体地址时，仍然可以通过 IGP 到达。
- 确保可以通过远程控制台访问 AS 内的所有路由器。
- 根据第 7 章所述的设计指南来设计基于路由反射器（RR）的架构和基于联盟的架构。
- 列出迁移中的维护时限（maintenance window）进度表。在一段维护时限内只迁移一个呈现点（point of presence，POP）以使风险最小。
- 准备一份详细的回退步骤表，以防万一迁移不能完成。

8.1.2 确定初始和最终的网络拓扑

本章采用 3 种类型的网络拓扑：
- iBGP 全连接；
- 路由反射；
- 联盟。

根据案例研究，3 种拓扑之一用作初始拓扑（迁移前），最终拓扑（迁移后）是路由反射或联盟。参阅第 7 章理解何时采用路由反射来增强 iBGP 的可扩展性，何时采用联盟。

图 8-1 显示了 iBGP 全连接拓扑。AS 100 中，7 台路由器模拟了两个 POP 点。左边的 POP 点有 R1、R2、R3，右边的 POP 点有 R4、R5、R6 和 R7。核心路由器是 R1、R2、R4 和 R5。R1 和 R8 之间模拟了外部对等关系。AS 100 内的所有路由器相互对等形成 iBGP 全连接拓扑。

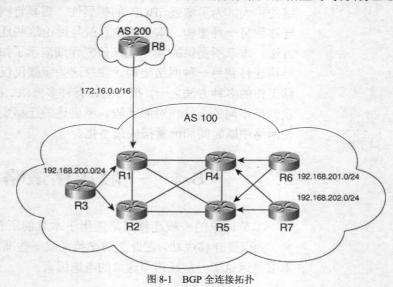

图 8-1 BGP 全连接拓扑

注意： 箭头指示前缀通告的方向。为了清晰，只在发起这些前缀的路由器上画出箭头。

图 8-2 显示了基于路由反射的拓扑。此间，所有的核心路由器（R1、R2、R4 和 R5）都是 RR，接入路由器（R3、R6 和 R7）作为它们各自的客户。这些客户只和同一个 POP 点内的 RR 建立对等关系。所有的核心路由器之间都是全连接的。

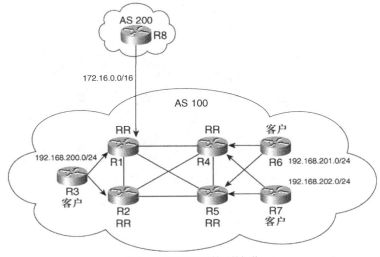

图 8-2　基于路由反射器的拓扑

注意：这里的接入路由器代表了那些与用户网络或者其他网络互连的路由器。用户前缀可以在接入路由器上本地的被插入到 BGP 中，如果用户的路由器运行 BGP，也可以通过 BGP 进程来交换。为了使讨论简单化，本章模拟的用户前缀被静态地插入到接入路由器中。

图 8-3 显示了基于联盟的拓扑，其中每个 POP 点就是联盟 100 中的成员 AS。一台核心路由器通过直接的物理连接与其他的核心路由器建立对等关系。在每个成员 AS 中，所有 BGP 宣告者之间都是全连接的。

为简化地址规划，AS 100 内的所有地址都落在 192.168.0.0/16 的范围中，所有链路地址都具有 24 位的掩码长度。路由器号码用来对应链路地址（第 3 个八位组）和主机地址（第 4 个八位组）。例如，R1 和 R2 之间的链路地址是 192.168.**12**.0/24，R1 和 R2 的地址分别是 192.168.**12.1** 和 192.168.**12.2**。又如，R4 和 R7 链路上的地址分别是 192.168.**47**.4 和 192.168.**47.7**。环回地址在 192.168.100.0/24 的范围中，路由器 ID 作为地址的主机部分。例如，R1 的环回 0 接口地址是 192.168.100.**1**/32，它就作为 R1 的 BGP 路由器 ID。

在 AS 100 中，IS-IS 作为 IGP，所有的链路地址和环回地址都是其中的一部分。本章使用单一的路由级别——2 级（Level 2）。每台路由器的环回地址用作它的系统 ID。

为了模拟外部前缀通告，前缀 172.16.0.0/16 自 AS 200 被发布到 AS 100 中去。前缀 192.168.200.0/24 被插入到 R3 的 BGP 中以模拟用户前缀。另外，192.168.201.0/24 和 192.168.202.0/24 被分别插入到 R4 和 R7 中。

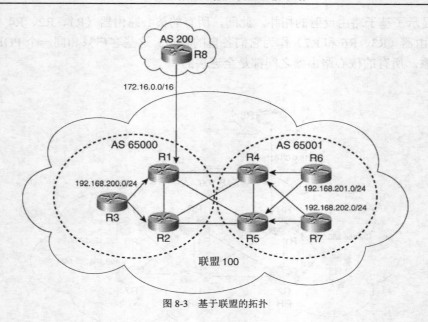

图 8-3 基于联盟的拓扑

8.1.3 确定初始路由器

在向新网络架构迁移的过程中,首先被迁移的路由器就是初始路由器。这里有 3 种选择,它们各有各的挑战。

- **核心路由器**——如果首先迁移核心路由器,流量可能被吞噬(black-holed)。而如果存在冗余连接,就可以把核心路由器移到转发路径外,避免短暂的流量损失。
- **接入路由器**——如果首先迁移接入路由器,用户前缀的可达性将受影响。如果这些用户前缀起源于那台路由器,除非它们可以临时地从其他路由器发起,否则将不可达。如果这些用户前缀是由 BGP 来交换的,除非用户是多宿主的,否则也不可达。本章中,接入路由器和用户路由器之间没有 eBGP 会话。
- **具有外部对等关系的路由器**——如果首先迁移具有 eBGP 会话的路由器,除非它有多条外部连接,否则它和外部邻居的连接将受影响。

本章提供的拓扑中,核心路由器和接入路由器之间存在冗余连接,每个 POP 点至少有一台核心路由器具备多宿主的外部连接。因而,在所有的案例研究中,这台核心路由器作为初始路由器就成了最具逻辑性的选择。

8.1.4 最小化流量损失

迁移中,流量可能短暂地循环流动或者被吞噬。通常,路由器之间的下一跳地址设置冲突导致流量循环流动。这里涉及两种下一跳类型：BGP 下一跳和 IGP 下一跳。BGP 下一跳通常由 IGP 下一跳递归解析。本章的案例研究讨论了潜在的流量环路的产生原因以及避免它们的方法。

黑洞效应（black-holing）导致流量损失是因为处在转发路径上的路由器没有正确的路由选择信息。迁移过程中，路由器把它还没有学到路由选择信息的流量全部丢弃。这个问题的解决办法就是暂时地将路由器从所有网络前缀的转发路径上移开，或者预先建立另外的 BGP 会话。特别地，有如下一些选择。

- 宕掉被迁移路由器的所有相关链路。这种方法简便易行，但可能需要对路由器的远程控制台访问以确保进一步的迁移。另外的缺点就是当一些链路被宕掉后，BGP 会话有可能无法建立。
- 改变 IGP 接口度量值，以使被迁移的路由器不被选择为 IGP 下一跳。虽然路由器不转发穿越流量，但它却可以建立 BGP 会话，从而交换路由选择信息。取消改变度量值又把路由器放回到转发路径上。
- 预先建立临时的 BGP 会话，使得在迁移过程中路由选择信息仍然可用。迁移后即拆除这些会话。这种方法是所有方法中最复杂的一种，但是，如果被迁移的路由器不能从转发路径上移开时，它可能会有用，比如在穿过这台路由器的路径是惟一的路径，或者在通过其他路由器的冗余路径已经过载的情况下。

由于路由选择信息黑洞造成的流量损失仅仅在配置改变时才发生，因而是短暂的。以下的案例研究详细示范了如何在迁移中防止或最大限度地减少流量损失。

8.2 案例研究 1：从 iBGP 全连接环境迁移到路由反射环境

本案例研究提供了如何从 iBGP 全连接网络架构迁移到基于路由反射的网络架构的详细流程。初始拓扑如图 8-1 所示，迁移后的最终拓扑如图 8-2 所示。

8.2.1 初始配置和 RIB

本节展示了迁移前 BGP 和 IGP 的配置。例 8-1 到例 8-7 分别显示了 R1 到 R7 的配置。AS 100 中的所有 BGP 宣告者都是全连接的。所有的 iBGP 会话用名为 Internal 的对等体组来表示。

3 种方法可使 AS 100 能够到达 R8：在 R1 上配置 **next-hop-self** 命令；或把 R1 和 R8 之间的链路作为 AS 100 中的 IGP 域的一部分；或者在 R1 上利用路由映射把下一跳重新设置为 R1。本案例研究中，在 R1 上用 **next-hop-self** 命令把所有内部会话的 BGP 下一跳重置为 R1。

例 8-1 R1 的相关配置

```
router isis
 net 49.0001.1921.6810.0001.00
 is-type level-2-only
!
router bgp 100
 no synchronization
 bgp router-id 192.168.100.1
 bgp log-neighbor-changes
 neighbor Internal peer-group
 neighbor Internal remote-as 100
 neighbor Internal update-source Loopback0
 neighbor Internal next-hop-self
 neighbor 192.168.18.8 remote-as 200
 neighbor 192.168.100.2 peer-group Internal
 neighbor 192.168.100.3 peer-group Internal
 neighbor 192.168.100.4 peer-group Internal
 neighbor 192.168.100.5 peer-group Internal
 neighbor 192.168.100.6 peer-group Internal
 neighbor 192.168.100.7 peer-group Internal
 no auto-summary
```

R2 是左 POP 点内的另一台核心路由器。所有的 iBGP 对等体仍用同样的 Internal 的对等体组来表示（见例 8-2）。

接入路由器 R3 将用户前缀插入 BGP 中，它发起前缀 192.168.200.0/24 并向其他 BGP 对等体通告（见例 8-3）。

例 8-2 R2 的相关配置

```
router isis
 net 49.0001.1921.6810.0002.00
 is-type level-2-only
!
router bgp 100
 no synchronization
 bgp router-id 192.168.100.2
 bgp log-neighbor-changes
 neighbor Internal peer-group
 neighbor Internal remote-as 100
 neighbor Internal update-source Loopback0
 neighbor 192.168.100.1 peer-group Internal
 neighbor 192.168.100.3 peer-group Internal
 neighbor 192.168.100.4 peer-group Internal
 neighbor 192.168.100.5 peer-group Internal
 neighbor 192.168.100.6 peer-group Internal
 neighbor 192.168.100.7 peer-group Internal
 no auto-summary
```

8.2 案例研究 1：从 iBGP 全连接环境迁移到路由反射环境

例 8-3　R3 的相关配置

```
router isis
 net 49.0001.1921.6810.0003.00
 is-type level-2-only
!
router bgp 100
 no synchronization
 bgp router-id 192.168.100.3
 bgp log-neighbor-changes
 network 192.168.200.0
 neighbor Internal peer-group
 neighbor Internal remote-as 100
 neighbor Internal update-source Loopback0
 neighbor 192.168.100.1 peer-group Internal
 neighbor 192.168.100.2 peer-group Internal
 neighbor 192.168.100.4 peer-group Internal
 neighbor 192.168.100.5 peer-group Internal
 neighbor 192.168.100.6 peer-group Internal
 neighbor 192.168.100.7 peer-group Internal
 no auto-summary
```

R4 是右 POP 点内的一台核心路由器。它和 R2 有类似的 BGP 配置（见例 8-4）。

例 8-4　R4 的相关配置

```
router isis
 net 49.0001.1921.6810.0004.00
 is-type level-2-only
!
router bgp 100
 no synchronization
 bgp router-id 192.168.100.4
 bgp log-neighbor-changes
 neighbor Internal peer-group
 neighbor Internal remote-as 100
 neighbor Internal update-source Loopback0
 neighbor 192.168.100.1 peer-group Internal
 neighbor 192.168.100.2 peer-group Internal
 neighbor 192.168.100.3 peer-group Internal
 neighbor 192.168.100.5 peer-group Internal
 neighbor 192.168.100.6 peer-group Internal
 neighbor 192.168.100.7 peer-group Internal
 no auto-summary
```

R5 是右 POP 点内的另一台核心路由器（见例 8-5）。

例 8-5　R5 的相关配置

```
router isis
 net 49.0001.1921.6810.0005.00
 is-type level-2-only
```

（待续）

```
!
router bgp 100
 no synchronization
 bgp router-id 192.168.100.5
 bgp log-neighbor-changes
 neighbor Internal peer-group
 neighbor Internal remote-as 100
 neighbor Internal update-source Loopback0
 neighbor 192.168.100.1 peer-group Internal
 neighbor 192.168.100.2 peer-group Internal
 neighbor 192.168.100.3 peer-group Internal
 neighbor 192.168.100.4 peer-group Internal
 neighbor 192.168.100.6 peer-group Internal
 neighbor 192.168.100.7 peer-group Internal
 no auto-summary
```

如例 8-6 所示，接入路由器 R6 将用户前缀插入 BGP 中，它发起前缀 192.168.201.0/24 并向它的 BGP 对等体通告。

例 8-6　R6 的相关配置

```
router isis
 net 49.0001.1921.6810.0006.00
 is-type level-2-only
!
router bgp 100
 no synchronization
 bgp router-id 192.168.100.6
 bgp log-neighbor-changes
 network 192.168.201.0
 neighbor Internal peer-group
 neighbor Internal remote-as 100
 neighbor Internal update-source Loopback0
 neighbor 192.168.100.1 peer-group Internal
 neighbor 192.168.100.2 peer-group Internal
 neighbor 192.168.100.3 peer-group Internal
 neighbor 192.168.100.4 peer-group Internal
 neighbor 192.168.100.5 peer-group Internal
 neighbor 192.168.100.7 peer-group Internal
 no auto-summary
```

右 POP 点内的另一台接入路由器 R7 将用户前缀插入 BGP 中，它发起前缀 192.168.202.0/24 并向它的 BGP 对等体通告（见例 8-7）。

例 8-7　R7 的相关配置

```
router isis
 net 49.0001.1921.6810.0007.00
 is-type level-2-only
!
```

（待续）

8.2 案例研究1：从 iBGP 全连接环境迁移到路由反射环境

```
router bgp 100
 no synchronization
 bgp router-id 192.168.100.7
 bgp log-neighbor-changes
 network 192.168.202.0
 neighbor Internal peer-group
 neighbor Internal remote-as 100
 neighbor Internal update-source Loopback0
 neighbor 192.168.100.1 peer-group Internal
 neighbor 192.168.100.2 peer-group Internal
 neighbor 192.168.100.3 peer-group Internal
 neighbor 192.168.100.4 peer-group Internal
 neighbor 192.168.100.5 peer-group Internal
 neighbor 192.168.100.6 peer-group Internal
 no auto-summary
```

R8 是惟一不在 AS 100 内的路由器，其 BGP 配置如例 8-8 所示。R8 在本地发起前缀 172.16.0.0/16，并向 AS 100 通告。

例 8-8　R8 的相关配置

```
router bgp 200
 no synchronization
 bgp log-neighbor-changes
 network 172.16.0.0
 neighbor 192.168.18.1 remote-as 100
 no auto-summary
!
ip route 172.16.0.0 255.255.0.0 Null0
```

以下挑选了一些路由器的输出作为样例。例 8-9 显示了 R1 上的 IP RIB。注意 AS 100 中的所有环回地址都是可达的。

例 8-9　R1 的 IP RIB

```
R1#show ip route
Codes: C - connected, S - static, I - IGRP, R - RIP, M - mobile, B - BGP
       D - EIGRP, EX - EIGRP external, O - OSPF, IA - OSPF inter area
       N1 - OSPF NSSA external type 1, N2 - OSPF NSSA external type 2
       E1 - OSPF external type 1, E2 - OSPF external type 2, E - EGP
       i - IS-IS, L1 - IS-IS level-1, L2 - IS-IS level-2, ia - IS-IS inter area
       * - candidate default, U - per-user static route, o - ODR
       P - periodic downloaded static route

Gateway of last resort is not set

i L2 192.168.46.0/24 [115/20] via 192.168.14.4, Serial7/0
C    192.168.12.0/24 is directly connected, Ethernet0/0
i L2 192.168.47.0/24 [115/20] via 192.168.14.4, Serial7/0
C    192.168.13.0/24 is directly connected, Ethernet1/0
```

（待续）

```
C    192.168.14.0/24 is directly connected, Serial7/0
C    192.168.15.0/24 is directly connected, Serial8/0
i L2 192.168.45.0/24 [115/20] via 192.168.14.4, Serial7/0
                     [115/20] via 192.168.15.5, Serial8/0
i L2 192.168.25.0/24 [115/20] via 192.168.12.2, Ethernet0/0
                     [115/20] via 192.168.15.5, Serial8/0
i L2 192.168.24.0/24 [115/20] via 192.168.14.4, Serial7/0
                     [115/20] via 192.168.12.2, Ethernet0/0
i L2 192.168.57.0/24 [115/20] via 192.168.15.5, Serial8/0
B    172.16.0.0/16 [20/0] via 192.168.18.8, 00:38:51
i L2 192.168.56.0/24 [115/20] via 192.168.15.5, Serial8/0
B    192.168.200.0/24 [200/0] via 192.168.100.3, 00:20:34
B    192.168.201.0/24 [200/0] via 192.168.100.6, 00:20:02
B    192.168.202.0/24 [200/0] via 192.168.100.7, 00:19:31
i L2 192.168.23.0/24 [115/20] via 192.168.12.2, Ethernet0/0
                     [115/20] via 192.168.13.3, Ethernet1/0
     192.168.100.0/32 is subnetted, 7 subnets
i L2    192.168.100.4 [115/20] via 192.168.14.4, Serial7/0
i L2    192.168.100.5 [115/20] via 192.168.15.5, Serial8/0
i L2    192.168.100.6 [115/30] via 192.168.14.4, Serial7/0
                      [115/30] via 192.168.15.5, Serial8/0
i L2    192.168.100.7 [115/30] via 192.168.15.5, Serial8/0
                      [115/30] via 192.168.14.4, Serial7/0
C       192.168.100.1 is directly connected, Loopback0
i L2    192.168.100.2 [115/20] via 192.168.12.2, Ethernet0/0
i L2    192.168.100.3 [115/20] via 192.168.13.3, Ethernet1/0
C    192.168.18.0/24 is directly connected, Serial6/0
```

例 8-10 显示了 R1 的 BGP 汇总表。注意到，R1 与 R2 直到 R8 之间都有会话。

例 8-10 R1 的 BGP 汇总表

```
R1#show ip bgp summary
BGP router identifier 192.168.100.1, local AS number 100
BGP table version is 5, main routing table version 5
4 network entries and 4 paths using 548 bytes of memory
2 BGP path attribute entries using 120 bytes of memory
1 BGP AS-PATH entries using 24 bytes of memory
0 BGP route-map cache entries using 0 bytes of memory
0 BGP filter-list cache entries using 0 bytes of memory
BGP activity 4/8 prefixes, 4/0 paths, scan interval 60 secs

Neighbor        V    AS  MsgRcvd MsgSent  TblVer  InQ OutQ Up/Down  State/PfxRcd
192.168.18.8    4   200      45      47       5    0    0 00:40:24    1
192.168.100.2   4   100      32      33       5    0    0 00:28:04    0
192.168.100.3   4   100      31      31       5    0    0 00:26:21    1
192.168.100.4   4   100      29      30       5    0    0 00:25:22    0
192.168.100.5   4   100      28      29       5    0    0 00:24:41    0
192.168.100.6   4   100      28      28       5    0    0 00:23:44    1
192.168.100.7   4   100      28      28       5    0    0 00:23:17    1
```

例 8-11 显示了 R7 的 BGP RIB。注意所有 4 条前缀均可用，同时请注意它们的下一跳。
例 8-12 显示了 R8 的 BGP RIB。3 条来自于 AS 100 的前缀已被正确安装。

例 8-11　R7 的 BGP RIB

```
R7#show ip bgp
BGP table version is 5, local router ID is 192.168.100.7
Status codes: s suppressed, d damped, h history, * valid, > best, i - internal,
              r RIB-failure
Origin codes: i - IGP, e - EGP, ? - incomplete

   Network          Next Hop          Metric LocPrf Weight Path
*>i172.16.0.0       192.168.100.1          0    100      0 200 i
*>i192.168.200.0    192.168.100.3          0    100      0 i
*>i192.168.201.0    192.168.100.6          0    100      0 i
*> 192.168.202.0    0.0.0.0                0         32768 i
```

例 8-12　R8 的 BGP RIB

```
R8#show ip bgp
BGP table version is 5, local router ID is 192.168.18.8
Status codes: s suppressed, d damped, h history, * valid, > best, i - internal,
              r RIB-failure
Origin codes: i - IGP, e - EGP, ? - incomplete

   Network          Next Hop          Metric LocPrf Weight Path
*> 172.16.0.0       0.0.0.0                0         32768 i
*> 192.168.200.0    192.168.18.1                         0 100 i
*> 192.168.201.0    192.168.18.1                         0 100 i
*> 192.168.202.0    192.168.18.1                         0 100 i
```

8.2.2　迁移流程

在全互连的网络向基于路由反射器的网络迁移过程中，首先迁移将成为 RR 的那台路由器，然后再依次迁移相应的客户路由器。迁移完全部的客户后，再把剩余的核心路由器迁移成为 RR。如果接入路由器到核心网络有冗余连接，这将最大限度地减少网络中断时间。

注意：正如前面 "最小化流量损失" 一节中指出的那样，如果接入路由器到核心网络没有冗余连接时，你应该建立另外一些 BGP 会话以避免流量损失。这种方法在迁移过程中 BGP 进程不准备被替换的情况下起作用，如案例研究中描述的一样。

以下是涉及步骤的高度概括。

第 1 步　选择初始核心路由器，R4。
第 2 步　为路由反射器客户创建新的对等体组，并激活路由反射功能。
第 3 步　将所有接入路由器移入为客户创建的新对等体组中。
第 4 步　迁移另一台核心路由器 R5 成为 RR，添加接入路由器作为客户。
　　　　对 R5，重复步骤 2 和 3。
第 5 步　拆除不再需要的 iBGP 会话。

第 6 步 对另一个 POP 点，重复步骤 1 到 5。
第 7 步 验证所有前缀的 BGP 可达性。

注意：以这种方式给出的步骤在于方便讨论，在实际迁移中，多数步骤可以在一个维护时限内同时完成。

下面的章节阐述了详细的流程。

第 1 步 选择初始化核心路由器
从将成为 RR 的核心路由器开始迁移。这里选择 R4。

第 2 步 为路由反射器客户创建新的对等体组，并激活路由反射功能
在 R4 上建立另一个名为 Clients 的对等体组来代表它的所有客户。例 8-13 给出了一个对等体组的配置样例。

例 8-13 为客户路由器创建的对等体组

```
neighbor Clients peer-group
neighbor Clients remote-as 100
neighbor Clients update-source Loopback0
neighbor Clients route-reflector-client
```

第 3 步 将所有接入路由器移入为客户建立的新对等体组中
将 R4 的客户对等会话从 Internal 对等体组迁移到 Clients 对等体组中。在右 POP 点中，依次迁移 R6 和 R7。不需要在客户路由器上改动配置。

在任何把 R4 作为 IGP 下一跳的前缀的转接（changeover）过程中，这一步将影响业务。比如，前缀 192.168.201.0/24 始发于 R6，当对等体组成员关系从常规 iBGP 会话转换为客户——路由反射器会话时，这一前缀会从 R4 的 BGP RIB 中被删除。当去往 192.168.201.0/24 的流量到达 R4 时，这些流量就会被丢弃。

为避免流量损失，可采取以下 3 种方法。

- 宕掉 R4 和其他核心路由器之间的链路，因此把 R4 从所有前缀的转发路径上移开。这很可能是最简单的方法但典型地却不被推荐采用，因为这些链路宕掉之后，BGP 会话就无法形成。
- 增大从其他核心路由器到 R4 的 IGP 度量值使流量通过 R5 进入右 POP 点。注意要是不改变同一 POP 点内 R4 和接入路由器之间的 IGP 度量值，离开 POP 点的流量可能仍然把 R4 作为 IGP 的下一跳。如果希望流量对称转发，就应该增大 R4 所有链路的 IGP 度量值。
- 利用物理接口地址或环回地址在 R4 与 R6，R4 与 R7 之间建立另外的 BGP 会话。这些会话允许 R4 在迁移中维护所有的路由信息，使它能分担进出 POP 点的流量。

注意：从配置改变到学到新的路由选择信息的过程中，流量损失是短暂的。

本案例研究选择通过增大 R1 与 R4，R2 与 R4 之间的 IS-IS 链路度量值的方法来把 R4 从到

192.168.201.0/24 和到 192.168.202.0/24 的转发路径上移开。当对等体组改变后，R4 又学到这两条前缀，清除度量值的改变就把 R4 放回到转发路径上。

对于某条前缀而言，客户路由器可能收到额外的路径通告，因为它们既从 R4 接收到这条前缀，又直接从通告这条前缀的对等体接收到。例 8-14 显示了 R4 的对等体组成员关系发生改变后，R6 的 BGP RIB。对于每一条非本地发起的前缀而言都有两条路径。额外的路径是从 R4 反射回来的。

例 8-14　作为 R4 的客户路由器 R6 上的 BGP RIB

```
R6#show ip bgp
BGP table version is 5, local router ID is 192.168.100.6
Status codes: s suppressed, d damped, h history, * valid, > best, i - internal,
              r RIB-failure
Origin codes: i - IGP, e - EGP, ? - incomplete

   Network          Next Hop         Metric LocPrf Weight Path
*  i172.16.0.0      192.168.100.1         0    100      0 200 i
*>i                 192.168.100.1         0    100      0 200 i
*  i192.168.200.0   192.168.100.3         0    100      0 i
*>i                 192.168.100.3         0    100      0 i
*> 192.168.201.0    0.0.0.0               0             32768 i
*  i192.168.202.0   192.168.100.7         0    100      0 i
*>i                 192.168.100.7         0    100      0 I
```

注意：直接的路径被选为最佳路径，因为反射的路径有更长的簇列表（cluster list）。

第 4 步　迁移另一台核心路由器成为 RR，添加接入路由器作为客户

对 R5，重复步骤 2 和 3。当 R4 和 R5 都成为 R6 和 R7 的 RR 时，客户路由器就有了更多的路径。例 8-15 显示了 R7 的 BGP RIB。对于每一条非本地发起的前缀而言，R7 接收到 3 条路径通告：一条来自于起源者（originator），另两条分别来自于两台 RR。

例 8-15　R4 和 R5 都被迁移成为 RR 后，R7 的 BGP RIB

```
R7#show ip bgp
BGP table version is 5, local router ID is 192.168.100.7
Status codes: s suppressed, d damped, h history, * valid, > best, i - internal,
              r RIB-failure
Origin codes: i - IGP, e - EGP, ? - incomplete

   Network          Next Hop         Metric LocPrf Weight Path
*  i172.16.0.0      192.168.100.1         0    100      0 200 i
*  i                192.168.100.1         0    100      0 200 i
*>i                 192.168.100.1         0    100      0 200 i
*  i192.168.200.0   192.168.100.3         0    100      0 i
*  i                192.168.100.3         0    100      0 i
*>i                 192.168.100.3         0    100      0 i
*  i192.168.201.0   192.168.100.6         0    100      0 i
*  i                192.168.100.6         0    100      0 i
*>i                 192.168.100.6         0    100      0 i
*> 192.168.202.0    0.0.0.0               0             32768 i
```

例 8-16 显示了 192.168.201.0/24 的详细路径信息。第一条路径从 R5 反射回来,第二条从 R4 反射回来,第三条直接从 R6 获得。第三条路径被选择为最佳路径。

第 5 步 拆除不再需要的 iBGP 会话

拆除不需要的 BGP 会话。在被迁移成为路由反射器客户的 R6 和 R7 上,除了那些与本 POP 点内路由反射器 R4 和 R5 的 BGP 会话外,拆除所有其他的。在另一个 POP 点内的所有路由器上,拆除它们与 R6 和 R7 的 BGP 会话。现在,路由反射器客户的 RIB 内只有从 RR 反射回来的路径。

例 8-17 显示了 R6 的 BGP 汇总表。现在只剩下两条 BGP 会话:一条到 R4,另一条到 R5。

例 8-16 到 192.168.201.0 的详细路径信息

```
R7#show ip bgp 192.168.201.0
BGP routing table entry for 192.168.201.0/24, version 3
Paths: (3 available, best #3, table Default-IP-Routing-Table)
  Not advertised to any peer

  Local
    192.168.100.6 (metric 30) from 192.168.100.5 (192.168.100.5)
      Origin IGP, metric 0, localpref 100, valid, internal
      Originator: 192.168.100.6, Cluster list: 192.168.100.5
  Local
    192.168.100.6 (metric 30) from 192.168.100.4 (192.168.100.4)
      Origin IGP, metric 0, localpref 100, valid, internal
      Originator: 192.168.100.6, Cluster list: 192.168.100.4
  Local
    192.168.100.6 (metric 30) from 192.168.100.6 (192.168.100.6)
      Origin IGP, metric 0, localpref 100, valid, internal, best
```

例 8-17 拆除步骤完成后,R6 的 BGP 汇总表

```
R6#show ip bgp summary
BGP router identifier 192.168.100.6, local AS number 100
BGP table version is 8, main routing table version 8
4 network entries and 7 paths using 668 bytes of memory
3 BGP path attribute entries using 180 bytes of memory
6 BGP rrinfo entries using 144 bytes of memory
1 BGP AS-PATH entries using 24 bytes of memory
0 BGP route-map cache entries using 0 bytes of memory
0 BGP filter-list cache entries using 0 bytes of memory
BGP activity 4/74 prefixes, 11/4 paths, scan interval 60 secs

Neighbor        V    AS MsgRcvd MsgSent   TblVer  InQ OutQ Up/Down  State/PfxRcd
192.168.100.4   4   100    1120    1119        8    0    0 17:12:34           3
192.168.100.5   4   100    1114    1111        8    0    0 00:07:35           3
```

例 8-18 显示了 BGP 会话拆除完成后,R7 的 BGP RIB。对于每一条非本地发起的前缀而言,现在有两条路径可用。

例 8-18　BGP 会话拆除完成后，R7 的 BGP RIB

```
R7#show ip bgp
BGP table version is 8, local router ID is 192.168.100.7
Status codes: s suppressed, d damped, h history, * valid, > best, i - internal,
              r RIB-failure
Origin codes: i - IGP, e - EGP, ? - incomplete

   Network          Next Hop         Metric LocPrf Weight Path
*  i172.16.0.0      192.168.100.1         0    100      0 200 i
*>i                 192.168.100.1         0    100      0 200 i
*  i192.168.200.0   192.168.100.3         0    100      0 i
*>i                 192.168.100.3         0    100      0 i
*  i192.168.201.0   192.168.100.6         0    100      0 i
*>i                 192.168.100.6         0    100      0 i
*> 192.168.202.0    0.0.0.0               0           32768 i
```

例 8-19 显示了 R7 上前缀 172.16.0.0/16 的详细路径信息。两条路径都是被反射回来的，分别来自于各个 RR。

例 8-19　R7 上 172.16.0.0/16 的详细路径信息

```
R7#show ip bgp 172.16.0.0
BGP routing table entry for 172.16.0.0/16, version 7
Paths: (2 available, best #2, table Default-IP-Routing-Table)
  Not advertised to any peer
  200
    192.168.100.1 (metric 30) from 192.168.100.5 (192.168.100.5)
      Origin IGP, metric 0, localpref 100, valid, internal
      Originator: 192.168.100.1, Cluster list: 192.168.100.5
  200
    192.168.100.1 (metric 30) from 192.168.100.4 (192.168.100.4)
      Origin IGP, metric 0, localpref 100, valid, internal, best
      Originator: 192.168.100.1, Cluster list: 192.168.100.4
```

第 6 步　对另一个 POP 点，重复步骤 1 到 5

对剩下的 POP 点重复步骤 1 到 5。在本案例研究中，只剩下一个 POP 点需要迁移。

第 7 步　验证所有前缀的 BGP 可达性

验证所有的会话都建立起来，所有的路由都被正确地接收到。以下是一些样例输出。

例 8-20 显示了 R1 的 BGP 汇总表。这里有 5 个 BGP 会话：一个是与外部邻居 R8 的，三个是与所有其他 RR 的 iBGP 会话，还有一个是与路由反射器客户 R3 的 iBGP 会话。

例 8-20　R1 的 BGP 汇总表

```
R1#show ip bgp summary
BGP router identifier 192.168.100.1, local AS number 100
BGP table version is 9, main routing table version 9
```

（待续）

```
4 network entries and 7 paths using 668 bytes of memory
2 BGP path attribute entries using 120 bytes of memory
5 BGP rrinfo entries using 120 bytes of memory
1 BGP AS-PATH entries using 24 bytes of memory
0 BGP route-map cache entries using 0 bytes of memory
0 BGP filter-list cache entries using 0 bytes of memory
BGP activity 5/41 prefixes, 10/3 paths, scan interval 60 secs

Neighbor         V    AS  MsgRcvd MsgSent  TblVer  InQ OutQ Up/Down  State/PfxRcd
192.168.18.8     4   200    1151    1153        9    0    0 19:06:30            1
192.168.100.2    4   100    1152    1154        9    0    0 19:07:32            1
192.168.100.3    4   100      29      32        9    0    0 00:24:07            1
192.168.100.4    4   100    1153    1153        9    0    0 19:07:33            2
192.168.100.5    4   100    1153    1153        9    0    0 19:07:07            2
```

例 8-21 显示了 R1 的 BGP RIB。对于每一条内部前缀而言，它都从冗余的 RR 上接收到冗余的路径。

例 8-21　R1 的 BGP RIB

```
R1#show ip bgp
BGP table version is 9, local router ID is 192.168.100.1
Status codes: s suppressed, d damped, h history, * valid, > best, i - internal,
              r RIB-failure
Origin codes: i - IGP, e - EGP, ? - incomplete

   Network          Next Hop         Metric LocPrf Weight Path
*> 172.16.0.0       192.168.18.8          0             0 200 i
* i192.168.200.0    192.168.100.3         0    100      0 i
*>i                 192.168.100.3         0    100      0 i
* i192.168.201.0    192.168.100.6         0    100      0 i
*>i                 192.168.100.6         0    100      0 i
* i192.168.202.0    192.168.100.7         0    100      0 i
*>i                 192.168.100.7         0    100      0 i
```

验证 AS 200 仍然从 AS 100 接收到所有的 3 条前缀。例 8-22 显示了 R8 的 BGP RIB，这和迁移前的一样。

例 8-22　R8 的 BGP RIB

```
R8#show ip bgp
BGP table version is 7, local router ID is 192.168.18.8
Status codes: s suppressed, d damped, h history, * valid, > best, i - internal,
              r RIB-failure
Origin codes: i - IGP, e - EGP, ? - incomplete

   Network          Next Hop         Metric LocPrf Weight Path
*> 172.16.0.0       0.0.0.0               0         32768 i
*> 192.168.200.0    192.168.18.1                        0 100 i
*> 192.168.201.0    192.168.18.1                        0 100 i
*> 192.168.202.0    192.168.18.1                        0 100 i
```

8.2.3 最终的 BGP 配置

本节挑选了一些路由器来总结迁移后相应的 BGP 配置。这里有两份配置：一份是路由反射器的，一份是路由反射器客户的。

例 8-23 显示了 R1 最终的 BGP 配置。

例 8-23　R1 最终的 BGP 配置

```
router bgp 100
 no synchronization
 bgp router-id 192.168.100.1
 bgp log-neighbor-changes
 neighbor Internal peer-group
 neighbor Internal remote-as 100
 neighbor Internal update-source Loopback0
 neighbor Internal next-hop-self
 neighbor Clients peer-group
 neighbor Clients remote-as 100
 neighbor Clients update-source Loopback0
 neighbor Clients route-reflector-client
 neighbor Clients next-hop-self
 neighbor 192.168.18.8 remote-as 200
 neighbor 192.168.100.2 peer-group Internal
 neighbor 192.168.100.3 peer-group Clients
 neighbor 192.168.100.4 peer-group Internal
 neighbor 192.168.100.5 peer-group Internal
 no auto-summary
```

例 8-24 显示了 R3 最终的 BGP 配置。

例 8-24　R3 最终的 BGP 配置

```
router bgp 100
 no synchronization
 bgp router-id 192.168.100.3
 bgp log-neighbor-changes
 network 192.168.200.0
 neighbor Internal peer-group
 neighbor Internal remote-as 100
 neighbor Internal update-source Loopback0
 neighbor 192.168.100.1 peer-group Internal
 neighbor 192.168.100.2 peer-group Internal
 no auto-summary
```

8.3 案例研究 2：从 iBGP 全连接环境迁移到联盟环境

本案例研究提供了如何从 iBGP 全连接网络架构迁移到基于联盟的网络架构的详细流程。迁移前的初始拓扑如图 8-1 所示，最终拓扑如图 8-3 所示。整个联盟内使用同样的 IGP（IS-IS）。如果不同的成员自治系统使用不同的 IGP 或 IGP 实例，那么它们也需要被迁移。迁移 IGP 超出了本章的讨论范围。

8.3.1 初始配置和 RIB

由于本案例研究采用和案例研究 1 相同的初始拓扑，所以基本的配置和 RIB 没有变化。

8.3.2 迁移流程

因为 BGP 联盟网络架构和全连接的 iBGP 网络架构存在重大差异，所以意料中将破坏现存的网络。这些流程的目的就是要在向新网络架构迁移的过程中，把破坏降到最低程度。

本节阐述的这些流程利用了 BGP 联盟 ID 可以和它的成员 AS 号相同这种特性的优势。当第一台路由器被迁移到新的成员 AS 时，整个 AS 100 应该被变换成联盟。实际上，这就把原来的 AS 100 变换成联盟 100，而联盟 100 有两个成员自治系统，其中一个自治系统号就是 100。剩下的流程就是把成员 AS 100 中的路由器迁移到合适的成员自治系统。

以下是这些步骤的高度概括：

第 1 步 选择 R4 作为初始路由器，把它移到转发路径外。
第 2 步 清除 R4 的 BGP 进程，并用联盟配置替代。用联盟配置更新其他所有路由器。
第 3 步 建立 iBGP 全连接会话和联盟内 eBGP 会话。
第 4 步 在 R1 和 R2 上更新与 R4 的对等关系配置。
第 5 步 把 R6 从成员 AS 100 移到成员 AS 65001 中，并把 R4 放回到转发路径上。
第 6 步 把 R7 从成员 AS 100 移到成员 AS 65001 中，并把 R5 移到转发路径外。
第 7 步 把 R5 从成员 AS 100 移到成员 AS 65001 中，并把 R5 放回到转发路径上。
第 8 步 在 R1 和 R2 上更新与 R5 的对等关系。
第 9 步 把 R2 移到转发路径外，并把 R2 从成员 AS 100 移到成员 AS 65000 中。
第 10 步 更新与 R2 的对等关系，并把 R2 放回到转发路径上。
第 11 步 把 R3 从成员 AS 100 移到成员 AS 65000 中。
第 12 步 把 R1 从成员 AS 100 移到成员 AS 65000 中。
第 13 步 更新与 R1 的对等关系。

第 14 步　验证所有前缀的 BGP 可达性。

下面的章节阐述了详细的流程。

第 1 步　选择 R4 作为初始路由器并把它移到转发路径外

选择右 POP 点内的 R4 作为初始路由器。如果 R4 在转发路径上，清除它的 BGP 配置后，流量将被吞噬。例如，对于从 R6 和 R7 去往 192.168.200.0/24 和 172.16.0.0/16 的流量来说，如果其 IGP 下一跳是 R4，R4 上将产生一个黑洞（black hole）。要解决这一问题，像前面讨论的一样，可以把 R4 移到转发路径外，或者建立临时的 iBGP 会话。为简便起见，本案例研究采用增大往 R4 的 IS-IS 链路度量值的方法来把 R4 移到转发路径外。

例 8-25 显示了把 R4 移到转发路径外后，R1 上去往 192.168.100.6（为 192.168.201.0/24 的 BGP 下一跳）的 Cisco 快速转发（Cisco Express Forwarding，CEF）路径。

例 8-25　R1 上去往 192.168.100.6 的 CEF 路径

```
R1#show ip cef 192.168.100.6
192.168.100.6/32, version 44, epoch 0, cached adjacency to Serial8/0
0 packets, 0 bytes
  via 192.168.15.5, Serial8/0, 1 dependency
    next hop 192.168.15.5, Serial8/0
    valid cached adjacency
```

例 8-26 显示了把 R4 移到转发路径外后，R2 上去往 192.168.100.6 的 CEF 路径。

例 8-26　R2 上去往 192.168.100.6 的 CEF 路径

```
R2#show ip cef 192.168.100.6
192.168.100.6/32, version 33, epoch 0, cached adjacency to Serial10/0
0 packets, 0 bytes
  via 192.168.25.5, Serial10/0, 1 dependency
    next hop 192.168.25.5, Serial10/0
    valid cached adjacency
```

第 2 步　使用联盟配置替代 R4 的 BGP 进程，并更新其他所有路由器的配置

用成员 AS 65001 替换当前的 BGP 进程，用当前 AS 的号码 100 作为联盟 ID 来配置联盟，采用 100 和 65000 作为对等成员的 AS 号。

例 8-27 逐行显示了 R4 新的联盟配置。

例 8-27　R4 的 BGP 联盟配置

```
R4(config)#no router bgp 100
R4(config)#bgp router 65001
R4(config-router)#bgp confederation identifier 100
R4(config-router)#bgp confederation peers 100 65000
```

注意：在实际迁移中，第 2 步和第 3 步可以合并操作。这里提供两个步骤在于方便讨论。

对 AS 100 内所有其他路由器添加联盟配置——特别是用 **bgp confederation identifier 100** 和 **bgp confederation peers** 这两条命令。参考最终的拓扑确定采用的成员 AS 号。

第 3 步　建立 iBGP 全连接会话和联盟内 eBGP 会话

为成员 AS 内的对等体创建一个名为 Internal 的对等体组，并把 R5、R6 和 R7 分配进去。建立额外的成员 AS 间的对等会话。这样，R4 与 R1 和 R2 就建立了对等关系。本章中，物理地址用作对等体 ID，当然也可以用环回地址。在转接过程中，R1、R2、R4、R5、R6 和 R7 可能会抱怨说对等体在错误的 AS 中。忽略这些出错消息，在这一步迁移过程中这是意料中的事。此外，R3 与 R4 的 iBGP 会话宕掉了，这也是意料中的。

例 8-28 显示了 R4 新的 BGP 配置。

例 8-28　R4 的 BGP 配置

```
router bgp 65001
 no synchronization
 bgp router-id 192.168.100.4
 bgp log-neighbor-changes
 bgp confederation identifier 100
 bgp confederation peers 100 65000
 neighbor Internal peer-group
 neighbor Internal remote-as 65001
 neighbor Internal update-source Loopback0
 neighbor 192.168.14.1 remote-as 100
 neighbor 192.168.24.2 remote-as 100
 neighbor 192.168.100.5 peer-group Internal
 neighbor 192.168.100.6 peer-group Internal
 neighbor 192.168.100.7 peer-group Internal
 no auto-summary
```

第 4 步　在 R1 和 R2 上更新与 R4 的对等关系配置

因为 R1 和 R2 已经是联盟的一部分，所以需要修改配置，把当前与 R4 的 iBGP 对等会话改成 eBGP 对等会话，如例 8-29 所示。这里的对等会话地址采用物理地址。

可以使用几种方法使联盟 100 内不同的成员 AS 能够到达 R8：

- 如果整个联盟使用相同的 IGP，可以把 R1 和 R8 之间的链路作为 IGP 的一部分。推荐这种方法。
- 仅对外部路由，利用路由映射把它们的下一跳重置为 R1，并且不改变内部路由和联盟内 eBGP 路由的下一跳。这很可能是一种最具扩展性的方法。
- 对所有 iBGP 会话和联盟内的 eBGP 会话，在 R1 上使用 **next-hop-self** 命令。当把一种网络架构迁移到联盟架构，或反过来时，你应该避免使用这种方法，因为这将形成联盟内路由器之间短暂的环路。本案例研究演示了这种方法带来的危险和避免环路形成的措施。

例 8-29 显示了 R1 修改后的 BGP 配置。本案例研究选择通过 IGP 使 R8 的地址可达的方法，因此没有重置 R1 与 R4 会话的 BGP 下一跳，并且在 Internal 对等体组中删除了 **next-hop-self** 配置。本案例研究的后面将演示重置该会话的下一跳到 R1 的危险。在 R2 上做了类似的配置修改（未给出）。注意 R6 与 R7 的 iBGP 会话仍然保持激活状态，这将在后面的步骤被拆除。这些会话建立后，R4 从 R1 和 R2 学到了所有的前缀。

例 8-29　R1 上 BGP 配置的变化

```
router bgp 100
 no synchronization
 bgp router-id 192.168.100.1
 bgp log-neighbor-changes
 bgp confederation identifier 100
 bgp confederation peers 65001
 neighbor Internal peer-group
 neighbor Internal remote-as 100
 neighbor Internal update-source Loopback0
 neighbor 192.168.14.4 remote-as 65001
 neighbor 192.168.18.8 remote-as 200
 neighbor 192.168.100.2 peer-group Internal
 neighbor 192.168.100.3 peer-group Internal
 neighbor 192.168.100.5 peer-group Internal
 neighbor 192.168.100.6 peer-group Internal
 neighbor 192.168.100.7 peer-group Internal
 no auto-summary
```

注意：在配置中，有阴影的行意味该行被修改过，或者是新增加的。

图 8-4 显示了当前的网络拓扑。尽管 R4 配置完整，但它却不在转发路径上（图中显示为隔离状态）。子 AS（sub-AS）100 内，所有的路由器仍然是全连接的。进行第 5 步之前，验证其他所有的路由器仍然正确地接收到所有的前缀。

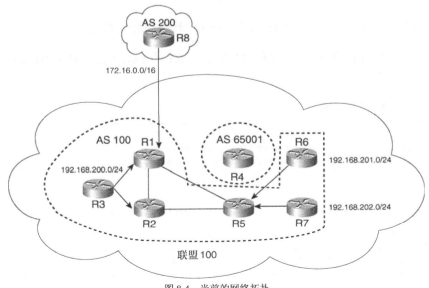

图 8-4　当前的网络拓扑

第 5 步 把 R6 从成员 AS 100 移到成员 AS 65001 中，并把 R4 放回到转发路径上

把 R6 移到成员 AS 65001 中，对于本地发起的前缀而言，这一步将影响业务。例 8-30 显示了 R6 新的 BGP 配置。注意 R6 没有与另一个 POP 点内的任何一台路由器建立对等关系。

注意：如例 8-30 所示，当整个 BGP 配置改变后，就不再用高亮（加阴影）显示。

例 8-30　R6 当前的 BGP 配置

```
router bgp 65001
 no synchronization
 bgp router-id 192.168.100.6
 bgp log-neighbor-changes
 bgp confederation identifier 100
 bgp confederation peers 100 65000
 network 192.168.201.0
 neighbor Internal peer-group
 neighbor Internal remote-as 65001
 neighbor Internal update-source Loopback0
 neighbor 192.168.100.4 peer-group Internal
 neighbor 192.168.100.5 peer-group Internal
 neighbor 192.168.100.7 peer-group Internal
 no auto-summary
```

当 R4 学到 R6 的前缀后，把 R4 放回到转发路径上就使得 R4 和 R5 能够分担流量。验证前缀 172.16.0.0/16 在 R4 和 R6 上可用，前缀 192.168.201.0/24 在成员 AS 100 内的所有路由器和 R8 上可用。注意从第 4 步起，R4 已经有前缀 192.168.202.0/24 了。

注意：也可以更早地，在第 4 步结束时，把 R4 放回到转发路径上。

验证 R1 正确地学到所有的前缀。例 8-31 显示了 R1 的 BGP RIB，其中前缀 192.168.201.0/24 是从成员 AS 65001 学到的。

例 8-31　R1 的 BGP RIB

```
R1#show ip bgp
BGP table version is 11, local router ID is 192.168.100.1
Status codes: s suppressed, d damped, h history, * valid, > best, i - internal,
              r RIB-failure
Origin codes: i - IGP, e - EGP, ? - incomplete

   Network          Next Hop         Metric LocPrf Weight Path
*> 172.16.0.0       192.168.18.8          0             0 200 i
*>i192.168.200.0    192.168.100.3         0    100      0 i
*> 192.168.201.0    192.168.100.6         0    100      0 (65001) i
*>i192.168.202.0    192.168.100.7         0    100      0 i
```

例 8-32 显示了 R8 当前的 BGP RIB。R8 正确地接收了所有 3 条前缀，其 AS 号是 100，但成员 AS 号不可见。

例 8-32 R8 的 BGP RIB

```
R8#show ip bgp
BGP table version is 17, local router ID is 192.168.18.8
Status codes: s suppressed, d damped, h history, * valid, > best, i - internal,
              r RIB-failure
Origin codes: i - IGP, e - EGP, ? - incomplete

   Network          Next Hop         Metric LocPrf Weight Path
*> 172.16.0.0       0.0.0.0               0         32768 i
*> 192.168.200.0    192.168.18.1                        0 100 i
*> 192.168.201.0    192.168.18.1                        0 100 i
*> 192.168.202.0    192.168.18.1                        0 100 i
```

在这一阶段，网络中没有 BGP 的冗余部分。这是因为 R4 与 R7、R5 与 R6、R4 与 R5 的会话仍然是宕的。当前的拓扑显示在图 8-5 中。

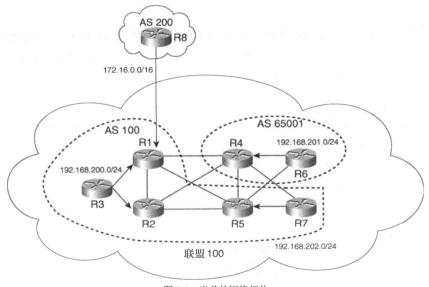

图 8-5 当前的网络拓扑

如果在 R1 和 R4 会话上使用 **next-hop-self** 命令（第 4 步中的第 3 种选择），它们之间就会出现潜在的转发环路。例 8-33 显示了 R4 的 BGP RIB。除了 R6 的路由外，所有其他的前缀都是从成员 AS 100 学到的。注意去往 192.168.202.0 的 BGP 下一跳是 R1，这条路径（最佳路径）是从 R1 学来的。对于该前缀，R1 和 R4 之间形成了的转发环路，因为 R4 也是从 R1 到 R7 的两条 IGP 下一跳之一。

例 8-33 R4 的 BGP RIB

```
R4#show ip bgp
BGP table version is 8, local router ID is 192.168.100.4
Status codes: s suppressed, d damped, h history, * valid, > best, i - internal,
              r RIB-failure, S Stale
Origin codes: i - IGP, e - EGP, ? - incomplete

   Network          Next Hop         Metric LocPrf Weight Path
*  172.16.0.0       192.168.100.1         0    100      0 (100) 200 i
*>                  192.168.14.1          0    100      0 (100) 200 i
*  192.168.200.0    192.168.100.3         0    100      0 (100) i
*>                  192.168.14.1          0    100      0 (100) i
*>i192.168.201.0    192.168.100.6         0    100      0 i
*  192.168.202.0    192.168.100.7         0    100      0 (100) i
*>                  192.168.14.1          0    100      0 (100) i
```

正如前面第 4 步所述，仅当 R1 上重置所有前缀的下一跳时，才会形成短暂的转发环路。因此，解决的办法就是不为成员自治系统间的会话重置下一跳。如果整个联盟使用相同的 IGP，你可以把 R1 和 R8 之间的链路置于 IS-IS 中；或者在 R1 上仅重置它所学到的 eBGP 路由的下一跳。

第 6 步 把 R7 从成员 AS 100 移到成员 AS 65001 中，并把 R5 移到转发路径外

把 R7 从成员 AS 100 移到成员 AS 65001 中，对于本地发起的前缀而言，这一步将影响业务。例 8-34 显示了 R7 新的 BGP 配置。

例 8-34 R7 的 BGP 配置

```
router bgp 65001
 no synchronization
 bgp router-id 192.168.100.7
 bgp log-neighbor-changes
 bgp confederation identifier 100
 bgp confederation peers 100 65000
 network 192.168.202.0
 neighbor Internal peer-group
 neighbor Internal remote-as 65001
 neighbor Internal update-source Loopback0
 neighbor 192.168.100.4 peer-group Internal
 neighbor 192.168.100.5 peer-group Internal
 neighbor 192.168.100.6 peer-group Internal
 no auto-summary
```

为 R5 的迁移（下一步）做准备，并避免流量损失，你应该通过增大到 R5 的 IGP 度量值的方法把 R5 移到转发路径外。由于 R4 可达所有前缀，因此流量转发不受影响。当前的网络拓扑显示在图 8-6 中。

警告：如果在 R1 上为 R1 和 R4 会话配置 **next-hop-self** 命令，可能会形成潜在的转发环路。

当 R5 从 R1 学到前缀 192.168.201.0，其 BGP 下一跳被重置为 R1，而 R5 又是 R1 前缀的 IGP 下一跳，环路就形成了。尽管如此，可以把 R5 移到转发路径外以避免环路。

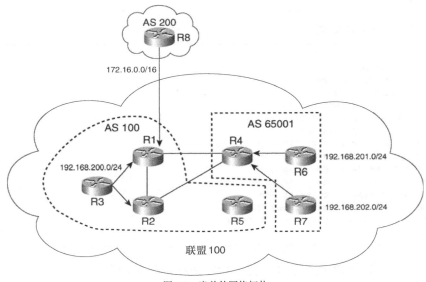

图 8-6　当前的网络拓扑

第 7 步　把 R5 从成员 AS 100 移到成员 AS 65001 中，并把 R5 放回到转发路径上

把 R5 从成员 AS 100 移到成员 AS 65001 中。现在，R4、R6 和 R7 应该不再提示关于错误 AS 的告警信息。例 8-35 显示了 R5 新的 BGP 配置。

例 8-35　R5 的 BGP 配置

```
router bgp 65001
 no synchronization
 bgp router-id 192.168.100.5
 bgp log-neighbor-changes
 bgp confederation identifier 100
 bgp confederation peers 100 65000
 neighbor Internal peer-group
 neighbor Internal remote-as 65001
 neighbor Internal update-source Loopback0
 neighbor 192.168.15.1 remote-as 100
 neighbor 192.168.25.2 remote-as 100
 neighbor 192.168.100.4 peer-group Internal
 neighbor 192.168.100.6 peer-group Internal
 neighbor 192.168.100.7 peer-group Internal
 no auto-summary
```

在 R5 学到路由选择信息后，你可以清除第 6 步中改变 IGP 度量值的操作，把 R5 放回到转发路径上。

第 8 步 在 R1 和 R2 上更新与 R5 的对等关系

在 R1 和 R2 上更新与 R5 的对等关系，同时拆除它们与 R6 和 R7 的对等关系。例 8-36 显示了 R1 新的 BGP 配置。

例 8-36　R1 的 BGP 配置

```
router bgp 100
 no synchronization
 bgp router-id 192.168.100.1
 bgp log-neighbor-changes
 bgp confederation identifier 100
 bgp confederation peers 65001
 neighbor Internal peer-group
 neighbor Internal remote-as 100
 neighbor Internal update-source Loopback0
 neighbor 192.168.14.4 remote-as 65001
 neighbor 192.168.15.5 remote-as 65001
 neighbor 192.168.18.8 remote-as 200
 neighbor 192.168.100.2 peer-group Internal
 neighbor 192.168.100.3 peer-group Internal
 no auto-summary
```

这一步完成了对右 POP 点的迁移。更新后的拓扑如图 8-7 所示。

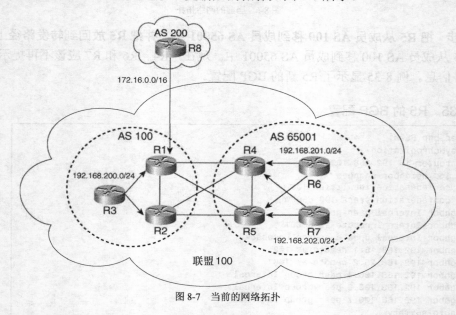

图 8-7　当前的网络拓扑

第 9 步 把 R2 移到转发路径外，并把 R2 从成员 AS 100 移到成员 AS 65000 中

把 R2 从当前的成员 AS 100 移到新的成员 AS 65000 中。为了避免 R2 吞噬流量，在完成 R2 的迁移前（下一步），你应该把 R2 移到转发路径外。例 8-37 显示了 R2 新的 BGP 配置。

例 8-37　R2 的 BGP 配置

```
router bgp 65000
 no synchronization
 bgp router-id 192.168.100.2
 bgp log-neighbor-changes
 bgp confederation identifier 100
 bgp confederation peers 65001
 neighbor Internal peer-group
 neighbor Internal remote-as 65000
 neighbor Internal update-source Loopback0
 neighbor 192.168.24.4 remote-as 65001
 neighbor 192.168.25.5 remote-as 65001
 neighbor 192.168.100.1 peer-group Internal
 neighbor 192.168.100.3 peer-group Internal
 no auto-summary
```

图 8-8 显示了更新后的拓扑。注意 R2 不在任何前缀的转发路径上。

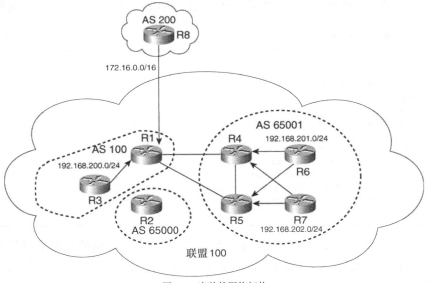

图 8-8　当前的网络拓扑

第 10 步　更新与 R2 的对等关系，并把 R2 放回到转发路径上

在 R4 和 R5 上更新与 R2 的对等关系。R4 上更新后的 BGP 配置如例 8-38 所示。对 R5 的 BGP 配置做类似的修改（未给出）。

例 8-38　R4 的 BGP 配置

```
router bgp 65001
 no synchronization
```

（待续）

```
 bgp router-id 192.168.100.4
 bgp log-neighbor-changes
 bgp confederation identifier 100
 bgp confederation peers 100 65000
 neighbor Internal peer-group
 neighbor Internal remote-as 65001
 neighbor Internal update-source Loopback0
 neighbor 192.168.14.1 remote-as 100
 neighbor 192.168.24.2 remote-as 65000
 neighbor 192.168.100.5 peer-group Internal
 neighbor 192.168.100.6 peer-group Internal
 neighbor 192.168.100.7 peer-group Internal
 no auto-summary
```

在 R2 学到路由选择信息后，清除第 9 步中改变 IGP 度量值的操作，把 R2 放回到转发路径上。

第 11 步 把 R3 从成员 AS 100 移到成员 AS 65000 中

把 R3 从成员 AS 100 移到成员 AS 65000 中，对于本地发起的前缀而言，这一步将影响业务。现在，你可以把它与另一个 POP 点中的路由器之间的会话拆除掉。例 8-39 显示了 R3 新的 BGP 配置。

例 8-39　R3 的 BGP 配置

```
router bgp 65000
 no synchronization
 bgp router-id 192.168.100.3
 bgp log-neighbor-changes
 bgp confederation identifier 100
 bgp confederation peers 65001
 network 192.168.200.0
 neighbor Internal peer-group
 neighbor Internal remote-as 65000
 neighbor Internal update-source Loopback0
 neighbor 192.168.100.1 peer-group Internal
 neighbor 192.168.100.2 peer-group Internal
 no auto-summary
```

例 8-40 显示了 R2 当前的 BGP 汇总表。因为 R1 并没有用正确的配置来更新与 R2 的对等关系，所以，意料中，R2 与 R1（处于活动状态）之间的会话宕掉了。并不需要保活这一会话，因为下一步就迁移 R1。

例 8-41 显示了 R1 新的 BGP RIB。所有的路由被正确地接收，并被安装。因为 R1 与 R3、R1 与 R2 之间的会话宕掉了，所以前缀 192.168.200.0 从成员 AS 65001 中的 R4 和 R5 上接收过来。这很好，因为流量转发仍然沿着 IGP 的路径从 R1 直接到 R3。

例 8-40　R2 的 BGP 汇总表

```
R2#show ip bgp summary
BGP router identifier 192.168.100.2, local AS number 65000
BGP table version is 9, main routing table version 9
```

（待续）

8.3 案例研究 2：从 iBGP 全连接环境迁移到联盟环境

```
4 network entries and 7 paths using 668 bytes of memory
3 BGP path attribute entries using 180 bytes of memory
2 BGP AS-PATH entries using 48 bytes of memory
0 BGP route-map cache entries using 0 bytes of memory
0 BGP filter-list cache entries using 0 bytes of memory
BGP activity 5/35 prefixes, 9/2 paths, scan interval 60 secs

Neighbor        V    AS MsgRcvd MsgSent   TblVer  InQ OutQ Up/Down  State/PfxRcd
192.168.24.4    4 65001      32      27        9    0    0 00:12:50           3
192.168.25.5    4 65001      33      34        9    0    0 00:12:08           3
192.168.100.1   4 65000      37      37        0    0    0 never     Active
192.168.100.3   4 65000      39      43        9    0    0 00:02:27           1
```

例 8-41 R1 的 BGP RIB

```
R1#show ip bgp
BGP table version is 15, local router ID is 192.168.100.1
Status codes: s suppressed, d damped, h history, * valid, > best, i - internal,
              r RIB-failure
Origin codes: i - IGP, e - EGP, ? - incomplete

   Network          Next Hop         Metric LocPrf Weight Path
*> 172.16.0.0       192.168.18.8          0             0 200 i
*  192.168.200.0    192.168.100.3         0    100      0 (65001 65000) i
*>                  192.168.100.3         0    100      0 (65001 65000) i
*  192.168.201.0    192.168.100.6         0    100      0 (65001) i
*>                  192.168.100.6         0    100      0 (65001) i
*  192.168.202.0    192.168.100.7         0    100      0 (65001) i
*>                  192.168.100.7         0    100      0 (65001) i
```

图 8-9 显示了当前的拓扑。

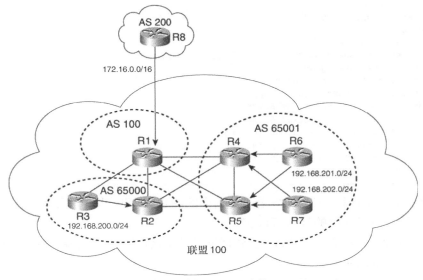

图 8-9 移入 AS 65000 中的 R3

第 12 步　把 R1 从成员 AS 100 移到成员 AS 65000 中

把 R1 从成员 AS 100 移到成员 AS 65000 中。这将清除拓扑中的成员 AS 100，并影响 AS 200 和联盟 100 之间的业务——除非存在冗余的连接。例 8-42 显示了 R1 新的 BGP 配置。

例 8-42　R1 的 BGP 配置

```
router bgp 65000
 no synchronization
 bgp router-id 192.168.100.1
 bgp log-neighbor-changes
 bgp confederation identifier 100
 bgp confederation peers 65001
 neighbor Internal peer-group
 neighbor Internal remote-as 65000
 neighbor Internal update-source Loopback0
 neighbor 192.168.14.4 remote-as 65001
 neighbor 192.168.15.5 remote-as 65001
 neighbor 192.168.18.8 remote-as 200
 neighbor 192.168.100.2 peer-group Internal
 neighbor 192.168.100.3 peer-group Internal
 no auto-summary
```

第 13 步　更新与 R1 的对等关系

在 R4 和 R5 上更新与 R1 的对等关系。例 8-43 显示了 R4 新的 BGP 配置。在 R5 上做了类似的修改（未给出）。现在你可以把成员 AS 100 从对等体列表（peer list）中清除掉。

例 8-43　R4 的 BGP 配置

```
router bgp 65001
 no synchronization
 bgp router-id 192.168.100.4
 bgp log-neighbor-changes
 bgp confederation identifier 100
 bgp confederation peers 65000
 neighbor Internal peer-group
 neighbor Internal remote-as 65001
 neighbor Internal update-source Loopback0
 neighbor 192.168.14.1 remote-as 65000
 neighbor 192.168.24.2 remote-as 65000
 neighbor 192.168.100.5 peer-group Internal
 neighbor 192.168.100.6 peer-group Internal
 neighbor 192.168.100.7 peer-group Internal
 no auto-summary
```

到这一步就完成了迁移。最终的拓扑就是前面的图 8-3。下一步，你应该验证前缀的可达性。

第 14 步　验证所有前缀的 BGP 可达性

验证所有的会话是激活的，并且所有的路由都被正确地接收到。以下的例子显示了一些样例输出。

例 8-44 显示了 R1 的 BGP 汇总表。

例 8-45 显示了 R5 的 BGP 汇总表。

例 8-44　R1 的 BGP 汇总表

```
R1#show ip bgp summary
BGP router identifier 192.168.100.1, local AS number 65000
BGP table version is 5, main routing table version 5
4 network entries and 8 paths using 708 bytes of memory
3 BGP path attribute entries using 180 bytes of memory
2 BGP AS-PATH entries using 48 bytes of memory
0 BGP route-map cache entries using 0 bytes of memory
0 BGP filter-list cache entries using 0 bytes of memory
BGP activity 4/8 prefixes, 8/0 paths, scan interval 60 secs

Neighbor        V    AS  MsgRcvd MsgSent   TblVer  InQ OutQ Up/Down  State/PfxRcd
192.168.14.4    4 65001      23      22        5    0    0 00:13:26    2
192.168.15.5    4 65001      24      23        5    0    0 00:12:25    2
192.168.18.8    4   200      18      19        5    0    0 00:13:55    1
192.168.100.2   4 65000      19      18        5    0    0 00:13:58    2
192.168.100.3   4 65000      18      18        5    0    0 00:13:59    1
```

例 8-45　R5 的 BGP 汇总表

```
R5#show ip bgp summary
BGP router identifier 192.168.100.5, local AS number 65001
BGP table version is 16, main routing table version 16
4 network entries and 8 paths using 708 bytes of memory
3 BGP path attribute entries using 180 bytes of memory
2 BGP AS-PATH entries using 48 bytes of memory
0 BGP route-map cache entries using 0 bytes of memory
0 BGP filter-list cache entries using 0 bytes of memory
BGP activity 6/45 prefixes, 14/6 paths, scan interval 60 secs

Neighbor        V    AS  MsgRcvd MsgSent   TblVer  InQ OutQ Up/Down  State/PfxRcd
192.168.15.1    4 65000     149     152       16    0    0 00:16:06    2
192.168.25.2    4 65000     145     152       16    0    0 01:08:20    2
192.168.100.4   4 65001     145     146       16    0    0 02:13:49    2
192.168.100.6   4 65001     138     146       16    0    0 02:13:56    1
192.168.100.7   4 65001     138     146       16    0    0 02:13:29    1
```

例 8-46 显示了 R5 的 BGP RIB。注意，对于 172.16.0.0 和 192.168.200.0，R5 接收到 3 条路径通告：一条通过 iBGP 来自于 R4，一条通过联盟内 eBGP 来自于 R1，还有一条通过联盟内 eBGP 来自于 R2。

例 8-46　R5 的 BGP RIB

```
R5#show ip bgp
BGP table version is 16, local router ID is 192.168.100.5
Status codes: s suppressed, d damped, h history, * valid, > best, i - internal,
              r RIB-failure
Origin codes: i - IGP, e - EGP, ? - incomplete
```

（待续）

```
  Network          Next Hop         Metric LocPrf Weight Path
* i172.16.0.0      192.168.14.1          0    100      0 (65000) 200 i
*>                 192.168.15.1          0    100      0 (65000) 200 i
*                  192.168.100.1         0    100      0 (65000) 200 i
*> 192.168.200.0   192.168.15.1          0    100      0 (65000) i
* i                192.168.14.1          0    100      0 (65000) i
*                  192.168.100.3         0    100      0 (65000) i
*>i192.168.201.0   192.168.100.6         0    100      0 i
*>i192.168.202.0   192.168.100.7         0    100      0 i
```

例 8-47 显示了 R8 的 BGP RIB。注意所有从 AS 100 来的 3 条前缀都被正确地接收到。

例 8-47　R8 的 BGP RIB

```
R8#show ip bgp
BGP table version is 27, local router ID is 192.168.18.8
Status codes: s suppressed, d damped, h history, * valid, > best, i - internal,
              r RIB-failure
Origin codes: i - IGP, e - EGP, ? - incomplete

   Network          Next Hop         Metric LocPrf Weight Path
*> 172.16.0.0       0.0.0.0               0         32768 i
*> 192.168.200.0    192.168.18.1                        0 100 i
*> 192.168.201.0    192.168.18.1                        0 100 i
*> 192.168.202.0    192.168.18.1                        0 100 i
```

8.4　案例研究 3：从路由反射环境迁移到联盟环境

本案例研究提供了如何从基于路由反射器的网络架构迁移到基于联盟的网络架构的详细流程。初始拓扑如图 8-2 所示，最终拓扑如图 8-3 所示。最终拓扑中，整个联盟内成员自治系统都使用同样的 IGP。

因为 iBGP 全连接架构和路由反射架构的一些相似性（比如，都没有 AS 的子域划分），所以本案例研究中描述的迁移流程与案例研究 2 中的类似。为了简洁，这里省略了对这些步骤的详细讨论；但出于完整性考虑，仍然保留所有必要的步骤。

8.4.1　初始配置

尽管案例研究 1 中的"最终的 BGP 配置"一节中已经展示了一些配置，但是这里作为参考，从例 8-48 到例 8-55 仍然提供了所有路由器完整的 BGP 配置。

在 R1 上重置 BGP 下一跳就使得 AS 100 可以到达外部前缀。获得这种可达性的另一种办法就是把自治系统间的链路放进 IS-IS 中，并且在链路上配置被动接口，如例 8-48 所示。

8.4 案例研究 3：从路由反射环境迁移到联盟环境

例 8-48　R1 的 BGP 配置

```
router bgp 100
 no synchronization
 bgp router-id 192.168.100.1
 bgp log-neighbor-changes
 neighbor Internal peer-group
 neighbor Internal remote-as 100
 neighbor Internal update-source Loopback0
 neighbor Internal next-hop-self
 neighbor Clients peer-group
 neighbor Clients remote-as 100
 neighbor Clients update-source Loopback0
 neighbor Clients route-reflector-client
 neighbor Clients next-hop-self
 neighbor 192.168.18.8 remote-as 200
 neighbor 192.168.100.2 peer-group Internal
 neighbor 192.168.100.3 peer-group Clients
 neighbor 192.168.100.4 peer-group Internal
 neighbor 192.168.100.5 peer-group Internal
 no auto-summary
```

在 R1 和 R2 上配置路由反射，R3 作为惟一的客户。所有的核心路由器（RR）都是全连接的（参见例 8-49）。

例 8-49　R2 的 BGP 配置

```
router bgp 100
 no synchronization
 bgp router-id 192.168.100.2
 bgp log-neighbor-changes
 neighbor Internal peer-group
 neighbor Internal remote-as 100
 neighbor Internal update-source Loopback0
 neighbor Clients peer-group
 neighbor Clients remote-as 100
 neighbor Clients update-source Loopback0
 neighbor Clients route-reflector-client
 neighbor 192.168.100.1 peer-group Internal
 neighbor 192.168.100.3 peer-group Clients
 neighbor 192.168.100.4 peer-group Internal
 neighbor 192.168.100.5 peer-group Internal
 no auto-summary
```

R3 是与 R1 和 R2 都形成了对等关系的客户（参见例 8-50）。

例 8-50　R3 的 BGP 配置

```
router bgp 100
 no synchronization
 bgp router-id 192.168.100.3
 bgp log-neighbor-changes
```

（待续）

```
 network 192.168.200.0
 neighbor Internal peer-group
 neighbor Internal remote-as 100
 neighbor Internal update-source Loopback0
 neighbor 192.168.100.1 peer-group Internal
 neighbor 192.168.100.2 peer-group Internal
 no auto-summary
```

R4 是右 POP 点内服务于 R6 和 R7 的 RR。它和其他 RR 全连接（参见例 8-51）。

例 8-51　R4 的 BGP 配置

```
router bgp 100
 no synchronization
 bgp router-id 192.168.100.4
 bgp log-neighbor-changes
 neighbor Internal peer-group
 neighbor Internal remote-as 100
 neighbor Internal update-source Loopback0
 neighbor Clients peer-group
 neighbor Clients remote-as 100
 neighbor Clients update-source Loopback0
 neighbor Clients route-reflector-client
 neighbor 192.168.100.1 peer-group Internal
 neighbor 192.168.100.2 peer-group Internal
 neighbor 192.168.100.5 peer-group Internal
 neighbor 192.168.100.6 peer-group Clients
 neighbor 192.168.100.7 peer-group Clients
 no auto-summary
```

R5 是右 POP 点内的另一台 RR（参见例 8-52）。

例 8-52　R5 的 BGP 配置

```
router bgp 100
 no synchronization
 bgp router-id 192.168.100.5
 bgp log-neighbor-changes
 neighbor Internal peer-group
 neighbor Internal remote-as 100
 neighbor Internal update-source Loopback0
 neighbor Clients peer-group
 neighbor Clients remote-as 100
 neighbor Clients update-source Loopback0
 neighbor Clients route-reflector-client
 neighbor 192.168.100.1 peer-group Internal
 neighbor 192.168.100.2 peer-group Internal
 neighbor 192.168.100.4 peer-group Internal
 neighbor 192.168.100.6 peer-group Clients
 neighbor 192.168.100.7 peer-group Clients
 no auto-summary
```

R6 是 R4 和 R5 的路由反射器客户（参见例 8-53）。

例 8-53　R6 的 BGP 配置

```
router bgp 100
 no synchronization
 bgp router-id 192.168.100.6
 bgp log-neighbor-changes
 network 192.168.201.0
 neighbor Internal peer-group
 neighbor Internal remote-as 100
 neighbor Internal update-source Loopback0
 neighbor 192.168.100.4 peer-group Internal
 neighbor 192.168.100.5 peer-group Internal
 no auto-summary
```

R7 是右 POP 点内的另一个客户（参见例 8-54）。

例 8-54　R7 的 BGP 配置

```
router bgp 100
 no synchronization
 bgp router-id 192.168.100.7
 bgp log-neighbor-changes
 network 192.168.202.0
 neighbor Internal peer-group
 neighbor Internal remote-as 100
 neighbor Internal update-source Loopback0
 neighbor 192.168.100.4 peer-group Internal
 neighbor 192.168.100.5 peer-group Internal
 no auto-summary
```

R8 的配置保持不变（参见例 8-55）。

例 8-55　R8 的 BGP 配置

```
router bgp 200
 no synchronization
 bgp log-neighbor-changes
 network 172.16.0.0
 neighbor 192.168.18.1 remote-as 100
 no auto-summary
```

8.4.2　迁移流程

因为迁移流程的高度概括和前一个案例研究中的类似，因此本节中只提供详细的步骤。

第 1 步　选择 R4 作为初始路由器并把它移到转发路径外

　　选择 R4 作为初始路由器。因为客户 R6 和 R7 都由两台冗余的 RR 来服务，所以把 R4 移出 RR 的架构不会影响 BGP 的可达性。正如案例研究 2 中的一样，把 R4 移到转发路径外以避免流量损失。

第2步 把 R4 从 AS 100 移到成员 AS 65001 中，并用联盟配置更新其他所有路由器

用成员 AS 65001 替换当前的 BGP 进程来迁移 R4，并用当前 AS 的号码 100 作为联盟 ID 来配置联盟。配置对等成员 AS 100 和 AS 65000。

例 8-56 显示了 R4 新的联盟配置。

例 8-56 R4 的 BGP 联盟配置

```
R4(config)#no router bgp 100
R4(config)#bgp router 65001
R4(config-router)#bgp confederation identifier 100
R4(config-router)#bgp confederation peers 100 65000
```

对 AS 100 内的所有其他路由器添加联盟配置——特别是用 **bgp confederation identifier 100** 和 **bgp confederation peers** 这两条命令。参考最终的拓扑确定采用的成员 AS 号。

第3步 在 R4 上创建成员 AS 内和成员 AS 间的会话

为成员 AS 内的对等体创建一个名为 Internal 的对等体组，并把 R5、R6 和 R7 分配进去。为成员 AS 间的对等体建立额外的对等会话。换句话说，建立 R4 与 R1 和 R2 的对等关系。在转接过程中，R1、R2、R4、R5、R6 和 R7 可能会抱怨说对等体在错误的 AS 中。忽略这些出错消息。

注意：在实际迁移中，第 2 步和第 3 步可以合并操作。这里提供两个步骤在于方便讨论。

例 8-57 显示了 R4 新的 BGP 配置。

例 8-57 R4 的 BGP 配置

```
router bgp 65001
 no synchronization
 bgp router-id 192.168.100.4
 bgp log-neighbor-changes
 bgp confederation identifier 100
 bgp confederation peers 100 65000
 neighbor Internal peer-group
 neighbor Internal remote-as 65001
 neighbor Internal update-source Loopback0
 neighbor 192.168.14.1 remote-as 100
 neighbor 192.168.24.2 remote-as 100
 neighbor 192.168.100.5 peer-group Internal
 neighbor 192.168.100.6 peer-group Internal
 neighbor 192.168.100.7 peer-group Internal
 no auto-summary
```

第4步 在 R1 和 R2 上更新对等关系

在 R1 和 R2 上，把当前它们与 R4 的 iBGP 对等会话改成 eBGP 对等会话。为使联盟 100 可以到达 R8，将 R1 和 R8 之间的链路作为 IGP 的一部分，并在 R1 上清除两个对等体组中的 **next-hop-self** 设置。设置 BGP 下一跳有不同的方法，请参考案例研究 2 中的第 4 步。

例 8-58 显示了 R1 修改后的 BGP 配置。在 R2 上做了类似的配置修改（未给出）。

例 8-58　R1 上 BGP 配置的变化

```
router bgp 100
 no synchronization
 bgp router-id 192.168.100.1
 bgp log-neighbor-changes
 bgp confederation identifier 100
 bgp confederation peers 65001
 neighbor Internal peer-group
 neighbor Internal remote-as 100
 neighbor Internal update-source Loopback0
 neighbor Clients peer-group
 neighbor Clients remote-as 100
 neighbor Clients update-source Loopback0
 neighbor Clients route-reflector-client
 neighbor 192.168.14.4 remote-as 65001
 neighbor 192.168.18.8 remote-as 200
 neighbor 192.168.100.2 peer-group Internal
 neighbor 192.168.100.3 peer-group Clients
 neighbor 192.168.100.5 peer-group Internal
 no auto-summary
```

图 8-10 显示了更新后的网络拓扑。

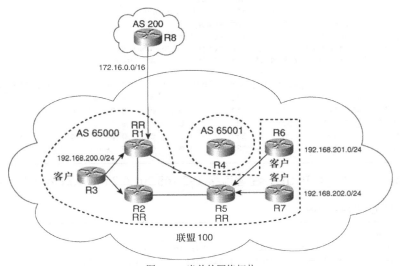

图 8-10　当前的网络拓扑

第 5 步　把 R6 从成员 AS 100 移到成员 AS 65001 中，并把 R4 放回到转发路径上

把 R6 移到成员 AS 65001 中，对于本地发起的前缀而言，这一步将影响业务。例 8-59 显示了 R6 新的 BGP 配置。注意 R6 与右 POP 点内的所有其他路由器都有对等会话。

现在把 R4 放回到转发路径上。验证前缀 172.16.0.0/16 在 R4 和 R6 上可用，前缀 192.168.201.0/24 在成员 AS 100 内的所有路由器和 R8 上可用。例 8-60 显示了 R4 的 BGP 汇总表。意料中，它与 R5 和 R7 的会话仍然是宕的。忽略关于错误 AS 的出错信息。

例 8-59　R6 当前的 BGP 配置

```
router bgp 65001
 no synchronization
 bgp router-id 192.168.100.6
 bgp log-neighbor-changes
 bgp confederation identifier 100
 bgp confederation peers 100 65000
 network 192.168.201.0
 neighbor Internal peer-group
 neighbor Internal remote-as 65001
 neighbor Internal update-source Loopback0
 neighbor 192.168.100.4 peer-group Internal
 neighbor 192.168.100.5 peer-group Internal
 neighbor 192.168.100.7 peer-group Internal
 no auto-summary
```

例 8-60　R4 的 BGP 汇总表

```
R4#show ip bgp summary
BGP router identifier 192.168.100.4, local AS number 65001
BGP table version is 5, main routing table version 5
4 network entries and 7 paths using 668 bytes of memory
3 BGP path attribute entries using 180 bytes of memory
2 BGP AS-PATH entries using 48 bytes of memory
0 BGP route-map cache entries using 0 bytes of memory
0 BGP filter-list cache entries using 0 bytes of memory
BGP activity 4/0 prefixes, 7/0 paths, scan interval 60 secs

Neighbor        V    AS MsgRcvd MsgSent   TblVer  InQ OutQ Up/Down  State/PfxRcd
192.168.14.1    4   100      10      10        5    0    0 00:01:13           3
192.168.24.2    4   100      12      11        5    0    0 00:01:06           3
192.168.100.5   4 65001     233     233        0    0    0 never    Idle
192.168.100.6   4 65001     231     232        5    0    0 00:03:54           1
192.168.100.7   4 65001     231     233        0    0    0 never    Idle
```

例 8-61 显示了 R1 的 BGP RIB。注意前缀 192.168.201.0/24 是从成员 AS 65001 学到的。

例 8-61　R1 的 BGP RIB

```
R1#show ip bgp
BGP table version is 9, local router ID is 192.168.100.1
Status codes: s suppressed, d damped, h history, * valid, > best, i - internal,
              r RIB-failure
Origin codes: i - IGP, e - EGP, ? - incomplete

   Network          Next Hop         Metric LocPrf Weight Path
*> 172.16.0.0       192.168.18.8          0             0 200 i
*  i192.168.200.0   192.168.100.3         0    100      0 i
*>i                 192.168.100.3         0    100      0 i
*> 192.168.201.0    192.168.100.6         0    100      0 (65001) i
*>i192.168.202.0    192.168.100.7         0    100      0 i
```

例 8-62 显示了 R8 当前的 BGP RIB。所有从 AS 100 来的前缀都被正确地接收到。

例 8-62　R8 的 BGP RIB

```
R8#show ip bgp
BGP table version is 7, local router ID is 192.168.18.8
Status codes: s suppressed, d damped, h history, * valid, > best, i - internal,
              r RIB-failure
Origin codes: i - IGP, e - EGP, ? - incomplete

   Network          Next Hop         Metric LocPrf Weight Path
*> 172.16.0.0       0.0.0.0              0         32768 i
*> 192.168.200.0    192.168.18.1                       0 100 i
*> 192.168.201.0    192.168.18.1                       0 100 i
*> 192.168.202.0    192.168.18.1                       0 100 i
```

在这一阶段，网络中没有 BGP 的冗余部分。当前的拓扑显示在图 8-11 中。

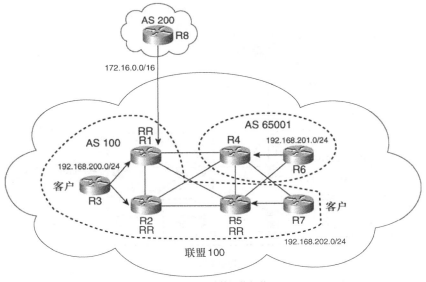

图 8-11　当前的网络拓扑

第 6 步　把 R7 从成员 AS 100 移到成员 AS 65001 中，并把 R5 移到转发路径外

把 R7 从成员 AS 100 移到成员 AS 65001 中，对于本地发起的前缀而言，这一步将影响业务。例 8-63 显示了 R7 新的 BGP 配置。

例 8-63　R7 的 BGP 配置

```
router bgp 65001
 no synchronization
```

（待续）

```
bgp router-id 192.168.100.7
bgp log-neighbor-changes
bgp confederation identifier 100
bgp confederation peers 100 65000
network 192.168.202.0
neighbor Internal peer-group
neighbor Internal remote-as 65001
neighbor Internal update-source Loopback0
neighbor 192.168.100.4 peer-group Internal
neighbor 192.168.100.5 peer-group Internal
neighbor 192.168.100.6 peer-group Internal
no auto-summary
```

为 R5 的迁移（下一步）做准备，并避免流量损失，你应该通过增大到 R5 的 IGP 度量值的方法把 R5 移到转发路径外。由于 R4 可达所有前缀，因此流量转发不受影响。当前的网络拓扑显示在图 8-12 中。

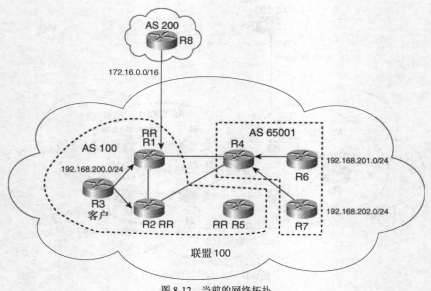

图 8-12　当前的网络拓扑

第 7 步　把 R5 从成员 AS 100 移到成员 AS 65001 中，并把 R5 放回到转发路径上

把 R5 从成员 AS 100 移到成员 AS 65001 中。现在，R4、R6 和 R7 上关于错误 AS 的告警信息消失了。当 R5 学到正确的路由选择信息后，你可以把 R5 放回到转发路径上。例 8-64 显示了 R5 新的 BGP 配置。

第 8 步　更新与 R5 的对等关系

在 R1 和 R2 上更新与 R5 的对等关系。例 8-65 显示了 R1 当前的 BGP 配置。在 R2 上做了类似的配置修改（未给出）。

例 8-64　R5 的 BGP 配置

```
router bgp 65001
 no synchronization
 bgp router-id 192.168.100.5
 bgp log-neighbor-changes
 bgp confederation identifier 100
 bgp confederation peers 100 65000
 neighbor Internal peer-group
 neighbor Internal remote-as 65001
 neighbor Internal update-source Loopback0
 neighbor 192.168.15.1 remote-as 100
 neighbor 192.168.25.2 remote-as 100
 neighbor 192.168.100.4 peer-group Internal
 neighbor 192.168.100.6 peer-group Internal
 neighbor 192.168.100.7 peer-group Internal
 no auto-summary
```

例 8-65　R1 的 BGP 配置

```
router bgp 100
 no synchronization
 bgp router-id 192.168.100.1
 bgp log-neighbor-changes
 bgp confederation identifier 100
 bgp confederation peers 65001
 neighbor Internal peer-group
 neighbor Internal remote-as 100
 neighbor Internal update-source Loopback0
 neighbor Clients peer-group
 neighbor Clients remote-as 100
 neighbor Clients update-source Loopback0
 neighbor Clients route-reflector-client
 neighbor 192.168.14.4 remote-as 65001
 neighbor 192.168.15.5 remote-as 65001
 neighbor 192.168.18.8 remote-as 200
 neighbor 192.168.100.2 peer-group Internal
 neighbor 192.168.100.3 peer-group Clients
 no auto-summary
```

这一步完成了对右 POP 点的迁移。更新后的拓扑如图 8-13 所示。

第 9 步　把 R2 移到转发路径外，并把 R2 从成员 AS 100 移到成员 AS 65000 中

把 R2 从当前的成员 AS 100 移到新的成员 AS 65000 中。为了避免 R2 吞噬流量，你应该把 R2 移到转发路径外。

例 8-66 显示了 R2 新的 BGP 配置。配置改变后，R1、R3、R4 和 R5 会抱怨说 R2 在错误的 AS 中。忽略这些出错消息；迁移到这一步，这是意料中的事。

306 第8章 路由反射和联盟迁移策略

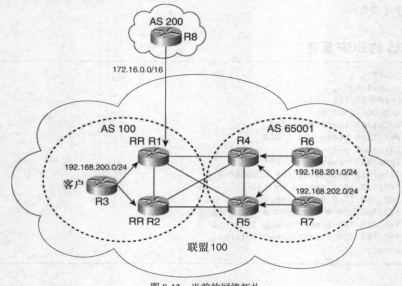

图8-13 当前的网络拓扑

例 8-66 R2 的 BGP 配置

```
router bgp 65000
 no synchronization
 bgp router-id 192.168.100.2
 bgp log-neighbor-changes
 bgp confederation identifier 100
 bgp confederation peers 65001
 neighbor Internal peer-group
 neighbor Internal remote-as 65000
 neighbor Internal update-source Loopback0
 neighbor 192.168.24.4 remote-as 65001
 neighbor 192.168.25.5 remote-as 65001
 neighbor 192.168.100.1 peer-group Internal
 neighbor 192.168.100.3 peer-group Internal
 no auto-summary
```

图8-14 显示了更新后的拓扑。

第 10 步 更新与 R2 的对等关系，并把 R2 放回到转发路径上

在 R4 和 R5 上更新与 R2 的对等关系。例 8-67 显示了 R4 上更新后的 BGP 配置。在 R5 上做类似的 BGP 配置修改（未给出）。

当 R2 接收到路由选择信息后，清除第 9 步中改变 IGP 度量值的操作就把 R2 放回到转发路径上。

第 11 步 把 R3 从成员 AS 100 移到成员 AS 65000 中

把 R3 从成员 AS 100 移到成员 AS 65000 中，对于本地发起的前缀而言，这一步将影响业务。在本案例 R3 的配置改变过程中，前缀 192.168.200.0/24 将暂时地不可达。例 8-68 显示了 R3 新的 BGP 配置。

8.4 案例研究 3：从路由反射环境迁移到联盟环境

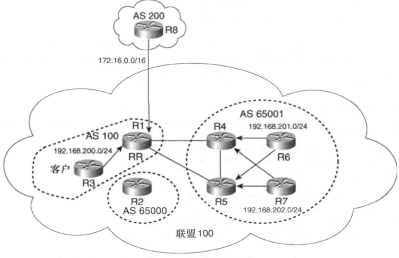

图 8-14 当前的网络拓扑

例 8-67　R4 的 BGP 配置

```
router bgp 65001
 no synchronization
 bgp router-id 192.168.100.4
 bgp log-neighbor-changes
 bgp confederation identifier 100
 bgp confederation peers 100 65000
 neighbor Internal peer-group
 neighbor Internal remote-as 65001
 neighbor Internal update-source Loopback0
 neighbor 192.168.14.1 remote-as 100
 neighbor 192.168.24.2 remote-as 65000
 neighbor 192.168.100.5 peer-group Internal
 neighbor 192.168.100.6 peer-group Internal
 neighbor 192.168.100.7 peer-group Internal
 no auto-summary
```

例 8-68　R3 的 BGP 配置

```
router bgp 65000
 no synchronization
 bgp router-id 192.168.100.3
 bgp log-neighbor-changes
 bgp confederation identifier 100
 bgp confederation peers 65000
 network 192.168.200.0
 neighbor Internal peer-group
 neighbor Internal remote-as 65000
 neighbor Internal update-source Loopback0
```

（待续）

```
neighbor 192.168.100.1 peer-group Internal
neighbor 192.168.100.2 peer-group Internal
no auto-summary
```

例 8-69 显示了当前 R2 上的 BGP 汇总表。意料中,它与 R1 之间的会话是宕的。这很好,因为 R2 正确地接收到全部路由,而且下一步你就迁移 R1。

例 8-69　R2 的 BGP 汇总表

```
R2#show ip bgp summary
BGP router identifier 192.168.100.2, local AS number 65000
BGP table version is 5, main routing table version 5
4 network entries and 7 paths using 668 bytes of memory
3 BGP path attribute entries using 180 bytes of memory
2 BGP AS-PATH entries using 48 bytes of memory
0 BGP route-map cache entries using 0 bytes of memory
0 BGP filter-list cache entries using 0 bytes of memory
BGP activity 4/28 prefixes, 7/0 paths, scan interval 60 secs

Neighbor        V    AS MsgRcvd MsgSent   TblVer  InQ OutQ Up/Down  State/PfxRcd
192.168.24.4    4 65001      16      14        5    0    0 00:09:45           3
192.168.25.5    4 65001      16      17        5    0    0 00:09:50           3
192.168.100.1   4 65000      22      22        0    0    0 never    Idle
192.168.100.3   4 65000      14      16        5    0    0 00:09:06           1
```

例 8-70 显示了 R1 新的 BGP RIB。注意到因为 R1 没有与 R3 或者 R2 建立会话,所以前缀 192.168.200.0 是从成员 AS 65001 中接收过来的。这很好,因为 R3 是 BGP 和 IGP 两者的下一跳,所以流量直接转发到 R3。

例 8-70　R1 的 BGP RIB

```
R1#show ip bgp
BGP table version is 17, local router ID is 192.168.100.1
Status codes: s suppressed, d damped, h history, * valid, > best, i - internal,
              r RIB-failure
Origin codes: i - IGP, e - EGP, ? - incomplete

   Network          Next Hop         Metric LocPrf Weight Path
*> 172.16.0.0       192.168.18.8          0             0 200 i
*  192.168.200.0    192.168.100.3         0    100      0 (65001 65000) i
*>                  192.168.100.3         0    100      0 (65001 65000) i
*  192.168.201.0    192.168.100.6                100      0 (65001) i
*>                  192.168.100.6                100      0 (65001) i
*  192.168.202.0    192.168.100.7                100      0 (65001) i
*>                  192.168.100.7                100      0 (65001) i
```

图 8-15 显示了当前的拓扑。

第 12 步　把 R1 从成员 AS 100 移到成员 AS 65000 中

把 R1 从成员 AS 100 移到成员 AS 65000 中,除非存在冗余的连接,否则这一步将影响 AS 200 和联盟 100 之间的业务。这一步清除了拓扑中的成员 AS 100。例 8-71 显示了 R1 新的 BGP 配置。

8.4 案例研究 3：从路由反射环境迁移到联盟环境

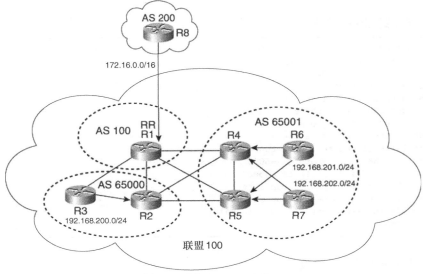

图 8-15 移入 AS 65000 中的 R3

第 13 步 更新与 R1 的对等关系

在 R4 和 R5 上更新与 R1 的对等关系。例 8-72 显示了 R4 新的 BGP 配置。在 R5 上做了类似的修改（未给出）。此外，在 R4 和 R5 的配置中，你可以把联盟内的对等体——成员 AS 100 清除掉。注意这不会影响业务。

第 14 步 验证所有的路由选择信息

验证所有的会话是激活的，并且所有的路由都被正确地接收到。这一步就完成了迁移。以下的例子显示了一些样例输出。

例 8-73 显示了 R1 的 BGP 汇总表。

例 8-71 R1 的 BGP 配置

```
router bgp 65000
 no synchronization
 bgp router-id 192.168.100.1
 bgp log-neighbor-changes
 bgp confederation identifier 100
 bgp confederation peers 65001
 neighbor Internal peer-group
 neighbor Internal remote-as 65000
 neighbor Internal update-source Loopback0
 neighbor 192.168.14.4 remote-as 65001
 neighbor 192.168.15.5 remote-as 65001
 neighbor 192.168.18.8 remote-as 200
 neighbor 192.168.100.2 peer-group Internal
 neighbor 192.168.100.3 peer-group Internal
 no auto-summary
```

例8-72 R4 的 BGP 配置

```
router bgp 65001
 no synchronization
 bgp router-id 192.168.100.4
 bgp log-neighbor-changes
 bgp confederation identifier 100
 bgp confederation peers 65000
 neighbor Internal peer-group
 neighbor Internal remote-as 65001
 neighbor Internal update-source Loopback0
 neighbor 192.168.14.1 remote-as 65000
 neighbor 192.168.24.2 remote-as 65000
 neighbor 192.168.100.5 peer-group Internal
 neighbor 192.168.100.6 peer-group Internal
 neighbor 192.168.100.7 peer-group Internal
 no auto-summary
```

例8-73 R1 的 BGP 汇总表

```
R1#show ip bgp summary
BGP router identifier 192.168.100.1, local AS number 65000
BGP table version is 5, main routing table version 5
4 network entries and 8 paths using 708 bytes of memory
3 BGP path attribute entries using 180 bytes of memory
2 BGP AS-PATH entries using 48 bytes of memory
0 BGP route-map cache entries using 0 bytes of memory
0 BGP filter-list cache entries using 0 bytes of memory
BGP activity 4/8 prefixes, 8/0 paths, scan interval 60 secs

Neighbor        V    AS MsgRcvd MsgSent   TblVer  InQ OutQ Up/Down  State/PfxRcd
192.168.14.4    4 65001      16      14        5    0    0 00:02:29           2
192.168.15.5    4 65001      16      14        5    0    0 00:01:50           2
192.168.18.8    4   200       9      10        5    0    0 00:04:32           1
192.168.100.2   4 65000      10       9        5    0    0 00:04:49           2
192.168.100.3   4 65000      10      10        5    0    0 00:05:01           2
```

例8-74 显示了 R1 的 BGP RIB。

例8-74 R1 的 BGP RIB

```
R1#show ip bgp
BGP table version is 5, local router ID is 192.168.100.1
Status codes: s suppressed, d damped, h history, * valid, > best, i - internal,
              r RIB-failure
Origin codes: i - IGP, e - EGP, ? - incomplete

   Network          Next Hop         Metric LocPrf Weight Path
*> 172.16.0.0       192.168.18.8          0             0 200 i
```

（待续）

```
*>i192.168.200.0      192.168.100.3           0    100      0 i
*   192.168.201.0     192.168.100.6           0    100      0 (65001) i
*                     192.168.100.6           0    100      0 (65001) i
*>i                   192.168.100.6           0    100      0 (65001) i
*   192.168.202.0     192.168.100.7           0    100      0 (65001) i
*                     192.168.100.7           0    100      0 (65001) i
*>i                   192.168.100.7           0    100      0 (65001) i
```

例 8-75 显示了 R1 上 BGP RIB 中 192.168.201.0/24 的详细信息。3 条路径分别来自于 R5、R4 和 R2。

例 8-75　R1 上 BGP RIB 中 192.168.201.0/24 的详细信息

```
R1#show ip bgp 192.168.201.0
BGP routing table entry for 192.168.201.0/24, version 4
Paths: (3 available, best #3, table Default-IP-Routing-Table)
  Advertised to non peer-group peers:
  192.168.14.4 192.168.15.5 192.168.18.8
  (65001)
    192.168.100.6 (metric 30) from 192.168.15.5 (192.168.100.5)
      Origin IGP, metric 0, localpref 100, valid, confed-external
  (65001)
    192.168.100.6 (metric 30) from 192.168.14.4 (192.168.100.4)
      Origin IGP, metric 0, localpref 100, valid, confed-external
  (65001)
    192.168.100.6 (metric 30) from 192.168.100.2 (192.168.100.2)
      Origin IGP, metric 0, localpref 100, valid, confed-internal, best
```

例 8-76 显示了 R5 的 BGP RIB。对于非本地发起的两条前缀而言，R5 接收到 3 条路径：一条来自于 R1，一条来自于 R4，还有一条来自于 R2。

例 8-76　R5 的 BGP RIB

```
R5#show ip bgp
BGP table version is 17, local router ID is 192.168.100.5
Status codes: s suppressed, d damped, h history, * valid, > best, i - internal,
              r RIB-failure
Origin codes: i - IGP, e - EGP, ? - incomplete

   Network          Next Hop         Metric LocPrf Weight Path
*> 172.16.0.0       192.168.15.1          0    100      0 (65000) 200 i
*  i                192.168.14.1          0    100      0 (65000) 200 i
*                   192.168.100.1         0    100      0 (65000) 200 i
*> 192.168.200.0    192.168.15.1          0    100      0 (65000) i
*  i                192.168.14.1          0    100      0 (65000) i
*                   192.168.100.3         0    100      0 (65000) i
*>i192.168.201.0    192.168.100.6         0    100      0 i
*>i192.168.202.0    192.168.100.7         0    100      0 i
```

例 8-77 显示了 R8 的 BGP RIB。注意所有从 AS 100 来的 3 条前缀都被正确地接收到。

例 8-77 R8 的 BGP RIB

```
R8#show ip bgp
BGP table version is 17, local router ID is 192.168.18.8
Status codes: s suppressed, d damped, h history, * valid, > best, i - internal,
              r RIB-failure
Origin codes: i - IGP, e - EGP, ? - incomplete

   Network          Next Hop        Metric LocPrf Weight Path
*> 172.16.0.0       0.0.0.0              0         32768 i
*> 192.168.200.0    192.168.18.1                 0   100 i
*> 192.168.201.0    192.168.18.1                 0   100 i
*> 192.168.202.0    192.168.18.1                 0   100 i
```

8.5 案例研究 4：从联盟环境迁移到路由反射环境

本案例研究提供了如何从基于联盟的网络架构迁移到基于路由反射的网络架构的详细流程。因为本案例研究与案例研究 3 是相反的，所以案例研究 3 的最终拓扑（参见图 8-3）被用作初始拓扑，而初始拓扑（参见图 8-2）被用作最终拓扑。

8.5.1 初始配置

例 8-78 到例 8-85 显示了所有路由器的初始 BGP 配置。

R1 的初始 BGP 配置与案例研究 3 的最终配置（参见例 8-71）有点不同。为了演示在联盟内重置 BGP 下一跳的不同的方法，在 R1 上使用路由映射 set-NH 为 R1 和另一个成员 AS 之间的会话重置了 BGP 下一跳。对于与同一个 AS 内的会话仍用 **next-hop-self** 的方法来重置 BGP 下一跳。（参见例 8-78。）

例 8-78 R1 的 BGP 配置

```
router bgp 65000
 no synchronization
 bgp router-id 192.168.100.1
 bgp log-neighbor-changes
 bgp confederation identifier 100
 bgp confederation peers 65001
 neighbor Internal peer-group
 neighbor Internal remote-as 65000
 neighbor Internal update-source Loopback0
 neighbor Internal next-hop-self
 neighbor 192.168.14.4 remote-as 65001
 neighbor 192.168.14.4 route-map set-NH out
 neighbor 192.168.15.5 remote-as 65001
```

（待续）

```
 neighbor 192.168.15.5 route-map set-NH out
neighbor 192.168.18.8 remote-as 200
 neighbor 192.168.100.2 peer-group Internal
 neighbor 192.168.100.3 peer-group Internal
 no auto-summary
!
access-list 1 permit 192.168.18.8
!
route-map set-NH permit 10
 match ip route-source 1
 set ip next-hop 192.168.100.1
!
route-map set-NH permit 20
!
```

在路由映射 set-NH 中，只把来自于 R8（192.168.18.8）的路由的下一跳重置为 R1（192.168.100.1）。与案例研究 2 和 3 中讨论的一样，这是避免迁移过程中的转发环路的方法之一。

例 8-79 显示了 R2 的 BGP 配置。

例 8-79　R2 的 BGP 配置

```
router bgp 65000
 no synchronization
 bgp router-id 192.168.100.2
 bgp log-neighbor-changes
 bgp confederation identifier 100
 bgp confederation peers 65001
 neighbor Internal peer-group
 neighbor Internal remote-as 65000
 neighbor Internal update-source Loopback0
 neighbor 192.168.24.4 remote-as 65001
 neighbor 192.168.25.5 remote-as 65001
 neighbor 192.168.100.1 peer-group Internal
 neighbor 192.168.100.3 peer-group Internal
 no auto-summary
```

R3 只与同一个成员 AS 内的 R1 和 R2 建立对等关系（参见例 8-80）。

例 8-80　R3 的 BGP 配置

```
router bgp 65000
 no synchronization
 bgp router-id 192.168.100.3
 bgp log-neighbor-changes
 bgp confederation identifier 100
 bgp confederation peers 65001
 network 192.168.200.0
 neighbor Internal peer-group
 neighbor Internal remote-as 65000
 neighbor Internal update-source Loopback0
 neighbor 192.168.100.1 peer-group Internal
 neighbor 192.168.100.2 peer-group Internal
 no auto-summary
```

R4 是成员 AS 65001 中的边界路由器。它使用联盟内的 eBGP 与 R1 和 R2 建立对等关系（参见例 8-81）。

R5 是成员 AS 65001 中的另一台边界路由器。它与同一个成员 AS 中的其他 BGP 宣告者全连接（参见例 8-82）。

例 8-81　R4 的 BGP 配置

```
router bgp 65001
 no synchronization
 bgp router-id 192.168.100.4
 bgp log-neighbor-changes
 bgp confederation identifier 100
 bgp confederation peers 65000
 neighbor Internal peer-group
 neighbor Internal remote-as 65001
 neighbor Internal update-source Loopback0
 neighbor 192.168.14.1 remote-as 65000
 neighbor 192.168.24.2 remote-as 65000
 neighbor 192.168.100.5 peer-group Internal
 neighbor 192.168.100.6 peer-group Internal
 neighbor 192.168.100.7 peer-group Internal
 no auto-summary
```

例 8-82　R5 的 BGP 配置

```
router bgp 65001
 no synchronization
 bgp router-id 192.168.100.5
 bgp log-neighbor-changes
 bgp confederation identifier 100
 bgp confederation peers 65000
 neighbor Internal peer-group
 neighbor Internal remote-as 65001
 neighbor Internal update-source Loopback0
 neighbor 192.168.15.1 remote-as 65000
 neighbor 192.168.25.2 remote-as 65000
 neighbor 192.168.100.4 peer-group Internal
 neighbor 192.168.100.6 peer-group Internal
 neighbor 192.168.100.7 peer-group Internal
 no auto-summary
```

R6 是成员 AS 65001 中的内部路由器，它与成员 AS 65001 中的所有其他 BGP 宣告者全连接（参见例 8-83）。

例 8-83　R6 的 BGP 配置

```
router bgp 65001
 no synchronization
 bgp router-id 192.168.100.6
```

（待续）

```
 bgp log-neighbor-changes
 bgp confederation identifier 100
 bgp confederation peers 65000
 network 192.168.201.0
 neighbor Internal peer-group
 neighbor Internal remote-as 65001
 neighbor Internal update-source Loopback0
 neighbor 192.168.100.4 peer-group Internal
 neighbor 192.168.100.5 peer-group Internal
 neighbor 192.168.100.7 peer-group Internal
 no auto-summary
```

R7 是成员 AS 65001 中的另一台内部路由器（参见例 8-84）。

例 8-84　R7 的 BGP 配置

```
router bgp 65001
 no synchronization
 bgp router-id 192.168.100.7
 bgp log-neighbor-changes
 bgp confederation identifier 100
 bgp confederation peers 65000
 network 192.168.202.0
 neighbor Internal peer-group
 neighbor Internal remote-as 65001
 neighbor Internal update-source Loopback0
 neighbor 192.168.100.4 peer-group Internal
 neighbor 192.168.100.5 peer-group Internal
 neighbor 192.168.100.6 peer-group Internal
 no auto-summary
```

迁移过程中没有改变 R8 的配置（参见例 8-85）。

例 8-85　R8 的 BGP 配置

```
router bgp 200
 no synchronization
 bgp log-neighbor-changes
 network 172.16.0.0
 neighbor 192.168.18.1 remote-as 100
 no auto-summary
```

8.5.2　迁移流程

当迁移第一台路由器时，就创建了一个新的成员 AS——AS 100。这台路由器的联盟 ID 也是 100。这实际上把两个成员 AS 的联盟变成了三个成员 AS 的联盟。剩下的流程就是把另外两个成员自治系统中的所有路由器迁移到新的成员 AS 100 中。当所有的路由器都被移入成员 AS 100 时，迁移就完成了。

以下是这些步骤的高度概括。

第 1 步 选择 R4 作为初始路由器，把它移到转发路径外。
第 2 步 迁移 R4 到新的成员 AS 100 中，并使之成为路由反射器。
第 3 步 在 R1 和 R2 上，添加成员 AS 100 作为对等体，并更新与 R4 的对等关系。
第 4 步 把 R6 从成员 AS 65001 移到成员 AS 100 中，把 R4 放回到转发路径上。
第 5 步 把 R7 从成员 AS 65001 移到成员 AS 100 中，并把 R5 移到转发路径外。
第 6 步 像第 2 步所做的操作一样，把 R5 从成员 AS 65001 移到成员 AS 100 中。
第 7 步 在 R1 和 R2 上更新与 R5 的对等关系。把 R5 放回到转发路径上。
第 8 步 把 R2 移到转发路径外，并把 R2 从成员 AS 65000 移到成员 AS 100 中。
第 9 步 在 R4 和 R5 上更新对等关系，并把 R2 放回到转发路径上。
第 10 步 把 R3 从成员 AS 65000 移到成员 AS 100 中。
第 11 步 把 R1 从成员 AS 65000 移到成员 AS 100 中。
第 12 步 更新与 R1 的对等关系。
第 13 步 清除 AS 100 中的所有路由器的联盟配置。
第 14 步 验证所有前缀的 BGP 可达性。

下面的章节阐述了详细的流程。

第 1 步 选择 R4 作为初始路由器，把它移到转发路径外

选择 R4 作为初始路由器。为了避免 R4 吞噬流量，把 R4 移到转发路径外。

第 2 步 迁移 R4 到新的成员 AS 100 中，并使之成为路由反射器

在联盟 100 内把 R4 从成员 AS 65001 移到新的成员 AS 100 中，其中成员自治系统 65000 和 65001 作为联盟内的 eBGP 对等体。使 R4 成为 RR。创建两个对等体组：一个为联盟内的 eBGP 会话，一个为路由反射器客户。对等体组 Peers 包含 R1 和 R2。对等体组 Clients 包含 R6 和 R7。在这一点上，与 R5 的对等关系不是重要的。例 8-86 显示了 R4 新的 BGP 配置。

例 8-86 R4 的 BGP 配置

```
router bgp 100
 no synchronization
 bgp router-id 192.168.100.4
 bgp log-neighbor-changes
 bgp confederation identifier 100
 bgp confederation peers 65000 65001
 neighbor Peers peer-group
 neighbor Peers remote-as 65000
 neighbor Clients peer-group
 neighbor Clients remote-as 100
 neighbor Clients update-source Loopback0
 neighbor Clients route-reflector-client
 neighbor 192.168.14.1 peer-group Peers
 neighbor 192.168.24.2 peer-group Peers
```

（待续）

```
 neighbor 192.168.100.6 peer-group Clients
 neighbor 192.168.100.7 peer-group Clients
 no auto-summary
```

R1、R2、R4、R6 和 R7 会报告关于错误 AS 的出错消息。不理会它们。除 R4 外，验证所有的前缀仍然被其他的路由器正确地接收到。下面是一些样例输出。

例 8-87 显示了 R1 的 BGP RIB。从右 POP 点内发起的前缀都被正确地接收到。

例 8-87　R1 的 BGP RIB

```
R1#show ip bgp
BGP table version is 9, local router ID is 192.168.100.1
Status codes: s suppressed, d damped, h history, * valid, > best, i - internal,
              r RIB-failure
Origin codes: i - IGP, e - EGP, ? - incomplete

   Network          Next Hop         Metric LocPrf Weight Path
*> 172.16.0.0       192.168.18.8          0             0 200 i
*>i192.168.200.0    192.168.100.3         0    100      0 i
*  192.168.201.0    192.168.100.6         0    100      0 (65001) i
*>i                 192.168.100.6         0    100      0 (65001) i
*  192.168.202.0    192.168.100.7         0    100      0 (65001) i
*>i                 192.168.100.7         0    100      0 (65001) i
```

例 8-88 显示了 R6 的 BGP RIB。外部前缀和从左 POP 点来的前缀都被正确地接收到。

例 8-88　R6 的 BGP RIB

```
R6#show ip bgp
BGP table version is 9, local router ID is 192.168.100.6
Status codes: s suppressed, d damped, h history, * valid, > best, i - internal,
              r RIB-failure
Origin codes: i - IGP, e - EGP, ? - incomplete

   Network          Next Hop         Metric LocPrf Weight Path
*>i172.16.0.0       192.168.15.1          0    100      0 (65000) 200 i
*>i192.168.200.0    192.168.100.3         0    100      0 (65000) i
*> 192.168.201.0    0.0.0.0               0         32768 i
*>i192.168.202.0    192.168.100.7         0    100      0 I
```

第 3 步　在 R1 和 R2 上，添加成员 AS 100 作为对等体，并更新与 R4 的对等关系

在 R1 和 R2 上，更新与 R4 的对等关系。例 8-89 显示了 R1 新的 BGP 配置。注意你必须把成员 AS 100 添加到联盟对等体列表（confederation peer list）中。不这样做就不能建立会话。如果 R1 认为 R4 正在尝试建立一个普通的 eBGP 会话而不是联盟内的 eBGP 会话，那么它就会拒绝这个普通的 eBGP 会话，因为它和联盟 100 冲突。在 R2 上做了类似的修改。

例 8-89 R1 的 BGP 配置

```
router bgp 65000
 no synchronization
 bgp router-id 192.168.100.1
 bgp log-neighbor-changes
 bgp confederation identifier 100
 bgp confederation peers 100 65001
 neighbor Internal peer-group
 neighbor Internal remote-as 65000
 neighbor Internal update-source Loopback0
 neighbor Internal next-hop-self
 neighbor 192.168.14.4 remote-as 100
 neighbor 192.168.14.4 route-map set-NH out
 neighbor 192.168.15.5 remote-as 65001
 neighbor 192.168.15.5 route-map set-NH out
 neighbor 192.168.18.8 remote-as 200
 neighbor 192.168.100.2 peer-group Internal
 neighbor 192.168.100.3 peer-group Internal
 no auto-summary
```

图 8-16 显示了更新后的拓扑。

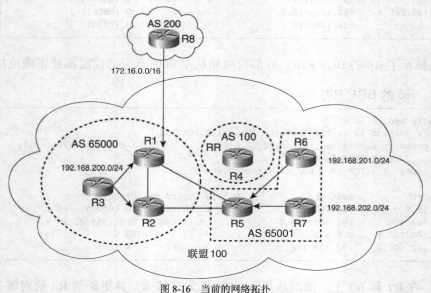

图 8-16 当前的网络拓扑

第 4 步 把 R6 从成员 AS 65001 移到成员 AS 100 中，把 R4 放回到转发路径上

把 R6 从成员 AS 65001 移到成员 AS 100 中。在 R6 上，为与它将来的 RR（R4 和 R5）之间的会话创建一个叫做 Internal 的对等体组。例 8-90 显示了 R6 新的 BGP 配置。注意 R6 只与同一个 POP 点内的两台核心路由器建立对等关系。

这一步所做的改变对于发起前缀的这台路由器而言是影响业务的。在配置改变的过程中，前缀 192.168.201.0/24 将短暂地不可用。当 R4 正确地学到所有的路由选择信息后，就可以把它放回到转发路径上。

例 8-90 R6 的 BGP 配置

```
router bgp 100
 no synchronization
 bgp router-id 192.168.100.6
 bgp log-neighbor-changes
 bgp confederation identifier 100
 bgp confederation peers 65000 65001
 network 192.168.201.0
 neighbor Internal peer-group
 neighbor Internal remote-as 100
 neighbor Internal update-source Loopback0
 neighbor 192.168.100.4 peer-group Internal
 neighbor 192.168.100.5 peer-group Internal
 no auto-summary
```

注意：和前面两个案例研究演示的一样，这一步把 R1－R4 的联盟 eBGP 会话的 BGP 下一跳重置为 R1 将产生这两台核心路由器之间的转发环路。在 R1 上，如果仅重置外部前缀的下一跳，环路就被避免了。

例 8-91 显示了 R4 的 BGP 汇总表。意料中，它与 R7 的会话是宕的。

例 8-91 R4 的 BGP 汇总表

```
R4#show ip bgp summary
BGP router identifier 192.168.100.4, local AS number 100
BGP table version is 5, main routing table version 5
4 network entries and 7 paths using 740 bytes of memory
4 BGP path attribute entries using 240 bytes of memory
3 BGP AS-PATH entries using 72 bytes of memory
0 BGP route-map cache entries using 0 bytes of memory
0 BGP filter-list cache entries using 0 bytes of memory
BGP activity 4/2 prefixes, 7/0 paths, scan interval 60 secs

Neighbor        V    AS MsgRcvd MsgSent   TblVer  InQ OutQ Up/Down  State/PfxRcd
192.168.14.1    4 65000      21      27        5    0    0 00:06:44        3
192.168.24.2    4 65000      23      24        5    0    0 00:05:39        3
192.168.100.6   4   100      84      87        5    0    0 00:15:53        1
192.168.100.7   4   100      97      99        0    0    0 never    Idle
```

例 8-92 显示了 R4 的 BGP RIB。R4 从 R1 和 R2 接收到本地 AS 外的前缀的两条路径通告。

例 8-92 R4 的 BGP RIB

```
R4#show ip bgp
BGP table version is 5, local router ID is 192.168.100.4
Status codes: s suppressed, d damped, h history, * valid, > best, i - internal,
```

（待续）

```
              r RIB-failure
Origin codes: i - IGP, e - EGP, ? - incomplete

   Network          Next Hop            Metric LocPrf Weight Path
*  172.16.0.0       192.168.100.1            0    100      0 (65000) 200 i
*>                  192.168.100.1            0    100      0 (65000) 200 i
*  192.168.200.0    192.168.100.3            0    100      0 (65000) i
*>                  192.168.100.3            0    100      0 (65000) i
*>i192.168.201.0    192.168.100.6            0    100      0 i
*> 192.168.202.0    192.168.100.7            0    100      0 (65000 65001) i
```

例 8-93 显示了 R1 的 BGP RIB。前缀 192.168.201.0 是从成员 AS 100 接收到的。

例 8-93 R1 的 BGP RIB

```
R1#show ip bgp
BGP table version is 11, local router ID is 192.168.100.1
Status codes: s suppressed, d damped, h history, * valid, > best, i - internal,
              r RIB-failure
Origin codes: i - IGP, e - EGP, ? - incomplete

   Network          Next Hop            Metric LocPrf Weight Path
*> 172.16.0.0       192.168.18.8             0             0 200 i
*>i192.168.200.0    192.168.100.3            0    100      0 i
*> 192.168.201.0    192.168.100.6            0    100      0 (100) i
*> 192.168.202.0    192.168.100.7            0    100      0 (65001) i
```

当前的拓扑显示在图 8-17 中。

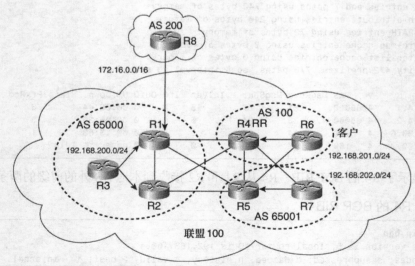

图 8-17 AS 100 中的 R6 和转发路径上的 R4

8.5 案例研究 4：从联盟环境迁移到路由反射环境

第 5 步 把 R7 从成员 AS 65001 移到成员 AS 100 中，并把 R5 移到转发路径外

把 R7 从成员 AS 65001 移到成员 AS 100 中。在 R7 上，为与它将来的 RR（R4 和 R5）之间的会话创建一个叫做 Internal 的对等体组。例 8-94 显示了 R7 新的 BGP 配置。注意没有必要把 65001 放在对等体列表中，因为下一步就迁移 R5。

例 8-94　R7 的 BGP 配置

```
router bgp 100
 no synchronization
 bgp router-id 192.168.100.7
 bgp log-neighbor-changes
 bgp confederation identifier 100
 bgp confederation peers 65000
 network 192.168.202.0
 neighbor Internal peer-group
 neighbor Internal remote-as 100
 neighbor Internal update-source Loopback0
 neighbor 192.168.100.4 peer-group Internal
 neighbor 192.168.100.5 peer-group Internal
 no auto-summary
```

这一步所做的改变对于发起前缀的这台路由器而言是影响业务的。在配置改变的过程中，前缀 192.168.202.0/24 将短暂地不可用。

进行下一步之前，验证所有的路由都被正确地接收到。例 8-95 显示了 R1 的 BGP RIB。右 POP 点内的前缀都是从成员 AS 100 接收过来的。

例 8-95　R1 的 BGP RIB

```
R1#show ip bgp
BGP table version is 15, local router ID is 192.168.100.1
Status codes: s suppressed, d damped, h history, * valid, > best, i - internal,
              r RIB-failure
Origin codes: i - IGP, e - EGP, ? - incomplete

   Network          Next Hop         Metric LocPrf Weight Path
*> 172.16.0.0       192.168.18.8          0             0 200 i
*>i192.168.200.0    192.168.100.3         0    100      0 i
*> 192.168.201.0    192.168.100.6         0    100      0 (100) i
*> 192.168.202.0    192.168.100.7         0    100      0 (100) i
```

图 8-18 显示了更新后的拓扑。

第 6 步 把 R5 从成员 AS 65001 移到成员 AS 100 中

像第 2 步所做的操作一样，把 R5 从成员 AS 65001 移到成员 AS 100 中。为将来与其他所有的 RR 的对等会话创建一个叫做 Internal 的对等体组。当前，只有 R4 是 Internal 对等体组中的成员。创建一个叫做 Clients 的对等体组，包含 R6 和 R7。例 8-96 显示了 R5 新的 BGP 配置。

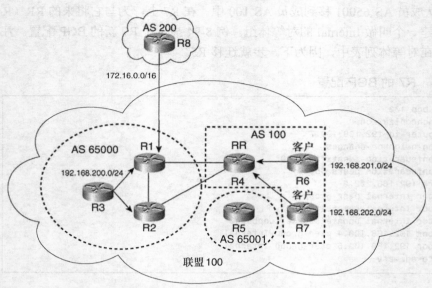

图 8-18 成员 AS 100 中的 R7 和转发路径外的 R5

例 8-96　R5 的 BGP 配置

```
router bgp 100
 no synchronization
 bgp router-id 192.168.100.5
 bgp log-neighbor-changes
 bgp confederation identifier 100
 bgp confederation peers 65000
 neighbor Peers peer-group
 neighbor Peers remote-as 65000
 neighbor Clients peer-group
 neighbor Clients remote-as 100
 neighbor Clients update-source Loopback0
 neighbor Clients route-reflector-client
 neighbor Internal peer-group
 neighbor Internal remote-as 100
 neighbor Internal update-source Loopback0
 neighbor 192.168.15.1 peer-group Peers
 neighbor 192.168.25.2 peer-group Peers
 neighbor 192.168.100.4 peer-group Internal
 neighbor 192.168.100.6 peer-group Clients
 neighbor 192.168.100.7 peer-group Clients
 no auto-summary
```

在 R4 上创建类似的对等体组以建立与 R5 的对等关系。例 8-97 显示了 R4 新的 BGP 配置。

例 8-97　R4 新的 BGP 配置

```
router bgp 100
 no synchronization
 bgp router-id 192.168.100.4
 bgp log-neighbor-changes
 bgp confederation identifier 100
 bgp confederation peers 65000 65001
 neighbor Peers peer-group
 neighbor Peers remote-as 65000
 neighbor Clients peer-group
 neighbor Clients remote-as 100
 neighbor Clients update-source Loopback0
 neighbor Clients route-reflector-client
 neighbor Internal peer-group
 neighbor Internal remote-as 100
 neighbor Internal update-source Loopback0
 neighbor 192.168.14.1 peer-group Peers
 neighbor 192.168.24.2 peer-group Peers
 neighbor 192.168.100.5 peer-group Internal
 neighbor 192.168.100.6 peer-group Clients
 neighbor 192.168.100.7 peer-group Clients
 no auto-summary
```

第 7 步　在 R1 和 R2 上更新与 R5 的对等关系。把 R5 放回到转发路径上

你需要更新 R1 和 R2 的配置，并与 R5 建立对等关系。例 8-98 显示了 R1 新的 BGP 配置。在 R2 上做了类似的修改（未给出）。现在你可以把 R5 放回到转发路径上了。

例 8-98　R1 新的 BGP 配置

```
router bgp 65000
 no synchronization
 bgp router-id 192.168.100.1
 bgp log-neighbor-changes
 bgp confederation identifier 100
 bgp confederation peers 100 65001
 neighbor Internal peer-group
 neighbor Internal remote-as 65000
 neighbor Internal update-source Loopback0
 neighbor Internal next-hop-self
 neighbor 192.168.14.4 remote-as 100
 neighbor 192.168.14.4 route-map set-NH out
 neighbor 192.168.15.5 remote-as 100
 neighbor 192.168.15.5 route-map set-NH out
 neighbor 192.168.18.8 remote-as 200
 neighbor 192.168.100.2 peer-group Internal
 neighbor 192.168.100.3 peer-group Internal
 no auto-summary
```

图 8-19 显示了更新后的网络拓扑。这一步完成了对右 POP 点的迁移。

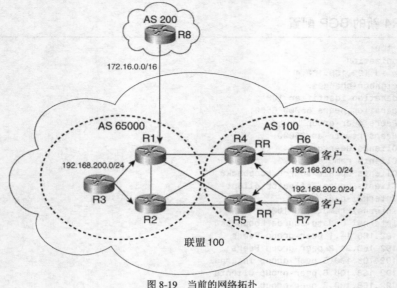

图 8-19 当前的网络拓扑

第 8 步 把 R2 移到转发路径外,并把 R2 从成员 AS 65000 移到成员 AS 100 中

把 R2 从成员 AS 65000 移到成员 AS 100 中。为了避免 R2 吞噬流量,你应该把 R2 移到转发路径外。

例 8-99 显示了 R2 新的配置。

例 8-99 R2 新的 BGP 配置

```
router bgp 100
 no synchronization
 bgp router-id 192.168.100.2
 bgp log-neighbor-changes
 bgp confederation identifier 100
 bgp confederation peers 65000
 neighbor Internal peer-group
 neighbor Internal remote-as 100
 neighbor Internal update-source Loopback0
 neighbor Clients peer-group
 neighbor Clients remote-as 100
 neighbor Clients update-source Loopback0
 neighbor Clients route-reflector-client
 neighbor 192.168.100.1 peer-group Internal
 neighbor 192.168.100.3 peer-group Clients
 neighbor 192.168.100.4 peer-group Internal
 neighbor 192.168.100.5 peer-group Internal
 no auto-summary
```

第 9 步 在 R4 和 R5 上更新对等关系,并把 R2 放回到转发路径上

在 R4 和 R5 上更新对等关系以反映 R2 上的改变。例 8-100 显示了 R4 新的 BGP 配置。

例 8-100　R4 新的 BGP 配置

```
router bgp 100
 no synchronization
 bgp router-id 192.168.100.4
 bgp log-neighbor-changes
 bgp confederation identifier 100
 bgp confederation peers 65000 65001
 neighbor Peers peer-group
 neighbor Peers remote-as 65000
 neighbor Clients peer-group
 neighbor Clients remote-as 100
 neighbor Clients update-source Loopback0
 neighbor Clients route-reflector-client
 neighbor Internal peer-group
 neighbor Internal remote-as 100
 neighbor Internal update-source Loopback0
 neighbor 192.168.14.1 peer-group Peers
 neighbor 192.168.100.2 peer-group Internal
 neighbor 192.168.100.5 peer-group Internal
 neighbor 192.168.100.6 peer-group Clients
 neighbor 192.168.100.7 peer-group Clients
 no auto-summary
```

当所有的路由选择信息都被正确地接收到后，就可以把 R2 放回到转发路径上。例 8-101 显示了 R2 的 BGP 汇总表。意料中，它与 R1 和 R3 的会话是宕的。

图 8-20 显示了当前的网络拓扑。

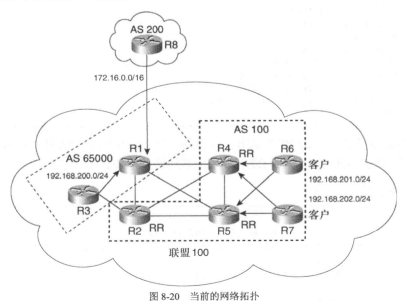

图 8-20　当前的网络拓扑

第 10 步　把 R3 从成员 AS 65000 移到成员 AS 100 中

把 R3 从成员 AS 65000 移到成员 AS 100 中，这一步对于发起前缀的这台路由器而言是影响业务的。在配置改变的过程中，前缀 192.168.200.0/24 将短暂地不可用。例 8-102 显示了 R3 新的 BGP 配置。

例 8-101　R2 的 BGP 汇总表

```
R2#show ip bgp summary
BGP router identifier 192.168.100.2, local AS number 100
BGP table version is 1, main routing table version 1
4 network entries and 8 paths using 788 bytes of memory
3 BGP path attribute entries using 180 bytes of memory
4 BGP rrinfo entries using 96 bytes of memory
2 BGP AS-PATH entries using 48 bytes of memory
0 BGP route-map cache entries using 0 bytes of memory
0 BGP filter-list cache entries using 0 bytes of memory
BGP activity 4/8 prefixes, 8/0 paths, scan interval 60 secs

Neighbor        V    AS MsgRcvd MsgSent   TblVer  InQ OutQ Up/Down  State/PfxRcd
192.168.100.1   4   100       7       7        0    0    0 never    Idle
192.168.100.3   4   100       7       7        0    0    0 never    Idle
192.168.100.4   4   100       9       4        0    0    0 00:01:52        4
192.168.100.5   4   100       9       4        0    0    0 00:01:02        4
```

例 8-102　R3 新的 BGP 配置

```
router bgp 100
 no synchronization
 bgp router-id 192.168.100.3
 bgp log-neighbor-changes
 bgp confederation identifier 100
 bgp confederation peers 65000
 network 192.168.200.0
 neighbor Internal peer-group
 neighbor Internal remote-as 100
 neighbor Internal update-source Loopback0
 neighbor 192.168.100.1 peer-group Internal
 neighbor 192.168.100.2 peer-group Internal
 no auto-summary
```

例 8-103 显示了 R3 当前的 BGP RIB。注意到 172.16.0.0 的下一跳是 192.168.100.1，因为 R2 从 R4 和 R5 学到这条路由，随后 R3 又从 R2 学到这条路由。

例 8-103　R3 的 BGP RIB

```
R3#show ip bgp
BGP table version is 5, local router ID is 192.168.100.3
Status codes: s suppressed, d damped, h history, * valid, > best, i - internal,
              r RIB-failure
Origin codes: i - IGP, e - EGP, ? - incomplete

   Network          Next Hop            Metric LocPrf Weight Path
```

（待续）

```
*>i172.16.0.0         192.168.100.1          0     100        0 (65000) 200 i
*> 192.168.200.0      0.0.0.0                0                32768 i
*>i192.168.201.0      192.168.100.6          0     100        0 i
*>i192.168.202.0      192.168.100.7          0     100        0 i
```

例 8-104 显示了 R1 当前的 BGP RIB。

例 8-104 R1 的 BGP RIB

```
R1#show ip bgp
BGP table version is 17, local router ID is 192.168.100.1
Status codes: s suppressed, d damped, h history, * valid, > best, i - internal,
              r RIB-failure
Origin codes: i - IGP, e - EGP, ? - incomplete

   Network          Next Hop            Metric LocPrf Weight Path
*> 172.16.0.0       192.168.18.8             0             0 200 i
*  192.168.200.0    192.168.100.3            0    100      0 (100) i
*>                  192.168.100.3            0    100      0 (100) i
*  192.168.201.0    192.168.100.6            0    100      0 (100) i
*>                  192.168.100.6            0    100      0 (100) i
*  192.168.202.0    192.168.100.7            0    100      0 (100) i
*>                  192.168.100.7            0    100      0 (100) i
```

图 8-21 显示了当前的网络拓扑。

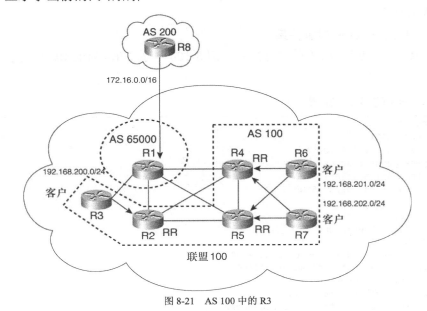

图 8-21　AS 100 中的 R3

第 11 步　把 R1 从成员 AS 65000 移到成员 AS 100 中

把 R1 从成员 AS 65000 移到成员 AS 100 中。这一步所做的改变会影响 AS 200 和联盟 100 之间的业务。例 8-105 显示了 R1 新的 BGP 配置。

例 8-105　R1 的 BGP 配置

```
router bgp 100
 no synchronization
 bgp router-id 192.168.100.1
 bgp log-neighbor-changes
 bgp confederation identifier 100
 neighbor Internal peer-group
 neighbor Internal remote-as 100
 neighbor Internal update-source Loopback0
 neighbor Internal next-hop-self
 neighbor Clients peer-group
 neighbor Clients remote-as 100
 neighbor Clients update-source Loopback0
 neighbor Clients route-reflector-client
 neighbor Clients next-hop-self
 neighbor 192.168.18.8 remote-as 200
 neighbor 192.168.100.2 peer-group Internal
 neighbor 192.168.100.3 peer-group Clients
 neighbor 192.168.100.4 peer-group Internal
 neighbor 192.168.100.5 peer-group Internal
 no auto-summary
```

注意：对两个对等体组都配了 **next-hop-self**。配置中也清除了路由映射 set-NH 和 ACL。你也可以继续使用路由映射和 ACL 来只为外部路由设置下一跳。然而，在基于 RR 的网络中，这确实没有太大的区别。

第 12 步　更新与 **R1** 的对等关系

在 R4 和 R5 上，更新与 R1 的对等关系。例 8-106 显示了 R4 新的 BGP 配置。在 R5 上做了类似的修改（未给出）。

例 8-106　R4 的 BGP 配置

```
router bgp 100
 no synchronization
 bgp router-id 192.168.100.4
 bgp log-neighbor-changes
 bgp confederation identifier 100
 bgp confederation peers 65000 65001
 neighbor Peers peer-group
 neighbor Peers remote-as 65000
 neighbor Clients peer-group
 neighbor Clients remote-as 100
 neighbor Clients update-source Loopback0
 neighbor Clients route-reflector-client
 neighbor Internal peer-group
 neighbor Internal remote-as 100
 neighbor Internal update-source Loopback0
 neighbor 192.168.100.1 peer-group Internal
 neighbor 192.168.100.2 peer-group Internal
 neighbor 192.168.100.5 peer-group Internal
```

（待续）

```
neighbor 192.168.100.6 peer-group Clients
neighbor 192.168.100.7 peer-group Clients
no auto-summary
```

例 8-107 显示了 R1 上更新的 BGP 汇总表。所有的会话现在都是激活的。

例 8-107　R1 的 BGP 汇总表

```
R1#show ip bgp summary
BGP router identifier 192.168.100.1, local AS number 100
BGP table version is 5, main routing table version 5
4 network entries and 7 paths using 740 bytes of memory
2 BGP path attribute entries using 120 bytes of memory
5 BGP rrinfo entries using 120 bytes of memory
1 BGP AS-PATH entries using 24 bytes of memory
0 BGP route-map cache entries using 0 bytes of memory
0 BGP filter-list cache entries using 0 bytes of memory
BGP activity 4/8 prefixes, 7/0 paths, scan interval 60 secs

Neighbor        V    AS MsgRcvd MsgSent   TblVer  InQ OutQ Up/Down  State/PfxRcd
192.168.18.8    4   200      10      11        5    0    0 00:05:30           1
192.168.100.2   4   100      11      12        5    0    0 00:06:01           1
192.168.100.3   4   100      10      17        5    0    0 00:05:44           1
192.168.100.4   4   100      10      10        5    0    0 00:04:16           2
192.168.100.5   4   100       8       8        5    0    0 00:02:34           2
```

例 8-108 显示了 R3 的 BGP RIB。R3 从本 POP 点内冗余的 RR 上接收到两条路径通告。

例 8-108　R3 的 BGP RIB

```
R3#show ip bgp
BGP table version is 10, local router ID is 192.168.100.3
Status codes: s suppressed, d damped, h history, * valid, > best, i - internal,
              r RIB-failure
Origin codes: i - IGP, e - EGP, ? - incomplete

   Network          Next Hop          Metric LocPrf Weight Path
* i172.16.0.0       192.168.100.1          0    100      0 200 i
*>i                 192.168.100.1          0    100      0 200 i
*> 192.168.200.0    0.0.0.0                0           32768 i
*>i192.168.201.0    192.168.100.6          0    100      0 i
* i                 192.168.100.6          0    100      0 i
*>i192.168.202.0    192.168.100.7          0    100      0 i
* i                 192.168.100.7          0    100      0 i
```

这一步基本上完成了把路由器从联盟架构迁移到基于路由反射器的架构的工作。下一步，你应该执行最后的配置清理工作。

第 13 步　清除 AS 100 中的所有路由器的联盟配置

清除 AS 100 中的所有路由器的联盟配置。以例 8-109 中所示的 R4 为例，清除两行 BGP 配置。这一步不影响业务。这一步的配置改变后，就把从联盟内部对等体来的路由和从自治系统内部对等体来的路由区分开了。

例 8-109　清除 R4 的联盟配置

```
R4(config)#router bgp 100
R4(config-router)#no bgp confederation peers 65000 65001
R4(config-router)#no bgp confederation identifier 100
```

同时清除 R4 和 R5 上不需要的对等体组 Peers。

第 14 步　验证所有前缀的 BGP 可达性

验证所有的会话都是激活的，并且所有的路由都被正确地接收到。以下给出了一些样例输出。
例 8-110 显示了 R1 最终的 BGP 配置。

例 8-110　R1 的 BGP 配置

```
router bgp 100
 no synchronization
 bgp router-id 192.168.100.1
 bgp log-neighbor-changes
 neighbor Internal peer-group
 neighbor Internal remote-as 100
 neighbor Internal update-source Loopback0
 neighbor Internal next-hop-self
 neighbor Clients peer-group
 neighbor Clients remote-as 100
 neighbor Clients update-source Loopback0
 neighbor Clients route-reflector-client
 neighbor Clients next-hop-self
 neighbor 192.168.18.8 remote-as 200
 neighbor 192.168.100.2 peer-group Internal
 neighbor 192.168.100.3 peer-group Clients
 neighbor 192.168.100.4 peer-group Internal
 neighbor 192.168.100.5 peer-group Internal
 no auto-summary
```

例 8-111 显示了 R7 上 BGP 前缀 192.168.200.0 的详细信息。两条路径被两台 RR 反射回来。

例 8-111　R7 上的 BGP 路由 192.168.200.0

```
R7#show ip bgp 192.168.200.0
BGP routing table entry for 192.168.200.0/24, version 17
Paths: (2 available, best #2, table Default-IP-Routing-Table)
  Not advertised to any peer
  Local
    192.168.100.3 (metric 40) from 192.168.100.5 (192.168.100.5)
      Origin IGP, metric 0, localpref 100, valid, internal
      Originator: 192.168.100.3, Cluster list: 192.168.100.5, 192.168.100.1
  Local
    192.168.100.3 (metric 40) from 192.168.100.4 (192.168.100.4)
      Origin IGP, metric 0, localpref 100, valid, internal, best
      Originator: 192.168.100.3, Cluster list: 192.168.100.4, 192.168.100.1
```

例 8-112 显示了 R8 的 BGP RIB。所有的路由都被正确地接收到。

例 8-112　R8 的 BGP RIB

```
R8#show ip bgp
BGP table version is 23, local router ID is 192.168.18.8
Status codes: s suppressed, d damped, h history, * valid, > best, i - internal,
              r RIB-failure
Origin codes: i - IGP, e - EGP, ? - incomplete

   Network          Next Hop         Metric LocPrf Weight Path
*> 172.16.0.0       0.0.0.0               0         32768 i
*> 192.168.200.0    192.168.18.1                  0   100 i
*> 192.168.201.0    192.168.18.1                  0   100 i
*> 192.168.202.0    192.168.18.1                  0   100 i
```

8.6　总　　结

将网络从一种架构迁移成另一种架构通常是一项困难的工作。由于许多 BGP 网络规模的大小和复杂度的原因，所以迁移工作典型地就表现为一步接一步的新旧架构并存的过程。任何迁移流程的目标就是必须要尽量减少网络中断时间和流量损失。

本章提供了 4 种迁移策略，这是在真实网络中经常遇到的。本章的 4 种案例研究中的每一种都提供了详细的流程，阐述了一步接一步的迁移过程。

本章探讨服务提供商网络架构的多个方面：

- 通常的 ISP 网络架构；
- 穿越和对等概观；
- BGP 团体属性设计；
- BGP 安全特性；
- 案例研究：缓解分布式拒绝服务攻击。

第 9 章

服务提供商网络架构

本章从 BGP 观点出发，纵览了 ISP 网络是如何构架的。你可以把整章看成是一个案例研究，其中，第一节详述了物理基础设施、设计指南和基本配置模板。

本章定义了基于团体属性的 BGP 策略架构。这种 BGP 团体属性设计提供了有效的基于前缀起源的路由过滤方法，灵活的根据用户来定义路由选择策略和基于 QoS 的服务级别定义。

本章以 ISP 网络中的 BGP 安全性的讨论来结束。那一节涵盖了 TCP MD5 签名、入站路由过滤、分级化 BGP 衰减、公用对等关系情景和对付分布式拒绝服务（Distributed Denial-Of-Service，DDoS）攻击的动态的流量吞噬系统。

本章末尾提供了最终的边缘路由器的配置例子，其中包括了已讨论过的所有特性。核心路由器和汇聚路由器的配置和开始一样没有变化。

9.1 通常的 ISP 网络架构

本节描述了绝大多数中、大型 ISP 网络中可见的标准的网络架构。基本的网络设计分成几个主要构件：
- 内部网关协议（IGP）规划；
- 网络规划；
- 网络地址分配方法学；
- 用户连接性；
- 穿越和对等连接。

这些构件组成了 ISP 网络的基本架构。

9.1.1 内部网关协议规划

ISP 网络中最常用的 IGP 是 OSPF 和 IS-IS。选择使用哪种协议超出了本书的范围；不过，两种协议都可以部署在单域或多域的环境中。

ISP 网络中 IGP 是用来支持 BGP 基础设施的。这包括为 BGP 对等会话提供可达性和为 BGP 学到的前缀解析下一跳。IGP 的覆盖范围只应该包围 ISP 网络本身的路由器，而不是用户边缘（customer edge，CE）设备，即使这些设备由 ISP 来管理。

典型地，普通的 ISP 网络中的设备数量少到使用单域就可完成部署。其他的因素也导致 ISP 使用单域，比如 MPLS 流量工程的需要和端到端的 IGP 度量的可见性的需要。

9.1.2 网络规划

为了搭建一个稳定且可扩展的网络，本章详述的网络设计方法使用了几项原则：

- **层次性**——增强网络扩展性最常用的方法就是在网络中引入层次。这分摊了网络的复杂性，减少了扩展中的路由汇聚（concentration-of-scaling）问题。层次性在物理拓扑和 BGP 对等关系规划中都有用。
- **模块化**——网络设计的模块化增强了网络的延伸性。一个模块化的设计增强了网络的可预见性，提供了更有确定性的流量流向，同时提高了排除网络故障事件的效率。
- **冗余性**——冗余性为容错的网络提供了基础。使用冗余减少了链路或设备失效的影响。重要的是要记住过度的冗余减少了网络层次级别，可能导致扩展性问题。
- **简单化**——网络设计的简单化可以导致更少的人为失误和更精简的配置输入代码。ISP 网络中，路由选择信息的数量给路由器增加了额外的压力，增大了出问题的几率。

总体网络设计按照层次化的方式来详细阐述。网络层次由三个主要部分组成：

- 网络核心层；
- 汇聚层；
- 网络边缘层。

每一个层次有明确的定位。设备的配置按照它所在的层次来优化。核心层位于网络层次的顶层，下接汇聚层，边缘层在底部。本节描述了每一个层次，定义了该层的作用和 BGP 架构，也给出了适用于该层的 BGP 配置模板。

1. 网络核心层

网络核心的首要职责就是以线速来交换数据包。网络核心由少量的路由器组成，通常少于 20 台，它们全部由密集的部分连接或全连接的链路来连接。网络核心处于网络层次的最顶层，为汇聚层提供连接性。图 9-1 显示了一个核心网络。

核心路由器终结两种类型的链路：核心链路和汇聚上行链路。核心链路通过互连核心路由器形成了真实的核心。典型地，这些链路是网络中具有最大容量的链路。汇聚上行链路为汇聚层提供了到网络核心的连接性。核心路由器不是集中放置的，因为这会降低网络的容错能力。所有核心路由器的单一放置点将成为整个网络的单一故障点。

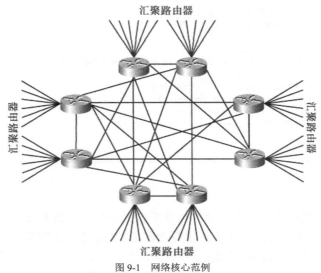

图 9-1　网络核心范例

网络核心中的策略应用或数据包过滤是不常见的。核心设备的流量级别给转发路径上的密集处理操作带来了扩展性的挑战。

网络的 BGP 架构也反映在处于网络层次顶部的核心层上。BGP 的部署是基于路由反射器来设计的，iBGP 全连接就处在网络层次的顶部。

iBGP 全连接由所有的核心路由器组成。在这里，BGP 前缀的策略不被修改。可以为整个 iBGP 全连接中的核心对等会话使用一个对等体组。

网络核心也为汇聚层提供连接性。需要为所有直连的汇聚层路由器提供第二套 BGP 配置。路由反射的重要规则就是 BGP 对等会话必须沿着物理拓扑来避免路由选择环路。

没有外网连接终结在核心路由器上。这些连接包括用户连接、对等连接、穿越（transit）连接。更小的 ISP 是个例外，这个 ISP 可能只有几台核心路由器和两三条穿越链路。

例 9-1 显示了核心路由器的 BGP 配置模板。

例 9-1　核心路由器的 BGP 配置模板

```
router bgp <ISP ASN>
 no auto-summary
 no synchronization
 bgp log-neighbor-changes
 bgp router-id <ROUTER ID>
```

（待续）

```
!
neighbor CORE_ROUTERS peer-group
neighbor CORE_ROUTERS description Core iBGP Full Mesh
neighbor CORE_ROUTERS version 4
neighbor CORE_ROUTERS password <iBGP Password>
neighbor CORE_ROUTERS update-source loopback0
neighbor CORE_ROUTERS remote-as <ISP ASN>
!
neighbor AGG_ROUTERS peer-group
neighbor AGG_ROUTERS description iBGP Sessions for Aggregation Routers
neighbor AGG_ROUTERS version 4
neighbor AGG_ROUTERS password <iBGP Password>
neighbor AGG_ROUTERS update-source loopback0
neighbor AGG_ROUTERS remote-as <ISP ASN>
neighbor AGG_ROUTERS route-reflector-client
...
!
```

2. 汇聚层

如图 9-2 所示，汇聚层主要是在适当的位置通过提供网络层次来降低核心路由器的复杂性。这包括分散链路汇聚和减少终结在核心路由器上的 BGP 对等会话数量。在更小的网络中，这一层通常被省略掉。接入层可以直接汇聚到核心路由器上。随着接入层的扩大，汇聚层就变得更为重要了。汇聚路由器形成了网络层次的中间层。

汇聚路由器有两种类型的链路：上行链路和下行链路。上行链路连接到核心路由器上。典型地，每一台汇聚路由器有两条上行链路分别连接到两台分开的核心路由器上。这就提供了上行链路和核心路由器的冗余。除了物理冗余外，把汇聚路由器配置成与之直连的两台核心路由器的路由反射器客户就形成了 BGP 的冗余。图 9-2 只显示了两台汇聚路由器连接到两台核心路由器上，但是实际的网络中可能会有更多的汇聚路由器宿主到两台核心路由器上。

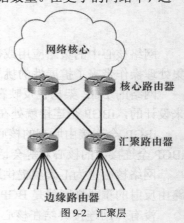

图 9-2 汇聚层

汇聚路由器有到边缘路由器的下行链路。汇聚层因为给边缘路由器提供汇聚而得名。使用汇聚层减少了核心路由器的端口密度的要求并增大了网络的延伸性。汇聚路由器没有和其他汇聚路由器直连，因为这会降低流量流向的可预见性和容量规划的有效性。

汇聚路由器提供了 BGP 路由反射架构的第二个层次。它们既是核心路由器的路由反射器客户，又是边缘路由器的路由反射器。汇聚路由器上惟一的 BGP 会话类型就是 iBGP 会话，因为外部连接终结在边缘路由器上。

汇聚路由器上需要两个对等体组。第一个对等体组是与上行的核心路由器的 iBGP 会话的。第二个对等体组是与边缘路由器的 iBGP 会话的。提供的这种模块允许通过最小化的努力来扩大网络。增加新的边缘路由器只需要在边缘路由器对等体组中添加 BGP 会话，并配置端口以终结从边缘路由器来的上行链路。

例 9-2 显示了汇聚路由器的 BGP 配置模板。

例 9-2　汇聚路由器的 BGP 配置模板

```
router bgp <ISP ASN>
 no auto-summary
 no synchronization
 bgp log-neighbor-changes
 bgp router-id <ROUTER ID>
 !
 neighbor CORE_UPLINK peer-group
 neighbor CORE_UPLINK description iBGP Session to Core Routers
 neighbor CORE_UPLINK version 4
 neighbor CORE_UPLINK password <iBGP Password>
 neighbor CORE_UPLINK update-source loopback0
 neighbor CORE_UPLINK remote-as <ISP ASN>
 !
 neighbor EDGE_ROUTERS peer-group
 neighbor EDGE_ROUTERS description iBGP Sessions for Edge Routers
 neighbor EDGE_ROUTERS version 4
 neighbor EDGE_ROUTERS password <iBGP Password>
 neighbor EDGE_ROUTERS update-source loopback0
 neighbor EDGE_ROUTERS remote-as <ISP ASN>
 neighbor EDGE_ROUTERS route-reflector-client
 !
 neighbor PEER_ROUTERS peer-group
 neighbor PEER_ROUTERS description iBGP Sessions for Peering Routers
 neighbor PEER_ROUTERS version 4
 neighbor PEER_ROUTERS password <iBGP Password>
 neighbor PEER_ROUTERS update-source loopback0
 neighbor PEER_ROUTERS remote-as <ISP ASN>
 neighbor PEER_ROUTERS route-reflector-client
 neighbor PEER_ROUTERS route-map PARTIAL_ROUTES out
 ...
 !
route-map PARTIAL_ROUTES permit 10
 match community 1
!
route-map PARTIAL_ROUTES deny 20
!
ip community-list 1 permit <Customer Routes Community>
ip community-list 1 deny
!
```

对等路由器是边缘路由器的一种特殊情况。它们只需要部分路由，而不像标准的汇聚用户的边缘路由器一样需要全部路由。在后面的"公众对等安全考虑"一节中将详细讨论这一主题。

3. 网络边缘层

如图 9-3 所示，网络边缘层主要负责所有的外部连接。这包括用户汇聚连接、穿越连接和对等连接。网络边缘层处在网络层次的最低层。典型地，边缘路由器有两条到汇聚路由器的上行链路。这提供了对汇聚路由器失效的冗余和到汇聚路由器的上行链路的冗余。

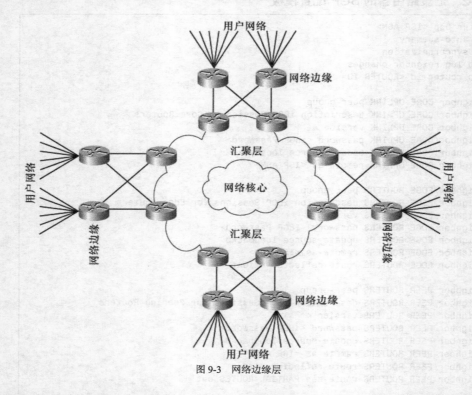

图 9-3 网络边缘层

服务和策略应用在网络边缘层上。边缘路由器上的流量速率比汇聚路由器和核心路由器上的流量速率低得多。这增强了执行处理器密集（processor-intensive）功能的扩展性，因为处理负载被分散到大量的设备上。

在 BGP 架构中，边缘路由器是汇聚路由器的路由反射器客户，它们同时终结了与用户的 eBGP 对等会话，执行了一些 BGP 功能：

- **路由抑制（route dampening）**——路由抑制功能只对外部路由起作用。边缘路由器包含了从用户会话、穿越会话和对等会话学过来的外部前缀。在网络边缘层压制这些前缀就把它们从核心路由器和汇聚路由器上清除掉。
- **路由聚合**——前缀聚合也在网络边缘层上执行。某 ISP 可能有一个 8 位掩码长度的地址段，并在整个网络中把它分发给用户。专用的前缀用来提供内部的可达性。然而，ISP 希望通过把这些更长掩码的用户前缀聚合到汇总表中以减少向外通告的前缀数量。
- **重置下一跳**——从外部对等体学到的前缀具有设置为远端对等体地址的下一跳属性。该前缀的下一跳必须能够被将包含在 BGP 决定进程中的路径到达。这种情况如图 9-4 所示。

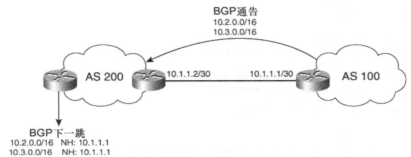

图 9-4 用户前缀的下一跳属性

下一跳可达性的要求意味着边缘路由器需要在 IGP 中包含用户链路的前缀，或者为接收到的 BGP 前缀重置下一跳。最常用的方法就是在与上行汇聚路由器的 iBGP 会话上设置 **next-hop-self**。在 IGP 中包含所有用户连接的链路地址不是可扩展的，这会大大增加 IGP 包容的信息量。

- **归零 BGP MED 值**——如果使用了 BGP MED，通常的做法就是接收到它们后把它们归零。这是因为从不同的自治系统接收来的 MED 相互之间没有联系。重置入境前缀的 BGP MED 就防止了路由选择振荡（oscillation）。如果接受 BGP MED，就需要配置 **always-compare-med** 来防止路由选择振荡，如第 7 章中讨论的一样。
- **路由选择信息过滤**——所有的路由选择信息过滤在 eBGP 会话上执行。这包括基于前缀列表（prefix list）、分布列表（distribute list）、过滤列表（filter list）和团体列表（community list）来过滤。
- **策略应用**——BGP 策略应用在网络边缘层执行。这包括根据从用户接收来的团体属性进行属性操作，比如本地优先操作或 MED 操作。这也包括为这些接收到的前缀设置团体属性，以便为将来的策略应用而识别它们，比如过滤向外部对等体的前缀通告。

网络边缘是大量 BGP 策略应用的地方。当执行最佳路径选择的时候，汇聚层和核心层根据在边缘定义的策略来操作。例 9-3 显示了网络边缘的 BGP 配置模板示例。

边缘架构模板提供了边缘设备基本的 BGP 配置。它没有包括前缀过滤和 BGP 团体属性应用。这些可以应用到基本模板上。这些主题在本章后面讲述。

例 9-3　边缘路由器的 BGP 配置模板

```
router bgp <ISP ASN>
 no auto-summary
 no synchronization
 bgp dampening

 bgp log-neighbor-changes
 bgp router-id <ROUTER ID>
 !
 neighbor AGG_UPLINK peer-group
 neighbor AGG_UPLINK description iBGP Session to Aggregation Routers
 neighbor AGG_UPLINK version 4
 neighbor AGG_UPLINK password <iBGP Password>
 neighbor AGG_UPLINK update-source loopback0
 neighbor AGG_UPLINK next-hop-self
 neighbor AGG_UPLINK remote-as <ISP ASN>
 !
 neighbor CUST_GEN_ASN peer-group
 neighbor CUST_GEN_ASN description Customers using Generic ASN
 neighbor CUST_GEN_ASN version 4
 neighbor CUST_GEN_ASN password <Customer Password>
 neighbor CUST_GEN_ASN remote-as <Generic ASN>
 neighbor CUST_GEN_ASN remove-private-as
 neighbor CUST_GEN_ASN default-information originate
 !
 neighbor CUST_PRIV_ASN peer-group
 neighbor CUST_PRIV_ASN description Customer using Private ASN
 neighbor CUST_PRIV_ASN version 4
 neighbor CUST_PRIV_ASN password <Customer Password>
 neighbor CUST_PRIV_ASN remote-as 65000
 neighbor CUST_PRIV_ASN remove-private-as
 !
 neighbor CUST_PARTIAL peer-group
 neighbor CUST_PARTIAL description Customers Receiving Partial Routes
 neighbor CUST_PARTIAL version 4
 neighbor CUST_PARTIAL password <Customer Password>
 neighbor CUST_PARTIAL route-map PARTIAL_ROUTES out
 neighbor CUST_PARTIAL remove-private-as
 neighbor CUST_PARTIAL default-information originate
 !
 neighbor CUST_FULL peer-group
 neighbor CUST_FULL description Customers Receiving Full Routes
 neighbor CUST_FULL version 4
 neighbor CUST_FULL remove-private-as
 neighbor CUST_FULL password <Customer Password>
 ...
 !
route-map PARTIAL_ROUTES permit 10
 match community 1
 !
route-map PARTIAL_ROUTES deny 20
 !
ip community-list 1 permit <Customer Routes Community>
ip community-list 1 deny
 !
```

4．通用的 BGP 设置

在前面几节提供的配置模板中，所有的路由器都应用了某些设置：自动汇总和 BGP 同步。本节简单地讨论一下这些命令。

BGP 自动汇总特性可追溯到有类路由选择的时代。在 ISP 环境下它应该总是被禁用。如果启用自动汇总，那么当前缀被发起时——典型地在重分布处，路由器就会沿着这些前缀的有类边界汇总它们。这意味着如果 ISP 有一个从传统的 B 类地址空间分配出来的 19 位掩码长度的地址块，自动汇总将通告整个 16 位掩码长度的地址空间，即使给这个 ISP 只分配了该地址空间的八分之一。这将导致 ISP 吸引并非把它自己作为目的地的流量。

BGP 同步特性是打算用在转发路径上的所有路由器不都运行 BGP 的网络中的。典型的 ISP 在所有的路由器上运行 BGP，因此不需要运行 BGP 同步。这个特性在任何网络中都很少用到，而且在 ISP 网络中它应该被禁用。第 2 章中提供了 BGP 同步更详细的讨论。

9.1.3 网络地址分配方法学

本节关于网络地址分配的焦点特指基础设施地址分配。推荐的 IGP 部署是单域设计。这没有给聚合基础设施地址提供区域边界。基础设施地址由两种类型的地址组成——环回地址和链路地址。接下来的几节将讨论它们。你也将学到关于用户地址分配的一些东西。

1．环回地址分配

环回地址是独立于任何物理地址的 IP 地址。路由器是该子网中惟一的设备，这使得可以使用 32 位的地址来优化地址分配效率。如果部署了 IP 多播并使用了任意播 RP——如第 11 章中描述的一样——就需要配置多个环回地址。

不用作任意播 RP 的环回地址应该被显式地配置成 BGP 路由器 ID。这就防止了网络中存在重复的 BGP 路由器 ID 导致的 BGP 基础设施失效的可能性。

2．链路地址分配

基础设施地址分配的另一个方面是链路地址分配。典型的骨干连接是点对点的，子网中只有两台设备。31 位掩码长度的地址已被重新定义，去掉了网络地址和广播地址，使得子网中的两个地址都可用。在进行链路地址分配时，你应该利用 31 位掩码长度的地址的有效性。

IP 地址空间的稀缺性和从地址分配管理机构获得新的地址块的困难性引入了 RFC 1918 的概念，或者叫链路地址分配私有化。然而，RFC 1918 特别指出，无论从私有源地址发起的还是到达私有目的地址的数据包都不应该在组织间的链路上被转发。这意味着它们不应该在 Internet 上被转发。在为基础设施链路使用私有地址的 ISP 中使用路由跟踪（traceroute）会产生源于私有地址的数据包。

如果多个 ISP 使用相同子网的私有地址，潜在的疏忽大意的配置错误将导致拒绝服务攻击。

意外地重分布路由和通告私有基础设施地址可能干扰其他为基础设施地址分配使用同一私有地址空间的 ISP。

解决办法就是不在 ISP 网络中使用私有地址。使用私有地址在业内被视为错误的行为并被反对。

3．用户地址分配

处理用户前缀的标准模式就是在 BGP 中而不是在 IGP 中运载它们。结果就是在 IGP 区域的基础上内部地聚合地址和分配地址空间无利可得。这还有另外的复杂性，因为用户经常是多宿主的，或者经常变换 ISP 而需要重新宿主。维持一种严格的区域地址分配机制可能很快地就成为一种管理负担，也没有获得技术上的好处。

9.1.4 用户连接性

在用户连接上有两种常用的方法来处理前缀信息。第一种方法是与用户建立 BGP 对等关系。第二种方法在 ISP 边缘路由器上配置静态路由，再把它重分布进 BGP。后面的章节将描述识别 BGP 前缀起源的方法。

1．用户 BGP 对等关系

当用户是多宿主的或需要动态通告前缀时，就需要建立与用户的 BGP 对等关系。只要用户多宿主到不同的 ISP，他就必须从号码分配管理机构获得一个惟一的公用自治系统号码（ASN）。如果用户多宿主到单个 ISP，或者不是多宿主的但又需要动态通告前缀，那就有两种方法可使用户不需要去获得公用 ASN。下面讲述这些方法。

（1）通用用户 ASN

ISP 可以从号码分配管理机构获得一个 ASN 用作通用用户 ASN。这意味着 ISP 告诉所有的用户使用这个 ASN。比如，ISP 有自己原来的 ASN 100 和用于用户对等会话的第二个 ASN 101，那么 ASN 101 就被所有需要向 ISP 动态通告前缀的用户共享。

主要的告诫是：一个使用 ASN 101 的用户发送的前缀信息不被另一个使用 ASN 101 的用户所接受。乍一看，这也许是个问题；但是，这种方法可用于没有多宿主到多个 ISP 的用户。ISP 只需要向用户发起默认路由以保证完全的连接性。这种方法通过把起源 ASN 设置为 101 来标识用户。

（2）私有 ASN

第二种方法就是使用 64512 到 65535 的 ASN。这些 ASN 被 Internet 地址分配机构（Internet Assigned Numbers Authority，IANA）保留作为私有 ASN。这些 ASN 不应该向公用的 Internet 通告，这就意味着 ISP 向公用 Internet 传播前缀信息前必须过滤这些私有 ASN。

2．静态路由重分布

如果用户不需要动态通告前缀信息并且不是多宿主的，BGP 对等会话的开销就不需要。聚集到单台边缘路由器上的用户数以千计。如果为每一个用户连接都使用 BGP 对等会话，这就会对这台路由器施加巨大的处理负担。

给用户提供连接性最常用的方法就是在 ISP 边缘路由器上配置静态路由，并在用户路由器上配置一条指向 ISP 的静态默认路由，然后在 ISP 边缘路由器上把指向用户前缀的静态路由直接重分布进 BGP。当路由通过重分布被插入 BGP 后，它的起源（origin）属性就被设为不完全（Incomplete）。ISP 常常通过路由映射把重分布的路由的起源属性手工设为 IGP，然后再执行其他的 BGP 属性操作，比如添加团体属性。使用路由映射来过滤重分布也有助于减少配置错误。

3．识别用户前缀

第 6 章引入了向多宿主用户通告部分路由的概念。部分路由由 ISP 本地路由和直接的用户前缀组成。ISP 如果想提供部分路由，就必须要能够识别哪些特定的路由是与穿越路由和对等路由区分的用户路由。使用静态路由重分布不像通用用户 ASN 一样天生地就能提供路由区分。况且，尝试根据私有 ASN、通用用户 ASN、已被重分布的静态路由或拥有自己的 ASN 的用户来过滤路由是很麻烦的。

解决办法就是给用户前缀定义专用的 BGP 团体属性。通过 BGP 接收到的用户前缀和被重分布进 BGP 的静态用户前缀都被赋予这种团体属性。然后可以根据团体属性向请求部分路由的用户过滤路由通告，只通告具有 ISP 定义的用户团体属性的路由而阻止其他所有路由。

9.2 穿越和对等概观

到目前为止的讨论焦点主要都是针对 ISP 的基础设施和下游用户的连接性的。本节讨论上游 ISP 与 Internet 的其余部分的连接性。上游连接性主要有三种类型：
- 穿越；
- 对等——公用和私有；
- ISP 级别（tier）和对等关系。

下面你将学习到，上游连接性的主题是 ISP 商业中最重要的政治特征之一。

9.2.1 穿越连接

穿越连接是中小型 ISP 最常用的连接方式。穿越业务基本上意味着向另一个 ISP 购买完全的 Internet 连接。购买穿越业务的 ISP 再向它的最终用户出售穿越业务。穿越连接意味着上游提供商让它的用户穿越它的网络到达 Internet 上任何可用的目的地。

9.2.2 对等

术语对等（Peering）是指公用对等和私有对等。两个 ISP 之间通常意义上的对等意味着它们通过那条对等连接相互到达对方和对方的用户。如果 ISP1 和 ISP2 发起了对等连接，它们就可以相互到达；但是如果 ISP3 既不是 ISP1 的用户，也不是 ISP2 的用户，它就无法使用那条对等连接。基本上，对等连接涉及到两个对等 ISP 之间部分路由的交换。典型地，对等连接的费用少于完全穿越连接的费用，因为两个对等 ISP 都希望卸载穿越于它们穿越链路上的用户流量。

1．公用对等

公用对等关系发生在某种公用对等点上，比如在网络接入点（Network Access Point，NAP）、城域交换局（Metropolitan Area Exchange，MAE）、Internet 交换站（Internet Exchange Point，IXP）上。典型地，公用对等点上的对等链路是由广播介质做成的，比如快速以太网和吉比特以太网。一些主要的交换局已经开始在交换点上提供 ATM 服务以保证服务质量（QoS）。ISP 从交换点上获得一个端口就能与交换点上的其他任何 ISP 建立对等关系，其他 ISP 也能从该端口上的流量中获利。公用交换点由于高度拥塞和有丢包问题而闻名。

2．私有对等

私有对等关系涉及到两个 ISP 协商一个对等合约并在它们之间建立私有连接，比如点到点链路。只有这两个 ISP 才通过这条链路建立对等关系。私有对等模型使得 ISP 能从拥塞的交换点上脱离开来建立高质量的连接。

9.2.3 ISP 级别和对等关系

ISP 级别的概念是非常模糊的，除非你能很好地理解每一个级别是什么。通常认为有三个级别：
- 一级（Tier 1）
  — 国家范围的骨干网；
  — 没有购买任何穿越服务；
  — 完全依赖于对等关系。
- 二级（Tier 2）
  — 国家范围的骨干网；
  — 由对等和穿越链路组成。
- 三级（Tier 3）
  — 区域网络或本地网络；
  — 几乎完全依赖于穿越服务；

— 也许有一些对等关系，但通常没有。

美国主要的一级提供商完全依赖于对等关系而没有购买穿越服务。它们在被称为非付费自由区（default-free zone）的 8 个地方建立私有对等关系。这 8 个地方是纽约、华盛顿特区、亚特兰大、芝加哥、达拉斯、洛杉矶、西雅图、圣何塞（湾区（Bay Area））。

注意：关于穿越和对等的一般感觉就是"一旦是用户，就不能是对等伙伴"。在你决定向何处购买穿越服务时，应该记住这个道理。当你成为某个特定的 ISP 的用户后，就很难转成与它建立对等关系。

9.3 BGP 团体属性设计

团体属性是 BGP 中可用的功能最强大的策略工具之一。这种属性提供了一种任意地按组，或按团体（正如其名字所描述的一样）划分前缀的方法。然后可以根据前缀所属的团体属性来对它们应用特定的策略。一条前缀可以运载多个团体属性，使得多种策略可以应用在它上面。

默认条件下，只有一些熟知的团体属性：
- 非出口（no-export）——不对外部对等体通告这条路由。
- 非通告（no-advertise）——不对任何对等体通告这条路由。
- Internet（internet）——用于全球通告的常规路由。

ISP 用剩下的团体属性空间来创建用户团体属性，并关联策略。本节描述常见的用户团体属性，ISP 用它们来控制路由选择策略，并使用户灵活地为自己的前缀决定路由选择策略。

这一节从头到尾逐一阐述如何跨越 ISP 网络配置并部署 BGP 团体属性。最终的配置有以下的功能：
- 前缀起源识别；
- 动态用户策略；
- 基于 QoS 的服务级别。

BGP 团体属性是非常灵活的。以下几节提供的 BGP 团体属性设计包含了它的最常见的用法；然而，就它能实现的功能而言，这还不是详尽的。在本章快结束时还提供了另一个如何使用 BGP 团体属性来对付分布式拒绝服务攻击的例子。

9.3.1 前缀起源跟踪

ISP 需要了解在"识别用户前缀"一节中讨论的特定前缀的起源。典型地，ISP 有三种类型的路由：穿越路由、对等路由、用户路由。ISP 不希望不加区分的发送路由选择信息。表 9-1 显示了一个根据前缀起源来分配团体属性的样例。

表 9-1　基于前缀起源的团体属性分配

路 由 类 型	团体属性标识符	路 由 类 型	团体属性标识符
穿越路由	<ISP ASN>:1000	用户路由	<ISP ASN>:3000
对等路由	<ISP ASN>:2000		

例 9-4 显示了为前缀起源分配团体属性的路由器配置。

例 9-4　前缀起源团体属性分配

```
route-map cust_inbound permit 10
  set community 100:3000 additive
!
route-map peer_inbound permit 10
  set community 100:2000 additive
!
route-map transit_inbound permit 10
  set community 100:1000 additive
!
```

可以用这些团体属性来过滤上游前缀通告，方法就是只允许通告具有<ISP ASN>:3000 的团体属性的前缀。这就防止了 ISP 通过穿越连接通告对等路由，或者向对等邻居通告穿越路由。如果 ISP 不在穿越连接和对等连接上过滤前缀通告，那就不能为它的邻居提供穿越服务。例 9-5 显示了根据前缀起源团体属性来过滤前缀通告的出站配置。

本节剩下的部分就是建立在例 9-4 和例 9-5 提供的配置基础之上的。最后的配置就是完整的 BGP 团体属性设计。

例 9-5　基于团体属性的出站前缀过滤

```
route-map peer_outbound permit 10
 match community 1
!
route-map peer_outbound deny 20
!
route-map transit_outbound permit 10
 match community 1
!
route-map transit_outbound deny 20
!
ip community-list 1 permit 100:3000
ip community-list 1 deny
!
```

9.3.2　动态用户策略

常见用户多宿主到一个或多个提供商。客户出于种种原因而选择提供商，并且对流量策略经常有特定的需求。

多宿主到同一个提供商的客户可能希望流量在两条连接上负载平衡，或者希望把它们用作主备关系。如果 ISP 手工控制流量策略就会增大运维负担和边缘路由器上的配置量，并增加配置出错的可能性。

多宿主到多个 ISP 的用户也许希望只到达其中一个 ISP 本域中的地址，而穿越另一个 ISP 到达 Internet 的其余部分。基于每个用户来配置可能是复杂的，而为一般用户策略请求预先定义团体属性，使用户可以在任何时候修改他的策略都不需要 ISP 的任何手工干预则更为简单。

下面两节提供了 ISP 如何定义策略来让用户动态地影响上游流量模式的例子。这是通过操纵上游提供商网络中的本地优先属性和控制上游提供商的前缀通告行为来完成的。

1. 本地优先属性操纵

通过定义团体属性来为接收到的路由改变本地优先属性就使用户具有操纵入站策略的能力。这使得多宿主到同一个 ISP 的用户不需要 ISP 的手工干预就能够改变它的入站路由选择策略。表 9-2 显示了团体属性设计方案。

表 9-2　　灵活的上游本地优先属性、团体属性

本地优先属性	BGP 策略团体属性	本地优先属性	BGP 策略团体属性
80	<ISP ASN>:80	110	<ISP ASN>:110
90	<ISP ASN>:90	120	<ISP ASN>:120
100（默认）	<ISP ASN>:100		

用户可以使用表 9-2 中列出的团体属性来改变它在 ISP 中的路由选择信息的本地优先属性。ISP 实现灵活的本地优先属性的配置是面向用户的入站路由映射的一种扩展。新的路由映射如例 9-6 所示。

例 9-6　灵活的本地优先属性路由映射配置

```
route-map cust_inbound permit 10
  match community 10
  set community 100:3000 additive
  set local-preference 80
!
route-map cust_inbound permit 20
  match community 11
  set community 100:3000 additive
  set local-preference 90
!
route-map cust_inbound permit 30
  match community 12
  set community 100:3000 additive
  set local-preference 110
!
route-map cust_inbound permit 40
  match community 13
```

（待续）

```
  set community 100:3000 additive
  set local-preference 120
!
route-map cust_inbound permit 50
  set community 100:3000 additive
  set local-preference 100
!
ip community-list 10 permit 100:80
ip community-list 10 deny
!
ip community-list 11 permit 100:90
ip community-list 11 deny
!
ip community-list 12 permit 100:110
ip community-list 12 deny
!
ip community-list 13 permit 100:120
ip community-list 13 deny
!
```

这些路由映射是例 9-4 中定义的关于前缀起源团体属性的路由映射的一种扩展。

2．控制上游前缀通告

能够影响 ISP 把用户前缀通告给上游对等体是策略的另一个方面，这可以通过灵活使用团体属性来做到。经常定义两个粒度级别。第一个级别请求 ISP 根据对等类型，即穿越前缀、对等前缀和用户前缀，来抑制向上游对等体的前缀通告。这种方法的团体属性设计方案如表 9-3 所示。

表 9-3   用户通告抑制团体属性

抑 制 目 标	BGP 团体属性	抑 制 目 标	BGP 团体属性
穿越	<ISP ASN>:210	用户	<ISP ASN>:230
对等	<ISP ASN>:220		

第二个粒度级别允许用户根据每个 AS 的基础来请求 AS 前置（AS prepending），或者完全地抑制路由通告。通常，这不是针对每一个 ASN 来做的，而只对主要的邻居。这种方法的团体属性设计方案如表 9-4 所示。

表 9-4   AS 前置和前缀通告抑制团体属性

BGP 团体属性	如何应用 ISP 策略
65000:<上游 ASN>	抑制向<上游 ASN>邻居的路由通告
65100:<上游 ASN>	在给<上游 ASN>邻居的路由前面添加一次<ISP ASN>
65200:<上游 ASN>	在给<上游 ASN>邻居的路由前面添加两次<ISP ASN>
65300:<上游 ASN>	在给<上游 ASN>邻居的路由前面添加三次<ISP ASN>
65400:<上游 ASN>	在给<上游 ASN>邻居的路由前面添加四次<ISP ASN>
65500:<上游 ASN>	在给<上游 ASN>邻居的路由前面添加五次<ISP ASN>

私有 ASN 决定动作,而上游 ASN 是动作应该发生的地方(上游邻居)。这种方法易用易记,至少为一个 ISP 所用。控制上游前缀通告的新的路由映射显示在例 9-7 中。

例 9-7 为控制上游前缀通告的路由映射

```
route-map peer_outbound_AS1000 deny 10
 match community 20
!
route-map peer_outbound_AS1000 permit 20
 match community 21
 set as-path prepend 100
!
route-map peer_outbound_AS1000 permit 30
 match community 22
 set as-path prepend 100 100
!
route-map peer_outbound_AS1000 permit 40
 match community 23
 set as-path prepend 100 100 100
!
route-map peer_outbound_AS1000 permit 50
 match community 24
 set as-path prepend 100 100 100 100
!
route-map peer_outbound_AS1000 permit 60
 match community 25
 set as-path prepend 100 100 100 100 100
!
route-map peer_outbound_AS1000 permit 70
 match community 100:3000
!
route-map peer_outbound_AS1000 deny 80
ip community-list 20 permit 65000:1000
ip community-list 20 permit 100:220
ip community-list 20 deny
!
ip community-list 21 permit 65100:1000
ip community-list 21 deny
!
ip community-list 22 permit 65200:1000
ip community-list 22 deny
!
ip community-list 23 permit 65300:1000
ip community-list 23 deny
!
ip community-list 24 permit 65400:1000
ip community-list 24 deny
!
ip community-list 25 permit 65500:1000
ip community-list 25 deny
!
```

这些路由映射是例 9-5 中定义的关于前缀起源的路由映射的一种扩展。

9.3.3 基于 BGP 的 QoS 策略传播

给客户提供多种服务级别是流行于 ISP 中的一种潮流。典型地，这些服务级别是由 IP 优先级（IP precedence）来区分的，使得高服务级别的用户优先于低服务级别的用户。这种服务级别应用于整个 ISP 网络，既有出站方向的，又有入站方向的。基于 BGP 的 QoS 策略传播（QoS Policy Propagation via BGP，QPPB）特性保证了向用户提供符合他们购买的 QoS 级别的双向流量。本例中的 ISP 网络提供了三种服务级别：金牌服务、银牌服务、铜牌服务。这些服务级别和与之关联的团体属性列在表 9-5 中。

表 9-5　　　　　　　　　　　　　服务级别定义

服务级别	BGP 团体属性	服务级别	BGP 团体属性
金牌	<ISP ASN>:500	铜牌	<ISP ASN>:520
银牌	<ISP ASN>:510		

处理从用户来的入站流量是容易的，这可以通过在入站用户接口上配置策略标记（policy marking）将全部流量标记为合适的服务级别来完成。困难在于标记从穿越链路和对等链路进入 ISP 网络而去往用户的流量。

解决办法就是给用户前缀标记团体属性，这些团体属性标识了去往目的地前缀的流量的服务级别。这就使得可以使用 BGP 表映射（table-map）特性来传播 CEF 表，该 CEF 表中每一条目的地前缀具有合适的优先级，使得能够以每条前缀为基础来操作入站优先级。如第 4 章中描述的一样，BGP 表映射是 BGP 表和 CEF 表之间的一种过滤。例 9-8 显示了面向用户的路由映射的扩展。

例 9-8　针对 QPPB 的团体属性路由映射扩展

```
! Gold Service Route Maps
route-map gold_cust_inbound permit 10
  match community 10
  set community 100:3000 100:500 additive
  set local-preference 80
!
route-map gold_cust_inbound permit 20
  match community 11
  set community 100:3000 100:500 additive
  set local-preference 90
!
route-map gold_cust_inbound permit 30
  match community 12
  set community 100:3000 100:500 additive
  set local-preference 110
!
route-map gold_cust_inbound permit 40
```

（待续）

```
    match community 13
    set community 100:3000 100:500 additive
    set local-preference 120
 !
 route-map gold_cust_inbound permit 50
    set community 100:3000 100:500 additive
    set local-preference 100
 !
 ! Silver Service Route Maps
 route-map silver_cust_inbound permit 10
    match community 10
    set community 100:3000 100:510 additive
    set local-preference 80
 !
 route-map silver_cust_inbound permit 20
    match community 11
    set community 100:3000 100:510 additive
    set local-preference 90

!
route-map silver_cust_inbound permit 30
    match community 12
    set community 100:3000 100:510 additive
    set local-preference 110
!
route-map silver_cust_inbound permit 40
    match community 13
    set community 100:3000 100:510 additive
    set local-preference 120
!
route-map silver_cust_inbound permit 50
    set community 100:3000 100:510 additive
    set local-preference 100
!
! Bronze Service Route Maps
route-map bronze_cust_inbound permit 10
    match community 10
    set community 100:3000 100:520 additive
    set local-preference 80
!
route-map bronze_cust_inbound permit 20
    match community 11
    set community 100:3000 100:520 additive
    set local-preference 90
!
route-map bronze_cust_inbound permit 30
    match community 12
    set community 100:3000 100:520 additive
    set local-preference 110
!
route-map bronze_cust_inbound permit 40
    match community 13
    set community 100:3000 100:520 additive
```

（待续）

```
  set local-preference 120
!
route-map bronze_cust_inbound permit 50
  set community 100:3000 100:520 additive
  set local-preference 100
!
ip community-list 10 permit 100:80
ip community-list 10 deny
!
ip community-list 11 permit 100:90
ip community-list 11 deny
!
ip community-list 12 permit 100:110
ip community-list 12 deny
!
ip community-list 13 permit 100:120
ip community-list 13 deny
!
```

团体属性被设置到前缀上,标识了每一条前缀所属的服务类型。剩下的工作就是在余下的边缘路由器上配置合适的表映射把 BGP 服务级别团体属性翻译成基于 CEF 的策略标记。例 9-9 给出了配置。

需要把例 9-9 中的配置应用到网络中所有的边缘路由器上。数据包的优先级在边缘被设置,并被整个网络中的优先级感知的队列机制和拥塞避免机制来处理。

例 9-9 优先级标记的表映射配置

```
router bgp 100
table-map QOS_Policy
...
!
route-map QOS_Policy permit 10
 match community 50
 set ip precedence immediate
!
route-map QOS_Policy permit 20
 match community 51
 set ip precedence priority
!
route-map QOS_Polciy permit 30
 match community 52
 set ip precedence routine
!
ip community-list 50 permit 100:500
ip community-list 50 deny
!
ip community-list 51 permit 100:510
ip community-list 51 deny
!
ip community-list 52 permit 100:520
ip community-list 52 deny
!
```

9.3.4 静态路由重分布和团体属性应用

要使前缀过滤和服务级别能够正确地运作，没有运行 BGP 的用户也必须要在它们之上的应用合适的团体属性。最简单的方法就是当静态路由被重分布入 BGP 时组合应用路由标记（route tag）和路由映射，以确保每一条前缀都被指定合适的 BGP 团体属性。表 9-6 中显示了路由标记和服务级别。

表 9-6　　　　　　　　　　　服务级别和与之关联的路由标记

服 务 级 别	路 由 标 记	服 务 级 别	路 由 标 记
金牌	500	铜牌	520
银牌	510		

为每一种服务级别的 BGP 团体属性明确地匹配路由标记能够增强可读性，并能保持一致性。例 9-10 显示了重分布的路由映射。

只允许那些携带标记的前缀被重分布，这些标记明确地包含在某个特定服务级别中。

例 9-10　静态路由重分布的路由映射

```
route-map STATIC_TO_BGP permit 10
 match tag 500
 set community 100:3000 100:500
 set origin igp
!
route-map STATIC_TO_BGP permit 20
 match tag 510
 set community 100:3000 100:510
 set origin igp
!
route-map STATIC_TO_BGP permit 30
 match tag 520
 set community 100:3000 100:520
 set origin igp
!
route-map STATIC_TO_BGP deny 40
!
```

9.4　BGP 安全特性

由于网络的公众性，所以解决 ISP 网络的安全问题是非常困难的。没有防火墙来保护路由器，而且典型地，设备的地址规划可被外面看到。这给攻击者提供了关于网络设备的大量信息，使他们有能力向那些设备发送不受阻拦的数据包。本节从两个角度来考察 ISP 的安全问题。

第一个角度是保护 BGP 基础设施本身。这里的 BGP 基础设施指实际的 BGP 对等会话。下一节解释 BGP MD5 特性并证明使用这一特性是有效的。

第二个角度是保护免受恶意的 BGP 通告或通告模式的攻击。后面的章节提供了正确的前缀过滤和路由衰减设计指南。还讨论了围绕公共对等的安全问题，并解释了在现场中遇到过的三种特殊情况。

9.4.1 BGP 会话的 TCP MD5 签名

攻击 BGP 会话的 TCP 层就可以直接攻击 BGP 基础设施。路由器接受了 BGP 会话的 TCP 复位（Reset）数据包就会导致会话被重置。eBGP 会话的源地址和目的地址可以通过使用路由跟踪来获得。

路由跟踪结果提供了对等连接一侧的链路地址。使用同一个直连子网内的 IP 地址来建立对等关系是 eBGP 会话的标准做法。从一个链路地址就可以推导出 BGP 会话的另一个链路地址。

如果会话的 TCP 数据包的源地址、目的地址、源端口、目的端口和 TCP 序号是正确的，那么这个数据包就被认为是有效的。因为 BGP 使用 TCP 179 端口，所以攻击者已经知道了源地址、目的地址和其中一个端口号。图 9-5 显示了攻击情景。

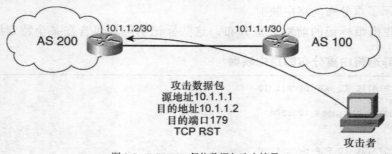

图 9-5　BGP TCP 复位数据包攻击情景

攻击者可以使用"蛮力（brute-force）"方法来破解剩余的 TCP 参数。攻击者反复尝试各种参数的组合，然后发送 TCP 复位数据包直到会话被重置。发送的 TCP 复位数据包伪装了源地址，使得被攻击的 BGP 路由器认为这些数据包是来自于远端 BGP 对等体的。

TCP 复位数据包攻击的解决办法就是打开 TCP MD5 签名选项以保护 TCP 会话本身不受攻击。TCP MD5 签名是一个 18 字节的值，这个值是由数据包内的数据和配置在两个对等路由器上的密码生成的。加入 MD5 签名极大地增加了针对 TCP 层的蛮力攻击的复杂性。攻击者不仅必须要知道各个 TCP 参数，还必须要在整个 18 字节长的 MD5 签名空间内反复重试。

打开 TCP MD5 签名的配置方法是

neighbor *address* **password** *password*

警告：重要的是要保证两个对等体之间的密码的机密性。如果攻击者知道密码，他就能为攻击数据包生成正确的 MD5 签名。

9.4.2 对等过滤

不应该不加区分地从用户或对等体上接受路由选择信息。两类前缀不应该在 Internet 上被通告：

- 为特殊用途而保留的前缀，比如 RFC 1918 地址空间。
- 未分配的地址空间。这些前缀叫做火星地址（*Martian address*）或者未用地址（*bogon*）。

第一类前缀（那些被保留或不应该被公共路由的地址）可以被配置到每一个对等会话上。例 9-11 显示了这些网络的前缀列表。

例 9-11　过滤被保留地址的前缀列表

```
ip prefix-list MARTIAN seq 5 deny 0.0.0.0/8
ip prefix-list MARTIAN seq 10 deny 10.0.0.0/8
ip prefix-list MARTIAN seq 15 deny 127.0.0.0/8
ip prefix-list MARTIAN seq 20 deny 168.254.0.0/16
ip prefix-list MARTIAN seq 25 deny 172.16.0.0/12
ip prefix-list MARTIAN seq 30 deny 192.0.2.0/24
ip prefix-list MARTIAN seq 35 deny 192.168.0.0/16
ip prefix-list MARTIAN seq 40 deny 224.0.0.0/4
ip prefix-list MARTIAN seq 45 deny 240.0.0.0/4
```

第 6 章同样给出了这个前缀列表，并详细解释了每一类前缀。

第二类前缀块是 IANA 还没有分配给地址注册机构用于进一步分配的地址。经常看到这些前缀被通告进全球 BGP 表；但它们是无效的。由于 IANA 给美洲 Internet 地址注册机构（ARIN）、亚太网络信息中心（APNIC）和欧洲 Internet 地址注册机构（RIPE）分配地址的原因，所以这个列表定期改变。当前的 IPv4 地址空间分配状况可从 www.iana.org 上获得。

因为未用地址列表的动态性，所以这里没有给出示例。如果 ISP 希望过滤未用地址——建议这样做——就应该根据 IANA 网站上的地址分配状态来制定合适的前缀列表。

9.4.3　分级化路由抖动衰减

第 3 章讨论了 BGP 路由衰减特性。默认的 BGP 衰减配置采取"单调而柔和"的方法。所有的路由都给予平等对待，而不考虑前缀类型和它的长度。然而，现实情况是：所有的路由不都是平等的，也不应该被平等对待。8 位掩码长度的地址块代表了比 24 位掩码长度的地址块多得多的主机。即使对于 24 位掩码长度的地址块来说，60 分钟的最大抑制时间是合理的，但是同样的时间间隔对于 8 位掩码长度的地址块而言也许就是不能接受的。

此外，一些前缀对于 Internet 操作来说是必要的。这些前缀属于 DNS 根服务器。如果失去对 DNS 根服务器的访问，那么所有的域名解析就不能完成，因而有效地切断了对 Internet 的访问。针对部署对前缀长度和 DNS 系统敏感的 BGP 路由衰减，RIPE 已经制定了特别的建议：RIPE-229。虽然给 DNS 根服务器分配的专用地址是很少变动的，但是在把根服务器地址排除在衰减过程之外前，你应该到 RIPE 的网站（www.ripe.net）上验证它们。例 9-12 显示了配置。

例 9-12 分级化 BGP 路由衰减配置

```
router bgp 100
...
bgp dampening route-map graded-dampening
...
!
route-map graded-dampening deny 10
 match ip address prefix-list ROOTSERVERS
!
route-map graded-dampening deny 20
 match ip address prefix-list GTLDSERVERS
!
route-map graded-dampening permit 30
 match ip address prefix-list SHORT_DAMP
 set dampening 10 1500 3000 30
!
route-map graded-dampening permit 40
 match ip address prefix-list MEDIUM_DAMP
 set dampening 15 750 3000 45
!
route-map graded-dampening permit 50
 match ip address prefix-list LONG_DAMP
 set dampening 30 820 3000 60
!
ip prefix-list ROOTSERVERS seq 5 permit 198.41.0.0/24
ip prefix-list ROOTSERVERS seq 10 permit 128.9.0.0/16
ip prefix-list ROOTSERVERS seq 15 permit 192.33.4.0/24
ip prefix-list ROOTSERVERS seq 20 permit 128.8.0.0/16
ip prefix-list ROOTSERVERS seq 25 permit 192.203.230.0/24
ip prefix-list ROOTSERVERS seq 30 permit 192.5.5.0/24
ip prefix-list ROOTSERVERS seq 35 permit 192.112.36.0/24
ip prefix-list ROOTSERVERS seq 40 permit 128.63.0.0/16
ip prefix-list ROOTSERVERS seq 45 permit 192.36.148.0/24
ip prefix-list ROOTSERVERS seq 50 permit 192.58.128.0/24
ip prefix-list ROOTSERVERS seq 55 permit 193.0.14.0/24
ip prefix-list ROOTSERVERS seq 60 permit 198.32.64.0/24
ip prefix-list ROOTSERVERS seq 65 permit 202.12.27.0/24
! Global Top Level Domain Servers
ip prefix-list GTLDSERVERS seq 5 permit 192.5.6.0/24
ip prefix-list GTLDSERVERS seq 10 permit 192.33.14.0/24
ip prefix-list GTLDSERVERS seq 15 permit 192.26.92.0/24
ip prefix-list GTLDSERVERS seq 20 permit 192.31.80.0/24
ip prefix-list GTLDSERVERS seq 25 permit 192.12.94.0/24
ip prefix-list GTLDSERVERS seq 30 permit 192.35.51.0/24
ip prefix-list GTLDSERVERS seq 35 permit 192.42.93.0/24
ip prefix-list GTLDSERVERS seq 40 permit 192.54.112.0/24
ip prefix-list GTLDSERVERS seq 45 permit 192.43.172.0/24
ip prefix-list GTLDSERVERS seq 50 permit 192.48.79.0/24
ip prefix-list GTLDSERVERS seq 55 permit 192.52.178.0/24
ip prefix-list GTLDSERVERS seq 60 permit 192.41.162.0/24
ip prefix-list GTLDSERVERS seq 65 permit 192.55.83.0/24
!
```

（待续）

```
ip prefix-list LONG_DAMP seq 5 0.0.0.0/0 ge 24
!
ip prefix-list MEDIUM_DAMP seq 5 0.0.0.0/0 ge 22 le 23
!
ip prefix-list SHORT_DAMP seq 5 0.0.0.0/0 le 21
!
```

已经调整了衰减参数使得一条前缀在被抑制之前必须至少发生 4 次抖动，而不是默认的 3 次。一次失败的路由器代码升级可以导致 3 次路由抖动并产生一条受抑制的前缀。以下的事件序列就是失败的路由器代码升级如何导致受抑制的前缀的例子：

1. 路由器重启，装载新的代码。
2. 路由器崩溃（crash）。
3. 路由器重新装载前一个版本的代码。

24 位或更长掩码长度的前缀的最大抑制时间是 60 分钟，22 位到 23 位的是 45 分钟，21 位或更短的是 30 分钟。

9.4.4 公共对等安全考虑

公共对等点是一个潜在的被一些没有职业道德的网络管理员滥用的区域。通过操纵路由选择信息，这些网管员有可能把流量重定向到其他 ISP 网络中，也可能穿过另一个提供商的网络建立隧道，形成一个虚拟的骨干链路把流量从令人讨厌的 ISP 网络卸载到对此并不怀疑的对等邻居上。

本节描述了 3 种最见的滥用手段和 ISP 用来防止窃取网络资源的方法：

- 指向默认路由；
- 第三方下一跳；
- 建立 GRE 隧道。

1. 指向默认路由

最简单的滥用对等点手段就是从 NAP 中的对等路由器上向其他 ISP 网络发起默认路由。NAP 上的默认路由指向另一个 ISP。流量然后被发往 ISP 的 NAP 路由器，再到对此并不怀疑的 ISP 中。如图 9-6 所示。

图 9-6 中，ISP1 把默认路由指向了 ISP2 在 NAP 上的路由器。发送到 ISP2 NAP 路由器的流量被 ISP2 不经意地当作是对等流量。于是 ISP1 可以从快速以太网上接收到免费的穿越流量。当 ISP1 比 ISP2 小得多时，这种情况是最为普遍的，因为到 NAP 链路的费用比穿越连接的费用便宜。

解决办法就是在 NAP 路由器上不运载完全的 BGP 路由。如果 ISP2 在 NAP 路由器上只运载用户路由，那么从 ISP1 发往 ISP2 的流量就会被吞噬，因为 ISP2 没有这些流量要去的目的地的路由。还应该在 NAP 路由器上配置指向空接口（null0）的默认路由以防止任何路由选择环路。尽管如此，去往 ISP2 的用户的流量仍然可以被交付。

NAP 路由器的作用是用来与本地对等体交换用户前缀的。NAP 路由器不需要知道完全的路由选择信息，因为它不提供穿越服务。从入站方向上接收的流量应该只是去往 ISP 用户的流量。

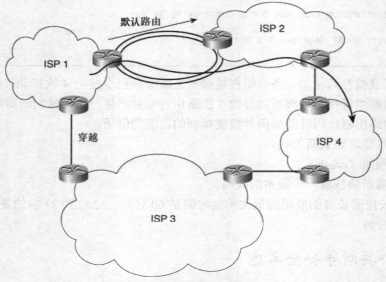

图 9-6　通过默认路由的穿越盗用

2．第三方下一跳

第三方下一跳方法采用指向默认路由的方法的反方向来操纵流量。ISP 不是卸载出站流量，而是把入站流量重定向到另外某个私有对等链路上以减少穿越链路和骨干链路上的流量。因为穿越业务费用比对等业务费用更贵，所以这种操作可以节省没有职业道德的 ISP 大量的穿越服务费用和链路费用。图 9-7 中，ISP1 是不道德的。

图 9-7 中，ISP1 与 ISP3 在 NAP 中形成对等关系。ISP2 在同一个 NAP 中，但没有与 ISP1 形成对等关系。对于 ISP1 通告给 ISP3 的路由，其 BGP 下一跳属性被设置到 ISP2 的接口上。而 ISP1 和 ISP2 之间存在一条私有对等连接。这样从 ISP3 到 ISP1 的流量就被发往 ISP2，然后通过私有对等连接被交付给 ISP1。

看起来 ISP1 好像已经在 NAP 上接受了从 ISP3 来的流量并通过基础设施链路来运载它们。但是，这需要增加从 NAP 到 ISP1 网络的链路容量。这也是 ISP1 从自己的骨干上卸载流量，从而减少内部带宽需求的一种方法。最终的结果就是把 ISP2 的网络用作半穿越连接并盗用了带宽。

这种问题的解决办法与指向默认路由的解决办法一样，尽管方向不同。如果 ISP2 的 NAP 路由器不运载完全的 Internet 路由，那么从 ISP3 到 ISP2 并希望被交付到 ISP1 的流量就会被吞噬。

3．建立 GRE 隧道

本节的情景涉及在对等路由器之间建立 GRE 隧道。如果 ISP1 和 ISP2 处于多个 NAP 中，虽然它们不一定有对等关系，但是不道德的 ISP1 可以穿越 ISP2 的网络建立一条 GRE 隧道并把它用作另外一条虚拟骨干链路。如图 9-8 所示。

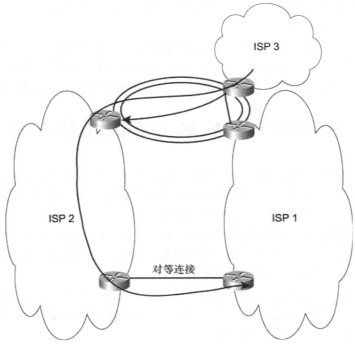

图 9-7　第三方下一跳流量操纵

图 9-8 中，ISP1 已经在 NAP1 的接口和 NAP2 的接口之间建立了一条 GRE 隧道，这些 NAP 是 ISP1 和 ISP2 共同坐落的地方。ISP1 的 NAP 路由器配置了一条到隧道另一端的 32 位的静态

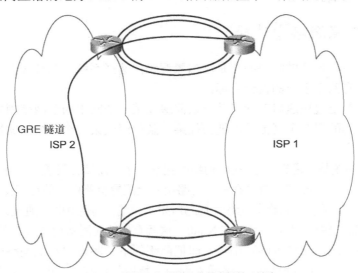

图 9-8　使用 GRE 隧道建立的虚拟骨干链路

路由，它指向 ISP2 的路由器的接口。这就使穿越 ISP2 的网络建立了隧道，ISP1 可以在上面运行 IGP，把它作为一条伪线路。

这种情况的解决办法要回到如何处理 BGP 前缀的下一跳的讨论上。应该在 ISP2 的 NAP 路由器重置它从外部对等体接受到的所有 BGP 前缀的下一跳。这就不需要在 IGP 中运载 NAP 的链路地址。如果 ISP2 没有在它的 IGP 中运载 NAP 的接口路由，GRE 隧道就不能建立。

9.5 案例研究：缓解分布式拒绝服务攻击

由于分布式拒绝服务（DDoS）攻击能够产生大量的流量，因此它已经日益成为一种普遍的 Internet 攻击手段。给受害主机提供连接性的 ISP 发现它们难于对付。流量从每一个上游穿越连接和对等连接进入 ISP，使得它们很难被丢弃。

ISP 常用的做法就是在所有边缘路由器上空路由受害主机。这需要 ISP 接触到每一台边缘路由器上配置空路由。之后还必须在每一台路由器上清除掉这些空路由以恢复对受害主机的业务。如果做得不正确，就会产生连接性问题。

本案例研究阐述了一种在所有边缘路由器上空路由 DDoS 流量的动态方法，在实际被攻击时只需最少的配置。这种缓解 DDoS 攻击的设计同样能够把 DDoS 流量重定向到沉陷（sink）路由器上，如果需要，可以在那儿做分析。

快速缓解 DDoS 的影响的关键就是在被攻击之前把基础设施和处理过程部署到位。不幸的是，由于这种情况下有大量的拒绝服务攻击，因此当前还不可能丢弃攻击流量而让去往受害主机的合法流量不受影响。

9.5.1 动态黑洞路由选择

对付 DDoS 攻击，推荐的解决办法是动态黑洞路由选择系统。在被攻击之前必须把该系统部署到位。该系统有两个主要的设计目标：

- 通过最少的配置快速启动针对某一条前缀或某一个网络的全网范围内的空路由选择
- 通过最少的配置在全网范围内把去往某一条前缀或某一个网络的流量快速重定向到沉陷路由器上

动态黑洞路由系统基于通告一条 BGP 前缀时把它的下一跳属性设置为包含一条空路由的地址的思想，也就是路由指向 null0。首先在每一台路由器上配置空路由，然后把受害者的前缀或地址通告进 BGP，并把下一跳设置到静态空路由上。iBGP 在所有边缘路由器上通告这个受害者的路由，然后把它安装到 CEF 表中，其下一跳指向 Null0。这就有效地在网络边缘阻止了 DDoS 流量。

你可以扩展该系统以支持沉陷路由器，即把前缀的下一跳设置到沉陷路由器上而不是直接指向 Null0。你应该把受害者地址或网络插入到一台特殊的沉陷（sinkhole）路由器上，因为如果在边缘路由器上插入这些路由，那么由于边缘路由器与汇聚路由器的 BGP 会话的

next-hop-self 设置，这些路由的下一跳就被重置，因而把所有的流量都引向边缘路由器。不建议在核心或汇聚路由器上做不必要的配置修改把这些路由选择信息插入到这些路由器上。

例 9-13 显示了静态路由重分布的配置。

例 9-13 动态黑洞路由系统配置

```
ip route 192.0.2.0 255.255.255.0 null0
...
router bgp <ASN>
...
redistribute static route-map STATIC_TO_BGP
!
route-map STATIC_TO_BGP permit 40
 match tag 999
 set ip next-hop 192.0.2.1
 set community no-export
 set origin igp
!
route-map STATIC_TO_BGP permit 50
 match tag 998
set community no-export
 set origin igp
!
route-map STATIC_TO_BGP deny 60
!
```

BGP 团体属性被设置为 **no-export** 以保证这些前缀不被通告到本地网络之外。可以使用 Test Net 路由 192.0.2.0/24，因为它们完全属于内部网络而不会被外界看到。

不需要配置前缀列表而使用路由标记来标识将被吞噬的路由。用来激活去往前缀 10.0.0.0/8 的流量的黑洞，而将在沉陷路由器上配置的静态路由是：

  ip route 10.0.0.0 255.0.0.0 null0 tag 999

这条路由被安装到路由选择表中，并被 iBGP 通告给整个网络。整个网络几乎立即就空路由流量。

要把流量发送到沉陷路由器，部署的静态路由就不应该使用 Null0 作为下一跳。如果沉陷路由器的地址是 192.168.1.1，那么下面的配置就把流量指向沉陷路由器：

  ip route 10.0.0.0 255.0.0.0 192.168.1.1 tag 998

为了确保 BGP 传播受害者前缀时下一跳地址的可达性，在 IGP 中还必须通告沉陷路由器的地址。使用沉陷洞（sinkhole）时，不要在路由映射中手工设置下一跳。这使得可以为不同的目的并基于静态路由中配置的下一跳地址来设置多个沉陷洞。

9.5.2 最终的边缘路由器配置例子

例 9-14 给出了用于汇聚用户路由器的边缘路由器的最终配置。

例 9-14　汇集用户的边缘路由器的最终 BGP 配置

```
router bgp 100
 no auto-summary
 no synchronization
 bgp dampening route-map graded-dampening
 bgp log-neighbor-changes
 redistribute static route-map STATIC_TO_BGP
 bgp router-id <BGP Router ID>
 table-map QOS_Policy
 !
 neighbor AGG_UPLINK peer-group
 neighbor AGG_UPLINK description iBGP Session to Aggregation Routers
 neighbor AGG_UPLINK version 4
 neighbor AGG_UPLINK password <iBGP Password>
 neighbor AGG_UPLINK update-source loopback0
 neighbor AGG_UPLINK next-hop-self
 neighbor AGG_UPLINK remote-as 100
 !
 neighbor GOLD_CUST_FULL peer-group
 neighbor GOLD_CUST_FULL description Gold Full Routes Customers
 neighbor GOLD_CUST_FULL version 4
 neighbor GOLD_CUST_FULL password <Customer Password>
 neighbor GOLD_CUST_FULL route-map gold_cust_inbound in
 !
 neighbor SILVER_CUST_FULL peer-group
 neighbor SILVER_CUST_FULL description Silver Full Routes Customers
 neighbor SILVER_CUST_FULL version 4
 neighbor SILVER_CUST_FULL password <Customer Password>
 neighbor SILVER_CUST_FULL route-map silver_cust_inbound in
 !
 neighbor BRONZE_CUST_FULL peer-group
 neighbor BRONZE_CUST_FULL description Bronze Full Routes Customers
 neighbor BRONZE_CUST_FULL version 4
 neighbor BRONZE_CUST_FULL password <Customer Password>
 neighbor BRONZE_CUST_FULL route-map bronze_cust_inbound in
 !
 neighbor GOLD_CUST_PARTIAL peer-group
 neighbor GOLD_CUST_PARTIAL description Gold Partial Routes Customers
 neighbor GOLD_CUST_PARTIAL version 4
 neighbor GOLD_CUST_PARTIAL password <Customer Password>
 neighbor GOLD_CUST_PARTIAL route-map gold_cust_inbound in
 neighbor GOLD_CUST_PARTIAL route-map PARTIAL_ROUTES out
 neighbor GOLD_CUST_PARTIAL default-information originate
 !
 neighbor SILVER_CUST_PARTIAL peer-group
 neighbor SILVER_CUST_PARTIAL description Silver Partial Routes Customers
 neighbor SILVER_CUST_PARTIAL version 4
 neighbor SILVER_CUST_PARTIAL password <Customer Password>
 neighbor SILVER_CUST_PARTIAL route-map silver_cust_inbound in
 neighbor SILVER_CUST_PARTIAL route-map PARTIAL_ROUTES out
 neighbor SILVER_CUST_PARTIAL default-information originate
```

（待续）

```
!
 neighbor BRONZE_CUST_PARTIAL peer-group
 neighbor BRONZE_CUST_PARTIAL description Bronze Partial Routes Customers
 neighbor BRONZE_CUST_PARTIAL version 4
 neighbor BRONZE_CUST_PARTIAL password <Customer Password>
 neighbor BRONZE_CUST_PARTIAL route-map bronze_cust_inbound in
 neighbor BRONZE_CUST_PARTIAL route-map PARTIAL_ROUTES out
 neighbor BRONZE_CUST_PARTIAL default-information originate
...
!
route-map STATIC_TO_BGP permit 10
 match tag 500
 set community 100:3000 100:500
 set origin igp
!
route-map STATIC_TO_BGP permit 20
 match tag 510
 set community 100:3000 100:510
 set origin igp
!
route-map STATIC_TO_BGP permit 30
 match tag 520
 set community 100:3000 100:520
 set origin igp
!
route-map STATIC_TO_BGP deny 40
!
route-map graded-dampening deny 10
 match ip address prefix-list ROOTSERVERS
!
route-map graded-dampening deny 20
 match ip address prefix-list GTLDSERVERS
!
route-map graded-dampening permit 30
 match ip address prefix-list SHORT_DAMP
 set dampening 10 1500 3000 30
!
route-map graded-dampening permit 40
 match ip address prefix-list MEDIUM_DAMP
 set dampening 15 750 3000 45
!
route-map graded-dampening permit 50
 match ip address prefix-list LONG_DAMP
 set dampening 30 820 3000 60
!
route-map PARTIAL_ROUTES permit 10
 match community 1
!
route-map PARTIAL_ROUTES deny 20
!
route-map QOS_Policy permit 10
 match community 50
 set ip precedence immediate
```

（待续）

```
!
route-map QOS_Policy permit 20
 match community 51
 set ip precedence priority
!
route-map QOS_Polciy permit 30
 match community 52
 set ip precedence routine
!
! Gold Service Route Maps
route-map gold_cust_inbound permit 10
  match community 10
  set community 100:3000 100:500 additive
  set local-preference 80
!
route-map gold_cust_inbound permit 20
  match community 11
  set community 100:3000 100:500 additive
  set local-preference 90
!
route-map gold_cust_inbound permit 30
  match community 12
  set community 100:3000 100:500 additive
  set local-preference 110
!
route-map gold_cust_inbound permit 40
  match community 13
  set community 100:3000 100:500 additive
  set local-preference 120
!
route-map gold_cust_inbound permit 50
  set community 100:3000 100:500 additive
  set local-preference 100
!
! Silver Service Route Maps
route-map silver_cust_inbound permit 10
  match community 10
  set community 100:3000 100:510 additive
  set local-preference 80
!
route-map silver_cust_inbound permit 20
  match community 11
  set community 100:3000 100:510 additive
  set local-preference 90
!
route-map silver_cust_inbound permit 30
  match community 12
  set community 100:3000 100:510 additive
  set local-preference 110
!
route-map silver_cust_inbound permit 40
  match community 13
  set community 100:3000 100:510 additive
```

(待续)

```
    set local-preference 120
!
route-map silver_cust_inbound permit 50
    set community 100:3000 100:510 additive
    set local-preference 100
!
! Bronze Service Route Maps
route-map bronze_cust_inbound permit 10
    match community 10
    set community 100:3000 100:520 additive
    set local-preference 80
!
route-map bronze_cust_inbound permit 20
    match community 11
    set community 100:3000 100:520 additive
    set local-preference 90
!
route-map bronze_cust_inbound permit 30
    match community 12
    set community 100:3000 100:520 additive
    set local-preference 110
!
route-map bronze_cust_inbound permit 40
    match community 13
    set community 100:3000 100:520 additive
    set local-preference 120
!
route-map bronze_cust_inbound permit 50
    set community 100:3000 100:520 additive
    set local-preference 100
!
! Community list for Partial Routes
ip community-list 1 permit 100:3000
ip community-list 1 deny
!
! Inbound Customer Local Preference 80
ip community-list 10 permit 100:80
ip community-list 10 deny
!
! Inbound Customer Local Preference 90
ip community-list 11 permit 100:90
ip community-list 11 deny
!
! Inbound Customer Local Preference 110
ip community-list 12 permit 100:110
ip community-list 12 deny
!
! Inbound Customer Local Preference 120
ip community-list 13 permit 100:120
ip community-list 13 deny
!
! Gold Service Community
ip community-list 50 permit 100:500
```

(待续)

```
ip community-list 50 deny
!
! Silver Service Community
ip community-list 51 permit 100:510
ip community-list 51 deny
!
! Bronze Service Community
ip community-list 52 permit 100:520
ip community-list 52 deny
!
! Dynamic Black Hole Address
ip route 192.0.2.0 255.255.255.0 null0
!
! Prefix Lists for Graded Dampening
! Don't Dampen DNS Root Servers
ip prefix-list ROOTSERVERS seq 5 permit 198.41.0.0/24
ip prefix-list ROOTSERVERS seq 10 permit 128.9.0.0/16
ip prefix-list ROOTSERVERS seq 15 permit 192.33.4.0/24
ip prefix-list ROOTSERVERS seq 20 permit 128.8.0.0/16
ip prefix-list ROOTSERVERS seq 25 permit 192.203.230.0/24
ip prefix-list ROOTSERVERS seq 30 permit 192.5.5.0/24
ip prefix-list ROOTSERVERS seq 35 permit 192.112.36.0/24
ip prefix-list ROOTSERVERS seq 40 permit 128.63.0.0/16
ip prefix-list ROOTSERVERS seq 45 permit 192.36.148.0/24
ip prefix-list ROOTSERVERS seq 50 permit 192.58.128.0/24
ip prefix-list ROOTSERVERS seq 55 permit 193.0.14.0/24
ip prefix-list ROOTSERVERS seq 60 permit 198.32.64.0/24
ip prefix-list ROOTSERVERS seq 65 permit 202.12.27.0/24
! Global Top Level DNS Servers
ip prefix-list GTLDSERVERS seq 5 permit 192.5.6.0/24
ip prefix-list GTLDSERVERS seq 10 permit 192.33.14.0/24
ip prefix-list GTLDSERVERS seq 15 permit 192.26.92.0/24
ip prefix-list GTLDSERVERS seq 20 permit 192.31.80.0/24
ip prefix-list GTLDSERVERS seq 25 permit 192.12.94.0/24
ip prefix-list GTLDSERVERS seq 30 permit 192.35.51.0/24
ip prefix-list GTLDSERVERS seq 35 permit 192.42.93.0/24
ip prefix-list GTLDSERVERS seq 40 permit 192.54.112.0/24
ip prefix-list GTLDSERVERS seq 45 permit 192.43.172.0/24
ip prefix-list GTLDSERVERS seq 50 permit 192.48.79.0/24
ip prefix-list GTLDSERVERS seq 55 permit 192.52.178.0/24
ip prefix-list GTLDSERVERS seq 60 permit 192.41.162.0/24
ip prefix-list GTLDSERVERS seq 65 permit 192.55.83.0/24
!
! Prefixes Longer than a /24
ip prefix-list LONG_DAMP seq 5 0.0.0.0/0 ge 24
! Prefixes that are a /22 or /23
ip prefix-list MEDIUM_DAMP seq 5 0.0.0.0/0 ge 22 le 23
! Prefixes that are a /21 or shorter
ip prefix-list SHORT_DAMP seq 5 0.0.0.0/0 le 21
!
```

例 9-15 显示了边界路由器或对等路由器的配置例子。

例 9-15 对等路由器的 BGP 配置样例

```
router bgp 100
 no auto-summary
 no synchronization
 bgp dampening route-map graded-dampening
 no bgp fast-external-fallover
 bgp log-neighbor-changes
 bgp router-id <BGP Router ID>
 table-map QOS_Policy
 !
 neighbor AGG_UPLINK peer-group
 neighbor AGG_UPLINK description iBGP Session to Aggregation Routers
 neighbor AGG_UPLINK version 4
 neighbor AGG_UPLINK password <iBGP Password>
 neighbor AGG_UPLINK update-source loopback0
 neighbor AGG_UPLINK next-hop-self
 neighbor AGG_UPLINK remote-as 100
 !
 neighbor <Peer Address> description Generic Peering Example to AS1000
 neighbor <Peer Address> version 4
 neighbor <Peer Address> password <Peer Password>
 neighbor <Peer Address> route-map peer_outbound_AS1000 out
 neighbor <Peer Address> prefix-list PEER_FILTER in
 neighbor <Peer Address> remote-as 1000
 ...
 !
route-map graded-dampening deny 10
 match ip address prefix-list ROOTSERVERS
!
route-map graded-dampening deny 20
 match ip address prefix-list GTLDSERVERS
!
route-map graded-dampening permit 30
 match ip address prefix-list SHORT_DAMP
 set dampening 10 1500 3000 30
!
route-map graded-dampening permit 40
 match ip address prefix-list MEDIUM_DAMP
 set dampening 15 750 3000 45
!
route-map graded-dampening permit 50
 match ip address prefix-list LONG_DAMP
 set dampening 30 820 3000 60
!
route-map peer_outbound_AS1000 deny 10
 match community 20
!
route-map peer_outbound_AS1000 permit 20
 match community 21
 set as-path prepend 100
!
route-map peer_outbound_AS1000 permit 30
```

（待续）

```
  match community 22
  set as-path prepend 100 100
!
route-map peer_outbound_AS1000 permit 40
  match community 23
  set as-path prepend 100 100 100
!
route-map peer_outbound_AS1000 permit 50
  match community 24
  set as-path prepend 100 100 100 100
!
route-map peer_outbound_AS1000 permit 60
  match community 25
  set as-path prepend 100 100 100 100 100
!
route-map peer_outbound_AS1000 permit 70
  match community 1
!
route-map peer_outbound_AS1000 deny 80
!
route-map QOS_Policy permit 10
  match community 50
  set ip precedence immediate
!
route-map QOS_Policy permit 20
  match community 51
  set ip precedence priority
!
route-map QOS_Polciy permit 30
  match community 52
  set ip precedence routine
!
! Community list for Partial Routes
ip community-list 1 permit 100:3000
ip community-list 1 deny
!
ip community-list 20 permit 65000:1000
ip community-list 20 permit 100:220
ip community-list 20 deny
!
ip community-list 21 permit 65100:1000 100:3000
ip community-list 21 deny
!
ip community-list 22 permit 65200:1000 100:3000
ip community-list 22 deny
!
ip community-list 23 permit 65300:1000 100:3000
ip community-list 23 deny
!
ip community-list 24 permit 65400:1000 100:3000
ip community-list 24 deny
!
```

（待续）

```
ip community-list 25 permit 65500:1000 100:3000
ip community-list 25 deny
!
! Gold Service Community
ip community-list 50 permit 100:500
ip community-list 50 deny
!
! Silver Service Community
ip community-list 51 permit 100:510
ip community-list 51 deny
!
! Bronze Service Community
ip community-list 52 permit 100:520
ip community-list 52 deny
!
! Dynamic Black Hole Address
ip route 192.0.2.0 255.255.255.0 null0
!
! Prefix Lists for Graded Dampening
! Don't Dampen DNS Root Servers
ip prefix-list ROOTSERVERS seq 5 permit 198.41.0.0/24
ip prefix-list ROOTSERVERS seq 10 permit 128.9.0.0/16
ip prefix-list ROOTSERVERS seq 15 permit 192.33.4.0/24
ip prefix-list ROOTSERVERS seq 20 permit 128.8.0.0/16
ip prefix-list ROOTSERVERS seq 25 permit 192.203.230.0/24
ip prefix-list ROOTSERVERS seq 30 permit 192.5.5.0/24
ip prefix-list ROOTSERVERS seq 35 permit 192.112.36.0/24
ip prefix-list ROOTSERVERS seq 40 permit 128.63.0.0/16
ip prefix-list ROOTSERVERS seq 45 permit 192.36.148.0/24
ip prefix-list ROOTSERVERS seq 50 permit 192.58.128.0/24
ip prefix-list ROOTSERVERS seq 55 permit 193.0.14.0/24
ip prefix-list ROOTSERVERS seq 60 permit 198.32.64.0/24
ip prefix-list ROOTSERVERS seq 65 permit 202.12.27.0/24
! Global Top Level DNS Servers
ip prefix-list GTLDSERVERS seq 5 permit 192.5.6.0/24
ip prefix-list GTLDSERVERS seq 10 permit 192.33.14.0/24
ip prefix-list GTLDSERVERS seq 15 permit 192.26.92.0/24
ip prefix-list GTLDSERVERS seq 20 permit 192.31.80.0/24
ip prefix-list GTLDSERVERS seq 25 permit 192.12.94.0/24
ip prefix-list GTLDSERVERS seq 30 permit 192.35.51.0/24
ip prefix-list GTLDSERVERS seq 35 permit 192.42.93.0/24
ip prefix-list GTLDSERVERS seq 40 permit 192.54.112.0/24
ip prefix-list GTLDSERVERS seq 45 permit 192.43.172.0/24
ip prefix-list GTLDSERVERS seq 50 permit 192.48.79.0/24
ip prefix-list GTLDSERVERS seq 55 permit 192.52.178.0/24
ip prefix-list GTLDSERVERS seq 60 permit 192.41.162.0/24
ip prefix-list GTLDSERVERS seq 65 permit 192.55.83.0/24
!
! Prefixes Longer than a /24
ip prefix-list LONG_DAMP seq 5 0.0.0.0/0 ge 24
! Prefixes that are a /22 or /23
ip prefix-list MEDIUM_DAMP seq 5 0.0.0.0/0 ge 22 le 23
! Prefixes that are a /21 or shorter
```

（待续）

```
ip prefix-list SHORT_DAMP seq 5 0.0.0.0/0 le 21
!
ip prefix-list PEER_FILTER seq 5 deny 0.0.0.0/8
ip prefix-list PEER_FILTER seq 10 deny 10.0.0.0/8
ip prefix-list PEER_FILTER seq 15 deny 127.0.0.0/8
ip prefix-list PEER_FILTER seq 20 deny 168.254.0.0/16
ip prefix-list PEER_FILTER seq 25 deny 172.16.0.0/12
ip prefix-list PEER_FILTER seq 30 deny 192.0.2.0/24
ip prefix-list PEER_FILTER seq 35 deny 192.168.0.0/16
ip prefix-list PEER_FILTER seq 40 deny 224.0.0.0/4
ip prefix-list PEER_FILTER seq 45 deny 240.0.0.0/4
ip prefix-list PEER_FILTER seq 50 deny any
!
```

9.6 总　　结

本章涵盖了 ISP 网络的基本 BGP 架构。本章一开始就给出了核心路由器、汇聚路由器和边缘路由器的 BGP 配置模板。整个章节中，核心路由器和汇聚路由器的配置模板都没有变化。它们主要是用来传送数据包的。

边缘路由器分成两种不同的类型：用户汇聚路由器和边界或对等路由器。两种类型的路由器都运行在网络的边缘上，但是它们需要不同的策略和 BGP 信息。"BGP 安全特性"一节指出和对等路由器上运载完全路由相关的问题。然而，用户边缘路由器需要为多宿主的传送用户准备完全的路由选择表。

因为给网络添加了各种服务，所以边缘路由器的配置做了相当大的改变而变得复杂得多。最后添加的服务是动态黑洞系统，它帮助缓解拒绝服务攻击——特别是分布式攻击。最后一节给出了这些服务部署之后的边缘路由器的配置，既有用户汇聚路由器的配置，又有对等路由器的配置。

第四部分

实施 BGP 多协议扩展

第 10 章　多协议 BGP 和 MPLS VPN

第 11 章　多协议 BGP 和域间多播

第 12 章　多协议 BGP 对 IPv6 的支持

本章探讨多协议 BGP 和 MPLS VPN 的多个方面：

- 针对 MPLS VPN 的多协议 BGP 扩展；
- 理解 MPLS 基础知识；
- 搭建 MPLS VPN 架构；
- 跨越 AS 边界的多种 VPN；
- 部署考虑。

第 10 章

多协议 BGP 和 MPLS VPN

多协议标签交换（*Multiprotocol Label Switching*，MPLS）是一种使用标签来作出转发决定的信令和转发技术。MPLS 虚拟专网（virtual private network，VPN）通过一个共享的 MPLS 基础设施交付私有网络服务。BGP 的扩展提供了对多协议的支持，这种扩展允许 BGP 运载 VPN-IPv4 可达性信息。以这种方式搭建的 MPLS VPN 叫做第 3 层 VPN（Layer 3 VPN）。

本章讨论对 MPLS VPN 的 BGP 多协议支持。讨论的焦点是基于 BGP 的第 3 层 VPN。

10.1 针对 MPLS VPN 的多协议 BGP 扩展

在会话建立过程中，BGP 宣告者将它对 MPLS VPN 的多协议扩展支持能力通告给其对等体。如第 2 章中讨论的一样，能力代码 1 表示多协议扩展。地址簇标识符（AFI）1（IPv4）和后继地址簇标识符（SAFI）128 表示对 MPLS VPN 的支持。

下一节描述 VPN-IPv4 的前缀格式和属性。

10.1.1 路由区分符和 VPN-IPv4 地址

一个 VPN-IPv4（简写成 VPNv4）地址由两部分组成：一个 8 个八位组的路由区分符（Route Distinguisher，RD）和一个

4个八位组的 IPv4 地址。RD 的目的是用来区分具有相同 IPv4 前缀的多条 VPN 路由。附加在 IPv4 地址前面的 RD 使得相同的 IPv4 地址在不同的 VPN 中惟一存在。

如 RFC 2547bis 定义的一样，尽管 RD 的格式是由 2 个字节的类型字段和 6 个字节的值字段组成的结构化字符串，但却没有强制的语义。实际上，当 BGP 比较两个 RD 时，将忽略其结构而只比较整个 8 字节的值。定义 RD 的（值字段）一个常用的方法是将它分成两个部分：一个 AS 号码（4 字节）和一个分配的数字（2 字节）。例如 RD 是 65000:1001，其中 65000 代表 AS 号码，1001 代表本地分配的数字。

注意：RD 不是用来代表 VPN 或者控制路由重分布的，而仅仅是用来使 VPNv4 地址在一个 MPLS 骨干中惟一存在，即使 IPv4 地址并不惟一。后面的章节"RD 设计指南"将详细讨论 MPLS VPN 中 RD 的分配和设计的最佳实践。

例 10-1 显示了一个多协议 BGP 宣告者如何接收到 VPNv4 地址。在这个例子中，VPNv4 前缀 65000:1:10.0.0.1/32 是从 192.168.1.1 接收过来的，其中 65000:1 是 RD，10.0.0.1/32 是 IPv4 前缀。

例 10-1　debug ip bgp update 的输出

```
...
23:48:33: BGP(1): 192.168.1.1 rcvd 65000:1:10.0.0.1/32
...
```

10.1.2　扩展团体属性

为了控制 VPN 路由分发，定义了一个新的 BGP 属性——扩展团体属性。与标准 BGP 团体属性相比（属性类型 8），扩展团体属性（属性类型 16）将标准的 32 比特扩展到 64 比特，并且包含了类型字段。

当前，两种扩展团体属性与 VPNv4 有关：
- 路由目标（Route Target，RT），类型 0x02；
- 路由源（Route Origin），类型 0x03。

1. 路由目标扩展团体属性

路由目标扩展团体属性用来标识一组站点或多个 VPN。将某个 RT 与一个 VPNv4 路由相关联就使得路由被植入到转发这些流量的 VPN 或站点中。因此，RT 用来控制 VPNv4 路由重分布。

给路由分配 RT 的常用方法是把 RT 分成两个部分：一个 16 个比特的 AS 号码和一个 16 个比特的分配数字。例如 RT 是 65000:100，这里 65000 表示 AS 号码，100 是本地分配的数字，它代表一个 VPN 或一个站点。后面的章节将提供 MPLS VPN 的 RT 的分配例子。

注意：重要的是要注意 RD 与 RT 并不关联，即使它们可能有相同的格式，甚至有时候有相同的值。另外，一条 VPNv4 前缀可能只有一个 RD，但却可以有多个 RT 与之关联。

例 10-2 显示了作为 BGP VPNv4 前缀的 RT 属性。VPNv4 前缀 10:1:10.1.2.0/24 从 192.168.110.3 接收到，其中 RT 是 65000:100，RD 是 10:1。

例 10-2   debug ip bgp update 的输出

```
...
23:48:51: BGP(1): 192.168.110.3 rcvd UPDATE w/ attr: nexthop 192.168.110.3,
  origin ?, path 10, extended community RT:65000:100
23:48:51: BGP(1): 192.168.110.3 rcvd 10:1:10.1.2.0/24
...
```

2. 路由源扩展团体属性

路由源属性确定了将路由插入 BGP 中的路由器。这个扩展团体属性在 Cisco IOS 软件中叫做起始站点（Site Of Origin，SOO）。在有多宿主连接的 MPLS VPN 中，SOO 用来标识客户站点，防止从某一点离开该站点的流量又从另外一点被发送回同一站点。"搭建 MPLS VPN 架构"一节讨论了第 3 层 MPLS VPN 中 BGP 的使用。典型地，SOO 被配置成一个 16 比特的 AS 号码和一个 16 比特的分配数字。例如 SOO 是 65000:100。"AS 覆盖"一节讨论了利用 SOO 来防止路由选择信息环路。

10.1.3 多协议可达性属性

为了在 BGP 更新中通告多协议可达性信息或者网络层可达性信息（Network Layer Reachability Information，NLRI），创建了两个 BGP 属性（参见 RFC 2858，BGP-4 的多协议扩展）：

- 多协议网络层可达性信息（Multiprotocol Reachable NLRI，MP_REACH_NLRI），类型 14。
- 多协议网络层不可达性信息（Multiprotocol Unreachable NLRI，MP_UNREACH_NLRI），类型 15。

MP_REACH_NLRI 用来通告可行路由，MP_UNREACH_NLRI 用来通告，更确切地说是撤回不可行路由。每种属性都有字段来确定 AFI、SAFI 和 NLRI。对于 VPNv4 而言，AFI/SAFI 是 1/128。

在每个 NLRI 中，标签映射（label mapping）和 VPNv4 前缀按照以下的次序被运载（参见 RFC3107，在 BGP-4 中运载标签信息）。

- 标签；
- RD；
- IPv4 前缀。

注意标签字段可以运载一个或多个标签。以下的章节详细讨论了标签如何被生成和被交换。

10.2 理解 MPLS 基础知识

MPLS 是 IETF 的一项标准，被一套 RFC 所定义。当前，只为 IP 定义了 MPLS。采用面向连接的方法，MPLS 中的数据包转发依赖于预先存在的路径。MPLS 转发路径也可以被想成从 MPLS 入口点到 MPLS 出口点的一条隧道。与常规的 IP 路由选择和转发方式比较，MPLS 中的路径选择和数据包转发是分离的。

图 10-1 显示了一个 MPLS 网络的例子，它由两类设备组成：
- 边缘标签交换路由器或标签边缘路由器（Label Edge Router，LER）。
- 标签交换路由器（Label Switch Router，LSR）。

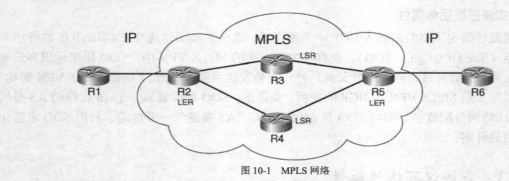

图 10-1 MPLS 网络

LER 的功能是在 IP 网络和 MPLS 网络之间交换数据包。换句话说，交换可以发生在从 IP 数据包到带标签的数据包的转换过程中，或者是从带标签的数据包到 IP 数据包的转换过程中。LSR 的功能是将一个带标签的数据包交换成带另一个标签的数据包。

从入口 LER R2 到出口 LER R5 的路径或者反向路径叫标签交换路径（Label Switched Path，LSP）。标签具有本地意义，并且典型地使用信令协议来交换。

一个 IP 数据包仅当进入 MPLS 网络时才被分类。此后，这个原始的 IP 数据包被封装成带标签的数据包，并基于标签而不是基于它的 IPv4 头部被交换。出口 LER 将这个带标签的数据包拆封成 IP 数据包并使用常规的 IP 转发来交付。

与其把 MPLS 想成一种网络服务，倒不如把它认为一种使能（enabling）技术更为合适。MPLS 提供了一种面向连接的基础设施，这种基础设施使得可以部署其他一些面向服务的技术。MPLS VPN 就是这样一种例子。此外，流量工程（Traffic Engineering，TE）、服务质量（Quality of Service，QoS）、第 2 层仿真（Layer 2 simulation）都可以由 MPLS 来提供。

下一节概述 MPLS 标签的不同类型，LSR 之间如何交换标签，又如何处理带标签的数据包。

10.2.1 MPLS 标签

依照底层链路，MPLS 标签可采取多种形式。关于标签实现，常见 3 种类型的网络：
- 基于帧的（Frame-based）；
- 基于信元的（Cell-based）；
- 不基于数据包的（Non-packet-based）。

图 10-2 显示了基于帧的网络的标签格式，比如以太网。20 比特的标签值字段承载了标签实际的值。在接收到带标签的数据包后，路由器就查找栈（栈是一个或多个标签的串联）顶的标签值。它通过查找学习到数据包的下一跳；转发前，再根据标签栈来决定执行的操作类型。

图 10-2 帧标签头部格式

以下描述了基于帧的标签头部的每一个字段：
- **实验位字段（Exp field）**——3 比特的实验位（Experimental Bit，Exp）字段典型地用来传达分组的服务类别，正如 IPv4 头部的优先级比特（Precedence bit）的作用一样。
- **S 字段**——当栈底（Bottom of Stack，S）位被设置为 1 就表示当前的标签位于栈底。这就允许多个标签被编码进同一个数据包以形成标签栈。按照该定义，可以把普通的 IP 数据包理解成带 0 深度标签栈的数据包。
- **存活时间字段**——8 比特的存活时间（Time to Live，TTL）字段用来编码存活时间值。如果带标签的数据包的出发 TTL 值为 0，那么该数据包在网络中的生命期就被认为过期了。无论是以带标签的形式还是以不带标签的形式，它都不应该继续被转发。

要生成带标签的帧，需要把标签插入到第 3 层头部和紧靠它前面的帧头部之间。这种被插入的标签通常叫做垫片头（*shim header*）。它用在如 PPP、POS（Packet over SONET），以太网和基于数据包的 ATM（Asynchronous Transfer Mode）的链路上。

为了指示 MPLS 垫片头，为 MPLS 定义了新的协议号。PPP 的 MPLS 协议 ID 0x0281 用于单播，0x0283 用于多播。MPLS 的以太网类型（EtherType）0x8847 用于单播，0x8848 用于多播。

基于信元的网络例如 ATM 中，信元头用来承载标签信息。特别地，它们由虚拟路径标识符（virtual path identifier，VPI）和虚拟信道标识符（virtual circuit identifier，VCI）组成。典型地，ATM LSR 是一种附加了第 3 层路由器的常规的 ATM 交换机。

当 MPLS 被应用在不基于数据包的网络中时，比如光网络，标签的定义就被通用化。一个通用化的标签可以是一个物理端口，或一段波长，或一条同步光网络（SONET）或同步数字体系（Synchronous Digital Hierarchy，SDH）链路。这种形式的 MPLS 现在叫通用化 MPLS（Generalized MPLS，GMPLS）。

在所有的 3 种网络中，LSR 之间总有一路控制信道发起 LSP 的建立。该路信道的形式或者是基于帧的网络中的不带标签的数据包，或者是基于信元的网络中的控制虚信道（virtual circuit，VC），或者是不基于数据包的网络中的一条特殊的链路。

10.2.2　标签交换和 LSP 建立

带标签的数据包沿着预先建立的 LSP 被转发。LSP 是一条从入口 LER 到出口 LER 的转发路径，它将标签与目的网络和合适的封装信息关联起来。要建立 LSP，LSR 之间必须利用控制信道来交换标签绑定（label binding）信息。这里，标签绑定或标签映射意味着将标签映射到路由和通告这些标签的邻居上。

有几种方法为单播前缀交换标签。就 IGP 路由而言，有标准的标签分发协议（Label Distribution Protocol，LDP），也有 Cisco 的标记分发协议（Tag Distribution Protocol，TDP）。多协议 BGP 可以为 BGP 前缀运载标签信息。扩展的资源预留协议（Resource Reservation Protocol，RSVP）可以为 MPLS 流量工程隧道运载标签信息。

注意：TDP 和 LDP 的功能相当类似，但不可以互操作。例如，发现邻居（用 UDP）和建立会话（用 TCP），TDP 使用端口 711，而 LDP 使用端口 646。当两者在同一链路上被 **mpls label protocol both** 命令配置后，LDP 用来建立邻居关系。

标签的分发使用下游分发（*downstream distribution*）的方法。它有两种变化：

- **下游主动式（Unsolicited downstream）**——有时候简单地叫做下游式（*downstream*）。按照这种方法，下游 LSR 将它的整个标签空间发送给上游 LSR。当下游 LSR 准备为目的网络转发流量时，它将为目的网络分配一个入（incoming）标签，也叫本地（local）标签，并把这个标签发送给它的所有上游邻居。这种方法用在 PPP、POS 或以太网这些基于帧的接口上。
- **下游按需式（Downstream on demand）**——按照这种方法，上游 LSR 显式地为 FEC 请求标签绑定，随后下游 LSR 返回为该 FEC 绑定的标签信息。这种方法用在基于信元的接口（ATM）上。

下游分配标签以及标签绑定信息按照从下游到上游的方向被分发。这里，下游操作是根据每组数据来转发的，下一跳路由器就是下游路由器。

每种方式中，标签值 0 到 15 为特殊的目的而保留。表 10-1 列举了一些保留的标签。当前，标签 4 到 15 未用。

10.2 理解 MPLS 基础知识

表 10-1　　　　　　　　　　　　一些保留的标签及其意义

标 签 值	LDP	TDP
0	IPv4 显式空（IPv4 Explicit Null）	IPv4 显式空（IPv4 Explicit Null）
1	路由器警告（Router Alert）	IPv4 隐式空（IPv4 Implicit Null）
2	IPv6 显式空（IPv6 Explicit Null）	路由器警告（Router Alert）
3	IPv4 隐式空（IPv4 Implicit Null）	IPv6 显式空（IPv6 Explicit Null）

显式空标签是一种独特的标签，出口（或终极）LER 把它发送给倒数第二个 LSR（与出口 LER 直接连接的上游 LSR）用于转发时的标签替换。一旦接收到带这种标签的数据包，LER 就弹出显式空标签并根据 IPv4 头部转发数据包。下一节详细讨论带标签的数据包的转发和弹出操作。

路由器警告标签指示路由器必须检查分组。当接收到的数据包在栈顶包含这种标签时，该数据包就在本地被处理。实际的数据包转发由此标签下的栈内标签来决定。

当出口 LER 通告本地连接的路由时，它可以通告一个隐式空标签。只能通过信令通道接收到这种标签，而不能从转发通道上接收到。隐式空标签指示倒数第二跳 LSR 转发时弹出顶层标签。

图 10-3 显示了标签如何交换和 LSP 如何工作的一个简单的例子。该例中，所有路由器运行作为 IGP 的 IS-IS 来交换 IPv4 路由选择信息。R2 到 R5 是 LSR，R1 和 R6 只支持 IPv4。

所有链路都是以太网链路并从 192.168.0.0/16 中分配地址，这些地址的第 3 个和第 4 个八位组与路由器 ID 对应。例如，R2 上与 R4 之间的链路地址是 192.168.24.2。所有路由器的环回接口 0 地址都从 192.168.100.x 中分配，x 就是路由器 ID。

为简化讨论，将 R5 和 R6 的环回地址作为感兴趣的前缀。这样一来，指向 R5 和 R6 的方向就是下游方向。例如，R4 被认为是 R5 的上游 LSR。

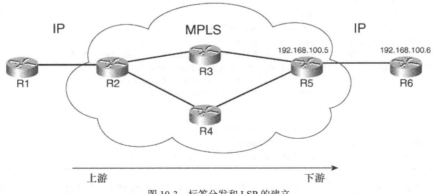

图 10-3　标签分发和 LSP 的建立

所有的 LSR 利用 LDP 交换标签绑定信息，利用 UDP 发现邻居。例 10-3 显示了 R4 发现了邻居 R5 和 R2。LDP ID 由 4 字节的路由器 ID（192.168.100.4）和 2 字节的标签空间（0）来表示。标签空间定义了标签值的范围。0 标签空间表示标签是从单一范围中分配的（按平台全局分配）。反过来，标签也可以是接口特定的（每个接口有独立的标签范围），如 ATM 接口。

例 10-3 R4 上 show mpls ldp discovery 的输出

```
R4#show mpls ldp discovery
Local LDP Identifier:
    192.168.100.4:0
  Discovery Sources:
    Interfaces:
        Ethernet1/0 (ldp): xmit/recv
            LDP Id: 192.168.100.5:0
        Ethernet2/0 (ldp): xmit/recv
            LDP Id: 192.168.100.2:0
```

注意：默认情况下，LDP 路由器 ID 是最高的环回 IP 地址或激活接口的最高 IP 地址。这个地址必须是可路由的。你可以通过配置 **mpls ldp router-id** *interface* 命令来固定路由器 ID。当接口激活并且或者作为当前的路由器 ID 的接口宕掉，或者重置 LDP，改变才生效。要迫使 ID 立即改变，可在命令后加关键字 **force** 重置 LDP 会话。

例 10-4 显示了 R4 的两个 LDP 会话。注意到 LDP 是通过 TCP 端口 646 建立的。每个会话的所有可用邻居接口地址也被列出来了。

例 10-4 R4 上 show mpls ldp neighbor 的输出

```
R4#show mpls ldp neighbor
    Peer LDP Ident: 192.168.100.5:0; Local LDP Ident 192.168.100.4:0
        TCP connection: 192.168.100.5.11013 - 192.168.100.4.646
        State: Oper; Msgs sent/rcvd: 22627/22644; Downstream
        Up time: 1w6d
        LDP discovery sources:
          Ethernet1/0, Src IP addr: 192.168.45.5
        Addresses bound to peer LDP Ident:
          192.168.100.5    192.168.56.5    192.168.35.5    192.168.45.5
    Peer LDP Ident: 192.168.100.2:0; Local LDP Ident 192.168.100.4:0
        TCP connection: 192.168.100.2.646 - 192.168.100.4.11745
        State: Oper; Msgs sent/rcvd: 20953/20956; Downstream
        Up time: 1w5d
        LDP discovery sources:
          Ethernet2/0, Src IP addr: 192.168.24.2
        Addresses bound to peer LDP Ident:
          192.168.100.2    192.168.12.2    192.168.24.2    192.168.23.2
```

注意：大多数 Cisco IOS 软件的发行版中，默认的标签交换协议是 TDP，但你使用命令 **mpls label protocol ldp** 既可以全局地，也可以根据每接口地把它改为 LDP。邻居关系是在一对路由器之间形成的，而不是在单个的接口之间形成的。

作为 192.168.100.5/32 和 192.168.100.6/32 的出口 LER，R5 给这两条前缀分配了本地标签，并把它们发送给上游邻居 R3 和 R4。表 10-2 显示了 R5 的标签绑定信息。

表 10-2　　　　　　　　　　　　R5 的标签绑定信息

前缀	本地标签	接收到的标签	下一跳	前缀	本地标签	接收到的标签	下一跳
192.168.100.5/32	隐式空	无	R5	192.168.100.6/32	20	无	R6

本地标签（local label），也叫做入标签（in label），是本地分配的。接收到的标签（received label）是从下游邻居接收来的。它们也叫转发路径上的出标签（outgoing label），除了前面讨论过的隐式空标签外。

由于 192.168.100.5/32 对于 R5 来说是本地前缀，所以 R5 没有接收到出标签。在基于帧的链路的默认行为下，隐式空本地标签被分配给这条前缀。前缀 192.168.100.6/32 是从 R6 来的远程路由，R5 为之通告一个本地标签 20。因为 R6 没有运行 MPLS，所以 R5 没有从 R6 接收到标签。

接下来，R5 把本地标签分发给它的上游邻居。当 R3 从 R5 接收到这两条前缀后，它又为之分配本地标签，再把它们分发给上游 R2。表 10-3 显示了 R3 的标签绑定信息。

表 10-3　　　　　　　　　　　　R3 的标签绑定信息

前　缀	本地标签	接收到的标签	下一跳	前　缀	本地标签	接收到的标签	下一跳
192.168.100.5/32	21	隐式空	R5	192.168.100.6/32	22	20	R5

例 10-5 显示了 R3 上 **show mpls ldp bindings** 的输出。注意 LDP 或 TDP 的标签绑定信息存储在标签信息库（Label Information Base，LIB）或标记信息库（Tag Information Base，TIB）中。TSR 代表标记交换路由器（Tag Switch Router）。

例 10-5　R3 的 LIB

```
R3#show mpls ldp bindings
...
  tib entry: 192.168.100.5/32, rev 18
        local binding:  tag: 21
        remote binding: tsr: 192.168.100.2:0, tag: 20
        remote binding: tsr: 192.168.100.5:0, tag: imp-null
  tib entry: 192.168.100.6/32, rev 20
        local binding:  tag: 22
        remote binding: tsr: 192.168.100.2:0, tag: 21
        remote binding: tsr: 192.168.100.5:0, tag: 20
...
```

注意：术语 *tag*、*label* 和 *MPLS* 在命令行界面和命令输出中经常可以被交替使用。

表 10-4 显示了 R4 上类似的 LIB，只不过 R4 给 192.168.100.5/32 分配了标签 20，给 192.168.

100.6/32 分配了标签 21。

表 10-4　　　　　　　　　　　R4 的标签绑定信息

前　缀	本地标签	接收到的标签	下一跳	前　缀	本地标签	接收到的标签	下一跳
192.168.100.5/32	20	隐式空	R5	192.168.100.6/32	21	20	R5

对于两条前缀的任一条，R2 都接收到了两条路径通告：一条来自于 R3，一条来自于 R4。表 10-5 显示了 R2 的 LIB。比如，对于 192.168.100.5/32，R2 从 R4 上接收到标签 20，从 R3 上接收到标签 21。注意到，对于 192.168.100.6/32，同样的标签值 21 也从 R4 上接收到。这很好，因为 R2 根据通告标签的邻居来跟踪每一条前缀的标签绑定信息。

表 10-5　　　　　　　　　　　R2 上的标签绑定信息

前　缀	本地标签	接收到的标签	下一跳	前　缀	本地标签	接收到的标签	下一跳
192.168.100.5/32	20	20	R4	192.168.100.6/32	21	21	R4
		21	R3			22	R3

总结一下，对于每一条前缀都有从 R2（入口）到 R5（出口）的两条路径：一条从 R2 上穿过 R3 而到达 R5，一条从 R2 上穿过 R4 而到达 R5。因为这两条 LSP 的路径成本相同，流量就负载分担（load-shared）了。这显示在例 10-6 中。

例 10-6　R2 上 traceroute 192.168.100.6 的输出

```
R2#traceroute 192.168.100.6

Type escape sequence to abort.
Tracing the route to 192.168.100.6

  1 192.168.24.4 [MPLS: Label 21 Exp 0] 32 msec
    192.168.23.3 [MPLS: Label 22 Exp 0] 52 msec
    192.168.24.4 [MPLS: Label 21 Exp 0] 40 msec
  2 192.168.35.5 [MPLS: Label 20 Exp 0] 20 msec
    192.168.45.5 [MPLS: Label 20 Exp 0] 32 msec
    192.168.35.5 [MPLS: Label 20 Exp 0] 28 msec
  3 192.168.56.6 40 msec 32 msec *
```

10.2.3　转发带标签的数据包

对接收到的数据包可执行 3 种类型的操作：

- **推（Push）**——推，有时也叫压入（*imposition*），是 LSR 为数据包生成或添加标签栈所执行的操作。推操作通常对不带标签的数据包执行，或者，当下一跳信息指示应该给某个已带标签的数据包插入一个新的标签或多个标签时，也可以在这种数据包上执行。典型地，推操作在入口 LER 上执行。
- **弹出（Pop）**——当接收到一个带标签的数据包，并且下一跳信息指示应该清除一条或所有标签栈表项时，就执行弹出操作。标签弹出，有时也叫标签解除（label disposition），典型地在倒数第二跳 LSR 或出口 LER 上执行。
- **交换（Swap）**——当带标签的数据包到来后，顶层标签被另一个标签所替代。标签交换典型地在核心 LSR 上执行。

伴随前面的 3 种操作，有 4 种数据包交换路径可用：
- **IP 到 IP**——入站 IP 数据包被交换成出站 IP 数据包。这是常规的 IP 路由选择和交换。
- **IP 到标签**——将一个或多个标签推入不带标签的数据包，并把它交换给 LSR。
- **标签到 IP**——弹出带标签的数据包，并交付常规的 IP 数据包。
- **标签到标签**——入标签（incoming label）被交换成出标签（outgoing label），或者是弹出顶层标签，并剩下一个或多个标签用于转发。

要执行前面的交换功能，很多组件必须无缝协作。图 10-4 显示了转发信息库（Forwarding Information Base，FIB）和标签转发信息库（Label Forwarding Information Base，LFIB）的交互。箭头指示从一个组件到另一个组件触发的方向改变。如第 2 章提到的一样，RIB 中的表项提供了 FIB 中的前缀表项。当递归查找被完全解析，邻居表中又生成了封装字符串后，IP 数据包就可以被转发了。

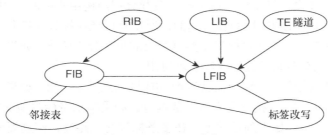

图 10-4　FIB 和 LFIB 的交互

CEF 是 IP 数据包的优选交换机制，并且是支持 MPLS 的惟一方法。当 MPLS 生效后，CEF 也允许基于标签进行表查找。标签转发信息储存在 LFIB 中。例 10-7 显示了一个 LFIB 的例子。

例 10-7　以 show mpls forwarding 的输出作为 LFIB 样例

```
R2#show mpls forwarding
Local  Outgoing    Prefix           Bytes tag  Outgoing    Next Hop
tag    tag or VC   or Tunnel Id     switched   interface
16     Pop tag     192.168.45.0/24  0          Et2/0       192.168.24.4
17     17          192.168.56.0/24  0          Et2/0       192.168.24.4
```

（待续）

	19	192.168.56.0/24	0	Et1/0	192.168.23.3
18	Pop tag	192.168.35.0/24	0	Et1/0	192.168.23.3
19	Pop tag	192.168.100.4/32	711	Et2/0	192.168.24.4
20	20	192.168.100.5/32	0	Et2/0	192.168.24.4
	21	192.168.100.5/32	0	Et1/0	192.168.23.3
21	21	192.168.100.6/32	0	Et2/0	192.168.24.4
	22	192.168.100.6/32	0	Et1/0	192.168.23.3
22	Untagged	192.168.100.1/32	2360	Et0/0	192.168.12.1
23	Pop tag	192.168.100.3/32	1143	Et1/0	192.168.23.3

该例显示了出站一侧标签的 3 种形式：一个标签，标签弹出（Pop tag），无标签（Untagged）。如果指示了一个标签，就执行标签交换。如果显示了"Pop tag"，那么转发前必须弹出顶层标签。如果指示了"Untagged"，那么转发前必须清除所有标签。

注意：要在 LFIB 中为前缀 P 安装一个出标签，除了下一跳邻居要有 P 的远程标签绑定信息外，P 的下一跳 IP 地址（显示在 **show ip route** P 或 **show ip cef** P 中）也必须是在 **show mpls ldp neighbor** 显示的一组邻居地址中。

IGP 表项和 MPLS TE 隧道配置生成的隧道接口给 LFIB 提供了素材。LDP 或 TDP 交换信息形成了 LIB，它为 FIB 中的路由提供标签。为 TE 隧道分配的标签由 TE 模块分开处理。要编码标签封装，就要生成标签改写表（label rewrite table）。

和 FIB 一样，LFIB 也同样支持负载分担。负载分担结构用来跟踪可用链路上的负载情况。因为负载分担是与 FIB 和 LFIB 联系在一起的，所以有可能在标签交换和非标签交换的链路上负载分担流量。表 10-5 提供了一对标签交换路径上的负载分担例子。如果存在多条到达同一个目的地的路径，也许就有多条标签的改写表项可用。

当接收到一个 IP 数据包后，路由器就咨询 FIB 以确定其下一跳。如果下一条信息指示不带标签地交换它，常规的 CEF 交换就用来转发数据包。如果指示带标签地交换它，FIB 就用标签改写来准备标签栈的封装。如果到目的地存在多条标签交换路径，路由器就咨询标签负载分担结构。在 IP 到标签压入的过程中，IP 优先级字段值被复制到所有被推入数据包的标签表项中的 EXP 字段中。

接收到带标签的数据包后，入标签就被用作查找主键。如果数据包要标签交换，合适的标签改写表项就被推入标签栈。在标签到标签的压入过程中，EXP 字段值就被复制到被交换的标签表项和所有被推入数据包的标签表项中的 EXP 字段中。如果数据包是要不带标签地被交付，标签栈就被弹出。

隐式空标签和显式空标签需要特殊的处理。通过信令通道接收到隐式空标签后，倒数第二跳 LSR 转发数据包时就弹出顶层标签。这叫倒数第二跳弹出机制（Penultimate Hop Popping，PHP）。这是 IOS 软件中基于帧的链路的默认行为，目的是节省最后一跳的查找步骤继而卸载 LER 的一些处理负担。

如果出标签是显式空，顶层标签就被显式空标签交换。一接收到带显式空标签的数据包后，最后一跳路由器或 LER 就弹出该标签，并根据它下面的信息来转发数据包。在弹出标签前做了 TTL 处理，而为 QoS 处理保留了 EXP 比特。栈底比特被检查以确定其下是否有更多的标签。利用显式空标签可将 EXP 值保留到最后一跳；采用隐式空标签，就失去了顶层标签的 EXP 值。

10.3 搭建 MPLS VPN 架构

有了 MPLS 和针对 BGP 的多协议扩展后，MPLS VPN 的基础就形成了。尽管你可以有几种方式在 MPLS 基础设施之上搭建 VPN 业务，但本章考虑第 3 层 VPN。

下一节阐述了 MPLS VPN 的基本组件和多协议 BGP 在分发 VPNv4 信息中所起的作用。涵盖了以下的主题：
- MPLS VPN 的组件；
- 虚拟路由选择和转发实例；
- VPNv4 路由和标签传播；
- 自动路由过滤；
- AS_PATH 操纵。

10.3.1 MPLS VPN 的组件

图 10-5 显示了 MPLS VPN 的基本组件。这样的网络有 3 种类型的设备：
- 客户边缘（CE）路由器；
- 提供商边缘（PE）路由器；
- 提供商（P）路由器。

注意图 10-5 和图 10-1 之间的相似性。典型地，P 是核心 LSR，PE 是边缘 LER。

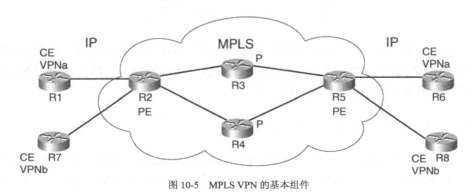

图 10-5 MPLS VPN 的基本组件

PE 设备是该架构的核心。这些设备维护路由重分发规则，并在核心网络中将 VPN 的 IPv4 前缀映射到 VPNv4 前缀。图 10-5 中，PE 设备 R2 和 R5 给两个 VPN——VPNa 和 VPNb 都提供了连接性。PE 设备上的配置使得 VPNa 的路由不会被重分发进 VPNb，反之亦然。

P 路由器利用 LDP/TDP 或者其他标签分发协议来维护 PE 设备间的 LSP，因而它们不会感知到封装在 LSP 中的任何 VPN 信息。所有的提供商设备，包括 P 路由器和 PE 设备，采用一种 IGP 使得提供商网络内的所有链路和其他本地地址可达。

CE 路由器是常规的 IP 路由器，既不需要 VPN 配置，也不需要运行 MPLS。这些路由器仅仅按照 PE 设备的指示与同一个 VPN 中的其他路由器通信。

多协议 BGP 在 PE 设备之间相互通信时起作用。特别地，PE 设备使用多协议 iBGP 相互通告 VPNv4 前缀。与 IPv4 类似，路由反射和联盟可以用来增强 iBGP 的扩展性。PE 和 CE 之间有几种方式交换 VPN 路由选择信息，包括 RIPv2、OSPF、BGP、EIGRP 和静态路由。

注意：P 路由器不需要运行多协议 iBGP，也不需要维护 VPNv4 信息。

转发路径最好通过一种分层的方法来说明，如图 10-6 所示。CE 和 PE 间的数据包封装在 IP 中。在 IP 层，两台 CE 设备和两台 PE 设备是第 3 层对等体（这就是为什么以这种方式搭建的 VPN 叫做第 3 层 VPN）。PE 设备上有几个层面。入口 PE 和出口 PE 间有两层 LSP：

- 标识 VPN 的 LSPv；
- 标识远端 PE 的 LSPi。

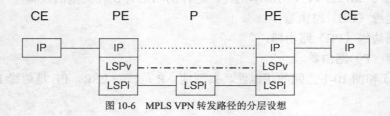

图 10-6　MPLS VPN 转发路径的分层设想

这样，从 CE 来的原始 IP 数据包现在承载了一个有两层表项的标签栈。P 路由器仅有一条 LSP，因此它没有感知到 VPN LSP。所有的 P 路由器交换或弹出顶层标签。出口 PE 弹出 VPN 标签，并把原始数据包转发给与之直连的 CE。

10.3.2　VPN 路由选择/转发实例

VPN 路由选择/转发实例（VPN Routing/Forwarding instance，VRF）是 MPLS VPN 的 IOS 实现中的一个基本概念。每个 VRF 可以通过一个或多个接口与一个 VPN 站点（CE）相关联。

对于每一个本地配置的 VRF，PE 设备维护一个路由选择和转发表。此外，它还维护一个全局路由选择和转发表，这张表不与任何 VRF 关联。

注意：VRF 对于它所配置的 PE 设备来说是本地的。VPN 是网络范围的概念，由私有路由选择和转发信息组成。它有可能跨越多台设备和多个 VRF。

要在提供商网络中获得惟一的 VPNv4 地址，每个 VRF 就需要一个本地惟一的 RD。当 PE 设备从属于这个 VRF 的 VPN 站点接收到路由后，它就在 IPv4 前缀前面添加 RD，再把它发送给远端 PE。

为了控制 VPN 路由重分发，每个 VRF 也和一个或多个 RT 相关联。给 VPNv4 前缀附加 RT 就是导出（export）RT。允许携带某个 RT 的 VPNv4 前缀被安装进 VRF 中就是导入（import）RT。

例 10-8 显示了一个 VRF 配置。给 VRF 分配的名字具有本地意义，注意它是大小写敏感的。当把 VPNv4 路由通告给远端 PE 时，就附加（导出）了 100:58 的 RT。仅当从远端 PE 设备来的 VPNv4 路由携带 100:58 的 RT 时，它们才被安装进 VRF vpn58 中。

例 10-8　VRF 配置样例

```
ip vrf vpn58
 rd 100:58
 route-target export 100:58
 route-target import 100:58
```

与属于 VRF 的 CE 接口直连的 PE 接口用接口命令 **ip vrf forwarding** *vrf-name* 与 VRF 关联起来。要在 PE 和 CE 之间交换路由，你可以在 PE 上配置动态路由选择协议或静态路由。

注意：当在接口下输入 **ip vrf forwarding** 命令时，已有的 IP 地址就被自动地清除掉。

例 10-9 显示了 RIPv2 的配置样例。例中，BGP AS 100 的路由被重分发进 RIP。这些路由是从远端 PE 接收过来的。重分布之前，根据 VRF 上的 RT 导入策略过滤了 VPNv4 前缀。

例 10-9　PE-CE 间路由选择协议配置样例

```
router rip
 version 2
 !
 address-family ipv4 vrf vpn58
 redistribute bgp 100 metric 3
 no auto-summary
 exit-address-family
```

例 10-10 显示了 VPNv4 的 BGP 配置样例。此例中有两台远端 PE 设备：192.168.22.2 和 192.168.77.7。它们是远端 PE 设备的环回地址。为了使 IGP 标签能被正确分配，不要汇总这些环回地址。

例 10-10　VPNv4 前缀的 BGP 配置样例

```
router bgp 100
 no synchronization
 neighbor 192.168.22.2 remote-as 100
 neighbor 192.168.22.2 update-source Loopback0
 neighbor 192.168.77.7 remote-as 100
 neighbor 192.168.77.7 update-source Loopback0
 no auto-summary
 !
 address-family ipv4 vrf vpn58
 redistribute rip
 no auto-summary
 no synchronization
 exit-address-family
 !
 address-family vpnv4
 neighbor 192.168.22.2 activate
 neighbor 192.168.22.2 send-community extended
 neighbor 192.168.77.7 activate
 neighbor 192.168.77.7 send-community extended
 no auto-summary
 exit-address-family
```

BGP 的配置有三段：
- **router bgp** 下的配置；
- IPv4 地址簇下的 VRF 配置；
- VPNv4 地址簇下的配置。

所有直接在 **router bgp** 下的配置只应用于 IPv4 单播。某些 IOS 版本中，也可以使用 **address-family ipv4 unicast** 命令在 IPv4 地址簇下完成这些配置。即使只交换 VPNv4 前缀，仍然需要这些配置，因为 BGP 邻居关系仍然是通过 IPv4 来建立的。如果不想在所有的邻居之间交换 IPv4 前缀，可以采用 **no bgp default ipv4-unicast** 命令来禁用 IPv4 会话。也可以根据每个邻居，用 **no neighbor activate** 命令来禁用 IPv4 会话。

要与 CE 交换 VRF 特定的路由选择信息，需要在 **address-family ipv4 vrf** 命令下配置。此例中，从 CE 来的 RIP 路由被重分布进 BGP。

要激活与其他 PE 的 VPNv4 前缀交换，就需要配置 VPNv4 地址簇。每个邻居必须单独地被激活。本段中的配置给 VPNv4 前缀附加了扩展团体属性。

10.3.3 VPNv4 路由和标签传播

多协议 BGP 把 VPNv4 前缀和 VPN 标签从一台 PE 向另一台 PE 传播。和 IGP 标签一样，BGP 标签也是从下游 PE 到上游 PE 被分发的。

考虑图 10-7 中的 MPLS VPN 路由和标签传播。PE2 通过 VPN 静态路由可达前缀 172.16.0.0/16。VRF VPNa 与此前缀关联。VPNv4 前缀 100:100:172.16.0.0/16 和它的标签（Lv）被通告给 PE1，同时 BGP 下一跳（NH）被设为自身。在 IGP 和 LDP 中通告了 PE2 的可达性（192.168.100.5）。作为直连路由，PE2 和 CE2 间的链路前缀（192.168.56.0/24）也被重分布进 VPNa（未在图 10-7 中显示）。

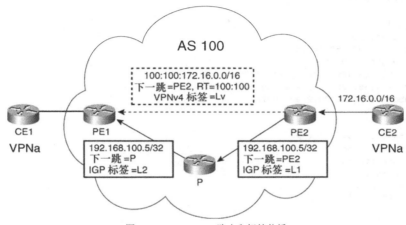

图 10-7 MPLS VPN 路由和标签传播

注意：在图 10-7 和本章以后的图中，实线框用来容纳 IPv4 前缀和标签的通告内容，虚线框用来容纳 VPNv4 前缀和标签的通告内容。

例 10-11 显示了 PE2 的相关配置。注意在 VPNa 中生成了静态路由，其下一跳指向 CE2。

例 10-11 PE2 的相关配置

```
ip vrf VPNa
 rd 100:100
 route-target export 100:100
 route-target import 100:100
!
ip cef
mpls label protocol ldp
!
```

（待续）

```
interface Loopback0
 ip address 192.168.100.5 255.255.255.255
 ip router isis
!
interface Ethernet0/0
 ip address 192.168.35.5 255.255.255.0
 ip router isis
 tag-switching ip
!
interface Ethernet2/0
 ip vrf forwarding VPNa
 ip address 192.168.56.5 255.255.255.0
 ip router isis
!
router isis
 net 49.0001.1921.6810.0005.00
 is-type level-2-only
!
router bgp 100
 no synchronization
 bgp router-id 192.168.100.5
 bgp log-neighbor-changes
 neighbor 192.168.100.2 remote-as 100
 neighbor 192.168.100.2 update-source Loopback0
 no neighbor 192.168.100.2 activate
 no auto-summary
 !
 address-family ipv4 vrf VPNa
 redistribute connected
 redistribute static
 no auto-summary
 no synchronization
 exit-address-family
 !
 address-family vpnv4
 neighbor 192.168.100.2 activate
 neighbor 192.168.100.2 send-community extended
 no auto-summary
 exit-address-family
!
ip route vrf VPNa 172.16.0.0 255.255.0.0 192.168.56.6
```

例 10-12 显示了 PE2 上的 VPN 前缀。本地 VPN 路由由附加在 IPv4 前缀后面的[V]指示。

例 10-12 PE2 上的 VPN 前缀

```
PE2#show mpls forwarding vrf VPNa
Local   Outgoing      Prefix              Bytes tag   Outgoing     Next Hop
tag     tag or VC     or Tunnel Id        switched    interface
25      Untagged      172.16.0.0/16[V]    0           Et2/0        192.168.56.6
26      Aggregate     192.168.56.0/24[V]  \
                                          2746
```

关于如何处理入站 VPN 数据包有两种 VPN 路由：聚合（aggregate）VPN 路由和无标签的（untagged）VPN 路由。聚合标签，例如 192.168.56.0/24 的标签，是 PE 本地生成的一种特殊的标签，用于到达以直连链路（包括 PE 的环回地址）为目的地的前缀和由 BGP 聚合的前缀。例 10-12 中，该前缀是路由器上的本地地址。如果出标签字段是 untagged，转发前就要弹出全部标签。

当到达 PE 的数据包携带的标签对应于一个出聚合标签时，就需要进行两次查找。在 LFIB 中的第一次查找确定它是一个聚合。需要进行额外的 FIB 查找以发现 BGP 聚合情况下的出站接口，或者直连以太网环境下的出站 MAC 地址串。

当可以通过 CE 路由器到达路由时，就不需要进行额外的 FIB 查找。这些标签在 LFIB 中显示为 untagged。例如为前缀 172.16.0.0/16 分配的标签。

例 10-13 显示了 PE1 上的 VPN 标签分配。出标签是由 PE2 分配的，它通告了这些路由。

例 10-13　PE1 上的 VPN 标签

```
PE1#show ip bgp vpnv4 all labels
   Network          Next Hop      In label/Out label
Route Distinguisher: 100:100 (VPNa)
   172.16.0.0       192.168.100.5    nolabel/25
   192.168.56.0     192.168.100.5    nolabel/26
```

VRF 的 VPN 标签被安装在 FIB 中。例 10-14 显示了 PE1 的 CEF 中前缀 172.16.0.0 的 VPN 标签。注意第一层标签（19）是到达 PE2（192.168.100.5）的 IGP 标签（L2），第二层标签（25）是 VPN 标签（Lv）。

例 10-14　PE1 上前缀 172.16.0.0 的 VPN 标签

```
PE1#show ip cef vrf VPNa 172.16.0.0 detail
172.16.0.0/16, version 6, epoch 0, cached adjacency 192.168.23.3
0 packets, 0 bytes
  tag information set
    local tag: VPN-route-head
    fast tag rewrite with Et1/0, 192.168.23.3, tags imposed: {19 25}
  via 192.168.100.5, 0 dependencies, recursive
    next hop 192.168.23.3, Ethernet1/0 via 192.168.100.5/32
    valid cached adjacency
    tag rewrite with Et1/0, 192.168.23.3, tags imposed: {19 25}
```

要在 PE1 上到达 172.16.0.0/16，递归查找把 BGP 下一跳（192.168.100.5）解析为 IGP 下一跳（192.168.23.3）。当 PE1 从 CE1 接收到去往 172.16.0.0/16 的数据包后，它就压入一个两层标签栈：19 是通过 P 到达 PE2 的顶层标签，25 是通过 VPNa 到达 172.16.0.0/16 的底层标签。由于 PHP 机制，一旦收到这样的数据包，P 就弹出顶层标签（19），然后把携带 VPN 标签（25）的数据包交付给 PE2。当 PE2 收到这个数据包后，它就去除标签并把 IP 数据包交付给 CE2。

10.3.4 自动路由过滤

为了减少内存使用，PE 实施了自动路由过滤（Automatic Route Filtering，ARF）。PE 只接收本地配置的 VRF 所允许的 VPN 路由。ARF 是根据 RT 来执行的，并且在 PE 上默认被打开。

注意：如果 PE 是 VPNv4 的 RR，ARF 默认被关闭。

图 10-8 显示了 PE 上自动路由过滤的例子。作为连接两个 VRF——VPNa 和 VPNb 的 PE，R5 向 R1 和 R2 通告来自于两个 CE 的 VPNv4 前缀。因为 R1 只与 VPNa 连接，所以它拒绝接受所有来自于 VPNb 的路由。同样的逻辑也应用在 R2 上，因为它拒绝接受来自于 VPNa 的路由。

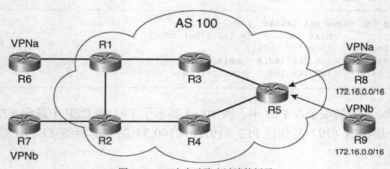

图 10-8　PE 上自动路由过滤的例子

例 10-15 显示了 R2 的调试（debug）输出。从 R5 来的前缀 100:200:172.16.0.0/16 携带了 100:200 的 RT，而 R2 被配置成为 VPNa 只导入 100:100。于是，该前缀就被自动拒绝。

例 10-15　R2 上 debug ip bgp update in 的输出

```
*Dec 13 19:11:00.511: BGP(2): 192.168.100.5 rcvd UPDATE w/ attr: nexthop
 172.168.100.5, origin ?, localpref 100, metric 0
*Dec 13 19:11:00.511: BGP(2): 192.168.100.5 rcvd 100:200:172.16.0.0/16 -- DENIED
 due to:  extended community not supported;
```

注意：VRF 配置上的改变使得路由刷新请求被发送出去。

10.3.5　AS_PATH 操纵

当 PE 和 CE 间使用 BGP 时，有可能必须操纵 AS_PATH 以提供 VPN 站点间的完全连接性。

本节讨论修改 PE 上的 AS_PATH 检查规则的两种方法：AS 覆盖（AS override）和允许 AS（allow-AS）。

1．AS 覆盖

当 PE 和 CE 路由器之间运行 BGP 时，客户 VPN 可能希望在不同的站点内重用 AS 号。图 10-9 显示了这样一种情景。当前缀 172.16.0.0/16 从 PE2 被发往 CE2 时，CE2 检测到 AS_PATH 循环，因此拒绝了该前缀。

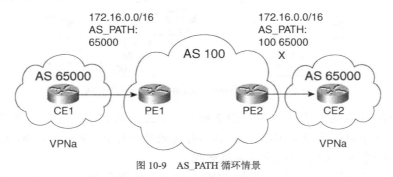

图 10-9　AS_PATH 循环情景

为了提供 CE1 和 CE2 之间的连接性，必须实施一种叫 AS 覆盖的新方法。当你在 PE 上配置了 AS 覆盖后，在它向 CE 发送路由更新之前，它就把整个 AS_PATH 中每一个直连的 CE 设备的 AS 号替换成自己的 AS 号。

注意：使用 AS 覆盖时保留了 AS_PATH 的长度。

图 10-10 显示了在 PE2 上配置了 AS 覆盖后图 10-9 中的情景。当 AS 65000 被 AS 100 替代后，CE2 接受了更新。注意如果需要完全的连接性，必须在 PE1 上做类似的配置。

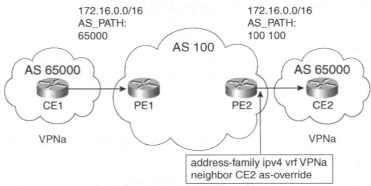

图 10-10　AS 覆盖允许 CE 到 CE 间的通信

在多宿主站点中，需要把 AS 覆盖和 SOO 一并使用以避免路由选择信息环路。图 10-11 显示了这样一种情景。站点 1 和图 10-9 一样连接，但站点 2 却是多宿主的。为了允许站点 1 和站点 2 之间的连接性，所有 3 台 PE 设备上都配置了 AS 覆盖。

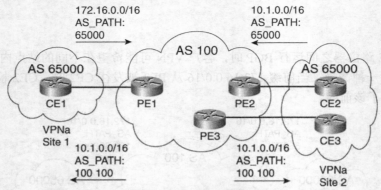

图 10-11 多宿主站点中使用 AS 覆盖的路由选择循环情景

前缀 10.1.0.0/16 生成于站点 2 并从 CE2 被发往 PE2。当 PE3 把这条前缀通告回 CE3 时，由于 AS 覆盖，AS_PATH 变成了 100 100。因为看起来并没有 AS_PATH 环路，CE3 于是接受了这条通告。这样一来就形成了路由选择信息环路。

要打破环路，需要使用扩展团体属性 SOO。你可以使用命令 **set extcommunity soo** 在站点 2 中的 PE2 和 PE3 两台设备上的入站路由映射中配置一个 SOO 值来代表站点 2。当前缀 10.1.0.0 从 PE2 被通告给 PE3 时，就被附加了 SOO 值。因为 PE3 检测到了相同的 SOO，所以它不会把这条前缀发送回站点 2。注意 SOO 环路检测是自动的（因为配置了入站路由映射），并且不需要出站路由映射。给站点 1 的路由通告不受影响。

例 10-16 显示了调试输出，其中 192.168.47.7 是 CE3。由于 SOO 环路，所以前缀 10.1.0.0/16 不会被通告给 CE3。注意从 CE1 来的前缀 172.16.0.0/16 和以往一样被通告。

例 10-16 PE3 上 debug ip bgp update out 的输出

```
*Dec 16 23:18:21.267: BGP(2): 192.168.47.7 soo loop detected for 10.1.0.0/16 -
  sending unreachable
*Dec 16 23:18:21.267: BGP(0): 192.168.47.7 send UPDATE (format) 172.16.0.0/16,
  next 192.168.47.4, metric 0, path 65000, extended community RT:100:100
```

2．允许 AS

允许 AS 是另一种修改 AS_PATH 环路检测规则的 BGP 特性，主要用于中心和辐条（hub-and-spoke）VPN 情景中，如图 10-12 所示。

VPNa 的 3 个站点与 AS 100 连接：其中两个是辐条站点，一个是中心站点。所有的辐条站点依赖于中心站点来连接其他站点。两个辐条 PE 设备（PE1 和 PE2）只和 PE3 交换 VPNa 的 VPN 路由选择信息。中心站点有同一 VPN 内所有其他站点的完整的路由选择信息，并且作为辐条站点间的中央中转点。辐条站点也可以访问中央服务，这种中央服务只在中心站点内才可用。

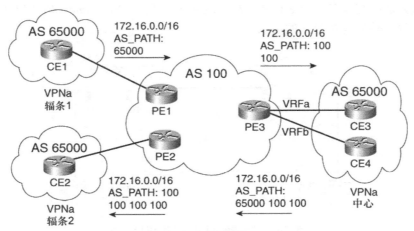

图 10-12 中心和辐条 VPN

中心站点与提供商之间有两条链路连接，这些链路在 PE3 上属于两个不同的 VRF。一条链路用来向中心站点发送路由更新，另一条用来从中心站点接收路由更新。在"部署考虑"一节中将讨论使用 RT 来实现这种要求的方法。这里的焦点是讨论提供完全连接性所需要的 AS_PATH 操纵。

由于所有的站点采用相同的 AS 号，因此所有 3 台 PE 设备必须打开 AS 覆盖——如前面章节中讨论的一样。前缀 172.16.0.0/16 始发于辐条站点 1。当它从 PE3 被通告给 CE3 时，AS 号被换成了 100。当它又从中心站点被通告回 PE3 时，AS_PATH 是 65000 100 100。因为 PE3 检测到自己的 AS 号，因此拒绝了此路由更新。

你可以在 VRFb 地址簇配置下采用命令 **neighbor CE4 allowas-in** 来禁用 PE3 上的 AS_PATH 环路检测。有了这条命令，PE3 在它自己的 AS 号出现了 3 次或更少时就不会检测环路。注意你可以在该命令后面加上一个可选的数字来改变重复发生的次数。这个数字有助于抑制路由选择信息环路，因为包含了自身 AS 号的更多发生次数的路由更新仍要被拒绝。

当前缀从 PE2 被通告给 CE2 时，AS_PATH 是 100 100 100 100。这是因为配置在 PE2 上的 AS 覆盖把 65000 换成了 100。

10.4 跨越 AS 边界的多种 VPN

到目前为止提供的 MPLS VPN 架构要求单个的提供商提供 VPN 服务。PE 设备使用多协议 iBGP 来交换客户的 VPNv4 前缀。随着 MPLS VPN 部署的扩大，单个提供商的需求成了一种限制。

考虑图 10-13 中显示的情景。某客户（VPNa）有两个站点：站点 1 和站点 2，它们需要 VPN 连接。但是，站点 1 连接到 AS 100，而站点 2 连接到 AS 200。两个提供商都支持 MPLS VPN。

为了建立两个站点间的 MPLS VPN 的连接性,两个提供商需要在两台 AS 边界路由器(AS border router,ASBR)之间交换多协议 eBGP 信息。这叫 AS 间的 VPN(*inter-AS VPN*),其中,提供商之间处于一种对等体与对等体的关系。

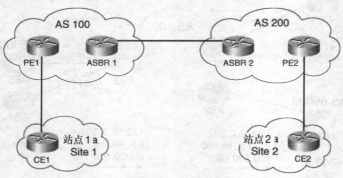

图 10-13　两个提供商骨干之上的 MPLS VPN

作为另一个例子,考虑图 10-14。和图 10-13 一样,站点 1 和站点 2 之间也需要同样的 VPN 连接性,但是提供商的 AS 100 和 AS 200 之间并没有直接的连接。相反,它们都连接到另外一个提供商——AS 300 上,该提供商提供 VPN 服务。此外,提供商 AS 100 和 AS 200 打算交换完全的 Internet 路由选择表。这叫运营商支持的运营商(Carrier Supporting Carrier,CSC)VPN,或者叫运营商的运营商(carrier's carrier)VPN,这里的提供商之间处于一种客户机/服务器的关系。提供商 AS 300 叫做骨干运营商,而 AS 100 和 AS 200 叫做客户运营商。

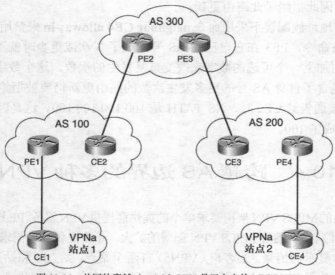

图 10-14　共同的穿越(transit)VPN 骨干之上的 MPLS VPN

10.4.1 AS 间的 VPN

要实现 AS 间的 VPN 业务，根据设计需求，你有几种选择。本节讨论以下一些选择：
- 背靠背 VRF；
- VPNv4 的单跳多协议 eBGP；
- VPNv4 的多跳多协议 eBGP；
- VPNv4 穿越不提供 VPN 服务的穿越提供商。

1. 背靠背 VRF

背靠背 VRF 是实现 AS 间的 VPN 的最简单的办法。考虑图 10-15 所示的拓扑。两个站点：站点 1 和站点 2 分别连接到两个不同的提供商：AS 100 和 AS 200。两个提供商在 PE2 和 PE3 之间有连接。在跨越两个提供商的 VPN 中，由站点 2 中的 CE2 通告的前缀 172.16.0.0/16 必须要在站点 1 内可达。

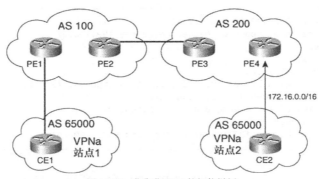

图 10-15 背靠背 VRF 的拓扑样例

背靠背 VRF 通过简单地把另一个 ASBR 视为 CE 设备来处理 AS 间的 VPNv4 连接性。例如，PE2 上配置了一个名为 VPNa 的 VRF，PE2 和 PE3 之间的链路作为 VRF 的一部分。在 PE3 上做了同样的配置使得 PE2 被视为 CE。

图 10-16 显示了 VPN 前缀通告和标签通告。当前缀 172.16.0.0/16 从 CE2 被通告给 PE4 时，其 BGP 下一跳被设为 CE2。VRF VPNa 被配置了 200:200 的 RD，并导出 200:200 的 RT。当 VPNv4 前缀 200:200:172.16.0.0/16 被通告给 PE3 时，下一跳被设为 PE4，同时附加了 200:200 的 RT，该前缀也被指定了一个入标签 Lv1。

例 10-17 显示了 PE3 上的前缀信息，其中 192.168.67.7 是下一跳 P 路由器（未在图 10-16 中显示），192.168.100.4 是 PE4 的环回接口 0 地址。两个标签被压入：顶层标签 20 是到达 PE4 的 IGP 标签，底层标签 20 是 VPN 标签 Lv1。IGP 前缀通告和标签通告已经在前面的章节"理解 MPLS 基础知识"中讨论过了。

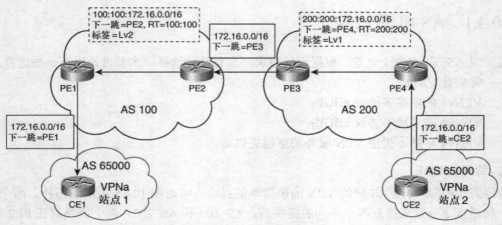

图 10-16　背靠背 VRF 中的 VPN 前缀通告和标签通告

例 10-17　PE3 上 172.16.0.0 的前缀和标签信息

```
PE3#show ip cef vrf VPNa 172.16.0.0 detail
172.16.0.0/16, version 9, epoch 0, cached adjacency 192.168.67.7
0 packets, 0 bytes
  tag information set
    local tag: VPN-route-head
    fast tag rewrite with Et0/0, 192.168.67.7, tags imposed: {20 20}
  via 192.168.100.4, 0 dependencies, recursive
    next hop 192.168.67.7, Ethernet0/0 via 192.168.100.4/32
    valid cached adjacency
    tag rewrite with Et0/0, 192.168.67.7, tags imposed: {20 20}
```

由于 VRF 被配置成导入含有 200:200 的 RT 的前缀，所以在 PE3 上该前缀被导入到 VRF VPNa 中。和典型的 PE 所做的一样，VPNv4 前缀然后被转换成 IPv4 前缀。因为 PE3 把 PE2 视为 CE，因此就通告了 IPv4 前缀。

例 10-18 显示了 PE2 上的前缀信息，其中 192.168.100.2 是 PE1，192.168.56.6 是 PE3。

例 10-18　PE2 上 show ip route vrf VPNa 的输出

```
PE2#show ip bgp vpnv4 all 172.16.0.0
BGP routing table entry for 100:100:172.16.0.0/16, version 9
Paths: (1 available, best #1, table VPNa)
  Advertised to non peer-group peers:
  192.168.100.2
  200 65000
    192.168.56.6 from 192.168.56.6 (192.168.100.6)
      Origin IGP, localpref 100, valid, external, best
      Extended Community: RT:100:100
```

PE2 把从 PE3 接收过来的前缀就像从 CE 来的前缀一样对待。PE2 上重复执行了和 PE4 上一样的过程。当前缀被通告给 PE1 时，VRF VPNa 的本地 RD 就被附加了 100:100 的 RT。一个新的标签，Lv2 被指定给 VPNv4 前缀。PE1 上执行了和 PE3 上类似的过程。CE1 最终接收到了 IPv4 前缀。

例 10-19 显示了 PE1 上的前缀信息，其中 192.168.23.3 是下一跳 P 路由器，192.168.100.5 是 PE2。注意标签 21 是新的 VPN 标签 Lv2。

例 10-19　PE1 上 172.16.0.0 的前缀和标签信息

```
PE1#show ip cef vrf VPNa 172.16.0.0 detail
172.16.0.0/16, version 8, epoch 0, cached adjacency 192.168.23.3
0 packets, 0 bytes
  tag information set
    local tag: VPN-route-head
    fast tag rewrite with Et1/0, 192.168.23.3, tags imposed: {17 21}
  via 192.168.100.5, 0 dependencies, recursive
    next hop 192.168.23.3, Ethernet1/0 via 192.168.100.5/32
    valid cached adjacency
    tag rewrite with Et1/0, 192.168.23.3, tags imposed: {17 21}
```

注意：为了避免 CE1 上的 AS_PATH 环路检测，你必须要在 PE1 上配置 AS 覆盖。

要让背靠背 VRF 的方法起作用，每一个 VPN 必须专用至少一条 AS 间的链路（一个接口或一个子接口）。在链路的两端必须配置同样的 VPN。由于这种限制，背靠背 VRF 的方法不适合互连大量数目的 VPN。

2．VPNv4 的单跳多协议 eBGP

你可以使用多协议 eBGP 在 AS 的边界上交换 VPNv4 前缀和标签。eBGP 链路上不需要运行 LDP/TDP。这样一来，eBGP 对等体之间只交换 VPN 标签。AS 间的链路不与任何 VRF 关联，而是在全局路由选择表中。为了减少内存使用，建议你在 VPNv4 ASBR 上不要配置任何 VRF。

要允许 ASBR 接受所有 VPNv4 前缀，你必须禁用默认的 ARF。你可以通过在所有的 VPNv4 ASBR 上配置 **no bgp default route-target filter** 来完成。在 VPN 地址簇中，你必须激活每一个 VPNv4 ASBR 邻居。和 IPv4 会话一样，你也可以为每一个 VPNv4 邻居配置更有粒度的策略控制。

所有多协议 eBGP 对等体地址（IPv4）作为直连的 32 位主机路由被自动地安装到接收（receiving）ASBR 的本地 IP RIB 中，因而也在 LFIB 中（即使在两个自治系统之间没有配置 LDP/TDP）。接收 ASBR 为这条 32 位主机路由分配了一个本地 IGP 标签。当接收到的数据包携带这些 IGP 标签时，顶层标签就被弹出。这些主机路由仅在以下条件下才被创建：

- 会话是多协议 eBGP 的。
- 多协议 eBGP 邻居是直连的。

- 每个对等体都有支持 VPNv4 的能力。

所有需要和远端 AS 交换的 VPNv4 路由存储在 BGP VPNv4 表和 LFIB 中，但不在 IP RIB 或 FIB 中。LFIB 中为这些前缀显示的入标签和出标签是顶层标签。如果路由来自于远端 AS，出标签就是 BGP（VPN）标签；如果来自于本地 AS，它就是 IGP 标签（用于到达 PE）。要查看整个标签栈，可以使用命令 **show mpls forwarding detail**。要只看 BGP VPNv4 标签，用 **show ip bgp vpnv4 all labels** 命令。

注意：与背靠背 VRF 的方法相比，这种方法没有在 ASBR 上配置 VRF。因此，ASBR 的功能和传统的 PE 不一样。

例 10-20 显示了 VPNv4 ASBR 上的 LFIB 样例。两条主机路由是对等体地址。第一条主机路由是本地 AS 中的 PE 的。第二条主机路由是远端 AS 中的 VPNv4 ASBR 的。有两条 VPNv4 路由。第一条来自于本地 AS 中的 PE。第二条来自于远端 AS 中的 VPNv4 ASBR。出标签 26 是到达 PE 的 IGP 标签，出标签 22 是 VPNv4 前缀的 VPN 标签。

例 10-20　VPNv4 ASBR 上的 LFIB 样例

```
VPN-ASBR#show mpls forwarding
Local   Outgoing     Prefix           Bytes tag  Outgoing    Next Hop
tag     tag or VC    or Tunnel Id     switched   interface
16      Pop tag      192.168.10.4/32  0          Fa0/0       192.168.11.4
17      Pop tag      192.168.110.2/32 0          Fa3/0       192.168.110.2
22      26           10:1:10.1.2.0/24 3846       Fa0/0       192.168.11.4
23      22           1:1:10.1.1.0/24  1180       Fa3/0       192.168.110.2
```

当多协议 eBGP 用在跨越自治系统时，和 IPv4 一样，下一跳在 AS 边界上就被重置。这样一来，VPN 标签也被改写。基于如何设置或重置下一跳，标签分配和交换是不同的。

和 IPv4 一样，通过以下两种方法可以使 VPNv4 的 BGP 下一跳在接收路由更新的 AS 中可达：

- 下一跳是通告（advertising）ASBR（属于通告路由更新的 AS）的地址，并在接收 AS 中被运载时保持不变。这是默认的行为，通告 ASBR 必须在接收 AS 中可达。
- 接收 ASBR 在向它的 iBGP 邻居通告时把 BGP 下一跳重置为自身。这可以通过在 VPNv4 地址簇下根据每个邻居配置 **next-hop-self** 来完成。

（1）下一跳在接收 AS 中被运载时保持不变

按照默认行为，接收 ASBR 不会为来自于通告 AS 的 VPNv4 路由重新分配一个新的 VPN 标签。通过把通告 ASBR 的地址（一条 IPv4 主机路由）重分布（入 IGP），或者通过 iBGP 并分发标签的方法可以使该地址在接收 AS 内可达。当采用了重分布，这些主机路由在接收 AS 中就被分配了 IGP 标签。于是，远端 ASBR 就成了 PE 设备的 BGP 下一跳，那台 ASBR 分配的 BGP 标签也被 PE 设备利用起来。在"VPNv4 的多跳多协议 eBGP"一节中将讨论使用 BGP 为 IPv4 前缀分配标签的方法。

图 10-17 描绘了采用重分布的情景。当下一跳（NH）在 ASBR1 上被重置时，一个新的标签，Lv2 就被分配了。该下一跳在 AS 200（接收路由更新的 AS）中被运载时保持不变。这样，为同一个 VPN 分配的 Lv2 仍被 PE2 使用。

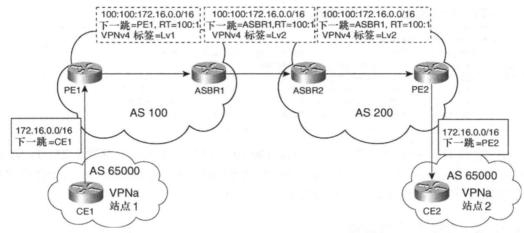

图 10-17　在接收 AS 中下一跳保持不变的前缀通告和标签分发

注意：要允许建立 AS 间的连接，同一 VPN 中的接收 VRF 导入的 RT 必须要与发送 VRF 导出的 RT 相同。

例 10-21 显示了 PE2 上前缀 172.16.0.0/16 的标签栈。其 BGP 下一跳是 ASBR1（192.168.56.5），它携带了 VPN 标签 25（Lv2）。要到达 ASBR1，就要利用 IGP 标签 19，其 IGP 下一跳是 192.168.47.7（一台指向 ASBR2 的 P 路由器）。

例 10-21　PE2 上前缀 172.16.0.0/16 的标签栈

```
PE2#show ip cef vrf VPNa 172.16.0.0 detail
172.16.0.0/16, version 13, epoch 0, cached adjacency 192.168.47.7
0 packets, 0 bytes
  tag information set
    local tag: VPN-route-head
    fast tag rewrite with Et1/0, 192.168.47.7, tags imposed: {19 25}
  via 192.168.56.5, 0 dependencies, recursive
    next hop 192.168.47.7, Ethernet1/0 via 192.168.56.5/32
    valid cached adjacency
    tag rewrite with Et1/0, 192.168.47.7, tags imposed: {19 25}
```

当 BGP 下一跳在 AS 200 中保持不变时，就清除了 ASBR2 担任 VPN 标签分发的责任。从 AS 200 的观点来看，这基本上把提供商边缘从 ASBR2 延伸到了 ASBR1。这样做的一个好处是 ASBR2 不需要维护任何去往 AS 100 的 VPN 路由表项，尽管它仍需要维护自己 AS 中的全部 VPN 路由表项。

例 10-22 显示了 ASBR2 上的 LFIB 样例。到 ASBR1 去的主机路由在 LFIB 中，并携带了带有弹出标记的出标签。于是，因为 PHP 机制，携带了 IGP 入标签 21 的数据包就被会被弹出。注意到 VPNv4 前缀 100:100:172.16.0.0/16 不在 LFIB 中。

例 10-22　ASBR2 上的 LFIB 样例

```
ASBR2#show tag forwarding
Local   Outgoing     Prefix              Bytes tag    Outgoing     Next Hop
tag     tag or VC    or Tunnel Id        switched     interface
18      Pop tag      192.168.47.0/24     0            Et0/0        192.168.67.7
19      16           192.168.100.4/32    0            Et0/0        192.168.67.7
20      Pop tag      192.168.100.7/32    0            Et0/0        192.168.67.7
21      Pop tag      192.168.56.5/32     7670         Et1/0        192.168.56.5
```

例 10-23 显示了 ASBR1 上的 LFIB。前缀 100:100:172.16.0.0/16 的入标签是 25，即 VPN 标签 Lv2。一个标签栈被推入，其中顶层标签 16 用于到达 IGP 下一跳 192.168.35.3（一台指向 PE1 的 P 路由器）。新的 VPN 标签（Lv1）是 21（未显示）。

例 10-23　ASBR1 上的 LFIB

```
ASBR1#show tag forwarding
Local   Outgoing     Prefix                  Bytes tag    Outgoing     Next Hop
tag     tag or VC    or Tunnel Id            switched     interface
17      Pop tag      192.168.23.0/24         0            Et0/0        192.168.35.3
18      16           192.168.100.2/32        0            Et0/0        192.168.35.3
19      Pop tag      192.168.100.3/32        0            Et0/0        192.168.35.3
24      Pop tag      192.168.56.6/32         2360         Et1/0        192.168.56.6
25      16           100:100:172.16.0.0/16   \
                                             0            Et0/0        192.168.35.3
```

图 10-18 显示了数据包转发过程。一个两层标签栈被推入 PE2。L1 是指向 ASBR1 的 IGP 标签，Lv2 是 VPN 标签。由于 PHP 机制，ASBR2 弹出了 IGP 标签。ASBR1 上，标签栈被交换，顶层标签 L2 用于到达 PE1，底层标签 Lv1 作为新的 VPN 标签。

（2）通过命令 next-hop-self 重置下一跳

当用命令 **next-hop-self** 在接收 ASBR 上重置了默认的 BGP 下一跳时，接收 ASBR 就为 VPNv4 前缀分配了一个标签栈。新的 VPN 标签被建在标签栈的底层。顶层标签是 AS 内的 PE 设备用来到达 ASBR 自己的环回地址的 IGP 标签，这与典型的 PE 设备下的情况一样。

图 10-19 显示了在接收 ASBR 上设置了 **next-hop-self** 的情景。和图 10-17 相比，当 VPNv4 前缀被通告给 PE2 时，下一跳变成了 ASBR2。由于下一跳发生了改变，所以 ASBR2 建立一个新的 VPN 标签 Lv3。

例 10-24 显示了 ASBR2 上的 LFIB 样例。VPNv4 前缀 100:100:172.16.0.0/16 在 LFIB 中。由于 AS 200 内的 PHP 机制，入标签 23 就是 Lv3。出标签 25 是 Lv2。和前面的案例一样，ASBR1

的功能没有改变。

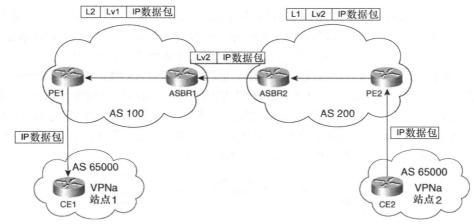

图 10-18　下一跳在 AS 200 内保持不变时，AS 间的 VPN 的数据包转发

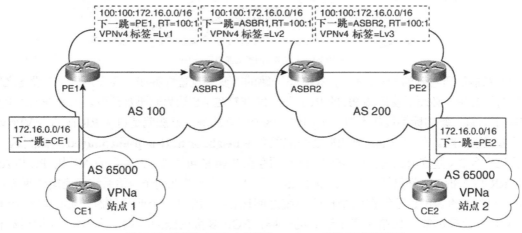

图 10-19　在接收 ASBR 上设置了 **next-hop-self** 的 AS 间的 VPN

例 10-24　下一跳在 ASBR2 上被重置后的 LFIB

```
ASBR2#show tag forwarding
Local   Outgoing      Prefix              Bytes tag   Outgoing     Next Hop
tag     tag or VC     or Tunnel Id        switched    interface
16      Untagged      192.168.35.0/24     0           Et1/0        192.168.56.5
17      Untagged      192.168.100.5/32    0           Et1/0        192.168.56.5
18      Pop tag       192.168.47.0/24     0           Et0/0        192.168.67.7
19      16            192.168.100.4/32    0           Et0/0        192.168.67.7
20      Pop tag       192.168.100.7/32    0           Et0/0        192.168.67.7
21      Pop tag       192.168.56.5/32     7670        Et1/0        192.168.56.5
23      25            100:100:172.16.0.0/16  \
                                          0           Et1/0        192.168.56.5
```

3. VPNv4 的多跳多协议 eBGP

作为扩展 IPv4 iBGP 连接性的一种方法，路由反射已经在第 7 章中讨论过了。基于同样的目的，路由反射也可以被用于 VPNv4。后面的章节中将详细讨论利用路由反射来增强 VPNv4 的扩展性。本节的焦点是路由反射如何与 AS 间的 VPN 连接性联系在一起的。

在 AS 间的 VPN 环境下，路由反射器（RR）也许已经在为 AS 维护所有的 VPNv4 信息了。因此，逻辑上应该直接在 RR 之间交换 AS 间的 VPN 信息，而不给 ASBR 添负担。这减少了 ASBR 上的资源使用。图 10-20 显示了这样的情景。在每一个 AS 中，PE 只与本 AS 内的 RR 建立对等关系并通过多协议 iBGP 交换 VPNv4 前缀。两台 RR 通过多跳多协议 eBGP 交换 VPNv4 信息。两台 ASBR 只交换 IPv4 信息，而不是 VPNv4 信息。

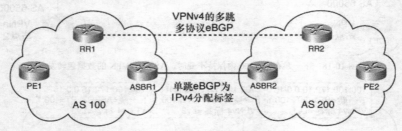

图 10-20 采用 RR 的多跳多协议 eBGP

如本章前面所看到的一样，任何 BGP 下一跳的改变将重置标签栈。要在两台 PE 设备之间建立端到端的 LSP，必须要使远端 PE 的 BGP 下一跳在穿越 AS 边界时不被改变。如果在 RR 上重置了 BGP 下一跳，新的标签栈就不得不被创建。这个问题的解决办法就是迫使 RR 在通告 VPNv4 前缀时不重置下一跳。你可以通过在 RR 之间配置命令 **neighbor next-hop-unchanged** 来做到这一点。

要让两台 RR 建立 BGP 会话，它们之间必须存在 IPv4 的可达性。在各自的 AS 中，PE 与 ASBR 之间和 RR 与 ASBR 之间已经存在一条 IGP LSP 了，因此你需要在两个自治系统间连接这两条 LSP。

因为 IPv4 的 eBGP 已经在两个自治系统之间运行了，所以一个明显的解决办法就是让 BGP 为 IPv4 前缀运载标签。如第 2 章中谈到的一样，BGP 多协议能力提供了为 IPv4 前缀运载标签的一个选项。要发送标签，可以在 IPv4 地址簇下配置 BGP 命令 **neighbor send-label**。

要让端到端的 LSP 运载 VPN 流量，必须要使远端 RR 和 PE 的环回地址携带正确的标签，并能被本地 RR 和 PE 到达。这有两种办法：

- ASBR 把存在于 eBGP 中的 RR 和 PE 的环回地址重分布进本地 AS 的 IGP 中。这种方法易于实现，但如果被分发的地址众多且不稳定，也许就不合适了。这种方法需要适当的过滤。
- ASBR 在 IPv4 iBGP 中给远端 RR 和远端 PE 的环回地址分配标签，并把它们通告给本地 RR 和本地 PE。这种方法把来自于另一个 AS 的地址和本地 IGP 隔离开来。由于涉及更多的标签，因此这种方法更复杂。

（1）远端地址被重分布进本地 IGP

样例拓扑图 10-21 显示了使用重分布后，前缀和标签是如何被交换的。当 RR1 向 RR2 通告

VPNv4 前缀时,下一跳仍然是 PE1。PE2 保留了相同的下一跳;于是,VPN 标签 Lv 从 PE1 到 PE2 都是相同的。

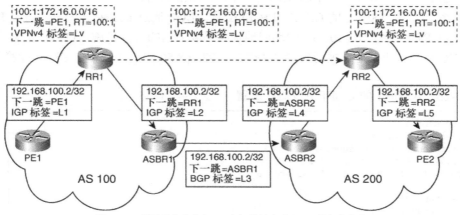

图 10-21 利用重分布并在 RR 之间使用多跳 eBGP 的标签交换

例 10-25 显示了 RR1 的 BGP 配置样例。RR1 上有两个 VPNv4 会话:一条是与 PE1(192.168.100.2)的,一条是与 RR2(192.168.100.7)的。

例 10-25 RR1 的 BGP 配置

```
router bgp 100
 no synchronization
 bgp router-id 192.168.100.3
 no bgp default ipv4-unicast
 bgp log-neighbor-changes
 neighbor Internal peer-group
 neighbor Internal remote-as 100
 neighbor Internal update-source Loopback0
 neighbor Internal activate
 neighbor 192.168.100.2 peer-group Internal
 neighbor 192.168.100.7 remote-as 200
 neighbor 192.168.100.7 ebgp-multihop 3
 neighbor 192.168.100.7 update-source Loopback0
 no auto-summary
 !
 address-family vpnv4
 neighbor 192.168.100.2 activate
 neighbor 192.168.100.2 route-reflector-client
 neighbor 192.168.100.2 send-community extended
 neighbor 192.168.100.7 activate
 neighbor 192.168.100.7 next-hop-unchanged
 neighbor 192.168.100.7 send-community extended
 no auto-summary
 exit-address-family
```

要建立两个 RR 之间的 eBGP 连接性，它们都必须要有 IPv4 的可达性。此外，PE 设备必须要有跨越 AS 边界的可达性以建立端到端的 LSP。ASBR1 上，PE1 和 RR1 的环回地址（通过本地 IGP OSPF 可达）被安装到 BGP RIB 中以向 ASBR2 通告。

例 10-26 显示了 ASBR1 的 OSPF 和 BGP 配置。BGP 通过 **network** 命令通告了 PE1（192.168.100.2）和 RR1（192.168.100.3）的环回地址（采取适当的过滤措施，也可以把它们从 OSPF 重分布入 BGP）。这两个地址被通告给 ASBR2（192.168.56.6），并携带了 eBGP 标签。

例 10-26　ASBR1 的 OSPF 和 BGP 配置

```
router ospf 5
 log-adjacency-changes
 redistribute bgp 100 subnets
 passive-interface Ethernet1/0
 network 192.168.0.0 0.0.255.255 area 0
!
router bgp 100
 no synchronization
 bgp router-id 192.168.100.5
 bgp log-neighbor-changes
 network 192.168.100.2 mask 255.255.255.255
 network 192.168.100.3 mask 255.255.255.255
 neighbor 192.168.56.6 remote-as 200
 neighbor 192.168.56.6 route-map Fr_asbr2 in
 neighbor 192.168.56.6 route-map To_asbr2 out
 neighbor 192.168.56.6 send-label
 no auto-summary
!
ip prefix-list Adv_200 seq 5 permit 192.168.100.2/32
ip prefix-list Adv_200 seq 10 permit 192.168.100.3/32
!
ip prefix-list Rec_200 seq 5 permit 192.168.100.7/32
ip prefix-list Rec_200 seq 10 permit 192.168.100.4/32
!
route-map To_asbr2 permit 10
 match ip address prefix-list Adv_200
 set mpls-label
!
route-map Fr_asbr2 permit 10
 match ip address prefix-list Rec_200
 match mpls-label
```

出站路由映射 To_asbr2 用来只允许 PE1 和 RR1 的地址。另外，**set mpls-label** 语句允许标签被发送出去。在相反的方向上，只允许带标签的 RR2 和 PE2 的地址进入 AS 100。随后这些地址被重分布进本地 OSPF 进程，这样就把两个自治系统中的 LSP 连接起来。AS 200 中做了类似的配置（未显示）。

例 10-27 显示了 PE2 上的 VPN 前缀 172.16.0.0/16 的标签栈。BGP 的下一跳是 PE1（192.

168.100.2)，IGP 的下一跳是 RR2（192.168.47.7）。VPN 标签 23 就是 Lv，这和 PE1 通告的一样。

例 10-27 PE2 上的标签栈

```
PE2#show ip cef vrf VPNa 172.16.0.0
172.16.0.0/16, version 22, epoch 0, cached adjacency 192.168.47.7
0 packets, 0 bytes
  tag information set
    local tag: VPN-route-head
    fast tag rewrite with Et1/0, 192.168.47.7, tags imposed: {19 23}
  via 192.168.100.2, 0 dependencies, recursive
    next hop 192.168.47.7, Ethernet1/0 via 192.168.100.2/32
    valid cached adjacency
    tag rewrite with Et1/0, 192.168.47.7, tags imposed: {19 23}
```

要到达 PE1，PE2 使用了 IGP 标签 19(L5)。这个标签在 RR2 上被替换成 22(L4)。在 ASBR2 上，一条 BGP 路由用来到达 PE1。BGP 出标签是 19（L3），如例 10-28 所示。注意本地的 BGP 标签 22 被传递给 LDP 以使 RR2 可以有正确的 IGP 标签。

例 10-28 ASBR2 上到达 PE1 的 BGP 标签

```
ASBR2#show ip bgp label
Network            Next Hop         In Label/Out Label
192.168.100.2/32   192.168.56.5     22/19
192.168.100.3/32   192.168.56.5     23/20
192.168.100.4/32   192.168.67.7     20/nolabel
192.168.100.7/32   192.168.67.7     21/nolabel
```

ASBR2 上的 LFIB 如例 10-29 所示。注意到它为 192.168.100.2（PE1）安装了 BGP 标签。

例 10-29 ASBR2 上的 LFIB

```
ASBR2#show tag forwarding
Local   Outgoing    Prefix            Bytes tag   Outgoing    Next Hop
tag     tag or VC   or Tunnel Id      switched    interface
18      Pop tag     192.168.56.5/32   0           Et1/0       192.168.56.5
19      Pop tag     192.168.47.0/24   0           Et0/0       192.168.67.7
20      16          192.168.100.4/32  5076        Et0/0       192.168.67.7
21      Pop tag     192.168.100.7/32  2349        Et0/0       192.168.67.7
22      19          192.168.100.2/32  4690        Et1/0       192.168.56.5
23      20          192.168.100.3/32  1755        Et1/0       192.168.56.5
```

ASBR1 上，BGP 入标签被 IGP 标签 17（L2）所交换。本案例中没有 BGP 出标签。LFIB 如例 10-30 所示。由于 PHP 机制，IGP 标签 17 随后被 RR1 弹出（未显示）。从 PE2 到 PE1 的端到端的 LSP 的建立现在就完成了。

例 10-30　ASBR1 上的 LFIB

```
ASBR1#show tag forwarding
Local   Outgoing    Prefix              Bytes tag   Outgoing    Next Hop
tag     tag or VC   or Tunnel Id        switched    interface
17      Pop tag     192.168.56.6/32     2280        Et1/0       192.168.56.6
18      Pop tag     192.168.23.0/24     0           Et0/0       192.168.35.3
19      17          192.168.100.2/32    43690       Et0/0       192.168.35.3
20      Pop tag     192.168.100.3/32    124651      Et0/0       192.168.35.3
21      20          192.168.100.4/32    2016        Et1/0       192.168.56.6
22      21          192.168.100.7/32    522         Et1/0       192.168.56.6
```

（2）远端地址在 iBGP 中被运载时携带了标签

当远端 AS 中的 RR 和 PE 设备的环回地址直接在 iBGP 中被运载时，你必须在 RR 与它们的客户（PE 和 ASBR）之间的 BGP 会话中打开 IPv4 标签选项。图 10-22 显示了这种环境下的标签分发。

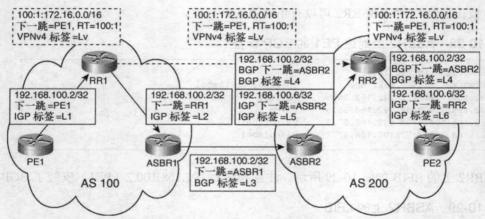

图 10-22　使用带标签分发功能的 iBGP，并在 RR 之间使用多跳 eBGP 的情况下的标签交换

VPNv4 的标签分发和图 10-21 中的一样。然而，使 PE1（192.168.100.2）和 RR1 在 AS 200 内可达的方法却是不同的。在 AS 100 中，这些环回地址是通过 IGP 可达的，如图 10-21 所示。

和前面的例子一样，ASBR1 给这些 IPv4 中的环回地址加上标签，并把它们通告给 AS 200（图 10-22 只显示了 PE1 地址的通告）。ASBR2 并没有把这些 eBGP 前缀重分布入 AS 200 内的 IGP，而是通过带标签分发功能的 iBGP 通告它们。

当把 iBGP 中的前缀通告给 RR2 时，ASBR2 可以选择通过设置 **next-hop-self** 把自身设为 BGP 下一跳（如图 10-22 所示），或者让下一跳保持不变并把直连路由重分布入 IGP（未在图 10-22 中显示）。无论哪种情况下，RR2 都与 ASBR2 和 PE2 建立对等关系以交换 IPv4 前缀和标签。

当 ASBR2 重置了 BGP 下一跳后，就为前缀 192.168.100.2/32（PE1）分配了一个新的 BGP 标签 L4。此外，也为到达 ASBR2 自身（192.168.100.6）分配了一个 IGP 标签 L5。RR2 通过 iBGP 把 PE1 的环回地址（192.168.100.2）反射给 PE2，同时在 IGP 中把 ASBR2 的环回地址通告给 PE2，该环回地址携带了 IGP 标签 L6。如此一来，PE2 上 VPN 的标签栈就有 3 层标签，如下所示：

- 顶层标签是到达 ASBR2 的 IGP 标签（L6）。
- 中层标签是通过 ASBR2 到达 PE1 的 BGP 标签（L4）。
- 底层标签是 VPN 标签。

在本章快结束时的案例研究中将提供关于配置、标签交换和数据包转发的更多详细的信息。

4．VPNv4 穿越不提供 VPN 服务的穿越提供商

一个只运行 MPLS 而不提供 VPN 服务的穿越提供商也可以实现 AS 间的 VPN。图 10-23 显示了这样一种情景。

两个客户自治系统 AS 100 和 AS 300 连接到穿越 AS——AS 200 上。客户自治系统提供 MPLS VPN 服务，而穿越 AS 只运行 MPLS。两个客户自治系统之间的 VPNv4 信息是通过 RR 之间的多跳 eBGP 来交换的。

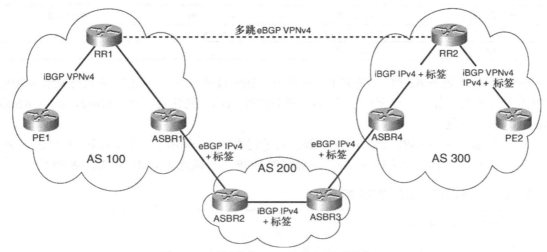

图 10-23　穿越不提供 VPN 服务的穿越提供商的 VPN

和前面讨论的一样，PE 设备和 RR 必须要在两个客户自治系统之间具有可达性和适当的标签——也就是说要有从 PE 到 PE 的端到端的 LSP。客户 ASBR 能与穿越 AS 中的 ASBR 交换 IPv4 前缀和标签。图 10-24 演示了 AS 100 中 PE1 的地址（192.168.100.2）是如何被分发给 AS 300 中的 PE2 的。

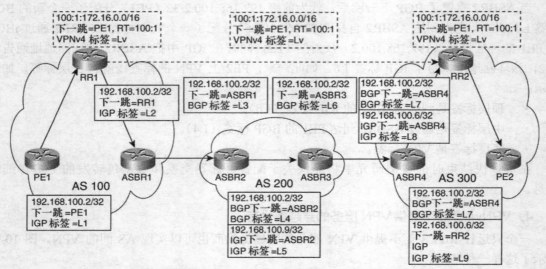

图 10-24 不提供 VPN 服务的穿越提供商情况下的前缀通告和标签分发

表 10-6 显示了图 10-24 中所用的环回地址。

表 10-6　　　　　　　　图 10-24 中所用的环回地址

路　由　器	环回地址	路　由　器	环回地址
PE1	192.168.100.2	ASBR4	192.168.100.6
ASBR2	192.168.100.9		

PE1 的环回地址是 AS 100 中的 IGP 的一部分，根据 LDP 标签 L1 和 L2，它被分发给 ASBR1。ASBR1 给这个地址加上一个新的标签 L3，然后通过 eBGP 把它通告给 ASBR2，其中 ASBR1 作为 BGP 的下一跳。

例 10-31 显示了 ASBR2 上的 BGP 标签。为了到达 PE1，使用了一个出标签 18（L3），并且 ASBR2 分配了一个本地标签 19（L4）。该前缀的 BGP 下一跳是 ASBR1（192.168.59.5）。

例 10-31　ASBR2 上的 BGP 标签

```
ASBR2#show ip bgp label
Network          Next Hop        In Label/Out Label
192.168.100.2/32 192.168.59.5    19/18
192.168.100.3/32 192.168.59.5    20/19
192.168.100.4/32 192.168.100.10  21/21
192.168.100.7/32 192.168.100.10  22/22
```

ASBR2 把自己设为 BGP 下一跳，然后通过 iBGP 把这条带标签 L4 的前缀通告给 ASBR3。同时，ASBR2 通过 LDP 通告了一个到达自身（192.168.100.9）的 IGP 标签 L5。现在，PE1 的地址和标签（L4）就在 ASBR3 的 BGP RIB 中了。接着，ASBR3 给这条前缀加上一个新的标签 L6，再通告给 ASBR4。

例 10-32 显示了 ASBR3 上的 BGP 标签。入标签 L6 的值是 19。BGP 下一跳是 ASBR2（192.168.100.9）。现在，ASBR4（192.168.100.6）可以把自身设为 BGP 下一跳（使用命令 **next-hop-self**），然后再通过 iBGP 把这条带另一个标签 L7 的前缀通告出去。同时在 LDP 中生成并通告了一个 IGP 标签 L8。

例 10-32 ASBR3 上的 BGP 标签

```
ASBR3#show ip bgp label
Network            Next Hop        In Label/Out Label
192.168.100.2/32   192.168.100.9   19/19
192.168.100.3/32   192.168.100.9   20/20
192.168.100.4/32   192.168.106.6   21/18
192.168.100.7/32   192.168.106.6   22/19
```

当 PE2 最终接收到 PE1 的环回地址时，它有两层标签：
- 一个通过 RR2 到达 ASBR4 的 IGP 标签（L9），标签值为 17。
- 一个通过 ASBR4 到达 PE1 的 BGP 标签（L8），标签值为 20。

对于 VPN 前缀 172.16.0.0/16 而言，还有第三个标签，Lv，标签值为 22。例 10-33 显示了 PE2 上的标签栈，其中 192.168.47.7 是 RR2。

例 10-33 PE2 上的标签栈

```
PE2#show ip cef vrf VPNa 172.16.0.0
172.16.0.0/16, version 6, epoch 0, cached adjacency 192.168.47.7
0 packets, 0 bytes
  tag information set
    local tag: VPN-route-head
    fast tag rewrite with Et1/0, 192.168.47.7, tags imposed: {17 20 22}
  via 192.168.100.2, 0 dependencies, recursive
    next hop 192.168.47.7, Ethernet1/0 via 192.168.100.2/32
    valid cached adjacency
    tag rewrite with Et1/0, 192.168.47.7, tags imposed: {17 20 22}
```

图 10-25 显示了不提供 VPN 服务的穿越 AS 情况下的数据包转发。要到达 VPNa 中的 172.16.0.0/16，PE2 执行了 PE1 的 BGP 下一跳的递归查找，解析出 BGP 下一跳是 ASBR4。进一步的查找解析出 IGP 下一跳是 RR2。当 PE2 从 VPNa 接收到去往 172.16.0.0/16 的数据包时，就压入了 3 层标签：
- 顶层标签（17）用于通过 RR2 到达 ASBR4。
- 中层标签（20）用于通过 ASBR4 到达 PE1。
- 底层标签（22）用于到达 VPNa 中的 172.16.0.0/16。

当 ASBR3 接收到数据包时，它有两层标签。顶层标签（19）是 BGP 标签 L6，底层标签（22）

是 VPN 标签 Lv。顶层标签 19 随后被另外一个 BGP 标签（19）所替代。由于 PHP 机制，ASBR3 没有推入 IGP 标签。标签交换持续进行直到 PE1 接收到带标签 Lv 的数据包，然后它把 IP 数据包交付给 CE。

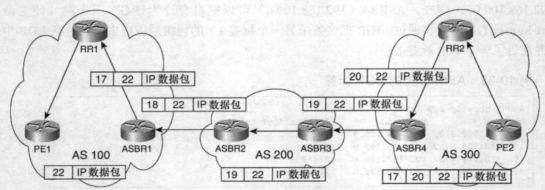

图 10-25　不提供 VPN 服务的穿越 AS 情况下的数据包转发

5. 各种 AS 间的 VPN 的实现方法的比较

到此为止，已经提供了 4 种 AS 间的 VPN 的实现方法。表 10-7 把它们作了一个对照比较。

表 10-7　　　　　　　　　4 种 AS 间的 VPN 的实现方法的对照比较

实现方法	AS 间的标签	AS 间的过滤	复杂度	扩展性
背靠背 VRF	标准的 IPv4，不带标签	PE 需要根据每个 VRF 来过滤从远端 AS 来的 IPv4 路由	低。配置类似于基本的（同一个 AS 中的）VPN	低。每一个作为 CE 的 ASBR 需要一个 VRF/接口 作为 PE 的 ASBR 持有全部的（IPv4 和 VPNv4）路由选择信息
VPNv4 的单跳 eBGP	VPNv4 标签	应该过滤从远端 AS 来的 RT 禁用 ARF	中。ASBR 重置 VPNv4 标签 通过重分布或命令 next-hop-self 可以使 BGP 下一跳在接收 AS 内可达	中。ASBR 间只需要一个接口 ASBR 上不需要 VRF ASBR 持有自己 AS 中的 VPNv4 信息；根据下一跳配置，也可能持有远端 AS 中的 VPNv4 信息
VPNv4 的多跳 eBGP	IPv4 标签	在进出方向上应该过滤 IPv4 地址和标签	高。VPNv4 信息在 RR 之间被交换时下一跳保持不变 带标签的 IPv4 在 AS 间的链路上被交换	高。RR 之间交换 VPNv4 路由 ASBR 没有卷入 VPNv4 的信息交换
不提供 VPN 服务的穿越 AS	IPv4 标签	在进出方向上应该过滤 IPv4 地址和标签	类似于 VPNv4 的多跳 eBGP 的复杂度，但是协调 3 个自治系统又增加了复杂度	高。RR 之间交换 VPNv4 路由 ASBR 没有卷入 VPNv4 的信息交换

10.4.2　运营商支持的运营商 VPN

到目前为止，对 MPLS VPN 的讨论假定了 VPN 用户是终端用户，也就是说，他们不是服务提供商或运营商。在 VPN 用户本身就是运营商的情况下，PE 上面的资源使用将显著增加。

考虑前面图 10-14 显示的情景。如果两个客户运营商是 ISP，他们之间需要运载完全的 Internet 路由，PE 设备就必须在 VRF 中持有这些路由。如果不止一个 VPN 用户是 ISP，那么 PE 设备上的资源（内存和 CPU）就会成为一个严重的制约因素。显然，这种 VPN 模型是不可扩展的。

为此开发了 CSC VPN 模型。本节讨论两种情景：
- 客户运营商通过骨干运营商在一个共用的 VPN 中交换完全的 Internet 路由。
- 客户运营商通过骨干运营商在一个共用的 VPN 中来给自己的客户提供 VPN 服务，或者叫层次化 VPN。

1．交换完全的 Internet 路由的 CSC VPN

考虑图 10-26，AS 200 是为 AS 100 的两个站点提供连接性的骨干 VPN 运营商。AS 100 站点 2 从上游 ISP——AS 400 接收完全的 Internet 路由。一个企业用户，AS 300 从他的提供商，AS 100 站点 1 接收完全的 Internet 路由。在 AS 100（两个站点）中，所有路由器之间的链路运行了 LDP，IGP 用来通告这些链路和环回地址的可达性。

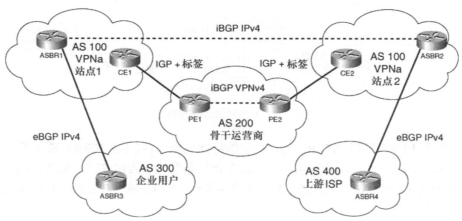

图 10-26　通过 VPN 接受完全的 Internet 路由

重要的是要注意这里的骨干运营商需要运载两种路由：
- ASBR1 和 ASBR2 之间运载的完全的 Internet 路由。
- 用于在 AS 100 中提供可达性的 IGP 路由。

CSC 的解决方案把标签交换从 PE 设备的 VRF 接口扩展到 CE 设备。两台 CE 设备利用 IGP 或 BGP 向 PE 设备通告内部 IGP 路由，这些 PE 设备然后把它们重分布入多协议 iBGP 以向远端 PE 设备通告。此外，PE 和 CE 还利用 LDP/TDP 或 BGP 为这些路由交换标签。于是，从 CE1 到 CE2 就形成了一条 LSP，继而完成了从 ASBR1 到 ASBR2 的端到端的 LSP。

iBGP 会话用在 ASBR1 和 ASBR2 之间交换完全的 Internet 路由。由于存在端到端的 LSP，因此不需要任何其他路由器来运载它们。结果就是，PE 设备只需要为 AS 100 运载 iBGP 下一跳可达性信息，而非完全的 Internet 路由。

注意：如果 AS 100 没有运行 MPLS，那么 AS 100 中所有的路由器必须都是 BGP 宣告者，且必须通过 iBGP 全连接建立相互之间的对等关系。替代的办法是使用 RR 来增强扩展性。

图 10-27 显示了前缀通告和标签分发。ASBR2 接收到一条 BGP 前缀 172.16.0.0/16（模拟一条 Internet 路由），然后把下一跳设为自身（192.168.100.4），再向 ASBR1 通告。ASBR1 为了能向 AS 300 中的 ASBR3 通告这条路由，它需要知道如何到达 BGP 下一跳 ASBR2。

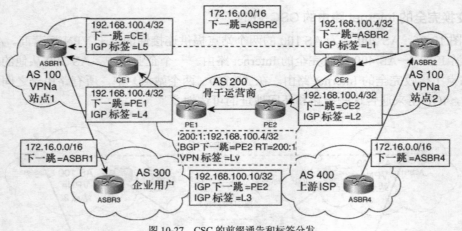

图 10-27　CSC 的前缀通告和标签分发

由于运行了 LDP，所以 ASBR2 为它自己的环回地址（192.168.100.4）通告了一条 IGP 标签 L1。在 CE2 和 PE2 之间共同的 IGP 上，CE2 把这条前缀通告给 PE2。此外，CE2 还使用了 LDP 向 PE2 通告了一个 IGP 标签 L2。下一节提供了一个在 PE 和 CE 之间使用带标签分发功能的 eBGP 的例子。

当来自于 VPNa 的前缀 192.168.100.4/32（ASBR2）在 PE2 上被重分布入 BGP 时，PE2 就向 PE1 通告了一个 VPN 标签 Lv。另外，PE2 为它自身（192.168.100.10）通告了一个 IGP 标签 L3。当 VPNv4 前缀 200:1:192.168.100.4/32 被重分布入 VPNa 的 VRF 时，PE1 就向 CE1 通告了前缀 192.168.100.4/32，还通告了一个 IGP 标签 L4。接着，CE1 向 ASBR1 通告了 L5。现在，ASBR1 有了一条到达 ASBR2 的 LSP。ASBR1 的环回地址（192.168.100.2）以同样的方式被通告给 ASBR2（未显示）。

例 10-34 显示了 PE2 上的 LFIB，其中 192.168.100.4 是 ASBR2 的环回地址，192.168.100.6 是 CE2 的地址。标签 31（Lv）是向 PE1 通告的前缀 192.168.100.4 的本地 VPN 标签，标签 18（L2）是根据每个 VRF 从 CE2 接收到的 IGP 标签。

例 10-34 PE2 上的 LFIB

```
PE2#show tag forwarding
Local  Outgoing    Prefix              Bytes tag  Outgoing   Next Hop
tag    tag or VC   or Tunnel Id        switched   interface
16     Pop tag     192.168.106.6/32    0          Et1/0      192.168.106.6
17     18          192.168.59.0/24[V]    \
                                       0          Et0/0      192.168.109.9
18     Pop tag     192.168.100.9/32    0          Et0/0      192.168.109.9
19     Aggregate   192.168.106.0/24[V]   \
                                       0
20     20          192.168.35.0/24[V]    \
                                       0          Et0/0      192.168.109.9
21     21          192.168.23.0/24[V]    \
                                       0          Et0/0      192.168.109.9
22     26          192.168.100.5/32[V]   \
                                       0          Et0/0      192.168.109.9
23     25          192.168.100.3/32[V]   \
                                       1521       Et0/0      192.168.109.9
24     22          192.168.100.2/32[V]   \
                                       2804       Et0/0      192.168.109.9
29     Pop tag     192.168.67.0/24[V]    \
                                       0          Et1/0      192.168.106.6
30     17          192.168.47.0/24[V]    \
                                       3528       Et1/0      192.168.106.6
31     18          192.168.100.4/32[V]   \
                                       310        Et1/0      192.168.106.6
32     Pop tag     192.168.100.6/32[V]   \
                                       0          Et1/0      192.168.106.6
33     19          192.168.100.7/32[V]   \
```

例 10-35 显示了 PE1 上的标签绑定信息。本地标签 31（L4）是根据每个 VRF 通告给 CE1 的 IGP 标签（碰巧与 PE2 上的本地标签具有相同的值，但它们不是相同的标签），标签 23 是 CE1（192.168.100.5）上前缀 192.168.100.4/32 的本地标签。

例 10-35 PE1 上的标签绑定信息

```
PE1#show mpls ldp bindings vrf VPNa
  192.168.23.0/24, rev 23
        local binding:  label: 21
        remote binding: lsr: 192.168.100.5:0, label: 17
  192.168.35.0/24, rev 21
        local binding:  label: 20
        remote binding: lsr: 192.168.100.5:0, label: imp-null
  192.168.47.0/24, rev 44
        local binding:  label: 33
        remote binding: lsr: 192.168.100.5:0, label: 21
  192.168.59.0/24, rev 14
        local binding:  label: 18
        remote binding: lsr: 192.168.100.5:0, label: imp-null
  192.168.67.0/24, rev 42
```

（待续）

```
                  local binding:  label: 32
                  remote binding: lsr: 192.168.100.5:0, label: 22
          192.168.100.2/32, rev 26
                  local binding:  label: 22
                  remote binding: lsr: 192.168.100.5:0, label: 18
          192.168.100.3/32, rev 28
                  local binding:  label: 25
                  remote binding: lsr: 192.168.100.5:0, label: 19
          192.168.100.4/32, rev 40
                  local binding:  label: 31
                  remote binding: lsr: 192.168.100.5:0, label: 23
          192.168.100.5/32, rev 30
                  local binding:  label: 26
                  remote binding: lsr: 192.168.100.5:0, label: imp-null
          192.168.100.6/32, rev 38
                  local binding:  label: 30
                  remote binding: lsr: 192.168.100.5:0, label: 24
          192.168.100.7/32, rev 36
                  local binding:  label: 29
                  remote binding: lsr: 192.168.100.5:0, label: 25
          192.168.106.0/24, rev 17
                  local binding:  label: 19
                  remote binding: lsr: 192.168.100.5:0, label: 20
```

为了到达 172.16.0.0/16，ASBR1 递归解析下一跳地址 ASBR2。ASBR1 向数据包推入 IGP 标签 L5。在 PE1 上，这个标签最终被一个标签栈 L3 和 Lv 替换。在 PE2 上，这个标签栈又被 L2 替换。随着更多的标签交换和弹出过程，IPv4 数据包最终被交付给 AS 400。

2. 层次化 VPN

当客户运营商也提供 MPLS VPN 服务时，CSC VPN 模型就成了层次化 VPN 模型，如图 10-28 所示。和前面一样，AS 200 还是骨干 VPN 运营商，AS 100 是通过 VPNb 的两个站点连接起来的客户运营商。现在 AS 100 也提供 VPN 服务，其中 VPNa 连接了两个站点。作为在客户运营商和骨干运营商之间的 VPNb 中交换标签的另一种方法，本例使用了带 IPv4 标签分发功能的 eBGP。这样一来，在 AS 100 中的 CE 和 AS 200 中的 PE 设备之间就不需要 IGP 和 LDP 了。前一节提供了在 CE 和 PE 之间使用 IGP 和 LDP 的例子。

图 10-29 显示了前缀通告和标签分发的过程，其中 172.16.0.0/16 模拟了一条 VPNa 中的内部前缀。AS 100 中，VPNa 的 RD 是 100:1。客户前缀 172.16.0.0/16 被附加了 100:1 的 RT。在 AS 200 中，为 VPNb 配置了 200:1 的 RD。200:1 的 RT 被附加给前缀 192.168.100.4，它是 PE4 的环回地址。

PE4 在 VPNv4 地址簇中向 PE1 通告了前缀 172.16.0.0/16，其 VPN 标签是 Lv。为了 VPNa 的连接性，PE1 和 PE4 之间必须存在一条 LSP。PE4 的环回地址（192.168.100.4）被通告给 CE3，它携带了 IGP 标签 L1。

作为 PE 路由器，PE3 通告了带 VPN 标签 Lv2 的 PE4 的地址。另外，PE3 还通告了一个 IGP 标签 L3 用于到达自身（192.168.100.10）。例 10-36 显示了 PE2 上的 BGP 标签信息。标签 23 是 Lv2。

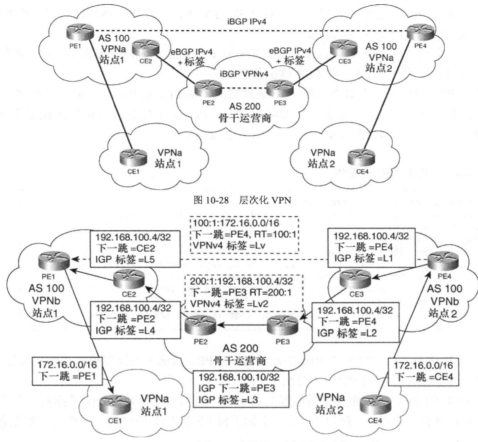

图 10-28 层次化 VPN

图 10-29 层次化 VPN 中的前缀通告和标签分发

例 10-36　PE2 上的标签信息

```
PE2#show ip bgp vpnv4 all label
   Network          Next Hop        In label/Out label
Route Distinguisher: 300:1 (VPNa)
   192.168.23.0     192.168.59.5    21/16
   192.168.35.0     192.168.59.5    22/imp-null
   192.168.47.0     192.168.100.10  33/21
   192.168.59.0     192.168.59.5    23/aggregate(VPNa)
   192.168.67.0     192.168.100.10  32/22
   192.168.100.2/32 192.168.59.5    24/17
   192.168.100.3/32 192.168.59.5    25/18
   192.168.100.4/32 192.168.100.10  31/23
   192.168.100.5/32 192.168.59.5    26/imp-null
   192.168.100.6/32 192.168.100.10  30/30
   192.168.100.7/32 192.168.100.10  29/31
   192.168.106.0    192.168.100.10  28/32
   192.168.201.0    192.168.100.10  27/33
```

作为 CSC VPN 中的另一台 PE 路由器，PE2 为 VPNb 中的 PE4 地址通告了一个 BGP 标签 L4。例 10-36 中的入标签 31 就是 L4。

对于用户前缀 172.16.0.0/16 而言，CE2 是一台 P 路由器；因而它不需要为用户前缀存储任何信息，而只需要为 AS 100 中的 LSR 维护信息。

CE2 向 PE1 通告了一个 IGP 标签 L5。这就完成了从 PE1 到 PE4 的 LSP。从 PE4 到 PE1 的 LSP 以同样的方式被建立（未显示）。例 10-37 显示了 PE1 上的标签栈。标签 21 是用于通过 CE2 到达 PE4（192.168.100.4）的 IGP 标签，而标签 27 是 Lv。

例 10-37　PE1 上的标签栈

```
PE1#show ip cef vrf VPNa 172.16.0.0
172.16.0.0/16, version 11, epoch 0, cached adjacency 192.168.23.3
0 packets, 0 bytes
  tag information set
    local tag: VPN-route-head
    fast tag rewrite with Et1/0, 192.168.23.3, tags imposed: {21 27}
  via 192.168.100.4, 0 dependencies, recursive
    next hop 192.168.23.3, Ethernet1/0 via 192.168.100.4/32
    valid cached adjacency
    tag rewrite with Et1/0, 192.168.23.3, tags imposed: {21 27}
```

在 CE1 接收到去往 172.16.0.0/16 的数据包后，PE1 给这个数据包推入了两层标签，L5 和 Lv。CE2 一收到这个数据包就用 L4 替换了 L5。

作为 CSC 的 PE，PE2 接受了带标签的数据包，因为它已经为之分配了标签。由于这个带标签的数据包来自于 VPNb，所以 L4 被一个标签栈 L3 和 Lv2 所替换。现在这个数据包有了 3 层标签——L3，Lv2 和 Lv。

假定在默认的 PHP 条件下，PE3 接收到带标签栈 Lv2 和 Lv 的数据包。作为 CSC 的 PE，PE3 用 L2 替换了顶层标签（Lv2）。例 10-38 显示了 PE3 上的 LFIB。标签 23 是 Lv2，标签 18 是由 CE3 通告的 BGP 标签 L2。

例 10-38　PE3 上的 LFIB

```
PE3#show tag forwarding
Local   Outgoing    Prefix            Bytes tag   Outgoing    Next Hop
tag     tag or VC   or Tunnel Id      switched    interface
16      Pop tag     192.168.100.9/32  0           Et0/0       192.168.109.9
21      29          192.168.47.0/24[V]  \
                                      1298        Et1/0       192.168.106.6
22      32          192.168.67.0/24[V]  \
                                      0           Et1/0       192.168.106.6
```

（待续）

```
23    18          192.168.100.4/32[V]  \
                                    16278   Et1/0   192.168.106.6
30    Pop tag     192.168.100.6/32[V]  \
                                    0       Et1/0   192.168.106.6
31    17          192.168.100.7/32[V]  \
                                    4295    Et1/0   192.168.106.6
32    Aggregate   192.168.106.0/24[V]  \
                                    1040
33    Pop tag     192.168.201.0/24[V]  \
                                    0       Et1/0   192.168.106.6
34    26          192.168.100.5/32[V]  \
                                    0       Et0/0   192.168.109.9
35    25          192.168.100.3/32[V]  \
                                    4685    Et0/0   192.168.109.9
36    24          192.168.100.2/32[V]  \
                                    10438   Et0/0   192.168.109.9
37    23          192.168.59.0/24[V]   \
                                    0       Et0/0   192.168.109.9
39    22          192.168.35.0/24[V]   \
                                    118     Et0/0   192.168.109.9
40    21          192.168.23.0/24[V]   \
                                    2360    Et0/0   192.168.109.9
```

在 CE3 上，L2 被替换成 L1。假定在默认的 PHP 条件下，PE4 接收到带一个标签 Lv 的数据包，于是就把 IPv4 数据包被交付给 CE4。

10.4.3　BGP 联盟和 MPLS VPN

到目前为止对跨越 AS 边界的 MPLS VPN 的讨论主要集中在多协议 eBGP 的使用上。BGP 联盟提供了类似的场所，因为成员自治系统间的会话是联盟内的 eBGP 会话，如第 7 章讨论的一样。当 MPLS VPN 用在 BGP 联盟内时，基于是否重置 BGP 下一跳，可能有两种情景，如下所述：

- 当采用了单一的 IGP 时，在跨越联盟时通过 IGP 可达 BGP 下一跳。跨越成员 AS 边界使用 LDP 可以维护端到端的 LSP。这和常规的 VPN 情景是一样的。
- 如果每个成员 AS 使用了自己的 IGP，那么 BGP 下一跳将在成员 AS 边界上被重置。这和 AS 间的 VPN 的情况类似。当跨越成员 AS 边界时，可以采用的 AS 间的 VPN 配置方法和前面讨论的一样。

图 10-30 显示了一个情景，其中每个成员 AS 使用了自己的 IGP，并且 BGP 下一跳在成员 AS 边界上被重置。在两个 ASBR 之间为 VPNv4 会话把 BGP 下一跳重置为自身。当 VPNv4 前缀从 ASBR2 被通告给 ASBR1 时，BGP 下一跳就是 ASBR2。一个新的 VPN 标签 Lv2 就被分配了。

例 10-39 显示了 ASBR1 上的 LFIB，其中出标签 22 是 Lv2，本地标签 22 是 Lv3。

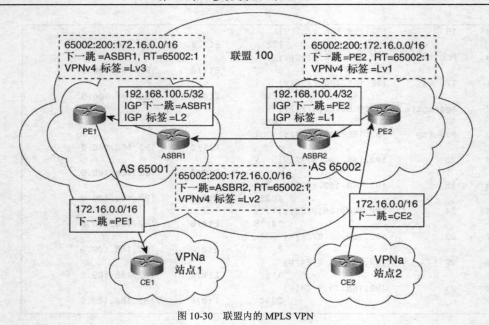

图 10-30 联盟内的 MPLS VPN

例 10-39　ASBR1 上的 LFIB

```
ASBR1#show tag forwarding
Local   Outgoing    Prefix              Bytes tag   Outgoing    Next Hop
tag     tag or VC   or Tunnel Id        switched    interface
17      Pop tag     192.168.56.6/32     1770        Et1/0       192.168.56.6
18      Pop tag     192.168.23.0/24     0           Et0/0       192.168.35.3
19      17          192.168.100.2/32    0           Et0/0       192.168.35.3
20      Pop tag     192.168.100.3/32    0           Et0/0       192.168.35.3
22      22          65002:200:172.16.0.0/16  \
                                        0           Et1/0       192.168.56.6
```

当 ASBR1 把 VPNv4 前缀通告给 PE1 时，它把 BGP 下一跳重置为自身（192.168.100.5）。这导致新建了一个标签栈。例 10-40 显示了 PE1 上 VPNv4 前缀 172.16.0.0 的标签栈。标签 22 是 Lv3。

例 10-40　PE1 上的标签栈

```
PE1#show ip cef vrf VPNa 172.16.0.0
172.16.0.0/16, version 15, epoch 0, cached adjacency 192.168.23.3
0 packets, 0 bytes
  tag information set
    local tag: VPN-route-head
    fast tag rewrite with Et1/0, 192.168.23.3, tags imposed: {18 22}
  via 192.168.100.5, 0 dependencies, recursive
    next hop 192.168.23.3, Ethernet1/0 via 192.168.100.5/32
    valid cached adjacency
    tag rewrite with Et1/0, 192.168.23.3, tags imposed: {18 22}
```

10.5 部署考虑

本节主要关注部署 MPLS VPN 的多种考虑。特别地，将讨论以下一些主题：
- 扩展性；
- 路由目标设计例子；
- 收敛。

10.5.1 扩展性

扩展性的主题与 MPLS VPN 的部署有特殊的关系，因为 VRF 显著地增加了资源消耗。当你设计 MPLS VPN 时，请仔细考虑以下要点：
- 使 PE 设备上的资源消耗最小化，包括合适的 RD 设计和 RT 策略以最小化 PE 内存使用。
- 分离 VPNv4 和 IPv4 路由选择信息。
- 正确地使用路由反射。
- 在 AS 边界上进行正确地过滤。
- 使用标签维护方法。

对这些要点的大部分的讨论贯穿于本章。本节集中于以下主题：
- PE 设备上的资源消耗。
- MPLS VPN 中的路由反射。
- RD 的设计指南。

1．PE 设备上的资源消耗

对 PE 设备上的资源消耗的讨论主要集中在 CPU 的利用和需要用来存储各种结构的内存的消耗上。本节描述了影响资源消耗的因素，并通过实际的估算来阐述考虑的思路。请根据当前的 Cisco 文档来获得关于资源使用的一些参数建议，不同的 IOS 版本有不同的参数建议。

CPU 资源的利用与多种因素有关，包括以下一些：
- **骨干 BGP 对等体（指 P 路由器）的数量**——越多的对等体导致越多的处理。利用对等体组可以减少对每个对等体的处理开销。
- **提供的 VRF 的数量**——本地配置的 VRF 越多，就需要越多的维护。
- **VPN 路由的数量**——越多的 VPN 路由需要越多的处理。
- **PE-CE 的连接类型**——不同的协议导致不同的处理开销。比如，eBGP 可能比 OSPF 需要的处理少。
- **CPU 的类型**——更强的 CPU 明显具有更好的性能。
- **硬件平台**——不同的硬件平台可能需要执行不同的维护作业。

一些结构能够消耗 PE 上的大量内存：
- 持有运营商内部网络和 Internet 路由的全局 IP RIB。
- 持有 VPNv4 结构的 VPN BGP 表。
- 全局路由和 VPN 路由的 CEF 表和 LFIB 表。
- 持有每 VRF 路由选择信息的 VRF IP RIB。

PE 上的内存使用由以下因素决定：
- **VRF 的数量**——每个 VRF 结构占用一定数量的内存。
- **本地 VPN 路由的数量**——内存的使用随着本地 VPN 路由的数量的增长而增大。
- **远端 VPN 路由的数量**——内存的使用随着远端 VPN 路由的数量的增长而增大。
- **RD 分配机制**——这些机制对 VPN 路由如何被存储有影响。您将在"RD 设计指南"一节中了解到关于这一主题更多的细节。
- **CE 邻居的数量和连接的类型**——邻居结构占用内存。
- **CE-PE 的协议**——不同的协议使用不同的结构，消耗的内存也不一样。
- **iBGP 对等体的数量**——内存的使用随着对等体数量的增多而增大。
- **全局路由选择表项的数目**——内存的使用随着表的增大而增大。
- **硬件平台**——特定的硬件结构使用的内存不一样。
- **IOS 版本**——不同的版本需要存储和缓存的信息可能不一样。

如果在 VPN 中交付大量数目的路由，比如完全的 Internet 路由，就应该使用 CSC 模型。此外，分离 IPv4 和 VPNv4 路由，使用 RR（下一节讨论）都可以减少资源消耗。在规划 PE 设备的容量时，考虑以下几点：
- 每台 PE 的 VRF 数量主要受 CPU 限制，而 VRF 路由的数量受可用内存的约束。
- 添加任何 VPN 路由前作基准（baseline）评估。在基准内，考虑 IOS 镜像，骨干 IGP 路由，Internet 路由（如果有）和诸如 FIB 或 LFIB 的转发结构的内存使用。
- 估算 VRF 相加导致的额外的要求，考虑每 VRF 的内存开销（大约 60 到 70KB）和每 VRF 路由的内存使用（大约 800 到 900KB）。
- 留出额外数量的内存（大约 20MB）作为临时内存。

2. MPLS VPN 中的路由反射器设计

可以在 MPLS VPN 中使用路由反射来有效地减少 CPU 和内存使用。通过适当的过滤，RR 可以在一组 PE 设备之间有选择地反射路由。例如，在 AS 间的环境中，利用 eBGP 多跳建立 VPNv4 RR 之间的对等关系可以减少 ASBR 上的内存使用。

当设计基于 RR 的 MPLS VPN 的架构时，考虑以下思路：
- 分区化 RR。
- 把 RR 移出转发路径。
- 使用带最大内存的高端处理器。

- 使用对等体组。
- 调整 RR 以增强性能。

一些要点在其他地方已经讨论过了。下面几节讨论 RR 的分区和简要的性能调整。

(1) 分区 RR

你可以在 MPLS VPN 的环境中使用分区来减少 RR 上的内存使用。分区有几种形式：

- RR 之间的逻辑分区。
- 在 PE 和 RR 之间有选择地过滤。
- 在 RR 之间有选择地过滤。
- 分离 IPv4 和 VPNv4 的 RR。

逻辑分区指为不同的 VPN 或 PE 设备分配不同的 RR。专用的 RR 只与它所服务的 PE 设备建立对等关系。这种方法易于实现，但是需要更多的硬件和更多的管理。

既然 RR 只需要接受一个特定 RT 或多个特定 RT 的路由，那么就可以在 PE 和 RR 之间实施有选择的过滤。这可以在 RR 上使用 RR 组来完成的。默认条件下，RR 接受所有与它建立对等关系的 PE 通告的全部 VPNv4 路由。有了 RR 组，RR 就只接受所配置的 RT 允许的路由。

可以在 VPNv4 地址簇下使用命令 **bgp rr-group** *acl#*来配置 RR 组，其中 *acl#*是一条访问控制列表，用来定义一条扩展（extended）团体列表。扩展团体列表就像数字（numbered）团体列表一样，它有标准（1 到 99）格式和扩充（100 到 199）格式。在标准列表中，只接受扩展团体属性；在扩充（expanded）列表中，允许正则表达式。

注意：对 RR 组作修改会导致路由刷新请求被发送出去。

译者注：原书中命令格式是"**bgp rr-group** *acl#*"，且作者指出参数"*acl#*"表示一条访问控制列表。但根据 Cisco 文档，这个参数应该是"*{community-list-number}*"，它表示一条数字团体列表。参见链接：

http://www.cisco.com/en/US/products/sw/iosswrel/ps1829/products_feature_guide09186a00800ad5cb.html#1031267

例 10-41 显示了一个标准扩展团体列表，这个列表只允许 RT 为 100:1 和 100:2 的 VPNv4 路由。这是一个精确匹配，意味着要使一条前缀被接受，两个 RT 必须同时存在。

例 10-41 标准扩展团体列表的例子

```
ip extcommunity-list 1 permit rt 100:1 rt 100:2
```

图 10-31 显示了使用 RR 组的一个 RR 设计案例，其中根据两个 RT 设计了两个 RR 组。第一个组有两个冗余的 RR，只接受 RT 为 100:101 的路由。第二个组中，两个冗余的 RR 只接受 RT 为 100:102 的路由。

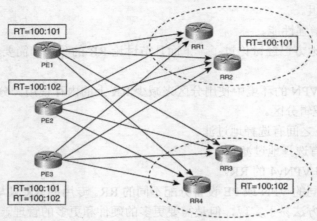

图 10-31 使用 RR 组分区 RR

所有的 PE 和所有的 RR 建立了对等关系,这就使配置和管理简单化了。除了已有的 RT 外,PE1 也导出 100:101 的 RT(为 RR 组 1)。于是,RR 组 1 接受了 PE1 来的路由。另外被 PE2 导出的 RT 是 100:102;于是,RR 组 2 接受了 PE2 来的路由。因为导出了两个 RT,所以 PE3 来的路由都被两个 RR 组接受。从 RR 的观点来看,RR1 和 RR2 反射从 PE1 和 PE3 来的路由;RR3 和 RR4 反射从 PE2 和 PE3 来的路由。注意在不同的 RR 组中,RR 之间没有全连接的要求。

注意:利用 RT 来分组 RR 未必和 RR 簇(cluster)冲突。

为了进一步增强 RR 的扩展性,可以建立多个层次。在不同层次的 RR 之间,可以使用标准的 BGP 团体属性来指定将在不同的分区之间被传递的路由。例如,为了使 VPNv4 路由的一个子集在其他的 RR 组上可用,PE 可以为这个子集附加一个额外指定的标准团体属性。顶层的 RR 可以被配置成只接受携带这个指定标准团体属性的路由,因此,只有和此属性匹配的路由才能在 RR 组之间被传递。

也可以在 PE 一侧完成 PE 设备和 RR 之间有选择的过滤。在 VRF 下配置一个 RT 导出映射(在后面"路由目标设计例子"一节中讨论)就能够有选择地导出 RR 愿意接受的 RT。PE 设备也可以使用标准的团体属性过滤方法。与 PE 设备上的出站过滤方法比较,RR 上的入站过滤方法通常需要更少的维护但却增加了 RR 上的 CPU 利用。

在同时运载 IPv4 和 VPNv4 路由的网络中,可以为两种前缀类型使用不同的 RR 来增强扩展性。当运载大量数目的 Internet 路由和 VPN 路由时,就值得为每一类地址簇指定专用的 RR。在 VPNv4 RR 上,禁用所有会话的默认 IPv4 前缀处理进程。

(2)RR 上的性能调整

由于 RR 处理大量数目的路由,所以重要的是要让它在接收和处理路由更新时保持峰值性能。你可以使用以下两种方法:

- 增大所有接口的输入保持队列（input hold-queue）的大小。
- 启用 TCP 路径 MTU 发现机制。

详细信息请参阅第 3 章 "调整 BGP 性能"。

3．RD 的设计指南

在 PE 路由器上要为每个 VRF 配置一个 RD。常见的 RD 格式是 "本地 AS 号码:客户 ID"。然而，RD 既可以与某个站点或某个用户 VPN 联系起来，也可以不这样做。RD 的分配策略影响 VPNv4 路由如何被安装。本节从内存使用上来讨论 RD 的设计。

通常，在网络中的 PE 设备上分配 RD 有 3 种不同的方法：

- 相同的 VPN 使用相同的 RD。
- 每个 VRF 使用惟一的 RD。
- 每个站点每个 VRF 使用惟一的 RD。

（1）相同的 VPN 使用相同的 RD

按照这种最简单最直观的方法，相同的 VPN 使用相同的 RD，而不管站点或 VRF。然而，这种方法也许是不可能的，因为一些站点可能属于多个 VPN。在这种情况下，属于同一个 VPN 的两个站点应该具有不同的 RD。

这种方法的缺点是限制了 VPN 流量的负载分担。当为一条 VPNv4 前缀计算 BGP 最佳路径时，包括 RD 在内的整条前缀都要被考虑进去。由于 RR 只反射最佳路径，所以 PE 只能获得一条路径。

注意：当把 RR 放在转发路径上时，负载分担仍有可能发生。同时，在不含 RR 的 VPN 中，当 PE 具有完全的路由选择信息时，它们也可以做到负载分担。

（2）每个 VRF 使用惟一的 RD

在相同的 VPN 中对每个 VRF 使用惟一的 RD 就允许了 VPNv4 前缀的 iBGP 负载分担。例如，如果两台 PE 设备向 RR 通告了带不同 RD 的相同的 IPv4 前缀，那么这两条 VPNv4 前缀都会被反射。然而，缺点就是增加了 PE 设备上的内存消耗。

当 VPNv4 前缀被安装进 BGP RIB 时，PE 就会根据本地配置的 RD 来检查该前缀的 RD。如果 RD 相同，它就把路由的一份拷贝导入到 BGP RIB 中。如果 RD 不同，它就为允许路由的每一个 RD 安装一份拷贝。比如，如果含有 100:1 RD 的 PE 接收到路由 100:1:172.16.0.0，它就安装一份路由拷贝。如果 PE 被配置了 100:2 和 100:3 的 RD，它就为每一个本地配置的 RD 安装一份路由拷贝（假设路由通过了 RT 导入策略的检查），还要为原来的 100:1 的 RD 安装一份。如果 PE 上有大量的 VRF，那么内存的使用将非常严重。

（3）每个站点每个 VRF 使用惟一的 RD

为每个站点每个 VRF 使用惟一的 RD 使你可以迅速地认出发起路由的站点。仅当同一个 VPN 中多个 CE 站点连接到同一台 PE 上，这样做才是正确的。每一个站点可以和不同的 VRF 联系起来。但是，由于内存消耗的代价高和需要配置的 VRF 的数量多，所以这种方法并不理想。此外，可能还需要使用 SOO 和其他一些 BGP 团体属性来标识路由的发起源。

10.5.2 路由目标设计例子

本节提供了如何利用 RT 来完成复杂的 VPN 解决方案的一些例子：
- 中心和辐条 VPN。
- 外联网 VPN。
- 管理 VPN。

1. 中心和辐条 VPN 拓扑

在与中心站点连接的 PE 上，为用户 Cust1 创建了两个 VRF——Cust1-hub-in 和 Cust1-hub-out，如例 10-42 所示。在 Cust1-hub-in 上，导入了所有的辐条路由（RT 100:50）；在 Cust1-hub-out 上，向辐条站点导出了中心路由（RT 100:51）。

例 10-42　中心 PE 上的 RT

```
ip vrf Cust1-hub-in
 rd 100:100
 route-target import 100:50

ip vrf Cust1-hub-out
 rd 100:101
 route-target export 100:51
```

在每个辐条站点上，导入了所有 100:51 的 Cust1-hub-out 路由，并且导出了 100:50 的辐条路由。例 10-43 显示了配置样例。

例 10-43　辐条 PE 上的 RT

```
ip vrf Cust1-spoke1
 rd 100:1
 route-target export 100:50
 route-target import 100:51
```

2. 外联网 VPN

当一个 VPN 的一些站点和另一个 VPN 的一些站点交换路由选择信息时就创建了外联网 VPN。例 10-44 中，Cust1 希望允许 Cust2 访问当前 PE 本地连接的站点，就为外联网另外创建了 100:100 的 RT。注意本例中的配置允许整个站点可被访问。如果只允许访问某些前缀，你可以使用路由映射（导入映射（import map）和导出映射（export map））。

例 10-44 外联网例子

```
ip vrf Cust1
  rd 100:1001
  route-target import 100:1001
  route-target export 100:1001
  route-target import 100:100
  route-target export 100:100
!
ip vrf Cust2
  rd 100:1002
  route-target import 100:1002
  route-target export 100:1002
  route-target import 100:100
  route-target export 100:100
```

3．管理 VPN

提供商有时可能需要管理 CE 路由器。你可以创建一个管理 VRF，导入为 CE 管理指定的 RT。在每个用户 VRF 上，导出管理 RT。你可以通过路由映射来实现额外的过滤，只允许 CE 地址在管理 VPN 中，且只有管理工作站在每个用户 VPN 中。

例 10-45 中，100:2000 的管理 RT 被导出，100:2001 的 RT（来自于用户 VRF）被导入。为了限制只导入从其他 VPN 来的 CE 路由，你可以配置导入映射。本例中，Fr_cust 只允许导入与 CE 前缀列表匹配的路由（被管理的 CE 的地址）。注意要导入 100:2001，需要与 **match extcommunity 2** 和 **route-target import 100:2001** 两条语句都匹配。

例 10-45 管理 VPN 的配置

```
ip vrf manage
 rd 100:2000
 import map Fr_cust
 route-target export 100:2000
 route-target import 100:2001
!
ip extcommunity-list 2 permit rt 100:2001
!
ip prefix-list CE seq 5 permit 192.168.100.1/32
ip prefix-list CE seq 10 permit 192.168.100.8/32
!
route-map Fr_cust permit 10
 match ip address prefix-list CE
 match extcommunity 2
```

注意：当 VPNv4 路由正被导入时，它将被按序评估，首先是根据 RT 导入策略（通过命令 **route-target import** 来配置）评估；如果配置了导入映射（通过命令 **import map** 来配置），再根据它来评估。路由要被导入，它必须通过这两个策略。如果没有配置 RT 导入策略，那么所有的路由都会被拒绝,即使它们被后面的导入映射允许。如果没有配置导入映射,路由将根据 RT 导入策略被导入。

在用户 VPN 中,携带适当的 RT 的路由必须被导出。例 10-46 显示了一个配置样例,其中配置了一个导出映射 Cust1_out。如果地址和 CE1 匹配,就设置 100:2001 的 RT(用来导入到管理 VRF 中);如果不匹配,就设置 100:200 的 RT(用来导入到 Cust1 VRN 中)。100:2000 的管理 RT 被导入到每个用户 VRF 中。可以配置另外的过滤操作来只允许管理工作站。

例 10-46 用于管理的用户 VPN

```
ip vrf Cust1
 rd 100:200
 export map Cust1_out
 route-target import 100:200
 route-target import 100:2000
!
ip prefix-list CE1 seq 5 permit 192.168.100.1/32
!
route-map Cust1_out permit 10
 match ip address prefix-list CE1
 set extcommunity rt  100:2001
!
route-map Cust1_out permit 20
 set extcommunity rt  100:200
```

注意:不像导入映射一样,导出映射不执行 RT 过滤功能。如果 RT 导出策略和导出映射都被配置了,那么导出映射优先设置 RT 的值。事实上,如果配置了导出映射,就没有必要再配置 RT 导出策略了。如果需要两个策略,可以在导出映射设置语句中加入关键字 **additive**。

10.5.3 收敛

收敛(*Convergence*)是指在网络事件发生后,路由选择域中的路由器学习到完整的网络拓扑并重新计算出到特定目的地的替代路径所经历的时间。收敛的网络意味着相同的路由选择域中的所有路由器在它们对网络的认识上是同步的。MPLS VPN 中,可以在两个区域中评估网络收敛:

- 提供商骨干网的收敛。
- VPN 站到站的收敛。

1. 提供商骨干网的收敛

如果 BGP 下一跳不受网络起(up)宕(down)事件的影响,那么提供商网络的收敛就不会导致两个 VPN 站点之间的收敛。然而,在这些事件发生过程中,站点间的流量转发可能要受影响。骨干网的收敛依赖于多种因素，其中包括以下一些因素：

- **物理层的稳定性**——可以通过物理线路的保护机制来增强物理层的稳定性，比如 SONET 的保护机制。例如，通过 SONET 自动保护倒换（Automatic Protection Switching，APS），从失效检测时间点开始，线路失效可以在 50ms 内恢复。
- **线路或路径保护**——通过热备份的线路或路径可以提升收敛能力。例如，使用 MPLS TE 的一种特性——MPLS 快速重路由（Fast Reroute）的失效恢复速率可以与 SONET APS 的失效恢复速率媲美。
- **IGP 的收敛**——IGP 的收敛是可变的，但是典型地在数十秒内完成。适当地调整定时器（timer）可以大大地减少收敛时间。
- **LDP/TDP 的收敛**——LDP/TDP 的收敛受如何维护标签的影响。例如，自由保留（liberal retention）模式（基于帧的 MPLS 的默认保留模式）允许 LSR 保存从它的邻居接收来的所有标签映射信息，即使这些信息未被使用。但是，当失去了 LDP/TDP 会话时，收敛时间会变得更长。

下一节分析站到站的收敛。

2．站到站的收敛

对于 MPLS VPN 的收敛来说，站到站的收敛也许比提供商骨干网的收敛更为重要。路由从一个站点被传播到另一个站点时牵扯到几个过程。每一个过程都对收敛有影响。

站到站的收敛时间的一个组成部分就是 CE 向 PE 通告一条路由的时间。这个时间依赖于 PE 和 CE 之间的路由选择协议。例如，eBGP 和 iBGP 有不同的 BGP 通告步调（pace）。你可以使用命令 **neighbor advertisement-interval** 来改变默认的 BGP 通告时间间隔。

PE 必须把从 CE 接收到的路由安装到 VRF 中并把它们重分布进 BGP。如果 PE 和 CE 之间的路由选择协议是 eBGP 就不涉及重分布。下一步，这些路由被 iBGP 通告给远端 PE 或 RR，这也许受制于通告步调的影响。iBGP 的默认通告时间间隔是 5 秒，但是你可以在 0 到 600 秒的范围内调整这个值。此外，在转发路径上加入的每一个 RR 也增加了到远端 PE 的总体时间。

远端 PE 接收到这些路由后，在每一个扫描时间间隔内，它们把这些路由安装到适当的 VRF 中。默认情况下，VPNv4 的导入扫描器每 15 秒运行一次。你可以在 VPNv4 地址簇下使用命令 **bgp scan-time import** 在 5 秒到 60 秒的范围内修改这一时间参数。注意撤回操作是立即被处理的，删除下一跳操作是在通常的 BGP 扫描时间间隔（60 秒）内被处理的。

最后两个站到站的收敛时间的组成部分是 PE 向 CE 通告 VPN 路由的时间和 CE 把这些路由安装到本地路由选择表中的时间。如果使用了 BGP，这些通告就再次被定下了步调。

总而言之，站到站的收敛时间取决于 PE 和 CE 之间的路由选择协议，路由在提供商网络中必须被通告的跳数和各种定时器。正确的定时器调整和测试对于减少总体收敛时间来说是重要的。

注意：就所有的收敛调整手段而言，重要的一点就是要意识到越快的收敛时间通常会导致越不稳定的网络和越多的资源消耗。对默认定时器的任何修改都应该在模拟环境中被仔细评估，以发现它对网络收敛性和稳定性的影响。

10.6　案例研究：RR 间使用多跳 eBGP 实现的 AS 间的 VPN 和 IPv4 标签

和 "VPNv4 的多跳多协议 eBGP" 一节中讨论的一样，本案例研究详细演示了 VPN 是如何在 AS 间的场景下运作的。拓扑如图 10-32 所示。在 AS 100 和 AS 200 之间需要为 VPNa 建立 AS 间的 VPN。为了减少 ASBR 上的资源使用，两个自治系统决定为 VPNv4 前缀通过多跳 eBGP 在它们的 RR 之间建立对等关系。

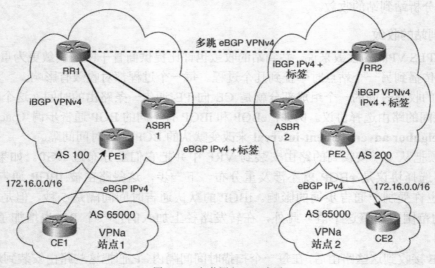

图 10-32　拓扑图和 BGP 会话

为了获得 RR 和 PE 之间的可达性，环回地址必须被交换。AS 100 决定使用重分布的方法使得 RR2 和 PE2 的环回地址在 ASBR1 上被重分布进它的 OSPF。AS 200 想把它的 OSPF 和从 AS 100 来的路由隔离开来，所以决定使用 iBGP。RR1 和 PE1 的环回地址在带标签分发功能的 iBGP 中被通告给 RR2，它是 IPv4 地址和 VPNv4 地址两者的 RR。两个自治系统都用 LDP 分发它们的 IGP 标签。

VPNv4 前缀的 BGP 下一跳在两台 VPNv4 的 RR 之间保持不变。两个自治系统同时也协调它们的 RT 策略以使路由在相同的 VPN 中被正确地导入导出。为了模拟 VPNv4 前缀通告和标

10.6 案例研究：RR 间使用多跳 eBGP 实现的 AS 间的 VPN 和 IPv4 标签

签分发，CE1 发起了路由 172.16.0.0/16。

例 10-47 显示了 PE1 上的相关配置。在 VRF VPNa 下，为来自于 AS 200 的 AS 间的路由而导入了 200:200 的 RT。PE1 有两个 BGP 会话：一个是与 CE1（192.168.12.1）的，一个是与 RR1（192.168.100.3）的。CE1 上配置了 AS 覆盖。

例 10-47　PE1 上的相关配置

```
ip vrf VPNa
 rd 100:100
 route-target export 100:100
 route-target import 100:100
 route-target import 200:200
!
ip cef
mpls label protocol ldp
!
interface Loopback0
 ip address 192.168.100.2 255.255.255.255
!
interface Ethernet0/0
 ip vrf forwarding VPNa
 ip address 192.168.12.2 255.255.255.0
interface Ethernet1/0
 ip address 192.168.23.2 255.255.255.0
 tag-switching ip
!
router ospf 2
 log-adjacency-changes
 network 192.168.0.0 0.0.255.255 area 0
!
router bgp 100
 no synchronization
 bgp router-id 192.168.100.2
 no bgp default ipv4-unicast
 bgp log-neighbor-changes
 neighbor 192.168.100.3 remote-as 100
 neighbor 192.168.100.3 update-source Loopback0
 no auto-summary
 !
 address-family ipv4 vrf VPNa
 neighbor 192.168.12.1 remote-as 65000
 neighbor 192.168.12.1 activate
 neighbor 192.168.12.1 as-override
 no auto-summary
 no synchronization
 exit-address-family
 !
 address-family vpnv4
 neighbor 192.168.100.3 activate
 neighbor 192.168.100.3 send-community extended
 no auto-summary
 exit-address-family
```

例 10-48 显示了 RR1 上的相关配置。上面有两个 BGP 会话：一个是与 PE1（192.168.100.2）的，一个是与 RR2（192.168.100.7）的。这两个都只是 VPNv4 会话。

例 10-48　RR1 上的相关配置

```
ip cef
mpls label protocol ldp
!
interface Loopback0
 ip address 192.168.100.3 255.255.255.255
!
interface Ethernet0/0
 ip address 192.168.35.3 255.255.255.0
 tag-switching ip
!
interface Ethernet1/0
 ip address 192.168.23.3 255.255.255.0
 tag-switching ip
!
router ospf 3
 log-adjacency-changes
 network 192.168.0.0 0.0.255.255 area 0
!
router bgp 100
 no synchronization
 bgp router-id 192.168.100.3
 no bgp default ipv4-unicast
 bgp log-neighbor-changes
 neighbor Internal peer-group
 neighbor Internal remote-as 100
 neighbor Internal update-source Loopback0
 neighbor Internal activate
 neighbor 192.168.100.2 peer-group Internal
 neighbor 192.168.100.7 remote-as 200
 neighbor 192.168.100.7 ebgp-multihop 5
 neighbor 192.168.100.7 update-source Loopback0
 no auto-summary
 !
 address-family vpnv4
 neighbor 192.168.100.2 activate
 neighbor 192.168.100.2 route-reflector-client
 neighbor 192.168.100.2 send-community extended
 neighbor 192.168.100.7 activate
 neighbor 192.168.100.7 next-hop-unchanged
 neighbor 192.168.100.7 send-community extended
 no auto-summary
 exit-address-family
```

例 10-49 显示了 ASBR1 上的相关配置。它与 ASBR2（192.168.56.6）有一个带标签分发功能的 IPv4 BGP 会话。为了控制两个自治系统间的前缀和标签交换，它配置了两个路由映射（入站和出站）。本地环回地址通过两条 **network** 声明被通告给 AS 200。来自于 AS 200 的环回地址从 BGP 被重分布入 OSPF。

例 10-49　ASBR1 上的相关配置

```
ip cef
mpls label protocol ldp
!
interface Loopback0
 ip address 192.168.100.5 255.255.255.255
!
interface Ethernet0/0
 ip address 192.168.35.5 255.255.255.0
 tag-switching ip
!
interface Ethernet1/0
 ip address 192.168.56.5 255.255.255.0
!
router ospf 5
 log-adjacency-changes
 redistribute bgp 100 subnets route-map bgp2ospf
 passive-interface Ethernet1/0
 network 192.168.0.0 0.0.255.255 area 0
!
router bgp 100
 no synchronization
 bgp router-id 192.168.100.5
 bgp log-neighbor-changes
 network 192.168.100.2 mask 255.255.255.255
 network 192.168.100.3 mask 255.255.255.255
 neighbor 192.168.56.6 remote-as 200
 neighbor 192.168.56.6 route-map Fr_200 in
 neighbor 192.168.56.6 route-map To_asbr2 out
 neighbor 192.168.56.6 send-label
 no auto-summary
!
ip prefix-list Adv_200 seq 5 permit 192.168.100.2/32
ip prefix-list Adv_200 seq 10 permit 192.168.100.3/32
!
ip prefix-list Rec_200 seq 5 permit 192.168.100.7/32
ip prefix-list Rec_200 seq 10 permit 192.168.100.4/32
!
route-map bgp2ospf permit 10
 match ip address prefix-list Rec_200
!
route-map To_asbr2 permit 10
 match ip address prefix-list Adv_200
 set mpls-label
!
route-map Fr_200 permit 10
 match ip address prefix-list Rec_200
 match mpls-label
```

例 10-50 显示了 ASBR2 上的相关配置。这与 ASBR1 上的类似。然而，另有一个与 RR2

（192.168.100.7）的 BGP 会话交换 IPv4 前缀和标签。ASBR2 重置了 BGP 下一跳。同时，没有配置从 BGP 到 OSPF 的重分布。

例 10-50 ASBR2 上的相关配置

```
ip cef
mpls label protocol ldp
!
interface Loopback0
 ip address 192.168.100.6 255.255.255.255
!
interface Ethernet0/0
 ip address 192.168.67.6 255.255.255.0
 tag-switching ip
!
interface Ethernet1/0
 ip address 192.168.56.6 255.255.255.0
!
router ospf 6
 log-adjacency-changes
 passive-interface Ethernet1/0
 network 192.168.0.0 0.0.255.255 area 0
!
router bgp 200
 no synchronization
 bgp router-id 192.168.100.6
 bgp log-neighbor-changes
 network 192.168.100.4 mask 255.255.255.255
 network 192.168.100.7 mask 255.255.255.255
 neighbor 192.168.56.5 remote-as 100
 neighbor 192.168.56.5 route-map Fr_asbr1 in
 neighbor 192.168.56.5 route-map To_asbr1 out
 neighbor 192.168.56.5 send-label
 neighbor 192.168.100.7 remote-as 200
 neighbor 192.168.100.7 update-source Loopback0
 neighbor 192.168.100.7 next-hop-self
 neighbor 192.168.100.7 send-label
 no auto-summary
!
ip prefix-list Adv_100 seq 5 permit 192.168.100.7/32
ip prefix-list Adv_100 seq 10 permit 192.168.100.4/32
!
ip prefix-list Rec_100 seq 5 permit 192.168.100.2/32
ip prefix-list Rec_100 seq 10 permit 192.168.100.3/32
!
route-map To_asbr1 permit 10
 match ip address prefix-list Adv_100
 set mpls-label
!
route-map Fr_asbr1 permit 10
 match ip address prefix-list Rec_100
 match mpls-label
```

例 10-51 显示了 RR2 上的相关配置。除了与 RR1（192.168.100.3）和 PE2（192.168.100.4）有 VPNv4 会话外，RR2 也是为 ASBR2（192.168.100.6）和 PE2 反射 IPv4 前缀和标签的 IPv4 RR。

例 10-51　RR2 上的相关配置

```
ip cef
mpls label protocol ldp
!
interface Loopback0
 ip address 192.168.100.7 255.255.255.255
!
interface Ethernet0/0
 ip address 192.168.67.7 255.255.255.0
 tag-switching ip
!
interface Ethernet1/0
 ip address 192.168.47.7 255.255.255.0
 tag-switching ip
!
router ospf 7
 log-adjacency-changes
 network 192.168.0.0 0.0.255.255 area 0
!
router bgp 200
 no synchronization
 bgp router-id 192.168.100.7
 bgp log-neighbor-changes
 neighbor 192.168.100.3 remote-as 100
 neighbor 192.168.100.3 ebgp-multihop 5
 neighbor 192.168.100.3 update-source Loopback0
 no neighbor 192.168.100.3 activate neighbor 192.168.100.4 remote-as 200
 neighbor 192.168.100.4 update-source Loopback0
 neighbor 192.168.100.4 route-reflector-client
 neighbor 192.168.100.4 send-label
 neighbor 192.168.100.6 remote-as 200
 neighbor 192.168.100.6 update-source Loopback0
 neighbor 192.168.100.6 route-reflector-client
 neighbor 192.168.100.6 send-label
 no auto-summary
 !
 address-family vpnv4
 neighbor 192.168.100.3 activate
 neighbor 192.168.100.3 next-hop-unchanged
 neighbor 192.168.100.3 send-community extended
 neighbor 192.168.100.4 activate
 neighbor 192.168.100.4 route-reflector-client
 neighbor 192.168.100.4 send-community extended
 no auto-summary
 exit-address-family
```

例 10-52 显示了 PE2 上的相关配置。为了接受来自于 AS 100 的 VPN 路由，配置了导入 100:100 的 RT。与 RR2（192.168.100.7）的 BGP 会话同时运载了 IPv4 和 VPNv4 前缀。在与

CE2（192.168.48.8）的 BGP 会话上配置了 AS 覆盖。

例 10-52　PE2 上的相关配置

```
ip vrf VPNa
 rd 200:200
 route-target export 200:200
 route-target import 200:200
 route-target import 100:100
!
ip cef
mpls label protocol ldp
!
interface Loopback0
 ip address 192.168.100.4 255.255.255.255
!
interface Ethernet0/0
 ip vrf forwarding VPNa
 ip address 192.168.48.4 255.255.255.0
!
interface Ethernet1/0
 ip address 192.168.47.4 255.255.255.0
 tag-switching ip
!
router ospf 4
 log-adjacency-changes
 network 192.168.0.0 0.0.255.255 area 0
!
router bgp 200
 no synchronization
 bgp router-id 192.168.100.4
 no bgp default ipv4-unicast
 bgp log-neighbor-changes
 neighbor 192.168.100.7 remote-as 200
 neighbor 192.168.100.7 update-source Loopback0
 neighbor 192.168.100.7 activate
 neighbor 192.168.100.7 send-label
 no auto-summary
 !
 address-family ipv4 vrf VPNa
 neighbor 192.168.48.8 remote-as 65000
 neighbor 192.168.48.8 activate
 neighbor 192.168.48.8 as-override
 no auto-summary
 no synchronization
 exit-address-family
 !
 address-family vpnv4
 neighbor 192.168.100.7 activate
 neighbor 192.168.100.7 send-community extended
 no auto-summary
 exit-address-family
```

当 PE1 把 VPN 前缀 172.16.0.0 通告给 RR1 时，就分配了一个 VPN 标签 24，如例 10-53 所示（关于前缀通告和标签分发的图示，参见图 10-22）。BGP 下一跳是 CE1，但当路由被通告给 RR1 时（下一步显示），它被重置为 PE1。

例 10-53　PE1 上前缀 172.16.0.0 的 BGP 标签

```
PE1#show ip bgp vpnv4 all label
   Network          Next Hop         In label/Out label
Route Distinguisher: 100:100 (VPNa)
   172.16.0.0       192.168.12.1     24/nolabel
```

当 RR1 把前缀通告给 RR2 时使用了相同的 VPN 标签，如例 10-54 所示。BGP 下一跳是 PE1。同样，当 RR2 把前缀通告给 PE2 时也使用了相同的标签（未显示）。

例 10-54　RR1 上前缀 172.16.0.0 的 BGP 标签

```
RR1#show ip bgp vpnv4 all label
   Network          Next Hop         In label/Out label
Route Distinguisher: 100:100
   172.16.0.0       192.168.100.2    nolabel/24
```

要使这种 AS 间的 VPN 运转起来，必须通过 LSP 使 RR 和 PE 的环回地址在远端 AS 中可达。以下检验了 PE2 如何接收带标签的 PE1 的环回地址，如何形成端到端的 LSP。

AS 100 中，OSPF 和 LDP 使 ASBR1 具有 PE1 地址的可达性，并建立了它们之间的 LSP。例 10-55 显示了 ASBR1 上的 LFIB。一个出标签 17 用于到达 PE1，因为 PHP 机制，这个标签然后被 RR1 弹出（未显示）。

例 10-55　ASBR1 上的 LFIB

```
ASBR1#show tag forwarding
Local   Outgoing    Prefix           Bytes tag  Outgoing    Next Hop
tag     tag or VC   or Tunnel Id     switched   interface
16      Untagged    192.168.100.6/32 0          Et1/0       192.168.56.6
17      Pop tag     192.168.56.6/32  0          Et1/0       192.168.56.6
18      Pop tag     192.168.23.0/24  0          Et0/0       192.168.35.3
19      17          192.168.100.2/32 8880       Et0/0       192.168.35.3
20      Pop tag     192.168.100.3/32 10819      Et0/0       192.168.35.3
21      20          192.168.100.4/32 1592       Et1/0       192.168.56.6
23      21          192.168.100.7/32 1344       Et1/0       192.168.56.6
```

在 ASBR1 和 ASBR2 之间，BGP 是惟一的标签交换方法。当 PE1 的地址在 eBGP 中被通告给 ASBR2 时，ASBR1 就为之分配了一个 BGP 标签 19。注意在例 10-55 中，这是一个用于到达 192.168.100.2/32 的本地标签。例 10-56 显示了 ASBR2 上的 BGP 标签。

例 10-56　ASBR2 上的 BGP 标签

```
ASBR2#show ip bgp label
Network              Next Hop         In Label/Out Label
192.168.100.2/32     192.168.56.5     24/19
192.168.100.3/32     192.168.56.5     25/20
192.168.100.4/32     192.168.67.7     20/nolabel
192.168.100.7/32     192.168.67.7     21/nolabel
```

当 ASBR2 把 PE1 的地址通告给 RR2 时，BGP 下一跳被设为 ASBR2。因为 AS 200 使用了带标签分发功能的 iBGP，所以就为该地址通告了一个 BGP 标签 24。RR2 没有修改 BGP 下一跳（标准的 RR 行为）。同样的标签通过 iBGP 被发送给 PE2。例 10-57 显示了 PE2 上的 BGP 标签。PE2 用这个标签（24）通过 ASBR2（192.168.100.6）到达 PE1（192.168.100.2）。

例 10-57　PE2 上的 BGP 标签

```
PE2#show ip bgp label
Network              Next Hop         In Label/Out Label
192.168.100.2/32     192.168.100.6    nolabel/24
192.168.100.3/32     192.168.100.6    nolabel/25
```

除了是 BGP 前缀外，ASBR2 也是 AS 200 中的 OSPF 域中的一部分。它向 RR2 分发了一个隐式空 IGP 标签。例 10-58 显示了 RR2 上 192.168.100.6（ASBR2）的 LFIB 表项，PHP 在此发生。

例 10-58　RR2 上的 LFIB

```
RR2#show tag forwarding
Local  Outgoing    Prefix              Bytes tag  Outgoing    Next Hop
tag    tag or VC   or Tunnel Id        switched   interface
16     Pop tag     192.168.100.4/32    10898      Et1/0       192.168.47.4
17     Pop tag     192.168.56.0/24     2642       Et0/0       192.168.67.6
18     Pop tag     192.168.100.6/32    6672       Et0/0       192.168.67.6
```

类似地，RR2 分配了一个 IGP 标签（18）用于到达 ASBR2，然后把这条绑定信息发送给 PE2。例 10-59 显示了 PE2 上的 LFIB。

例 10-59　PE2 上的 LFIB

```
PE2#show tag forwarding
Local  Outgoing    Prefix              Bytes tag  Outgoing    Next Hop
tag    tag or VC   or Tunnel Id        switched   interface
16     Pop tag     192.168.100.7/32    0          Et1/0       192.168.47.7
18     Pop tag     192.168.67.0/24     0          Et1/0       192.168.47.7
19     17          192.168.56.0/24     0          Et1/0       192.168.47.7
20     18          192.168.100.6/32    0          Et1/0       192.168.47.7
```

例 10-60 显示了 PE2 上 VPNv4 前缀 172.16.0.0 的标签栈。顶层标签 18 用于通过 RR2（192.168.47.7）到达 ASBR2；中层标签 24 用于通过 ASBR2 到达 PE1；底层标签 24 用于通过 PE1 到达 VPNa。

例 10-60　PE2 上的标签栈

```
PE2#show ip cef vrf VPNa 172.16.0.0
172.16.0.0/16, version 16, epoch 0, cached adjacency 192.168.47.7
0 packets, 0 bytes
  tag information set
    local tag: VPN-route-head
    fast tag rewrite with Et1/0, 192.168.47.7, tags imposed: {18 24 24}
  via 192.168.100.2, 0 dependencies, recursive
    next hop 192.168.47.7, Ethernet1/0 via 192.168.100.2/32
    valid cached adjacency
    tag rewrite with Et1/0, 192.168.47.7, tags imposed: {18 24 24}
```

图 10-33 显示了从 PE2 到 PE1 的标签转发路径。因为 PHP 机制，RR1 和 RR2 弹出了顶层标签。

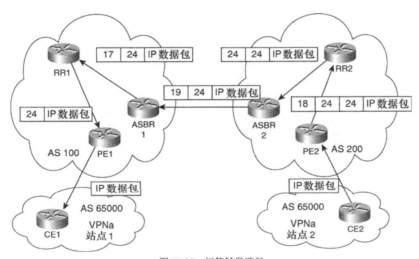

图 10-33　标签转发路径

10.7　总　　结

当 BGP 被扩展了多协议的能力后，就可以在其中运载 VPNv4 前缀了。BGP 多协议扩展使得支持 VPNv4 前缀，支持扩展团体属性，以及为 IPv4 前缀分配 BGP 标签变得可能。

MPLS 是一种提供服务的（service-enabling）技术，这种技术允许沿着预先建立的标签路径转发面向连接的数据包。MPLS VPN 是一种通过 MPLS 网络提供的 VPN 服务。

根据需求，有多种 VPN 连接模型可用。基本的第 3 层 VPN 使用 iBGP 交换 VPN 信息，而 AS 间的 VPN 可能涉及到 iBGP 和 eBGP 的组合使用。运营商的运营商 VPN 允许 VPN 提供商运载完全 Internet 路由或者提供层次化 VPN 服务。

本章探讨多协议 BGP 和域间多播的各个方面：

- 多播基础；
- 域间多播；
- 案例研究：服务提供商的多播部署。

第 11 章

多协议 BGP 和域间多播

本章一开始概述了 IP 多播的基础知识，这是多播源发现协议（Multicast Source Discovery Protocol，MSDP）和伴随它的多协议 BGP 的多播扩展（Multicast Extensions for Multiprotocol BGP）的基础。本章的结束使用了一个案例研究，详述了服务提供商网络中的域间多播部署。该案例研究涵盖了多播部署的内部架构、多播服务的用户连接性、域间多播的连接性等内容。

11.1 多播基础知识

计算机网络的传统数据交付模式是基于单播的数据流交付模式。这种模式下，数据流只有单个接收者。这种交付方式对于许多通信类型来说工作得很好，比如网页浏览和电子邮件应用。然而，就另外一些通信类型来说，它却面临着严重的扩展性问题。实时的或直播的多媒体流就是这种通信类型的例子。图 11-1 显示的低效率的流量模式导致每增加一个数据流接收者，网络流量就随之线性增长。通过实施多播分布树（Multicast Distribution Tree，MDT）可以解决这种低效率问题。

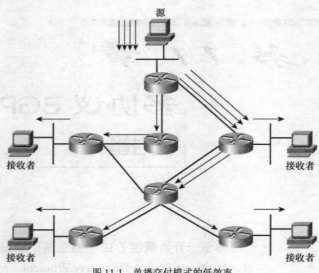

图 11-1 单播交付模式的低效率

11.1.1 多播分布树

发送源和收听者组成一个组就是 IP 多播的概念。生成树（spanning tree）连接所有的把源作为根（root）的收听者或接收者，它使用的流量分发模式与基于单播的流量分发模式不同。在树的每一个分支，数据被复制并沿着分支被转发下去。图 11-2 显示了这种数据交付模式。

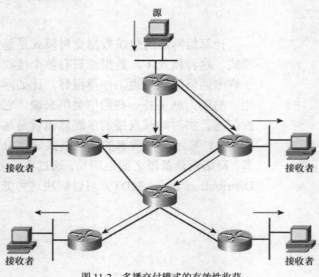

图 11-2 多播交付模式的有效性收获

使用多播分布树大大地减少了数据流量并解决了跨越网络的流量线性增长带来的扩展性问题。源本身只需要发送单个数据流，而这个数据流在分布树的每一个分支上被复制。这一过程分散了重新生成数据的负担并优化了数据复制的位置，这是通过尽可能把数据复制的位置移到靠近接收者的地方来完成的。

这并不意味着基于多播的数据交付模式没有扩展性问题。其主要的问题就是扇形展开（fan-out）和数据包复制，如图 11-3 所示。

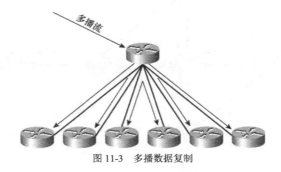

图 11-3　多播数据复制

在许多平台上，数据包的复制由硬件来处理，因而把对性能的影响降低到最小程度。

11.1.2　多播组记号法

多播组由落在 224.0.0.0/4 范围内的 D 类 IPv4 地址来标识。组地址用来代替 IPv4 数据包中的目的地址。IPv4 数据包的源地址段中的地址才是真正的数据流起源的 IP 地址。

定义特殊的多播流有两种方法。第一种方法只根据组来定义。这被记为（*,G），读作"星逗号 G"。这种记号表示一个特定的组（G）和所有向它发送数据的源。当使用共享树（shared tree），即被所有向单个组发送数据流的多个源所共享的 MDT 时，就采用这种记法。

标识流的第二种方法就是使用源和组对。这被记为（S,G），读作"S 逗号 G"。这是（*,G）的特例，因为它只包含单个数据源。当使用源树（source tree），即向某个特定组发送数据流的单个源使用的 MDT 时，就采用（S,G）这种记法。在讨论源树时，常使用术语最短路径树（Shortest Path Tree，SPT）。

路由器中，不可能存在（S,G）表项而没有（*,G）表项。但是，有可能存在（*,G）表项而没有（S,G）表项。流量根据与之匹配的（S,G）表项来被转发——如果存在这一表项的话——因为它是（*,G）表项的特例。

11.1.3　共享树

共享树是一种不被单个源专用的多播分布树。它被任何没有自己专用分布树的源所使用。

要组成共享树，必须要有一台设备作为树的共享根，如图 11-4 所示。

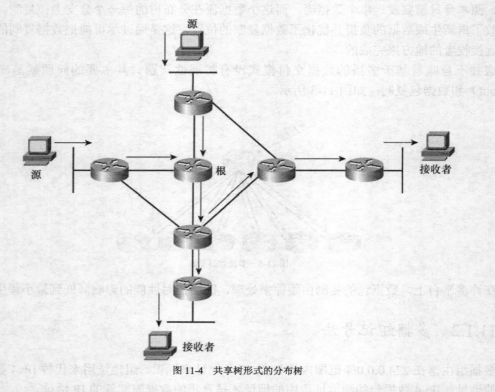

图 11-4　共享树形式的分布树

从接收者到根形成共享树。然而，来自于源的流量必须到达共享根，之后才能沿着共享树被转发下去。在讨论协议无关多播稀疏模式（Protocol-Independent Multicast Sparse Mode，PIM-SM）时将提供这一主题更多的细节。流量到达面对共享根的路由器入站接口，然后被交付到剩余的 MDT 端口上。

11.1.4　源树

源树，或者叫 SPT，是由多播路由表中的（S,G）表项来定义的。这棵树被单个源专用，并且只有从这个源来的多播数据包才能沿着这棵源树被转发下去。图 11-5 显示了多个源的例子，其中每个源有自己的 SPT。

图 11-5 中，每个源有自己的分布树。即使某些部分是重叠的，它们仍然是一些分离的树，有着各自的转发信息。这些转发树是不能被合并的。流量到达面对源的路由器接口，然后被发送到其余的 MDT 接口上。如果（S,G）表项不存在，就用（*,G）表项。

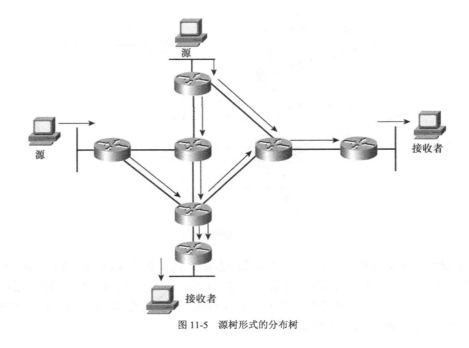

图 11-5 源树形式的分布树

11.1.5 构造多播转发树

协议无关多播（Protocol-Independent Multicast，PIM）是构造 MDT 的重要协议。与它的前身距离向量多播路由选择协议（Distance Vector Multicast Routing Protocol，DVMRP）不同，PIM 依赖于单播路由选择协议所提供的拓扑信息。本章不讨论 DVMRP，因为 PIM 是 IP 多播部署所推荐的协议。

PIM 有两种操作模式——密集模式（Dense Mode）和稀疏模式（Sparse Mode）。PIM 密集模式基于洪泛和裁剪（flood-and-prune）的方法，因此 IP 多播流被泛滥给所有的 PIM 邻居，而不需要的流就被裁剪掉。PIM 稀疏模式基于显式加入的方法，因此 IP 多播流只被转发给显式请求它的邻居。

在每一台路由器上，MDT 由一个入站接口（Incoming Interface，IIF）和一个出站接口列表（Outgoing Interface List，OIL）组成。IIF 是由特定的（*,G）或（S,G）的反向路径转发（Reverse Path Forwarding，RPF）信息来决定的。到来的 IP 多播数据包的源地址被用于 RPF 检查，这是标准单播路由的一种变例。（S,G）的 RPF 信息指示哪一个接口被多播源用来通过最短路径向接收者发送数据。典型地，这种信息是由 IGP 推导出来的。（*,G）的 RPF 信息使用了会聚点（Rendezvous Point，RP）的地址而不是多播源的地址。RP 是 PIM-SM 中共享树的根。"稀疏模式"一节中将讲述会聚点更深一层的细节。图 11-6 显示了 RPF 的例子。

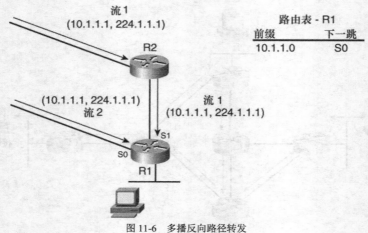

图 11-6 多播反向路径转发

图 11-6 显示了两份同样的（S,G）拷贝信息到达 R1。流 1 到达 R1 的 S1 端口。源是 10.1.1.1。R1 的路由选择表去往 10.1.1.1 的下一跳需要穿过 S0 端口。到达 S1 端口的流没有通过 RPF 检查，因为它到达的接口与返回到源的路径上的接口不同。流 2 到达 S0 端口并通过了 RPF 检查。R1 裁剪掉流 1，然后向本地连接的接收者转发了流 2。

1．密集模式

当 PIM 运行于密集模式，它使用了"推"的方法。多播流每 3 分钟就被泛滥给所有的 PIM-DM 邻居，由此在网络中的每一台路由器上创建了每一条（S,G）表项的协议状态。不需要的流量于是被裁剪掉。该过程每 3 分钟重复一次。

激活 PIM-DM 的配置命令是最少的。必须使用全局配置命令 **ip multicast-routing** 来激活网络中每一个节点的多播路由选择。

必须把网络中的每一个接口激活成 PIM-DM 状态以形成 PIM 邻居关系。建立 PIM 邻居的目的与建立 IGP 邻居的目的非常类似，因为 PIM 邻居定义了构造 MDT 可使用的接口。这是通过接口配置命令 **ip pim dense-mode** 来完成的。

另一条命令也可以激活 PIM-DM，但是由于 RP 的加入，网络就被转换成了稀疏模式（PIM-SM）。这条接口配置命令是 **ip pim sparse-dense-mode**。

建议你激活 PIM 密集/稀疏模式而不仅仅是 PIM 密集模式，从而可以通过配置 RP 把网络转换成 PIM-SM。PIM-DM 下，流量沿着源树被转发。由于 PIM-DM 网络没有共享根，所以只能根据多播源地址来执行 RPF 功能。

PIM-DM 例子

本节讲述 PIM-DM 网络的操作。图 11-7 显示了网络的初始拓扑。本例关注一些主要信息而没有深入讨论协议状态的细节。

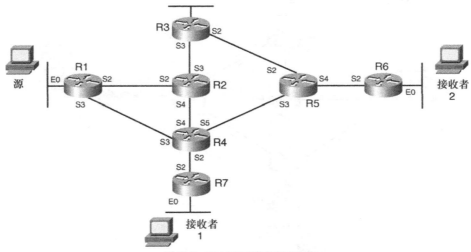

图 11-7 PIM-DM 网络的初始拓扑

初始拓扑中有两个不活跃的接收者和一个不活跃的源。接收者 1 是第一台加入多播组的设备。然而，上游路由器不知道与发出请求的多播组有关的任何信息。因为源不在线，所以还没有多播流量发送给路由器以创建协议状态。例 11-1 显示了上游路由器关于接收者 1 的多播状态。

例 11-1　组 224.1.1.1 在 R7 上的多播状态

```
R7#show ip mroute 224.1.1.1
IP Multicast Routing Table
Flags: D - Dense, S - Sparse, B - Bidir Group, s - SSM Group, C - Connected,
       L - Local, P - Pruned, R - RP-bit set, F - Register flag,
       T - SPT-bit set, J - Join SPT, M - MSDP created entry,
       X - Proxy Join Timer Running, A - Candidate MSDP Advertisement,
       U - URD, I - Received Source Specific Host Report, Z - Multicast Tunnel
       Y - Joined MDT-data group, y - Sending to MDT-data group
Outgoing interface flags: H - Hardware switched
 Timers: Uptime/Expires
 Interface state: Interface, Next-Hop or VCD, State/Mode

(*, 224.1.1.1), 00:00:15/00:02:46, RP 0.0.0.0, flags: DC
  Incoming interface: Null, RPF nbr 0.0.0.0
  Outgoing interface list:
    Serial2/0, Forward/Dense, 00:00:15/00:00:00
    Ethernet0/0, Forward/Dense, 00:00:15/00:00:00
```

例 11-1 中，组 224.1.1.1 的多播状态信息（*,G）表项指示存在接收组。然而，缺乏（S,G）意味该组没有源。这说明接收者已经加入了组，但是源不在线。

源上线了，并向它的上游路由器发送了流量。这些流量被泛滥到网络中；现在，接收者 1

收到了流量。图 11-8 显示了洪泛的流量。

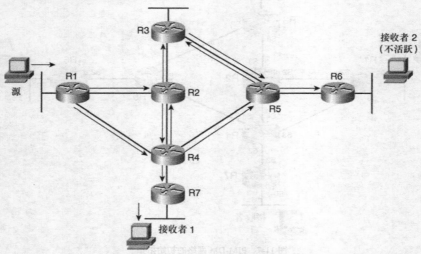

图 11-8　PIM-DM 网络中的初始流量洪泛过程

流量通过直接或间接的方式被发送到一些没有下游接收者的路由器上，然后被裁剪掉以确保只对收听它们的工作站转发。但是，所有的路由器仍然维护着多播组的协议状态。图 11-9 显示了 PIM-DM 的裁剪过程。

例 11-2 显示了接收者 1 的上游路由器的（S,G）状态。流量从 Ethernet0/0 接口被转发给接收者。

例 11-2　组 224.1.1.1 的运行 MDT

```
R7#show ip mroute 224.1.1.1
IP Multicast Routing Table
Flags: D - Dense, S - Sparse, B - Bidir Group, s - SSM Group, C - Connected,
       L - Local, P - Pruned, R - RP-bit set, F - Register flag,
       T - SPT-bit set, J - Join SPT, M - MSDP created entry,
       X - Proxy Join Timer Running, A - Candidate MSDP Advertisement,
       U - URD, I - Received Source Specific Host Report, Z - Multicast Tunnel
       Y - Joined MDT-data group, y - Sending to MDT-data group
Outgoing interface flags: H - Hardware switched
 Timers: Uptime/Expires
 Interface state: Interface, Next-Hop or VCD, State/Mode

(*, 224.1.1.1), 00:05:35/stopped, RP 0.0.0.0, flags: DC
  Incoming interface: Null, RPF nbr 0.0.0.0
  Outgoing interface list:
    Serial2/0, Forward/Dense, 00:05:35/00:00:00
    Ethernet0/0, Forward/Dense, 00:05:35/00:00:00

(10.5.1.5, 224.1.1.1), 00:02:51/00:02:44, flags: T
  Incoming interface: Serial2/0, RPF nbr 10.2.1.25
  Outgoing interface list:
    Ethernet0/0, Forward/Dense, 00:02:51/00:00:00
```

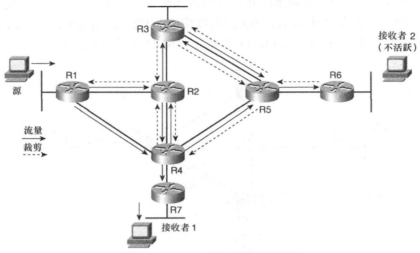

图 11-9 PIM-DM 网络流量的裁剪过程

例 11-2 中，源已经上线并泛滥了流量。更新的状态信息显示了（S,G）表项和（*,G）表项。用于（S,G）的入站接口是 Serial2/0。当 PIM 运行于密集模式时，（*,G）表项不用于转发多播流量，因此它的入站接口总是空（Null）的。

例 11-3 显示了接收者 2 的上游路由器的（S,G）状态。状态是存在的，但是 OIL 却是空的。这意味着这个（S,G）的流量已经泛滥到了这台路由器，但是却没有本地接收者，也没有下游接收路由器。

例 11-3　裁剪后被维护的多播状态

```
R6#show ip mroute 224.1.1.1
IP Multicast Routing Table
Flags: D - Dense, S - Sparse, B - Bidir Group, s - SSM Group, C - Connected,
       L - Local, P - Pruned, R - RP-bit set, F - Register flag,
       T - SPT-bit set, J - Join SPT, M - MSDP created entry,
       X - Proxy Join Timer Running, A - Candidate MSDP Advertisement,
       U - URD, I - Received Source Specific Host Report, Z - Multicast Tunnel
       Y - Joined MDT-data group, y - Sending to MDT-data group
Outgoing interface flags: H - Hardware switched
 Timers: Uptime/Expires
 Interface state: Interface, Next-Hop or VCD, State/Mode

(*, 224.1.1.1), 00:00:21/stopped, RP 0.0.0.0, flags: D
  Incoming interface: Null, RPF nbr 0.0.0.0
  Outgoing interface list:
    Serial2/0, Forward/Dense, 00:00:21/00:00:00

(10.5.1.5, 224.1.1.1), 00:00:21/00:02:42, flags: PT
  Incoming interface: Serial2/0, RPF nbr 10.2.1.29
  Outgoing interface list: Null
```

对于所有的多播流来说，这种洪泛和裁剪的过程每 3 分钟重复一遍。当接收者 2 上线后，R6 就给它的上游路由器发送嫁接（Graft）消息以构造 MDT。这是可能的，因为 R6 从洪泛和裁剪的过程中维护了具有空 OIL 的（S,G）表项，如例 11-3 所示。图 11-10 显示了嫁接行为。

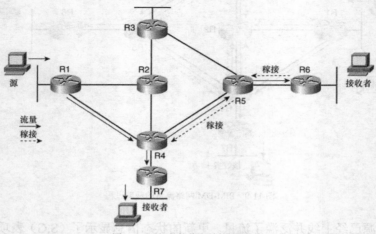

图 11-10　新的接收者嫁接到源树上

如例 11-4 所示，R6 的协议状态更新了，在 OIL 中新添加了 Ethernet0/0 接口，并从（S,G）表项中清除了 P（Prune）标记，现在 R6 向接收者 2 转发了流量。

例 11-4　接收者 2 加入 224.1.1.1 后的多播状态

```
R6#show ip mroute 224.1.1.1
IP Multicast Routing Table
Flags: D - Dense, S - Sparse, B - Bidir Group, s - SSM Group, C - Connected,
       L - Local, P - Pruned, R - RP-bit set, F - Register flag,
       T - SPT-bit set, J - Join SPT, M - MSDP created entry,
       X - Proxy Join Timer Running, A - Candidate MSDP Advertisement,
       U - URD, I - Received Source Specific Host Report, Z - Multicast Tunnel
       Y - Joined MDT-data group, y - Sending to MDT-data group
Outgoing interface flags: H - Hardware switched
 Timers: Uptime/Expires
 Interface state: Interface, Next-Hop or VCD, State/Mode

(*, 224.1.1.1), 00:02:12/stopped, RP 0.0.0.0, flags: DC
  Incoming interface: Null, RPF nbr 0.0.0.0
  Outgoing interface list:
    Ethernet0/0, Forward/Dense, 00:00:21/00:00:00
    Serial2/0, Forward/Dense, 00:02:12/00:00:00

(10.5.1.5, 224.1.1.1), 00:02:12/00:01:11, flags: T
  Incoming interface: Serial2/0, RPF nbr 10.2.1.29
  Outgoing interface list:
    Ethernet0/0, Forward/Dense, 00:00:21/00:00:00
```

图 11-11 显示了最终的多播分布树。

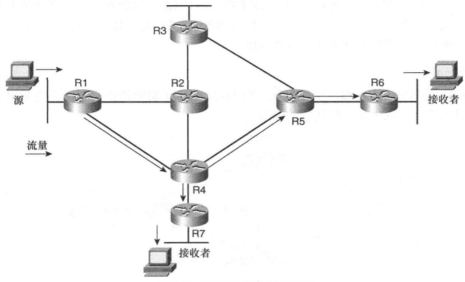

图 11-11　PIM-DM 网络最终的 MDT

洪泛和裁剪的行为不是优雅的（graceful），它能对网络性能造成显著的影响。因为这一行为，一个稳定的网络会经历间歇的流量振荡。而且，PIM-DM 不能和 MSDP 一起工作，也不能参与域间多播。通常建议你为所有的环境都部署 PIM-SM 而不使用 PIM-DM。

2．稀疏模式

在稀疏模式下运行的 PIM 协议（PIM-SM）采用显式加入的方法而不是间歇的洪泛和裁剪的方法。PIM-DM 的洪泛和裁剪的方法提供的手段是向网络中的所有路由器通告可用的多播组和源。而另一方面，PIM-SM 引入了会聚点（Rendezvous Point，RP）的概念，把它作为一种源和接收者的会聚途径（如它的名字描述的一样）。

RP 知道网络中所有的源和组。当源开始发送数据时，它的直接上游路由器就到 RP 上注册(S,G)。当接收者开始收听数据流时，如果它的上游路由器没有关于这个流特定的(S,G)或(*,G)信息，它就返向 RP 构造共享树（*,G）。

PIM-SM 比 PIM-DM 有一些优势。它不使用洪泛和裁剪的方法，因而减少了对网络资源的需求。第二个优势就是，不像 PIM-DM 那样，每一台路由器不用为所有的（S,G）维护协议状态，更不用说那些没有下游接收者的路由器了。

PIM-SM 与 PIM-DM 的配置非常类似。因而，必须使用全局配置命令 **ip multicast-routing** 激活路由器的 IP 多播路由。

必须使用接口配置命令 **ip pim sparse-mode** 配置每一个接口来激活稀疏模式下的 PIM。

此外，必须使用全局配置命令 **ip pim rp-address** *address* 在每一台路由器配置 RP 的 IP 地址。

对于任何特定的多播组而言，所有的路由器对同一个 RP 达成共识这一点非常重要。不像 PIM-DM 那样，PIM-SM 可以使用（*,G）或更特定的（S,G）来转发流量。这意味着对于使用共享树来转发的流量，就使用 RP 的地址来执行 RPF 功能；对于使用（S,G）沿着源树被转发的流量，就使用多播源的地址来执行 RPF 功能。

PIM-SM 例子

本例提供了 PIM-SM 网络的操作概况。图 11-12 显示了初始拓扑。本例关注 PIM-SM 操作的主要信息而没有深入讨论协议状态的细节。

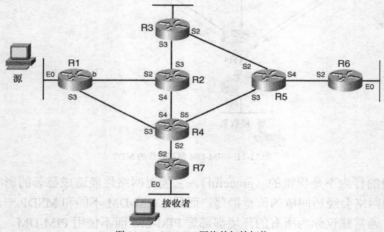

图 11-12　PIM-SM 网络的初始拓扑

接收者是加入多播组的第一台设备。它的上游路由器知道 RP 的地址，并构造了到 RP 的共享树使得该多播组的任何流量流到接收者。图 11-13 显示了接收者的共享树的创建过程。

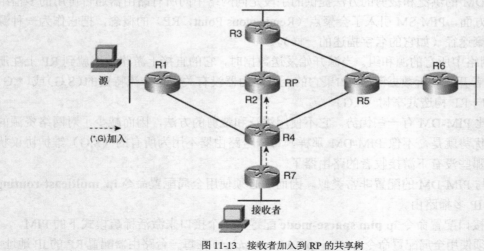

图 11-13　接收者加入到 RP 的共享树

例 11-5 显示了共享树上路由器的多播状态信息。选择 R4 是因为它是共享树和源树的分岔点（译者注：实际上 RP 才是共享树和源树的分岔点）。状态信息显示生成了 OIL，且入站接口指回到 RP。这是从接收者到 RP 组成的共享树的状态信息，接收者希望在会聚点那里找到多播源。

例 11-5　组 224.1.1.1 在 R4 上的共享树状态信息

```
R4#show ip mroute 224.1.1.1
IP Multicast Routing Table
Flags: D - Dense, S - Sparse, B - Bidir Group, s - SSM Group, C - Connected,
       L - Local, P - Pruned, R - RP-bit set, F - Register flag,
       T - SPT-bit set, J - Join SPT, M - MSDP created entry,
       X - Proxy Join Timer Running, A - Candidate MSDP Advertisement,
       U - URD, I - Received Source Specific Host Report, Z - Multicast Tunnel
       Y - Joined MDT-data group, y - Sending to MDT-data group
Outgoing interface flags: H - Hardware switched
 Timers: Uptime/Expires
 Interface state: Interface, Next-Hop or VCD, State/Mode

(*, 224.1.1.1), 00:00:28/00:03:06, RP 10.1.1.2, flags: S
  Incoming interface: Serial4/0, RPF nbr 10.2.1.10
  Outgoing interface list:
    Serial2/0, Forward/Sparse, 00:00:28/00:03:06
```

现在多播源开始向多播组发送流量。多播源的第一台下游路由器到 RP 去注册。RP 接收到通过单播发送来的注册（Register）消息，提醒它存在源。注册消息封装了到来的多播数据包，以确保在 RP 构造到多播源的源树的过程中不丢弃多播数据。RP 构造了到多播源的源树。当流量沿着源树刚开始流到 RP 时，RP 就发送停止注册（Register Stop）消息以结束注册过程。在这一时间点上，流量交付所需要的 MDT 就形成了。图 11-14 显示了注册过程和从 RP 到源的 SPT 的创建过程。流量从 RP 沿着共享树被发送到接收者。

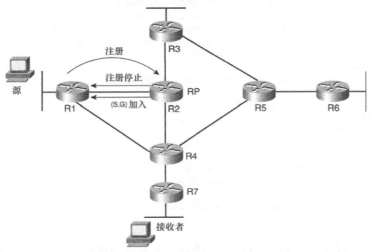

图 11-14　源注册过程和 RP 加入到源的 SPT 过程

图 11-15 显示了 MDT。

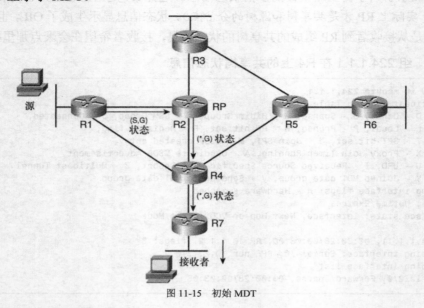

图 11-15 初始 MDT

例 11-6 显示了 R4 的多播状态信息。

例 11-6 R4 上的共享树和源树的多播状态

```
R4#show ip mroute 224.1.1.1
IP Multicast Routing Table
Flags: D - Dense, S - Sparse, B - Bidir Group, s - SSM Group, C - Connected,
       L - Local, P - Pruned, R - RP-bit set, F - Register flag,
       T - SPT-bit set, J - Join SPT, M - MSDP created entry,
       X - Proxy Join Timer Running, A - Candidate MSDP Advertisement,
       U - URD, I - Received Source Specific Host Report, Z - Multicast Tunnel
       Y - Joined MDT-data group, y - Sending to MDT-data group
Outgoing interface flags: H - Hardware switched
 Timers: Uptime/Expires
 Interface state: Interface, Next-Hop or VCD, State/Mode

(*, 224.1.1.1), 00:01:17/stopped, RP 10.1.1.2, flags: SF
  Incoming interface: Serial4/0, RPF nbr 10.2.1.10
  Outgoing interface list:
    Serial2/0, Forward/Sparse, 00:01:17/00:03:25

(10.5.1.5, 224.1.1.1), 00:00:16/00:03:16, flags:
  Incoming interface: Serial3/0, RPF nbr 10.2.1.5
  Outgoing interface list:
    Serial2/0, Forward/Sparse, 00:00:16/00:03:25
```

例 11-6 中，组 224.1.1.1 的（*,G）和（S,G）中的入站接口包含了重要细节。（*,G）的入站接口是 Serial4/0，而（S,G）的入站接口是 Serial3/0。这意味着有更优化的路径可以用来构造这个特定源的 MDT，这条路径与沿着共享树下来的路径不同。一种叫 SPT 转接（switchover）的过程用来将流量从共享树上转移到更优化的源树上。只要流量速率刚到达一定的门限，这种分歧就会触发 SPT 转接。默认的门限是一个数据包。

因为到接收者的流量所穿过的优化路径没有经过 RP，因此刺激了 R4 构造直接到源的 SPT 并从共享树上裁剪掉这个特殊的源。一种叫 RP 比特裁剪（RP-bit prune）的特殊的裁剪消息用来从共享树上裁剪单个源，即从（*,G）树上裁剪掉（S,G）。这种特殊的裁剪机制确保了整个共享树不被裁剪，因为这会阻止接收者接收从新的多播源沿着共享树发送下来的任何流量。图 11-16 显示了 SPT 转接过程。

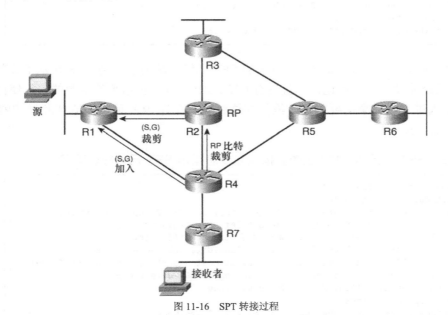

图 11-16 SPT 转接过程

SPT 转接后，RP 就不再转发这个特定的源下来的流量了。随后 RP 裁剪了从它到源的 SPT。例 11-7 中，新的状态信息显示流量已经转移到了从 R4 到源的 SPT 上。通过比较例 11-6 和例 11-7 中的（S,G）的标记，你可以看出流量正沿着 SPT 而不是共享树流动。新增加的 T 标记意味着已经发生了 SPT 转接。

例 11-7 源树状态信息指示了 R4 上发生了 SPT 转接

```
R4#show ip mroute 224.1.1.1
IP Multicast Routing Table
Flags: D - Dense, S - Sparse, B - Bidir Group, s - SSM Group, C - Connected,
       L - Local, P - Pruned, R - RP-bit set, F - Register flag,
```

（待续）

```
        T - SPT-bit set, J - Join SPT, M - MSDP created entry,
        X - Proxy Join Timer Running, A - Candidate MSDP Advertisement,
        U - URD, I - Received Source Specific Host Report, Z - Multicast Tunnel
        Y - Joined MDT-data group, y - Sending to MDT-data group
Outgoing interface flags: H - Hardware switched
 Timers: Uptime/Expires
 Interface state: Interface, Next-Hop or VCD, State/Mode

(*, 224.1.1.1), 00:02:59/stopped, RP 10.1.1.2, flags: SF
  Incoming interface: Serial4/0, RPF nbr 10.2.1.10
  Outgoing interface list:
    Serial2/0, Forward/Sparse, 00:02:59/00:02:58

(10.5.1.5, 224.1.1.1), 00:01:58/00:03:25, flags: T
  Incoming interface: Serial3/0, RPF nbr 10.2.1.5
  Outgoing interface list:
    Serial2/0, Forward/Sparse, 00:01:58/00:02:58
```

RP 的多播状态信息指示到源 10.5.1.5 的 SPT 已经被裁剪了。例 11-8 显示了裁剪状态，其中（S,G）已经被设置了 P 标记，并且没有 OIL。RP 必须维护这个特定源的信息使得其他的接收者可以加入进来。如果需要的话，维护的这种状态允许 RP 重新构造到源的 SPT，这更像 PIM-DM 中的嫁接过程。

例 11-8 SPT 转接后，RP 上的多播状态信息指示 SPT 已经被裁剪了

```
R2#show ip mroute 224.1.1.1
IP Multicast Routing Table
Flags: D - Dense, S - Sparse, B - Bidir Group, s - SSM Group, C - Connected,
       L - Local, P - Pruned, R - RP-bit set, F - Register flag,
       T - SPT-bit set, J - Join SPT, M - MSDP created entry,
       X - Proxy Join Timer Running, A - Candidate MSDP Advertisement,
       U - URD, I - Received Source Specific Host Report, Z - Multicast Tunnel
       Y - Joined MDT-data group, y - Sending to MDT-data group
Outgoing interface flags: H - Hardware switched
 Timers: Uptime/Expires
 Interface state: Interface, Next-Hop or VCD, State/Mode

(*, 224.1.1.1), 00:04:33/stopped, RP 10.1.1.2, flags: S
  Incoming interface: Null, RPF nbr 0.0.0.0
  Outgoing interface list:
    Serial4/0, Forward/Sparse, 00:04:33/00:02:41

(10.5.1.5, 224.1.1.1), 00:03:33/00:01:34, flags: PT
  Incoming interface: Serial2/0, RPF nbr 10.2.1.1
  Outgoing interface list: Null
```

图 11-17 显示了最终的 MDT。

IP 多播的主题是广泛的。本节提供了多播路由选择如何在域内工作的高度概要。这种概要是你学习更多的域间多播所需要的基础知识。

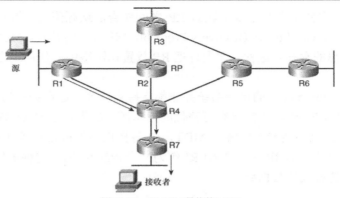

图 11-17 PIM-SM 最终的 MDT

11.2 域 间 多 播

在一个多播域中，RP 知道域中所有活跃源的信息。当跨越单个多播域时，这种信息必须被分发到其他的域。一种可能的解决方案就是有一个被整个 Internet 所共享的全球性的 RP。但是，因为技术和管理的两种原因，这是不可扩展的。

最早的解决方案就是把所有的 RP 放在多播 Internet 交换局（Multicast Internet Exchange，MIX）中，使之相互邻接并在其中运行 PIM-DM。这种方案导致了多播源信息的间歇泛滥。它是不可扩展的，而且对 RP 的放置点有特定的约束。图 11-18 显示了为域间多播使用 MIX 的例子。

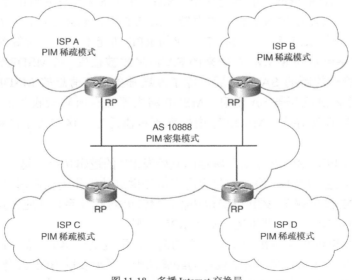

图 11-18 多播 Internet 交换局

设计的下一个方案就是在跨越多个域的 RP 之间通告活跃源信息。这种新的变化激起了对多播源发现协议（Multicast Source Discovery Protocol，MSDP）的开发。MSDP 惟一的作用就是通告远端（S,G）信息的存在。这种方案允许把 RP 放置在网络中的任何地方并让提供商拥有独立的 RP。

另一个挑战就是 Internet 上的自治系统并非都支持多播流。这意味着为了构造 MDT，除了单播路由选择表用于 RPF 外，还需要有可替代的信息源。如果特定的（S,G）的 RPF 指向一个不支持多播的 AS，那就不能构造到源的 MDT，IP 多播也不能根据那条（S,G）信息来运作。解决办法就是在 BGP 中引入 IPv4 多播 NLRI 作为一个新的 SAFI。这种多播 NLRI 可以提供执行 RPF 检查所需要的替代的数据库。

11.2.1 多播源发现协议

MSDP 为域间多播连接性提供了一种机制。它所提供的功能就是向远端域通告活跃的（S,G）信息。在 PIM-SM 域中，RP 有域中所有活跃的（S,G）表项信息。通告域间（S,G）的挑战性归结为在所有参与到 PIM-SM 域的 RP 之间通告活跃的（S,G）表项。

MSDP 特定在 TCP 和 UDP 端口 639 上运行；不过，所有的实现都使用 TCP。通过 MSDP 通告的控制信息叫做源活跃（Source Active，SA）消息。SA 包含三条主要的信息：

- 多播源地址；
- 源发向的多播组地址；
- 始发 RP 的 IP 地址。

特定（S,G）的 RP 是指惟一能够为这个（S,G）生成 SA 消息的路由器。非 RP 的路由器不能生成 SA 消息而只能提供 SA 消息的中转。MSDP 中，防止 SA 消息循环的机制叫对等 RPF（peer-RPF）。对等 RPF 和用于 MDT 创建的 RPF 功能不一样。对等 RPF 保证了逻辑上更靠近 SA 的始发路由器的 MSDP 发送来的 SA 消息才被接受。当 MSDP 路由器接收到一条通过了对等 RPF 检查的新的 SA 消息后，除了发送那条 SA 消息的 MSDP 对等体外，它向所有的 MSDP 对等体洪泛那条 SA 消息。MSDP 路由器缓存所有接收到的 SA 消息。如果接收到的 SA 消息已经在缓存中，MSDP 路由器就不再洪泛它。这防止了间歇性地再次洪泛同样的 SA 信息。

要能执行对等 RPF，MSDP 需要了解返回到始发 RP 的逻辑拓扑。这使 MSDP 能够确定哪个邻居离始发 RP 最近。MSDP 协议不包含内在地提供这种拓扑的任何消息；相反，它依赖于 BGP。为了使 MSDP 能依赖于 BGP 以确定拓扑，MSDP 对等关系拓扑应该反映 BGP 对等关系拓扑。"mBGP/MSDP 交互"一节讲述了对等 RPF 规则。

和多播一样，MSDP 的实际配置比想象中的简单。配置是简单的，但 MSDP 对等会话的实际布局却是困难所在。MSDP 对等会话设计的经验法则就是要反映 BGP 拓扑。这保证了合适的 SA 传播。MSDP 对等体的配置如下：

```
ip msdp peer {remote-address} [connect-source local-interface] [remote-as AS]
```

remote-address 是指建立远端对等会话地址，connect-source 关键字后面接本地对等会话接口。这类似于 BGP 上的 neighbor address 和 update-source 配置。**remote-as** 值是可选的，因为 MSDP 可以基于 BGP 对等关系信息自动导出这个值。

如果只使用单个 MSDP 对等会话，就可以配置默认对等体。使用默认对等体消除了执行对等 RPF 检查的需要，因为不可能有 SA 环路。默认对等体的配置是：

```
ip msdp default-peer remote-address
```

如果配置中定义了多个默认对等体，它们就被用作冗余。首先使用配置中的第一个对等体，如果不能与它建立会话，就使用第二个。不能与多个默认对等体同时建立会话，只有一个是激活的。

11.2.2 MP-BGP 中的多播 NLRI

域间多播没有普遍部署，这就是说并非所有的域都已经部署了多播。从 AS 的观点来看，多播部署缺乏普遍性导致了单播拓扑和多播拓扑的不吻合。缺乏吻合就造成某些情况下 MDT 尝试跨越一个只有单播的域而形成。如果到远端源的最佳路径是穿越单播域的，那么 MDT 就会尝试在那个方向上使用通常的 RPF 机制而形成。不过，跨越没有启用多播的网络，MDT 是不能形成的，这就打破了域间多播的工作机制。

解决办法就是通过 MP-BGP 扩展使 BGP 能够把单播 NLRI 和多播 NLRI 分开运载，其中多播 NLRI 专用于执行 RPF 功能。这使得在单播 RIB（uRIB）和多播 RIB（mRIB）中，对相同的前缀有不同的路径选择，这些 RIB 维护了一致的单播转发并使域间多播正常工作。mRIB 不会用于单播转发，但是 uRIB 可以用作多播 RPF 检查。当执行这种检查时，首先检查 mRIB。如果其中没有表项，就检查 uRIB。MP-BGP 运载的多播 NLRI 使用了地址簇标识符（AFI）1，它指示 IPv4；后继地址簇标识符（SAFI）2，它指示多播 NLRI。

当通告多播 NLRI 时，使用地址簇样式来配置。第 10 章讨论的 MPLS VPN 的部署已经涵盖了地址簇样式配置这一主题。本章后面的案例研究提供了配置例子。

11.2.3 mBGP/MSDP 交互

MSDP 和 BGP 是联合运作的。这里使用的首字母缩写词（m）BGP 指运载单播、多播、或单/多播 NLRI 的 BGP 会话。这是因为多播和单播 NLRI 都可以用于对等 RPF 检查，多播 NLRI 优先于单播 NLRI。MSDP 对等关系拓扑应该反映 BGP 对等关系拓扑以确保可以做到正确的对等 RPF 检查。

基于 BGP 和 MSDP 对等关系的吻合性，有 6 条主要的对等 RPF 规则适用于到来的 SA 消息。下一节将详细讨论它们。这 6 条规则分成不需要做对等 RPF 检查的 3 条规则和 3 种特定的对等 RPF 检查规则。

当满足下面任一条件时不需要做对等 RPF 检查：

- 发出消息的 MSDP 对等体是 SA 的始发 RP。
- 发出消息的 MSDP 对等体是全通组（mesh group）对等体。
- 发出消息的 MSDP 对等体是惟一的 MSDP 对等体。

对等 RPF 检查规则依赖于 MSDP 和(m)BGP 对等关系拓扑的吻合性。首先识别出与 MSDP 对等会话使用相同地址的(m)BGP 对等会话。BGP 会话的类型——内部类型或外部类型用来为执行对等 RPF 检查确定规则。有以下一些规则：

- 规则 1：发出消息的 MSDP 对等体也是 i(m)BGP 对等体。
- 规则 2：发出消息的 MSDP 对等体也是 e(m)BGP 对等体。
- 规则 3：发出消息的 MSDP 对等体不是(m)BGP 对等体。

应该注意，因为第 3 条规则指示没有(m)BGP 对等体，所以 MSDP 对等会话地址不与任何(m)BGP 对等会话地址匹配。然而路由器上仍然需要有(m)BGP NLRI 以使 SA 消息通过对等 RPF 检查，所以第 3 条规则仅用来处理 MSDP 和(m)BGP 的拓扑缺乏吻合的情况。

下面考察了这些对等 RPF 检查的更多细节。

1. 对等 RPF 检查规则 1：i(m)BGP 会话

路由器查找去往 MSDP SA 消息的始发 RP 的最佳路径。首先检查 mRIB，然后才是 uRIB。如果找不到路径，则 RPF 检查失败。如果找到了路径，正在执行 RPF 检查的路由器就把发送最佳路径的 BGP 对等体的 IP 地址与向它发送 SA 消息的 MSDP 对等体地址作比较。如果它们相同，则 RPF 检查成功；反之，则失败。

图 11-19 显示了成功的 RPF 检查。

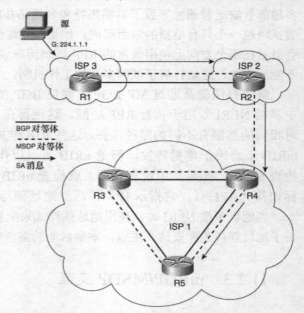

图 11-19　成功的基于 iBGP 的 MSDP SA 的 RPF 检查

图 11-19 显示了 R5 从 R4 收到组 224.1.1.1 的 MSDP SA，R4 是 iBGP 对等体，它使用 loopback0 接口用于建立 iBGP 和 MSDP 对等会话。例 11-9 显示了接收 MSDP SA 的调试信息。R5 把 i(m)BGP 邻居 R4 用作 RPF，从 R4

接收到的 SA 通过了 RPF 检查。

例 11-9　调试 MSDP 显示成功的 SA RPF 检查

```
*Mar  3 09:21:19.691: MSDP(0): 10.1.0.4: Received 20-byte msg 31 from peer
*Mar  3 09:21:19.691: MSDP(0): 10.1.0.4: SA TLV, len: 20, ec: 1, RP: 10.1.0.1
*Mar  3 09:21:19.691: MSDP(0): 10.1.0.4: Peer RPF check passed for 10.1.0.1,
  used IMBGP peer
```

例 11-10 中，到始发 RP 10.1.0.1 的 BGP 路径信息显示最佳路径从 R4 10.1.0.4 接收到。根据使用 i(m)BGP 对等体的 RPF 检查规则，MSDP 会话的源地址需要是 10.1.0.4，根据例 11-9 中 MSDP 调试显示，这正好就是。

例 11-10　到始发 RP 的 mBGP 最佳路径选择

```
R5#show ip mbgp 10.1.0.1
BGP routing table entry for 10.1.0.1/32, version 4
Paths: (1 available, best #1, table Default-MBGP-Routing-Table)
  Not advertised to any peer
  2 3
    10.2.1.1 (metric 128) from 10.1.0.4 (10.1.0.4)
      Origin IGP, localpref 100, valid, internal, best
```

图 11-20 显示了失败的 RPF 检查。

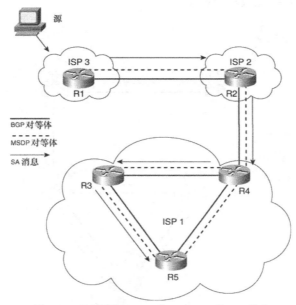

图 11-20　失败的基于 iBGP 的 MSDP SA 的 RPF 检查

R4 接收到组 224.1.1.1 的 MSDP SA 消息，它然后向 R3 和 R5 通告了这条消息。因为该消息通过了 RPF 检查，所以 R3 和 R5 都接受了。然而，R3 和 R5 之间另有一个 MSDP 对等会话。例 11-11 的调试输出显示了 R3 向 R5 通告了这条 SA 消息。在这个例子中，RPF 检查失败了。例 11-10 显示了到始发 RP 10.1.0.1 的最佳路径是从 10.1.0.4 而不是从 10.1.0.3 接收到的，这就是从 R3 接收到的 SA 的 RPF 检查失败的原因。SA 的检查过程正在查找对等体 10.1.0.4（R4）以通过 RPF 检查。

例 11-11 调试 MSDP 显示失败的 SA RPF 检查

```
*Mar  3 09:21:18.499: MSDP(0): 10.1.0.3: Received 20-byte msg 29 from peer
*Mar  3 09:21:18.499: MSDP(0): 10.1.0.3: SA TLV, len: 20, ec: 1, RP: 10.1.0.1
*Mar  3 09:21:18.499: MSDP(0): 10.1.0.3: Peer RPF check failed for 10.1.0.1,
   used IMBGP route's peer 10.1.0.4
```

2．对等 RPF 检查规则 2：e(m)BGP 会话

路由器在 BGP 表中查找去往始发 RP 的最佳路径。首先检查 mRIB，然后才是 uRIB。如果找不到路径，则 SA RPF 检查失败。

如果找到了最佳路径，并且 MSDP 对等体地址与 eBGP 对等体地址相同，路由器就把去往始发 RP 的最佳路径的 AS_PATH 列表中的第一个 AS 号与 eBGP 对等体的 AS 号作比较。如果它们相同，则 RPF 检查成功，反之，则失败。这在根本上保证了指向始发 RP 的上游 AS 与发送 SA 的 MSDP 所在的 AS 是一致的。

图 11-21 显示了 RPF 检查成功的例子。

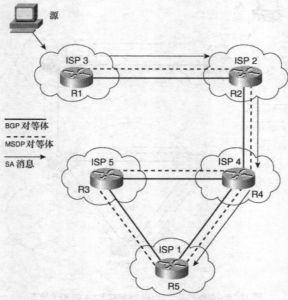

图 11-21 成功的基于 eBGP 的 MSDP SA 的 RPF 检查

R5 接收到组 224.1.1.1 的 MSDP SA 消息。这是从 AS 4 中的 R4 接收过来的。R5 根据 e(m)BGP 对等体规则执行 MSDP SA RPF 检查。例 11-12 中的 MSDP 调试信息显示了从 10.3.1.10（R4 的链路地址）接收过来的 SA 消息通过了 RPF 检查。

例 11-12　调试 MSDP 显示了 R5 上成功的 SA RPF 检查

```
R5#
*Mar  3 09:58:18.291: MSDP(0): 10.3.1.10: Received 20-byte msg 101 from peer
*Mar  3 09:58:18.291: MSDP(0): 10.3.1.10: SA TLV, len: 20, ec: 1, RP: 10.1.0.1
*Mar  3 09:58:18.291: MSDP(0): 10.3.1.10: Peer RPF check passed for 10.1.0.1,
  used EMBGP peer
```

当 MSDP 对等体地址与 eBGP 对等体地址相同时，RPF 检查保证了发送 SA 的 MSDP 所在的 AS 就是收到去往始发 RP 的最佳路径的 AS。例 11-13 中，去往始发 RP 的 AS_PATH 列表中的第一个 AS 号是 4。发送 SA 的 MSDP 对等体是 10.3.1.10，这也是与 AS 4 的 eBGP 对等会话使用的地址。

例 11-13　始发 RP 的 mBGP 信息

```
R5#show ip mbgp 10.1.0.1
BGP routing table entry for 10.1.0.1/32, version 2
Paths: (2 available, best #2, table Default-MBGP-Routing-Table)
  Advertised to non peer-group peers:
  10.3.1.5
  5 4 2 3
    10.3.1.5 from 10.3.1.5 (10.1.0.3)
      Origin IGP, localpref 100, valid, external
  4 2 3
    10.3.1.10 from 10.3.1.10 (10.1.0.4)
      Origin IGP, localpref 100, valid, external, best
```

图 11-22 显示了失败的 RPF 检查。

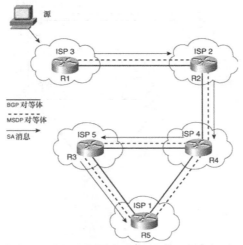

图 11-22　失败的基于 eBGP 的 MSDP SA 的 RPF 检查

R4 向 AS 1 中的 R5 和 AS 5 中的 R3 发送 SA。AS 5 中的 R3 接收了 SA 并把它通告给 AS 1 中的 R5。例 11-14 的调试输出显示了失败的 SA RPF 检查。原因是去往始发 RP 的 AS_PATH 列表中的第一个 AS 号是 4。相关的 BGP 路径信息显示在例 11-13 中。发送 SA 的 MSDP 对等体却是 AS 5 中的 e(m)BGP 对等体，于是 RPF 检查失败。

例 11-14　调试 MSDP 显示失败的 SA RPF 检查

```
*Mar  3 09:57:57.499: MSDP(0): 10.3.1.5: Received 20-byte msg 99 from peer
*Mar  3 09:57:57.499: MSDP(0): 10.3.1.5: SA TLV, len: 20, ec: 1, RP: 10.1.0.1
*Mar  3 09:57:57.499: MSDP(0): 10.3.1.5: Peer RPF check failed for 10.1.0.1,
  EMBGP route/peer in AS 4/5
```

3．对等 RPF 检查规则 3：无(m)BGP 会话

当检查发送消息的 MSDP 对等体的 IP 地址时，如果没有与之匹配的(m)BGP 对等体，就使用一套不同的规则。路由器查找去往始发 RP 的最佳路径。首先检查 mRIB，然后才是 uRIB。如果找不到路径，则 RPF 检查失败。

如果找到了去往始发 RP 的路径，就在 BGP 表中检查去往 MSDP 对等体的路径。首先检查 mRIB，然后才是 uRIB。如果找不到路径，则 RPF 检查失败。

将去往 MSDP 对等体的路径上的起始（最后一个到达的）AS 与去往始发 RP 的路径上的第一个 AS 作比较。如果它们相同，则 RPF 检查成功。反之，则失败。这一过程保证了从发起 (S,G) 的域到收到 MSDP SA 的 AS 之间建立了 MDT。

图 11-23 显示了成功的 RPF 检查。

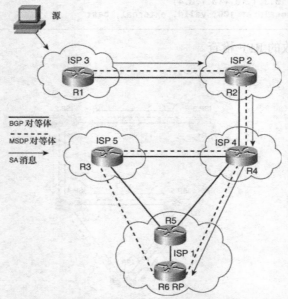

图 11-23　无 BGP 会话匹配条件下成功的 MSDP SA 的 RPF 检查

图 11-23 中，R6 与 R4 之间有 MSDP 会话但没有 BGP 会话。需要 MSDP 对等体与 BGP 对等体匹配的 RPF 检查规则就会失效。然而，可以通过检查拓扑来防止环路，这保证了去往 RP 的路径上的下一个 AS 就是发送 SA 的 MSDP 对等体所在的 AS。

例 11-15 显示了 RPF 检查的 MSDP 调试，这是针对 e(m)BGP 对等体的。尽管 R6 上没有 e(m)BGP 会话，但 RPF 检查还是通过了。

例 11-15　调试 MSDP 显示成功的 SA RPF 检查

```
*Mar  3 10:22:35.739: MSDP(0): 10.1.0.4: Received 20-byte msg 13 from peer
*Mar  3 10:22:35.739: MSDP(0): 10.1.0.4: SA TLV, len: 20, ec: 1, RP: 10.1.0.1
*Mar  3 10:22:35.739: MSDP(0): 10.1.0.4: Peer RPF check passed for 10.1.0.1,
  used EMBGP peer
```

MSDP 对等会话与 BGP 对等会话之间没有直接的关系，而通过 RPF 检查的条件是去往始发 RP 的路径上的第一个 AS 必须与去往 MSDP 对等体的路径上的最后一个 AS 相同。例 11-16 显示了 BGP 路径信息。去往始发 RP 的 AS_PATH 列表中的第一个 AS 是 AS 4。例 11-15 中的调试输出显示 SA 从 MSDP 对等体 10.1.0.4 接收过来。10.1.0.4 的前缀源自 AS 4。因此就通过了 RPF 检查。

例 11-16　去往始发 RP 和 MSDP 对等体的 mBGP 最佳路径

```
R6#show ip mbgp 10.1.0.3
BGP routing table entry for 10.1.0.3/32, version 4
Paths: (1 available, best #1, table Default-MBGP-Routing-Table)
  Not advertised to any peer
  5
    10.3.1.5 (metric 128) from 10.1.0.5 (10.1.0.5)
      Origin IGP, metric 0, localpref 100, valid, internal, best
R6#show ip mbgp 10.1.0.4
BGP routing table entry for 10.1.0.4/32, version 5
Paths: (1 available, best #1, table Default-MBGP-Routing-Table)
  Not advertised to any peer
  4
    10.3.1.10 (metric 128) from 10.1.0.5 (10.1.0.5)
      Origin IGP, metric 0, localpref 100, valid, internal, best
R6#show ip mbgp 10.1.0.1
BGP routing table entry for 10.1.0.1/32, version 2
Paths: (1 available, best #1, table Default-MBGP-Routing-Table)
  Not advertised to any peer
  4 2 3
    10.3.1.10 (metric 128) from 10.1.0.5 (10.1.0.5)
      Origin IGP, localpref 100, valid, internal, best
```

图 11-24 显示了失败的 RPF 检查。

R6 也从 AS 5 中的 R3 接收到了 RP 10.1.0.1 始发的组 224.1.1.1 的 MSDP SA 消息。例 11-17 显示了 SA 接收过程的 MSDP 调试信息，在这里 RPF 检查失败了。SA 从 MSDP 对等体 10.1.0.3

接收过来，R6 没有与之匹配的 BGP 会话。和例 11-16 显示的一样，去往始发 RP（10.1.0.1）的 AS_PATH 列表中的第一个 AS 是 AS 4。MSDP 对等体 10.1.0.3 的起源 AS 是 AS 5。这不匹配，导致了 RPF 检查的失败。

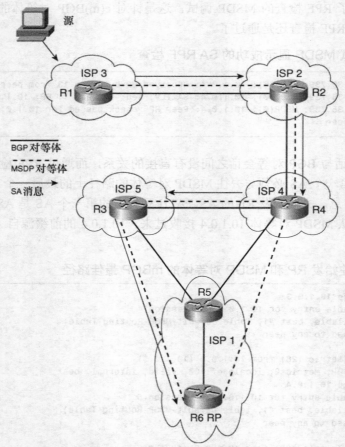

图 11-24　无 BGP 会话匹配条件下失败的 MSDP SA 的 RPF 检查

例 11-17　调试 MSDP 显示失败的 SA RPF 检查

```
*Mar  3 10:22:44.847: MSDP(0): 10.1.0.3: Received 20-byte msg 15 from peer
*Mar  3 10:22:44.847: MSDP(0): 10.1.0.3: SA TLV, len: 20, ec: 1, RP: 10.1.0.1
*Mar  3 10:22:44.847: MSDP(0): 10.1.0.3: Peer RPF check failed for 10.1.0.1,
  EMBGP route/peer in AS 5/0
```

4．全通组

在复杂的 MSDP 实现中，特别是当使用了任意播 RP（Anycast RP）时，单个域中可能会有大量的 MSDP 对等会话。案例研究讨论了任意播 RP 的使用。MSDP 全通组（mesh group）

优化了域中的 SA 洪泛行为。图 11-25 显示了运行中的 MSDP 全通组。案例研究提供了配置例子。

全通组的概念是建立在假设所有全通组的对等体都是全互连的基础之上的。这意味着当一台路由器从全通组对等体接收到了 SA 消息后，它假设该对等体也向全通组内的所有其他对等体发送了这条 SA 消息。这台路由器于是向不在全通组内的所有其他 MSDP 对等体洪泛这条 SA 消息。从全通组对等体接收过来的 SA 消息不用于执行 RPF 检查。

一台路由器上可能有多个全通组。全通组也可能形成导致路由选择信息循环的环路，因为当 MSDP SA 消息是从全通组对等体接收过来的时候不执行 RPF 检查。当全互连的 3 台路由器相互对等，即存在 3 个 MSDP 对等会话时，就形成了一个 MSDP 全通组环（loop）。而如果使用不同的全通组来配置每一个 MSDP 对等会话时，就形成了路由循环（loop）。全通组定义对路由器而言是本地的。

5．路由反射问题

使用路由反射可能会给 MSDP SA 的 RPF 检查带来问题。这是因为 BGP 对等会话地址用于 RPF 检查。图 11-26 显示了路由反射是如何通过产生(m)BGP 拓扑和 MSDP 对等拓扑之间的分歧来干涉 MSDP SA 的 RPF 检查的。

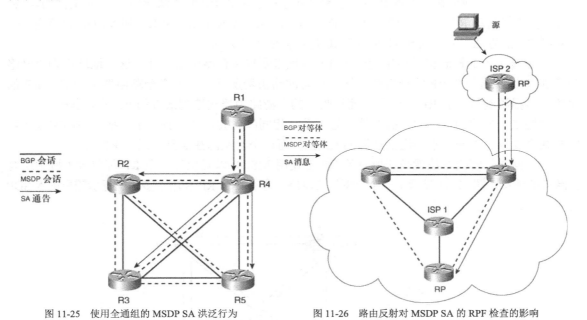

图 11-25　使用全通组的 MSDP SA 洪泛行为　　　图 11-26　路由反射对 MSDP SA 的 RPF 检查的影响

使用路由反射和 MSDP 对等会话需要密切关注的主要问题就是 MSDP 对等会话不与 iBGP 会话对应，除非路由反射器也在 MSDP 拓扑中。这种情况下使用无 BGP 会话的 RPF 规则而不是 iBGP 会话规则，这会导致对等 RPF 检查失败。去往始发 RP 的 AS_PATH 是 2，去往 MSDP

对等体的 AS_PATH 是 1。根据规则 3，这导致了对等 RPF 检查失败。

11.3 案例研究：服务提供商的多播部署

本案例研究从 3 个方面来考察 IP 多播部署。

第一个方面是内部架构。使用单个 RP 的多播部署不是冗余的，因为 RP 是一个故障单点。为了提供冗余性，引入了任意播 RP 的概念，并使用全通组来优化 SA 的洪泛行为。

第二个方面是用户连接性。根据冗余的级别和类型，有多种选项提供多播服务。用户是否有他（她）自己的 RP 还是愿意用上游 ISP 的 RP 也是考虑的因素。

第三个方面是域间连接性。该节讲述了延伸本地多播服务的方法，使用户能接收到非本地的多播数据流，也使得能从远端访问用户发起的多播数据流。

11.3.1 任意播 RP

到目前为止，我们在所有的路由器上都采取了静态配置 RP 的方法。针对 RP 冗余性的需要，Cisco 提出了自动 RP（Auto-RP），自举路由器（Bootstrap Router，BSR）和 MSDP 的演进——任意播 RP 的方法。本节讨论的任意播 RP 是推荐使用的方法。

任意播 RP 的概念就是使用同一个 IP 地址来配置多台路由器，并把这一地址作为"网络 RP"的地址。这使得 RP 的身份被网络中所有的路由器所认同，但多台路由器又扮演了 RP 的角色。多播源到最近的 RP 上注册，而接收者的上游路由器构造到最近的 RP 的共享树。

问题在于使用的多个 RP 拥有的信息不总是相同的。尝试加入到一个多播组中的接收者可能把共享树终止于一个不知道活跃源的 RP 上，而这个活跃源注册到不同的 RP 上。

这个问题的解决办法就是在所有的 RP 上使用 MSDP 以确保每一个 RP 都包含了域中所有活跃源的信息。图 11-27 显示了一个小型核心网络，它有 4 台 RP 和用于多播运行所需要的 MSDP 对等会话。

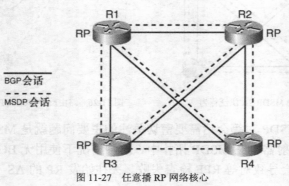

图 11-27　任意播 RP 网络核心

例 11-18 显示了 R1 上使用全通组的配置。

例 11-18　R1 上的全通组

```
hostname R1
!
ip multicast-routing
!
interface Loopback0
 description RP Interface
 ip address 100.1.1.1 255.255.255.255
!
interface Loopback1
 description Router ID and Peering Source
 ip address 100.1.0.1 255.255.255.255
!
interface Serial2/0
 ip address 100.2.1.1 255.255.255.252
 ip pim sparse-mode
!
interface Serial3/0
 ip address 100.2.1.5 255.255.255.252
 ip pim sparse-mode
!
interface Serial4/0
 ip address 100.2.1.9 255.255.255.252
 ip pim sparse-mode
!
router ospf 100
 router-id 100.1.0.1
 log-adjacency-changes
 network 0.0.0.0 255.255.255.255 area 0
!
router bgp 100
 no synchronization
 bgp router-id 100.1.0.1
 bgp log-neighbor-changes
 network 100.1.1.0 mask 255.255.255.0
 network 100.1.1.0 mask 255.255.255.255
 neighbor CORE_MESH peer-group
 neighbor CORE_MESH remote-as 100
 neighbor CORE_MESH update-source Loopback1
 neighbor 100.1.0.2 peer-group CORE_MESH
 neighbor 100.1.0.3 peer-group CORE_MESH
 neighbor 100.1.0.4 peer-group CORE_MESH
 no auto-summary
 !
 address-family ipv4 multicast
 neighbor CORE_MESH activate
 neighbor 100.1.0.2 peer-group CORE_MESH
 neighbor 100.1.0.3 peer-group CORE_MESH
 neighbor 100.1.0.4 peer-group CORE_MESH
 no auto-summary
 network 100.1.1.0 mask 255.255.255.0
```

（待续）

```
 network 100.1.1.0 mask 255.255.255.255
 exit-address-family
!
ip pim rp-address 100.1.1.1
ip msdp peer 100.1.0.2 connect-source Loopback1 remote-as 100
ip msdp peer 100.1.0.3 connect-source Loopback1 remote-as 100
ip msdp peer 100.1.0.4 connect-source Loopback1 remote-as 100
ip msdp mesh-group CORE_MESH 100.1.0.2
ip msdp mesh-group CORE_MESH 100.1.0.3
ip msdp mesh-group CORE_MESH 100.1.0.4
!
```

配置中，R1 与其他的 RP 组成一个全连接的全通组。MSDP 会话源于非 RP 地址的环回地址。这从根本上保证了 MSDP 会话能够建立。同样重要的一点是，必须确保 BGP 会话不是起源于 RP 接口的。

注意：该多播部署中有 4 台路由器，使用了同一个地址来配置每一台路由器的环回地址。如果 RP 的地址用作路由器 ID，那么 BGP 会话就不能建立，IGP 可能也无法收敛。因此，必须显式地配置 BGP 路由器 ID 和 IGP 路由器 ID 来避免对网络产生潜在的冲击。

11.3.2 用户配置

这里描述了为用户提供连接性的最常见的情况，也给出了配置例子。不讨论用户使用 ISP 的 RP 的情况，因为这种情况下不涉及 MSDP/mBGP 对等会话。

用户连接情况是：
- MSDP 默认对等体。
- 多条链路，同一个上游提供商。
- 多个 ISP，单播专用和多播专用。
- 多个上游 ISP，冗余多播。

1. MSDP 默认对等体

图 11-28 显示的情景中，用户有自己的 RP，并有到上游提供商的单条链路。

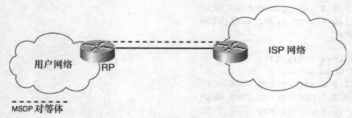

图 11-28　单 MSDP 对等体的用户连接

例 11-19 显示了用户路由器的配置。

例 11-19　用户路由器的配置

```
hostname Customer
!
ip multicast-routing
!
interface Loopback0
 ip address 10.1.0.1 255.255.255.255
!
interface Ethernet0/0
 ip address 10.100.1.1 255.255.255.0
 ip pim sparse-mode
!
interface Serial2/0
 ip address 10.1.1.1 255.255.255.252
 ip pim sparse-mode
!
ip pim rp-address 10.1.0.1
ip msdp peer 10.1.1.2 connect-source Serial2/0
ip msdp default-peer 10.1.1.2
```

例 11-20 显示了提供商路由器的配置。

例 11-20　提供商路由器的配置

```
hostname Provider
!
ip multicast-routing
!
interface Loopback0
 ip address 100.1.0.2 255.255.255.255
!
interface Serial2/0
 ip address 10.1.1.2 255.255.255.252
 ip pim sparse-mode
 no fair-queue
!
!
router bgp 100
...
 address-family ipv4 multicast
 ...
 network 10.100.1.0 mask 255.255.255.0
 network 10.1.0.1 mask 255.255.255.255
!
ip pim rp-address 100.1.0.2
ip msdp peer 10.1.1.1 connect-source Serial2/0
ip route 10.1.0.1 255.255.255.255 10.1.1.1
ip route 10.100.1.0 255.255.255.0 10.1.1.1
!
```

因为只有一个 MSDP 对等体，所以用户不需要使用(m)BGP，也不对接收到的 MSDP SA 消息执行 RPF 检查。提供商必须把用户网络插入到 mBGP 中以保证 RPF 检查可以进行。因为用户路由器是始发 RP，所以提供商不需要对从用户接收到的 SA 消息执行对等 RPF 检查。

2．多条链路，同一个上游提供商

图 11-29 显示的情景中，用户有自己的 RP，并有多条链路连接到同一个上游提供商。用户希望只把其中一条链路用于多播。

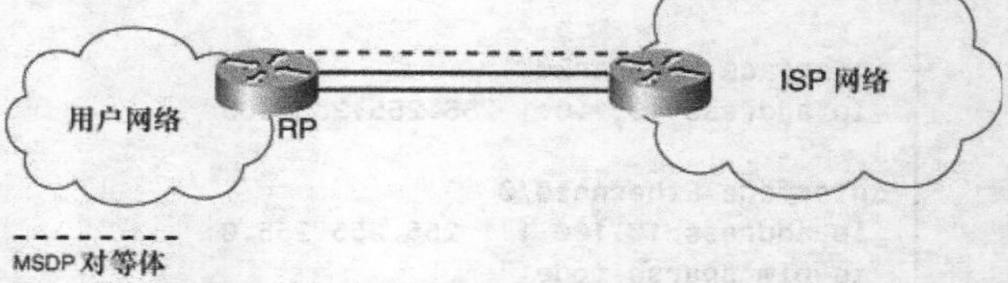

例 11-21 显示了用户路由器的配置。

图 11-29 多条链路，同一个上游提供商的用户连接

例 11-21 用户路由器的配置

```
hostname Customer
!
ip multicast-routing
!
interface Loopback0
 ip address 10.1.0.1 255.255.255.255
!
interface Serial2/0
 ip address 10.1.1.1 255.255.255.252
!
interface Serial3/0
 ip address 10.1.2.1 255.255.255.252
 ip pim sparse-mode
!
router bgp 65000
 no synchronization
 bgp log-neighbor-changes
 network 10.1.0.1 mask 255.255.255.255
 network 10.1.100.0 mask 255.255.255.0
 neighbor 10.1.1.2 remote-as 100
 neighbor 10.1.2.2 remote-as 100
 no auto-summary
 !
 address-family ipv4 multicast
 neighbor 10.1.2.2 activate
 no auto-summary
 network 10.1.0.1 mask 255.255.255.255
 network 10.1.100.0 mask 255.255.255.0
 exit-address-family
!
ip pim rp-address 10.1.0.1
ip msdp peer 10.1.2.2 connect-source Serial3/0
ip msdp default-peer 10.1.2.2
!
```

例 11-22 显示了提供商路由器的配置。

例 11-22　提供商路由器的配置

```
hostname Provider
!
ip multicast-routing
!
interface Loopback0
 ip address 100.1.0.2 255.255.255.255
!
interface Serial2/0
 ip address 10.1.1.2 255.255.255.252
!
interface Serial3/0
 ip address 10.1.2.2 255.255.255.252
 ip pim sparse-mode
!
router bgp 100
 ...
 neighbor 10.1.1.1 remote-as 65000
 neighbor 10.1.2.1 remote-as 65000
 !
 address-family ipv4 multicast
 ...
 neighbor 10.1.2.1 activate
 exit-address-family
!
ip pim rp-address 100.1.0.2
ip msdp peer 10.1.2.1 connect-source Serial3/0
!
```

与提供商有两个分开的 BGP 会话：一个多播链路（Serial3/0）上的 MP-BGP 会话和一个单播链路（Serial2/0）上的常规 BGP 会话。MSDP 会话源自多播链路上的接口地址。mBGP NLRI 保证了 RPF 能够通过多播激活的（multicast-enabled）链路构造 MDT。用户路由器把本地前缀和 RP 地址插入到 BGP 中用于远端 RPF 检查。提供商根据与用户的 e(m)BGP 会话来执行对等 RPF 检查。因为用户只有一个 MSDP 会话，所以不需要执行对等 RPF 检查。

3．多个 ISP，单播专用和多播专用

图 11-30 显示的情景中，用户有自己的 RP，并连接到多个 ISP。其中只有一个 ISP 提供多播服务。这里部署了与提供多播服务的 ISP 的 MSDP 和 mBGP 会话，也部署了与不提供多播服务的 ISP 的常规的 BGP 会话。

除了有与不同的提供商的 BGP 会话而不是有附加在同一台路由器不同的链路上的 BGP 会话外，这种情况下的配置与前面一种情况下的配置基本上是一样的。

使用 mBGP 保证了 RPF 能够解析到多播激活的 ISP 上并正确地构造 MDT。

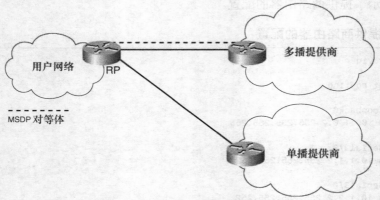

图 11-30　多个 ISP，单播专用和多播专用

4．多个上游 ISP，冗余多播

图 11-31 显示的情景中，用户有自己的 RP 并多宿主到提供多播服务的两个 ISP 上。用户希望把它们都用于多播服务，但使用有最佳路径的 ISP。

例 11-23 显示了用户路由器的配置。

例 11-23　用户路由器的配置

```
hostname Customer
!
ip multicast-routing
!
interface Loopback0
 ip address 10.1.0.1 255.255.255.255
!
interface Serial2/0
 ip address 10.1.1.1 255.255.255.252
 ip pim sparse-mode
!
interface Serial4/0
 ip address 10.1.3.1 255.255.255.252
 ip pim sparse-mode
!
router bgp 65000
 ...
 network 10.1.0.1 mask 255.255.255.255
 network 10.1.100.0 mask 255.255.255.0
 neighbor 10.1.1.2 remote-as 100
 neighbor 10.1.3.2 remote-as 200
 !
 address-family ipv4 multicast
 ...
 neighbor 10.1.1.2 activate
 neighbor 10.1.3.2 activate
```

（待续）

```
 network 10.1.0.1 mask 255.255.255.255
 network 10.1.100.0 mask 255.255.255.0
 exit-address-family
!
ip pim rp-address 10.1.0.1
ip msdp peer 10.1.1.2 connect-source Serial2/0
ip msdp peer 10.1.3.2 connect-source Serial4/0
!
```

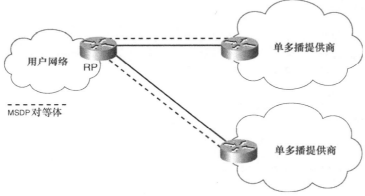

图 11-31　多个上游 ISP，冗余多播

例 11-24 显示了 A 提供商路由器的配置。

例 11-24　A 提供商路由器的配置

```
hostname ProviderA
!
ip multicast-routing
!
interface Loopback0
 ip address 100.1.0.2 255.255.255.255
!
interface Serial2/0
 ip address 10.1.1.2 255.255.255.252
 ip pim sparse-mode
!
router bgp 100
 ...
 network 100.1.0.2 mask 255.255.255.255
 neighbor 10.1.1.1 remote-as 65000
 !
 address-family ipv4 multicast
 ...
 neighbor 10.1.1.1 activate
 network 100.1.0.2 mask 255.255.255.255
 exit-address-family
```

（待续）

```
!
ip pim rp-address 100.1.0.2
ip msdp peer 10.1.1.1 connect-source Serial2/0
!
```

例 11-25 显示了 B 提供商路由器的配置。

例 11-25 B 提供商路由器的配置

```
hostname ProviderB
!
ip multicast-routing
!
interface Loopback0
 ip address 20.1.0.3 255.255.255.255
!
interface Serial4/0
 ip address 10.1.3.2 255.255.255.252
 ip pim sparse-mode
!
router bgp 200
 ...
 network 20.1.0.3 mask 255.255.255.255
 neighbor 10.1.3.1 remote-as 65000
 !
 address-family ipv4 multicast
 ...
 neighbor 10.1.3.1 activate
 network 20.1.0.3 mask 255.255.255.255
 exit-address-family
!
ip pim rp-address 20.1.0.3
ip msdp peer 10.1.3.1 connect-source Serial4/0
!
```

用户与两个提供商都有 MP-BGP 会话和 MSDP 会话，因此他能根据标准的 BGP 路径选择规则来选用离多播源最近的那个 ISP。使用多个 MSDP 对等体就需要使用用于 MSDP SA 的 RPF 检查的 MP-BGP。有两个 e(m)BGP 会话的用户根据规则 2 执行对等 RPF 检查。

11.3.3 域间连接

域间 MSDP 会话是由远端域的 RP 与连接到远端域的边界路由器之间的 MSDP 会话的建立来处理的。边界路由器然后再与本域中的 RP 建立对等关系，如图 11-32 所示。

部署 MSDP 的经验法则就是运行(m)BGP 并确保两种对等拓扑的吻合。这就保证了正确地处理外部对等会话失效以获得持续的连接性。

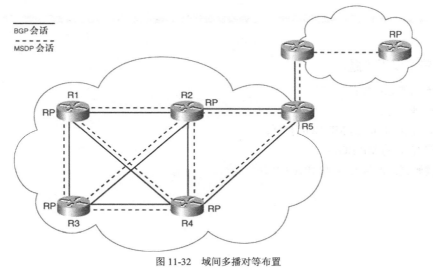

图 11-32 域间多播对等布置

11.4 总　　结

本章着眼于 PIM 密集模式和 PIM 稀疏模式概述了基本的多播操作。PIM-SM 的功能性是域间多播的基础。本章也提供了 MSDP 和 mBGP 的协议概要，强调了它们的交互作用和依赖关系。通过在服务提供商网络中部署域间 IP 多播的案例研究结束了本章的讨论。

本章从工程部署的角度出发，重点讨论了 MSDP 和 mBGP。对 IP 多播和 PIM 协议的内部细节的详细讨论超出了本书的范围。可以从 Cisco Press 的出版物，*Developing IP Multicast Networks*（由 Beau Williamson 编写）中找到关于 IP 多播部署的更多信息。

本章涵盖了以下主题：

- IPv6 的增强特性；
- IPv6 地址分配；
- 针对 IPv6 NLRI 的 MP-BGP 扩展；
- 配置 IPv6 的 MP-BGP；
- 案例研究：部署 IPv4 和 IPv6 的双栈环境。

第 12 章

多协议 BGP 对 IPv6 的支持

IPv4 协议簇开发于 70 年代末至 80 年代初。它被设计用于中等大小的网络中。今天的网络需求与当时设计 IPv4 的需求是不同的。这种不同不是指对网络的需求发生了多大的变化，而是指因为全球化 Internet 的特性，使得对网络的需求增加了。

设计 IPv4 的主要目标是要提供全球可达性和流量容错路由选择。Internet 的特性产生了新的需求，这就要求通过服务质量的部署能为不同级别的流量提供的更多的流量区分级别，以及增强的安全性、更大的地址空间、改善的地址管理、转发路径上更有效的数据处理。

IPv6 项目从一开始为解决 IPv4 地址空间的地址耗尽做出努力而发展成为下一代 Internet 提供基础，使之能为世界范围内的通信和商业提供媒介。今天，向 IPv6 的迁移将成为 Internet 和企业网最重要的转换过程。

为了提供理解 BGP 特定信息的基础，本章从这一角度出发来讨论 IPv6。首先是 IPv6 对 IPv4 主要的增强特性，然后是 IPv6 的地址划分。之后讨论了支持 IPv6 网络层可达性信息（NLRI）的 BGP 扩展，其中包含了用于协议操作的 IPv4 信息的使用告诫。最后通过部署 IPv4 和 IPv6 的双协议栈的案例研究来结束本章。

12.1 IPv6 的增强特性

IPv6 是 IPv4 的演进步骤。过去的 20 年已经揭示了 IP 协议需要被改善的几个领域。IPv6 在许多方面与 IPv4 非常类似。可以把增强特性分成几个常见的类别：
- 扩充的地址划分；
- 自动配置；
- 头部简化；
- 安全性；
- 服务质量（QoS）。

下面一节在每一个类别中比较 IPv4 和 IPv6。

12.1.1 扩充的地址划分能力

IPv4 中的地址有 32 位长，这可以产生潜在的 42 亿个地址。然而，一些因素的组合造成了地址利用上的严重低效率：
- 子网划分；
- 当前的地址分配；
- 有类地址的部署；
- 1/8 的地址被保留（E 类）和设计用于多播的地址（D 类）。

在 90 年代早期的时候，IETF 就成立了一个工作组——地址生命期预测（Address Lifetime Expectation，ALE）工作组来预计 IPv4 地址空间的生命期。ALE 工作组预计 IPv4 地址空间将在 2005 年至 2011 年之间耗尽。使用网络地址转换（Network Address Translation，NAT）延长了这一时间段。美国之外的其他地方对额外的地址需求最强烈。

IPv6 地址有 128 位长，只有 1/8 的地址空间被用作单播地址。然而，即使是这 1/8 的地址空间从可分配网络地址的设备的角度来看仍然几乎是无限的。

12.1.2 自动配置

设计的 IPv4 协议天生地不具有地址自动配置能力。这促使了 IETF 开发了动态主机配置协议（Dynamic Host Configuration Protocol，DHCP）以减少大网络中的管理开销。自动私有 IP 地址分配（Automatic Private IP Addressing，APIPA）最终被加进来以允许主机自动地为自己配置本地可路由地址。然而，这些自动配置的地址不能被全球 Internet 路由。

IPv6 协议让主机自动地为自己配置全球可路由地址。自动配置的能力涉及到使用 Internet 控制消息协议版本 6（Internet Control Message Protocol version 6，ICMPv6）来确定本地子网。主机然后配置地址中的 64 比特的部分，称为接口标识符（*interface identifier*），以形成惟一的地址，这是可以在全球路由的。

12.1.3 头部简化

IPv4 的头部格式使得在其包头中直接包含了多种选项。这导致了转发 IP 数据包时增加的处理负担。

IPv6 中，主要头部为固定的 40 字节长。附加的扩展头部（extension header）和路由选择头部（routing header）可以被加在主要头部之后。固定的包头长度提供了简化的头部格式和更有效地转发 IPv6 数据包的条件。这种设计同样使得能够通过优雅地（gracefully）处理扩展头部而不是劈开主要头部以获得信息来完成数据包的转发。

12.1.4 安全性的增强

IPv4 没有包含内建的（built-in）认证或数据加密功能。IPv4 协议提供了检查数据完整性的校验和信息。其执行有效载荷加密的能力不是内在的，它必须由网络层之上来管理。

IPv6 提供了认证包头（Authentication Header，AH）来执行认证功能，并使用了 IPsec 的封装安全有效载荷（Encapsulating Security Payload，ESP）包头来完成数据加密。ESP 包头也可以提供认证功能，当执行认证和加密的时候，这就消除了同时使用 AH 和 ESP 包头的需要。有 IPv6 能力的主机需要能提供基于 IPsec 的加密功能，而运载检验和的能力则由传输层的 TCP 或 UDP 来维护。这就提供了认证功能、加密功能、数据完整性的检查功能。

12.1.5 QoS 能力

IPv4 允许在 IP 包头中运载有限的 QoS 信息。QoS 信息主要包含在 3 个优先级（Precedence）比特和 3 个服务类型（type of service，TOS）比特中。优先级比特和服务类型比特的组合叫做区分服务代码点（Differentiated Services Code Points，DSCP），最多可以组成 64 种 DSCP。

IPv6 提供了 8 个比特来存储区分服务信息，这使得有 256 种不同的分类。这种为区分流量而增加的粒度改善了流量分类方法，并为高级的队列机制和数据包丢弃机制提供了更适用的数据处理策略。

IPv6 同时也提供了 20 比特的流标签（Flow label）字段，它可以与 IP 源地址组合来惟一地识别特定的数据流。这使转发路径上的路由器不用深入到数据包的头部去获得足够的信息以区分数据流就能对整个数据流做出专门的处理。IPv4 中，需要网络层和传输层的几个字段来惟一地识别数据流，这增加了转发路径上的数据处理开销。

12.2 IPv6 地址分配

与 IPv6 相比，IPv4 的地址分配格式非常简单。IPv4 有单播、多播、广播地址。单播地址被分成若干类，由地址中的 3 个高次（high-order）比特来定义。只在执行有类路由选择的时候才与这些地址有关。当 3 个高次比特全为 1 时就是多播地址。

IPv6 的地址分配格式包含了递增的聚合级别，这反映在地址本身使用的聚合者级别（Aggregator Level）部分中。IPv6 有单播、多播、任意播地址，它去除了广播地址类型。IPv6 地址中的其他比特本身就提供了与实际应用和地址分配机构有关的更多的信息。

12.2.1 任意播地址的功能

任意播地址的概念在 IPv6 中被正式化。任意播地址没有特殊的记号或格式；它是分配给多个接口或多台设备的单播地址。发送给任意播地址的数据按照路由选择协议的决定被交付到最近的地址实例。IPv4 也有非正式的任意播功能，如第 11 章中讨论的一样。

12.2.2 通用地址格式

IPv4 中，地址是 32 比特或 4 字节长，典型地由点分的四部分（dotted-quad）格式表示。IPv6 中，地址是 128 比特或 16 字节长，由冒号区分的形式来表示，共 8 个序列，每个序列由 16 进制的数字表示成 2 个字节，如下所示：

```
2001:0400:AAAA:BBBB:CCCC:DDDD:1234:5678
```

由于 IPv6 地址的长度，使用起来会更麻烦；更难一眼就把这些地址区分开来。为了更方便地使用 IPv6 地址，当它们含有两个或多个连续的 0 时，你可以使用缩写。以下的地址范例中有连续的 0：

```
2001:0400:0000:0000:0000:0000:1234:5678
```

该地址的缩写形式是：

```
2001:0400::1234:5678
```

你只可以缩写 IPv6 地址单个序列中连续的 0。如果你尝试缩写多个序列中连续的 0，当它们扩展成完全的长度时，你将无法确定应该插入多少个 0。

另一种缩写形成就是把每个序列中打头的 0 省略掉。以 0 打头的 IPv6 地址可能像这样：

```
2001:0400:00AA:00BB:00CC:00DD:1234:5678
```

该地址的缩写形式是：

```
2001:400:AA:BB:CC:DD:1234:5678
```

你只可以省略打头的 0，而不可以省略结尾的 0。这是因为如果把打头的 0 和结尾的 0 都省略掉，当它们扩展成完全的长度时，IPv6 设备将不知道把 0 添加到什么地方。

当 IPv6 地址包含大量的 0 时，还有一种办法来缩写它们。当多个序列有连续的 0 时，其中一部分被压缩成双冒号，其他部分中打头的 0 被压缩掉。

这里的 IPv6 地址中的多个序列有连续的 0 和打头的 0：

    2001:0400:0000:0000:ABCD:0000:0000:1234

这里是缩写地址：

    2001:400:0:0:ABCD::1234

图 12-1 显示了 IPv6 地址的通用格式。

n bits	m bits	128 − m − n bits
Global Routing Prefix	Subnet ID	Interface Identifier

图 12-1　IPv6 地址的格式

IPv6 地址的实际类型由图 12-1 中的 m 和 n 的值来定义。这些字段没有固定的长度，但每个地址中的比特总数是 128。这些地址类型由前缀本身来定义。

IPv6 有几种地址分配类型，比如本地链路（link-local）地址、本地站点（site-local）地址、全球可聚合（globally aggregatable）地址和 IPv4 与 IPv6 兼容格式的地址。IPv4 中，地址空间被分成 A、B、C、D 和 E 类地址空间。地址中的前 4 个比特指示了每种地址类型。为自动聚合的目的而划分的地址类型被无类路由选择（classless routing）和无类域间路由选择（Classless Interdomain Routing，CIDR）的标准所反对。表 12-1 显示了 IPv4 最初的地址分类。

表 12-1　IPv4 地址空间

地址类型	高次字节	地址空间	地址类型	高次字节	地址空间
A 类	0*XXXXXXX*	0.0.0.0/1	D 类	1110*XXXX*	224.0.0.0/4
B 类	10*XXXXXX*	128.0.0.0/2	E 类	1111*XXXX*	248.0.0.0/4
C 类	110*XXXXX*	192.0.0.0/3			

IPv6 的地址类型由高次比特来决定，而比特数是可变的。这种高次比特的设置也叫做格式前缀（format prefix）。表 12-2 显示了 IPv6 地址空间的主要划分。

表 12-2　IPv6 地址空间

地址类型	二进制前缀	IPv6 表示法	地址类型	二进制前缀	IPv6 表示法
未指定	00...0（128 比特）	::/128	本地链路单播	1111111010	FE80::/10
环回	00...1（128 比特）	::1/128	本地站点单播	1111111011	FEC0::/10
多播	11111111	FF00::/8	全球单播	（其他）	—

任意播地址取自全球单播地址空间，与单播地址没有语法上的区别。

1．可聚合全球单播地址

术语可聚合全球单播地址（*aggregatable global unicast address*）确实只是一个奇怪的术语，

用于使用全球可路由前缀的常规单播地址。直到现在还有基于顶级聚合者（Top-Level Aggregator，TLA）、次级聚合者（Next-Level Aggregator，NLA）、站点级聚合者（Site-Level Aggregator，SLA）来聚合全球单播地址的复杂的层次结构。但是，这种结构最近被 RFC 3587 所反对。

2．本地地址分类

IPv6 有两种类型的本地地址：本地链路地址和本地站点地址。本地链路地址被设计用在单条链路上，这可能是只有两台主机的点对点链路或有上百台主机的广播介质。包含落在本地链路地址范围中的源地址或目的地址的数据包不能被转发到其他子网上。本地地址分配的目的在于提供本地连接性、地址重分配和网络中无路由器时的邻居发现机制。图 12-2 显示了本地链路地址的格式。

10 Bits	54 Bits	64 Bits
1111 1110 10 (0xFE80)	0	Interface Identifier

图 12-2　本地链路地址格式

本地链路地址中前 10 个比特的值是 0xFE80，这是用于本地链路地址分配的全球前缀。所有的本地链路地址都由这一前缀打头。

本地站点地址被设计用于一个站点中。站点也许只有单条链路，也可能由上千条链路和上千台设备组成。本地站点地址不是全球可路由的，也不保证该地址在主机所在的站点外惟一存在。IPv6 中的本地站点地址类似于 IPv4 中的私有地址。使用本地站点源地址或目的地址的 IPv6 流量必须不被转发到站点之外。图 12-3 显示了本地站点地址的格式。

10 Bits	38 Bits	16 Bits	64 Bits
1111 1110 11 (0xFEC0)	0	Subnet ID	Interface Identifier

图 12-3　本地站点地址格式

本地站点地址中前 10 个比特的值是 0xFEC0，这是用于本地站点地址分配的全球前缀。所有的本地站点地址都由这一前缀打头。

3．接口标识符

接口标识符（Interface Identifier，Interface ID）是单播 IPv6 地址的组成部分，用来标识链路上的接口。接口 ID 必须在子网上惟一存在。尽管这不是必须的，但是推荐这样做（译者注：以上两句话是矛盾的，但是不难理解作者的意思）。接口 ID 在子网上不惟一存在的例子就是当给单条链路分配多个子网时。

不以二进制格式 000 开头的所有单播地址必须具有 64 比特的接口 ID，这是由修订的 EUI-64（Modified EUI-64）格式组成的。RFC 3513 描述了基于修订的 EUI-64 格式组成的接口 ID。在可能的时候，接口 ID 是由基于 48 比特的 MAC 地址来决定的。

4．特殊地址

IPv6 定义了两类特殊地址：未指定地址（*unspecified address*）和环回地址（*loopback address*）。

未指定地址是 0:0:0:0:0:0:0:0，缩写形式是::。不要给节点分配未指定地址，因为它表示缺乏一个地址。节点可能在它完全被启动并获得自己的地址之前从未指定地址发出数据包，这是地址配置过程中的一部分工作。具有未指定源地址或目的地址的数据包不应该被 IPv6 路由器转发。未指定地址不应该用作目的地址。

环回地址是 0:0:0:0:0:0:0:1，缩写形式是::1。节点可以使用这个地址来给自己发送数据包。应该认为这个地址是落在通过虚拟链路从节点返回到自身的本地链路的范围内的。节点不应该发送把源地址或目的地址设为环回地址的数据包。IPv6 路由器也不应该转发它们。

12.3 针对 IPv6 NLRI 的 MP-BGP 扩展

在全球网络中部署 IPv6 需要外部网关协议（Exterior Gateway Protocol，EGP）来提供完全的全球可达性。这就决定了需要包含对 IPv6 NLRI 的支持并允许 IPv6 传输 MP-BGP。这使得可以再利用多年来使用 BGP 获得的操作经验。运载不同类型路由选择信息的 BGP 扩展叫做多协议 BGP 或 MP-BGP。该功能已经在第 2 章中讨论过了。

BGPv4 和 MP-BGP 之间的区别就在于运载多种协议的前缀信息的能力，比如 IP 多播、CLNS、MPLS 标签、IPv4 VPN 和 IPv6。这些信息是使用地址簇来通告的。前缀信息由 MP_REACH_NLRI 属性来通告，由 MP_UNREACH_NLRI 属性来撤回。

IPv6 的地址簇标识符（AFI）是 2，单播的后继地址簇标识符（SAFI）是 1，多播的 SAFI 是 2，3 既用于单播也用于多播。

下面两节讨论了同时运行 IPv4 和 IPv6 的双协议栈部署的概念，以及在 MP-BGP 中集成对 IPv6 的支持所带来的影响。

12.3.1 双栈部署

当讨论 IPv6 的部署时经常使用术语双栈（*dual stack*）。双栈指在路由器或设备上同时运行 IPv4 和 IPv6。这通常被认为是从 IPv4 到 IPv6 迁移中使用的优选方法。

使用双栈部署给网络中的路由器施加了额外的负担。同时，维护 IPv4 和 IPv6 路由选择表信息需要更多的资源。这包括分离的 RIB 和 FIB，很可能还需要多个 IGP。

就 BGP 来说，维护额外的前缀信息需要增大的内存。维护 BGP 对等会话也会带来额外的处理开销。你应该为 IPv4 和 IPv6 前缀信息配置分离的 BGP 会话。这保证了每一个地址簇的下一跳可达性。

12.3.2 IPv6 部署的 MP-BGP 考虑

BGPv4 提供的协议机制和技术在 MP-BGP 处理 IPv6 NLRI 时仍然有用。路径决定过程、扩展性机制和策略特性不是 IPv4 NLRI 专用的；它们很好地应用于 IPv6 NLRI 上。这意味着路由反射、路由衰减、BGP 联盟、多出口鉴别（MED）和出站路由过滤（仅举这些）在 MP-BGP 中都没有改变。

通常，BGP 是协议不可知的。它运行于 TCP 之上，这在 IPv4 和 IPv6 中是相同的。这意味着下面的网络层协议既可以是 IPv4 也可以是 IPv6 而不需要对 BGP 进行任何修改。然而，BGP 消息中的两个字段是 IPv4 专用的——路由器 ID 和簇 ID（cluster ID）。它们都是 4 字节长。

BGP 打开（OPEN）消息包含了路由器 ID 字段。该字段是 4 字节长。对于该地址可达或者就是实际的 IPv4 地址这一点没有特殊的要求，只要它是惟一的 32 比特的数字就行。

路由器根据配置到它上面的地址来自动生成路由器 ID，即使用环回接口，如果没有，则用所有接口上最高的 IPv4 地址。

在纯 IPv6 部署时没有配置 IPv4 地址，向路由器也提供不了生成路由器 ID 的素材。这种情况下必须在 BGP 进程中手工配置路由器 ID。如果没有，BGP 会话就无法形成。

需要使用惟一的 4 字节数字的其他 BGP 组件是簇 ID，它用于路由反射器。BGP 更新（UPDATE）消息 NLRI 字段中运载了簇 ID。如果配置了路由器 ID，它就被用作簇 ID。簇 ID 也可以独立于路由器 ID。用于路由反射的起源者 ID（originator ID）属性也是 4 字节长。手工配置的路由器 ID 的值也可用于起源者 ID。

IPv6 中不存在沿着有类边界自动汇总的概念。因为 IPv6 不使用 IPv4 中的地址类，所以 BGP 中的 **auto-summary** 命令对 IPv6 前缀信息没有影响。

12.4　为 IPv6 配置 MP-BGP

IPv4 和 IPv6 的 BGP 配置非常类似。但是，当配置 IPv6 时，需要配置地址簇样式（AF-style）。地址簇样式配置用于包含 IPv4 的所有地址簇。

IPv6 转发功能默认情况下没有打开。这必须在全局配置模式下使用命令 **ipv6 unicast-routing** 明确地配置。在配置 IPv6 路由选择之前先做这一步。

12.4.1　BGP 地址簇配置

配置 BGP 地址簇样式基于的概念就是在主要的 BGP 路由器模式中定义所有的对等关系或邻居，然后在每一种 NLRI 类型的地址簇中激活这些邻居，而这些 NLRI 类型将在对等会话中被运载。默认条件下，运载 IPv4 NLRI 的功能在所有的 BGP 会话中都是打开的。你可以使用命令 **no bgp default ipv4-unicast** 来禁用这一默认行为。例 12-1 显示了一个纯 IPv6 的部署。

例 12-1 IPv6 的地址簇样式配置

```
router bgp 65000
 no synchronization
 bgp router-id 10.1.1.5
 no bgp default ipv4-unicast
 bgp log-neighbor-changes
 neighbor 2001:400:0:1234::1 remote-as 65000
 neighbor 2001:400:0:1234::1 update-source Loopback1
 neighbor 2001:400:0:1234::2 remote-as 65000
 neighbor 2001:400:0:1234::2 update-source Loopback1
 no auto-summary
 !
 address-family ipv6
 no synchronization
 neighbor 2001:400:0:1234::1 activate
 neighbor 2001:400:0:1234::2 activate
 network 2001:400:0:ABCD::/64
 exit-address-family
!
```

12.4.2 向 BGP 中插入 IPv6 前缀

向 BGP 中插入 IPv6 前缀信息的过程与 IPv4 中的一样；但是，它必须在 IPv6 AF 配置中完成。你可以重分布另一种路由选择协议中的前缀信息，或者使用 **network** 命令把路由选择表中的前缀插入到 BGP 中。

12.4.3 IPv6 的前缀过滤

匹配和过滤前缀信息的两种主要方法是访问控制列表（access control list，ACL）和前缀列表。

ACL 是前缀过滤和数据包过滤最常用的形式。当为 IPv6 前缀信息构造 ACL 时，因为数字 ACL（numbered ACL）不被支持，所以你必须使用命名 ACL（named ACL）。最早对 IPv6 的 ACL 实现只支持对源地址和目的地址的匹配。然而，在 Cisco IOS 版本 12.2(13)T 和 12.0(23)S 中加入了对其他信息匹配的支持。表 12-3 显示了两类实现支持的字段。当你为前缀过滤使用 ACL 时，只有源地址和目的地址才是相关的。同样重要的是要注意通配符比特不被支持。

表 12-3 IPv6 ACL 字段匹配

字 段	12.2(13)T 和 12.0(23)S 之前	12.2(13)T 和 12.0(23)S 之后	字 段	12.2(13)T 和 12.0(23)S 之前	12.2(13)T 和 12.0(23)S 之后
协议		X	分段头部（Fragment Header）		X

字 段	12.2(13)T 和 12.0(23)S 之前	12.2(13)T 和 12.0(23)S 之后	字 段	12.2(13)T 和 12.0(23)S 之前	12.2(13)T 和 12.0(23)S 之后
源地址	X	X	超时（Timeout）		X
目的地址	X	X	路由选择头部		X
源端口		X	序列（Sequence）		X
目的端口		X	DSCP		X
流标签		X			

前缀列表的功能已经被扩展到支持 IPv6 的路由过滤了。IPv6 的前缀列表只用于前缀过滤，而不用于数据包过滤，就像 IPv4 前缀列表一样。例 12-2 显示了一个 IPv6 前缀列表。

例 12-2　IPv6 前缀列表例子

```
ipv6 prefix-list FILTER_IN seq 5 permit 2001:400::/29
ipv6 prefix-list FILTER_IN seq 10 permit 2001:600::/29
ipv6 prefix-list FILTER_IN seq 15 permit 2001:800::/29
ipv6 prefix-list FILTER_IN seq 20 permit 3FFE::/16
ipv6 prefix-list FILTER_IN seq 25 permit 2002::/16
ipv6 prefix-list FILTER_IN seq 30 permit ::/80
ipv6 prefix-list FILTER_IN seq 35 deny ::/0
```

注意：Cisco IOS 软件自动缩写 IPv6 地址，如果可能的话。

前缀过滤的优选方法是使用前缀列表。ACL 主要用于数据包过滤。

12.5　案例研究：部署 IPv4 和 IPv6 的双栈环境

本案例研究从一个简单基于路由反射环境的 IPv4 网络开始，讨论了在双栈配置中部署 IPv6 的步骤，并给出了配置例子。

12.5.1　初始 IPv4 网络拓扑

初始的 IPv4 网络使用路由反射环境来搭建。网络中有 3 台核心路由器——R1、R2 和 R3。它们是路由反射器并形成 iBGP 全互连。网络中还有 3 台路由反射器客户——R4、R5 和 R6。图 12-4 显示了物理拓扑。

每一台路由器都有 iBGP 会话的环回地址。环回地址的分配方法是使用 10.1.1.X/32，其中 X 是路由器号。

为 BGP 会话的内部可达性使用的 IGP 是 IS-IS。选择这种 IGP 是因为它在集成方式下能提供对 IPv6 的支持。IS-IS 路由选择协议不在 IPv4 或 IPv6 上运行，而直接在数据链路上运行。这使得 IPv4 和 IPv6 前缀信息在同一种协议中被运载，而搭建的网络拓扑独立于 IP 版本。

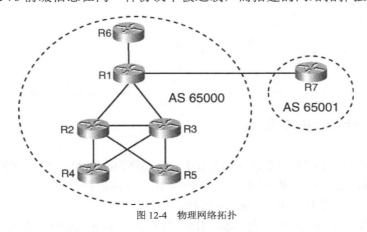

图 12-4 物理网络拓扑

12.5.2 初始配置

本节提供了初始 IPv4 BGP 配置。这些配置提供了本案例研究中部署 IPv6 的基础。例 12-3 中的配置包含了网络中路由反射器的基本配置，这里使用了对等体组，并且只有一个 eBGP 对等体，R7。

例 12-3　R1 的 BGP 配置

```
router bgp 65000
 no synchronization
 bgp log-neighbor-changes
 neighbor IPv4_RR peer-group
 neighbor IPv4_RR remote-as 65000
 neighbor IPv4_RR update-source Loopback0
 neighbor IPv4_RRC peer-group
 neighbor IPv4_RRC remote-as 65000
 neighbor IPv4_RRC update-source Loopback0
 neighbor IPv4_RRC route-reflector-client
 neighbor 10.1.1.2 peer-group IPv4_RR
 neighbor 10.1.1.3 peer-group IPv4_RR
 neighbor 10.1.1.6 peer-group IPv4_RRC
 neighbor 192.168.1.1 remote-as 65001
 no auto-summary
 !
```

例 12-4 显示了 R6 的配置。

例 12-4　R6 的 BGP 配置

```
router bgp 65000
 no synchronization
 bgp log-neighbor-changes
 network 10.6.0.0 mask 255.255.0.0
 neighbor 10.1.1.1 remote-as 65000
 neighbor 10.1.1.1 update-source Loopback0
 no auto-summary
!
```

12.5.3　设计的 IPv6 覆盖

IPv6 BGP 部署跟 IPv4 网络使用同样的拓扑。核心路由器（R1、R2 和 R3）作为 IPv6 前缀信息的路由反射器。边缘路由器（R4、R5 和 R6）作为路由反射器客户。

以下步骤勾画了配置 IPv6 BGP 网络的过程：

步骤 1　如果没有打开 IPv6 转发功能，IPv6 数据包将不能被路由。有可能配置 IPv6 路由并使 IPv6 路由选择信息在路由选择表中存在，但是如果没有打开转发功能，数据包将不能被转发。打开转发功能的命令就是全局配置模式下的 **ipv6 unicast-routing** 命令。

步骤 2　应该为每一台路由器手工设置 BGP 路由器 ID。这保证了即使从网络中清除掉 Ipv4，Ipv6 BGP 会话仍然保持激活。当在路由器上配置了 Ipv4 地址时，这不会带来问题。但是，如果没有设置 BGP 路由器 ID，清除 Ipv4 将导致所有的 IPv6 BGP 会话失效。设置命令就是 BGP 路由器配置模式下的 **bgp router-id** $x.x.x.x$ 命令。

步骤 3　使用 IPv6 配置环回地址。该地址用于 MP-BGP 会话，正如 IPv4 会话中的一样。不需要在所有内部链路上配置地址，因为本地链路地址可用于转发。要在物理链路上使用本地链路地址，就要在每一个接口下配置 **ipv6 enable** 命令以启动本地链路地址的自动生成。全球地址用在面向外部的链路上并提供可达的下一跳地址。

步骤 4　打开 IPv6 IGP。这一步跨越整个网络为 IPv6 的数据包提供了可达性，使得 IPv6 BGP 会话在被配置后就可以建立起来。本案例研究中，因为使用了 IS-IS，你可以通过在包括环回接口的每一个接口下配置 **ipv6 router isis** 来完成。

步骤 5　这些基础到位后，你就可以配置 IPv6 BGP 会话了。你可以在主要的 BGP 配置模式下完成。在配置了 BGP 会话后，你必须在 IPv6 地址簇配置模式下激活它们。

IPv6 BGP 网络现在能通告前缀信息了。你应该在 IPv6 地址簇配置模式下使用重分布或网络声明来插入 IPv6 前缀信息。同时，如果不使用 IPv6 和 IPv4 的 BGP 同步，就关闭它。

12.5.4 IPv6 网络拓扑

在每一台路由器上配置的 IPv6 环回地址的格式是 2001:0400:0:1234::*X*/128，其中 *X* 是路由器号。IPv6 前缀在每一台边缘路由器上被插入 BGP 中用于可达性测试。

例 12-5 显示了 R1 上 **show bgp ipv6 summary** 的输出。有使用 IPv4 的经验，你应该熟悉这些输出。

例 12-5 show bgp ipv6 summary 的输出

```
R1#show bgp ipv6 summary
BGP router identifier 10.1.1.1, local AS number 65000
BGP table version is 5, main routing table version 5
4 network entries and 6 paths using 948 bytes of memory
2 BGP path attribute entries using 120 bytes of memory
4 BGP rrinfo entries using 96 bytes of memory
1 BGP AS-PATH entries using 24 bytes of memory
0 BGP route-map cache entries using 0 bytes of memory
0 BGP filter-list cache entries using 0 bytes of memory
BGP activity 15/22 prefixes, 32/21 paths, scan interval 60 secs

Neighbor        V    AS MsgRcvd MsgSent   TblVer  InQ OutQ Up/Down  State/PfxRcd
2001:400:0:701::701
                4 65001      29      33        5    0    0 00:06:26           1
2001:400:0:1234::2
                4 65000      53      54        5    0    0 00:05:39           2
2001:400:0:1234::3
                4 65000      53      53        5    0    0 00:05:48           2
2001:400:0:1234::6
                4 65000      52      63        5    0    0 00:05:14           1
```

show bgp ipv6 summary 的输出列出了 BGP 对等体以及它们当前的状态。只要这些对等体不是处于已建立（Established）状态，状态就会被表示出来。例 12-5 中，所有的对等体都处于已建立状态。

BGP 运载的 IPv6 前缀信息由 **show bgp ipv6** 命令来显示，如例 12-6 所示。

例 12-6 IPv6 BGP 表显示

```
R5#show bgp ipv6
BGP table version is 19, local router ID is 10.5.1.1
Status codes: s suppressed, d damped, h history, * valid, > best, i - internal,
              r RIB-failure
Origin codes: i - IGP, e - EGP, ? - incomplete

   Network          Next Hop            Metric LocPrf Weight Path
*>i2001:400::/29    2001:400:0:1234::4
                                             0    100      0 i
```

（待续）

```
* i                        2001:400:0:1234::4
                                                    0    100     0 i
* i2001:400:0:1234::7/128
                           2001:400:0:701::701
                                                    0    100     0 65001 i
*>i                        2001:400:0:701::701
                                                    0    100     0 65001 i
*> 2001:500::/29           ::                       0            32768 i
* i2001:600::/29           2001:400:0:1234::6
                                                    0    100     0 i
*>i                        2001:400:0:1234::6
                                                    0    100     0 i
```

show bgp ipv6 输出显示了 IPv6 BGP RIB 中的路径信息。前缀 2001:500::/29 是本地生成的，由用作下一跳的未指定地址::来指示。

例 12-7 显示了特定前缀的 BGP 路径信息。

例 12-7　特定前缀的 IPv6 BGP 路径信息

```
R5#show bgp ipv6 2001:600::/29
BGP routing table entry for 2001:600::/29, version 3
Paths: (2 available, best #1, table Global-IPv6-Table)
  Not advertised to any peer
  Local
    2001:400:0:1234::6 (metric 30) from 2001:400:0:1234::2 (10.1.1.2)
      Origin IGP, metric 0, localpref 100, valid, internal, best
      Originator: 10.1.1.6, Cluster list: 10.1.1.2, 10.1.1.1
  Local
    2001:400:0:1234::6 (metric 30) from 2001:400:0:1234::3 (10.1.1.3)
      Origin IGP, metric 0, localpref 100, valid, internal
      Originator: 10.1.1.6, Cluster list: 10.1.1.3, 10.1.1.1
```

2001:600::/29 详细的路径信息显示了 MP-BGP 的 32 比特的依存性。簇 ID 和起源者 ID（由路由器 ID 导出）由 IPv4 地址来表示。

12.5.5　最终配置

最终的 BGP 配置由以下例子来显示。最终配置使 IPv4 和 IPv6 运行于双栈环境中。
例 12-8 显示了 R1 的最终 BGP 配置。

例 12-8　R1 的最终 BGP 配置

```
router bgp 65000
 no bgp default ipv4-unicast
 no synchronization
 bgp log-neighbor-changes
```

（待续）

```
 neighbor IPv4_RR peer-group
 neighbor IPv4_RR remote-as 65000
 neighbor IPv4_RR update-source Loopback0
 neighbor IPv4_RR activate
 neighbor IPv4_RRC peer-group
 neighbor IPv4_RRC remote-as 65000
 neighbor IPv4_RRC update-source Loopback0
 neighbor IPv4_RRC route-reflector-client
 neighbor IPv4_RRC activate
 neighbor IPv6_RR peer-group
 neighbor IPv6_RR remote-as 65000
 neighbor IPv6_RR update-source Loopback0
 neighbor IPv6_RRC peer-group
 neighbor IPv6_RRC remote-as 65000
 neighbor IPv6_RRC update-source Loopback0
 neighbor IPv6_RRC route-reflector-client
 neighbor 10.1.1.2 peer-group IPv4_RR
 neighbor 10.1.1.3 peer-group IPv4_RR
 neighbor 10.1.1.6 peer-group IPv4_RRC
 neighbor 2001:400:0:701::701 remote-as 65001
neighbor 2001:400:0:1234::2 peer-group IPv6_RR
 neighbor 2001:400:0:1234::3 peer-group IPv6_RR
 neighbor 2001:400:0:1234::6 peer-group IPv6_RRC
 neighbor 192.168.1.1 remote-as 65001
 no auto-summary
 !
 address-family ipv6
 neighbor IPv6_RR activate
 neighbor IPv6_RRC activate
 neighbor IPv6_RRC route-reflector-client
 neighbor 2001:400:0:701::701 activate
 neighbor 2001:400:0:701::701 prefix-list FILTER_IN in
 neighbor 2001:400:0:1234::2 peer-group IPv6_RR
 neighbor 2001:400:0:1234::3 peer-group IPv6_RR
 neighbor 2001:400:0:1234::6 peer-group IPv6_RRC
 no synchronization
 exit-address-family
!
!
ipv6 prefix-list FILTER_IN seq 5 permit 2001:400::/29
ipv6 prefix-list FILTER_IN seq 10 permit 2001:600::/29
ipv6 prefix-list FILTER_IN seq 15 permit 2001:800::/29
ipv6 prefix-list FILTER_IN seq 20 permit 3FFE::/16
ipv6 prefix-list FILTER_IN seq 25 permit 2002::/16
ipv6 prefix-list FILTER_IN seq 30 permit ::/80
ipv6 prefix-list FILTER_IN seq 35 deny ::/0
!
```

R1 为 iBGP 对等体配置了对等体组。如第 3 章中讨论的一样,由于更新复制,必须把 IPv4 和 IPv6 对等体组分开。此外,针对外部对等体在入站方向上使用前缀列表,只允许当前分配的地址块中的前缀。

例 12-9 显示了 R6 的最终 BGP 配置。

例 12-9 R6 的最终 BGP 配置

```
router bgp 65000
 no bgp default ipv4-unicast
 no synchronization
 bgp log-neighbor-changes
 bgp router-id 10.1.1.6
 network 10.6.0.0 mask 255.255.0.0
 neighbor 10.1.1.1 remote-as 65000
 neighbor 10.1.1.1 update-source Loopback0
 neighbor 10.1.1.1 activate
 neighbor 2001:400:0:1234::1 remote-as 65000
 neighbor 2001:400:0:1234::1 update-source Loopback0
 no auto-summary
 !
 address-family ipv6
 neighbor 2001:400:0:1234::1 activate
 network 2001:600::/29
 no synchronization
 exit-address-family
!
```

R6 的配置中只有单个 IPv4 和 IPv6 对等体，因为它是一个非冗余的路由反射器客户。在 IPv6 地址簇下，一条前缀被插入 BGP 中。

12.6 总　　结

本章高度概括了 IPv6 和用于 IPv6 前缀信息的 MP-BGP 用法。IPv6 的主题是广泛的，许多标准详述了它的操作。本章的焦点在于从操作的角度帮助你理解 BGP 是如何被修改以和 IPv6 一起工作的。

BGP 协议的核心在 MP-BGP 扩展中保持不变，这利于在你转向 IPv6 的过程中使用你的 BGP 操作经验。在很多情况下，重大的变化仅仅在于地址划分的格式。本章由在双栈环境中同时部署 IPv4 和 IPv6 的案例研究来结束，这被认为是部署 IPv6 的首要方法。

第五部分

附录

附录 A　多协议 BGP 扩展对 CLNS 的支持

附录 B　BGP 特性和 Cisco IOS 软件版本列表

附录 C　其他信息源

附录 D　术语表

本附录涵盖以下主题：
- DCN 扩展性；
- DCN 架构；
- 基于 BGP 的 DCN 网络设计；
- CLNS 的多协议 BGP 配置例子；
- CLNS 支持告诫。

附录 A 多协议 BGP 扩展对 CLNS 的支持

BGP 的使用已经扩展到了 IP 环境之外。BGP 有效地管理大量路由选择信息的能力可以被应用于其他地方并获得优势。BGP 用于数据通信网（Data Communications Network，DCN）环境所获得的优势就是一个主要的例子。DCN 是同步光网络（Synchronous Optical Network，SONET）网元（network element，NE）或同步数字系列（Synchronous Digital Hierarchy，SDH）网元的管理网络。无连接网络服务（Connectionless Network Service，CLNS）、文件传输、访问和管理（File Transfer，Access，and Management，FTAM）协议和公用管理信息协议（Common Management Information Protocol，CMIP）用于管理 NE。

本附录涵盖了 DCN 管理网络的一般设计指南，讲述了如何才能最好地利用 BGP。CLNS 协议和 IS-IS 协议的细节超出了本书的范围，因此这里只提供非常简单的介绍。本附录主要是面向那些熟悉 DCN 并且把 BGP 视为一种扩展机制的工程师们。

A.1 DCN 扩展性

IP 网络面对的首要的扩展性挑战就是必须被通告的前缀信息的数量。这在 DCN 环境中也是一样；然而，网络节点的数量产生了其他的限制。

DCN 由 SONET 网元或 SDH 网元组成，典型地如增/减路复用器（add/drop multiplexer，ADM）。单个 SONET/SDH

环上的 NE 数量在 3 至 40 个之间，平均在 10 个左右。典型的 DCN 可以很好地由上千个环组成，这就有上万个 NE。这不会带来问题——除了每个 NE 都作为中间系统（intermediate system，IS）而不是终端系统（End System，ES）外。

SONET 环上有一条控制信道，叫数据通信信道（Data Communications Channel，DCC），它被用于在网元之间发送控制信息。这条控制信道的带宽是 192kbit/s，Bellcore 规范确定了 SONET DCC 的架构，使其在每两个邻接的网元之间相当于点对点的连接上运行一种基于 HDLC 的协议而形成环的结构（ITU-T 对 SDH 作了类似的规定）。

这种规范的结果就是每个网元必须能通过 DCC 向其邻接的网元发送数据包。NE 必须作为 IS 而不是 ES，即要求它们作为第 3 层拓扑中的一部分。因而，它们必须参与路由选择。

A.2 DCN 架构

DCN 中常见的第 3 层架构是每个环组成自己的 1 级（Level 1，L1）区域。连接到管理网络的 NE 叫网关网元（Gateway Network Element，GNE）。小一点的环可能只有一个 GNE；不过，通常大一点的环有两个 GNE 以提供冗余性。

管理路由器是 1 级/2 级（Level 1/Level 2，L1/L2）路由器，负责汇聚到 GNE 的连接并提供到 L2 骨干的连接性。使用 IS-IS 多域（IS-IS multiarea，IS-IS MA）特性，管理路由器可以连接到多个区域。如果管理路由器不支持 IS-IS MA 特性，每个环就需要分离的 L1 路由器和 L2 路由器。管理路由器通过 L1 邻接（L1 adjacency）连接到 GNE，通过 L2 邻接（L2 adjacency）连接到仅为 2 级（L2-only）的汇聚路由器。

典型地，DCN 使用低端路由器，因为它的体积小并且中心局（Central Office，CO）机架空间稀缺。这限制了 L2 网络的大小大约在 200 台路由器左右，或 100 至 150 个中心局之间，而由几百个中心局组成的单一网络并不少见。

这种扩展性限制导致了多个路由域必须全部被连接起来。典型地，核心网络被搭建起来，仅为 2 级的汇聚路由器使用静态路由或 CLNS 的内部网关路由选择协议（Interior Gateway Routing Protocol for CLNS，ISO-IGRP）连接到核心网络。静态路由和 ISO-IGRP 不能提供今天最大的 DCN 所需要的扩展性，也肯定不能扩展地支持自然的网络增长和当前的 DCN 之间的合并所产生的未来的网络。解决这种扩展性问题的办法就是在 BGP 中加入对 CLNS 路由选择信息的支持。为 CLNS 路由使用 BGP 从管理的角度看比静态路由有更好的扩展性，从前缀通告的角度看比 ISO-IGRP 有更好的扩展性。

A.3 基于 BGP 的 DCN 网络设计

在 BGP 中实现对 CLNS 的支持依赖于 TCP 以提供传输层连接而不是传送协议第 4 类

（Transport Protocol 4，TP4）。对等会话是在 IP 地址之间建立的，而不是在网络服务访问点（Network Service Access Point，NSAP）之间建立的。就 NSAP 的 BGP 下一跳来说，这增加了复杂性，这在"CLNS 前缀的 BGP 下一跳"一节中讲述。这也就必须在网络中引入 IP 使得用于 BGP 的 TCP 会话能够建立。

A.3.1 IS-IS 网络布局

网络中的每一个 SONET 或 SDH 环典型地就组成自己的 IS-IS 1 级区域。图 A-1 显示了一个 4 节点环的例子。IS-IS 邻接和它们所处的层级也一起被显示出来。

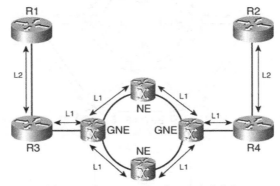

图 A-1 SONET/SDH 环及其 IS-IS 邻接信息

NE 之间的连接全是 1 级邻接。GNE 节点连接放置于中心局的网关路由器 R3 和 R4。使用 IS-IS 多域特性，在同一个网关路由器上有可能汇聚许多环。网关路由器通过 2 级 IS-IS 邻接连接汇聚路由器 R1 和 R2。典型地，根据汇聚路由器的型号，它有可能终结 150 台网关路由器。

网关路由器通常是低端路由器，这也是限制 L2 网络的总体大小在 200 台路由器左右的因素。L1 区域通常被限制为单域单环，如果环小，也可能是几个环。这是因为用于链路状态协议数据单元（Link State Protocol Data Unit，LSPDU）洪泛的 DCC 带宽限制的原因。

A.3.2 BGP 对等关系

典型的架构只使用 IS-IS，或 IS-IS 与静态路由选择的组合，或 ISO-IGRP。

在 BGP 架构中，核心网络由全互连的 iBGP 会话组成。如果 iBGP 对等会话的扩展性是个问题，可以使用路由反射器。CLNS 前缀信息不支持联盟配置。汇聚路由器使用 eBGP 与核心路由器建立对等关系。图 A-2 显示了两个中心局和一个小型核心网络的样例拓扑。

通常的实践是通过 eBGP 从核心网络向汇聚路由器发起 CLNS 默认路由。汇聚路由器通过 eBGP 把它们自治系统内的区域地址通告给核心路由器。在 DCN 环境下，这样做的目的不是要优化任意节点到任意节点的路由选择,而是要提供从管理工作站到所有 NE 的容错(fault-tolerant)路由选择。通常没有必要把所有的 NSAP 前缀从核心自治系统向汇聚域通告。

NE 发出的流量直接流向管理工作站。来于 NE 的数据根据 L1 区域中的附加比特(ATT bit)的指示被发送给最近的 L1/L2 路由器。当数据包到达 L1/L2 路由器后,它根据 CLNS 默认路由而不是 ATT 比特的指示被发送给核心自治系统。网络核心使用了到管理工作站的特定的路由。从管理工作站发出的流量沿着特定的 NSAP 前缀返回到被管理的网元上。

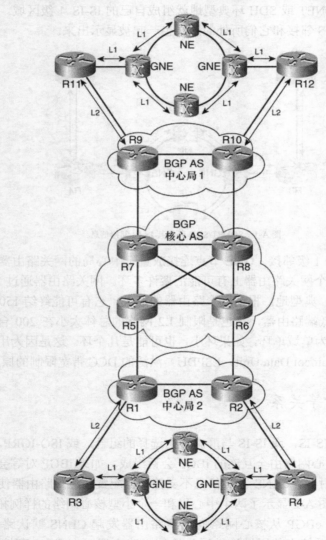

图 A-2 有两个中心局的 BGP 对等布局

A.3.3 CLNS 前缀的 BGP 下一跳

使用 BGP 传送 CLNS 前缀信息有一个有趣的告诫。不能把 BGP 使用的关于下一跳信息的递归路由选择功能传导给 CLNS 操作。IP 地址划分是基于每条链路的，而 CLNS 地址划分是基于每个节点的。本节探讨 CLNS 地址分配范例在使用 BGP 时是如何产生复杂性的。

BGP 协议可以在两个邻居之间建立连接因为它们共享一个 IP 子网，这意味着每一台路由器知道如何到达它所直连的另一台路由器。然而，在 CLNS 环境下，地址划分是基于每节点的，而不是每链路的。这就导致在 CLNS 网络中，两台直连的路由器不使用某种地址发现机制就不会共享其间提供单播可达性的任何地址分配信息。图 A-3 显示了一个例子。

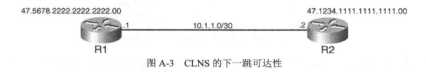

图 A-3 CLNS 的下一跳可达性

如图 A-3 所示，两台路由器通过 10.1.1.0/30 子网都有了 IP 可达性。然而，两台路由器因为有不同的区域地址，所以在不同的 CLNS 区域中。R1 在区域 47.5678 中，R2 在区域 47.1234 中。

在 IS-IS 网络中，两个节点发送问候（Hello）数据包并相互发现，导致邻接关系被建立。不过，如果 DCN 网络中汇聚路由器要与核心路由器形成 L2 邻接关系，结果将会是非常大的 L2 域，这是一开始用 BGP 要解决的问题。

解决办法就是在汇聚路由器和核心路由器之间形成终端系统到中间系统（End System-to-Intermediate System，ES-IS）邻接关系。ES-IS 邻接是用来允许路由器向终端系统或主机发送数据包的。使用 ES-IS 邻接使得每一台路由器不用并入 L2 路由选择域就能发现其他路由器。

这种方案不是没有复杂性的。核心路由器和汇聚路由器都是仅为 2 级的路由器，根据 ISO/IEC 10589，不允许它们通告 ES-IS 邻接。IS-IS 行为不能被修改成在 L2 的 LSP 通告中自动通告 ES-IS 邻接而不产生潜在的其他问题。IS-IS 通常的操作必须和规范保持兼容。

这种方案的实际实现方法就是 R1 形成与 R2 的 ES-IS 邻接并且 R2 形成与 R1 的 ES-IS 邻接。这是通过在接口上使用 **clns enable** 命令来激活 CLNS 而不是 IS-IS 来完成的。这意味着 R1 认为它是 IS，R2 是 ES，而 R2 认为它是 IS，R1 是 ES。R1 和 R2 之间就建立了 eBGP 会话，它们使用 10.1.1.0/30 网络为对等会话提供可达性。

R2 从 R1 接收到的 CLNS 前缀信息的 BGP 下一跳是 R1 的 NSAP 地址。通过 ES-IS 邻接可达下一跳，因此前缀通过了 BGP 最佳路径算法的下一跳可达性要求的检查。这使得前缀被安装到 BGP RIB 中，假设 R1 的 NSAP 地址是那条前缀的最佳路径，那么前缀也被安装到路由选择表中。

当 eBGP 学到的 NSAP 通过 iBGP 发送时，情况就更复杂。图 A-4 显示了一个例子。

如果 R1 通过 eBGP 向 R2 通告 NSAP，R2 反过来又通过 iBGP 向 R3 通告，R3 就接收到下一跳为 R1 的 NSAP。但是，因为 R2 是仅为 2 级的路由器并与 R3 有仅为 2 级的邻接关系，所以它不能通告从 ES-IS 学到的 R1 的 NSAP。这从 R2 和 R3 处于不同的区域就可以看出来——R2 在区域 47.1234 中，R3 在区域 47.1235 中。

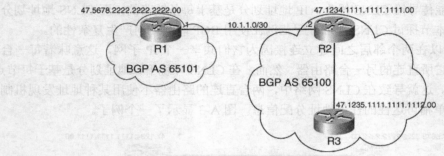

图 A-4 使用 iBGP 情况下的 BGP 下一跳的复杂性

这种复杂性可以通过让 R2 在它的 L2 LSP 通告中自动包含 R1 的前缀——如果满足以下 3 个条件：

- 两个 eBGP 邻居之间存在 ES-IS 邻接。
- 接收到的 BGP 更新消息包含使用 NSAP 地址簇标识符的 MP_REACH_NLRI。
- MP_REACH_NLRI 中的下一跳地址与 eBGP 邻居的 NSAP 相同。

如果在路由器之间的接口上激活了 CLNS，它们之间也形成了 eBGP 会话并发生了 NLRI 交换事件，这些条件就自动满足了。

在 R2 的 L2 LSP 通告中包含 R1 的 NSAP 就给 R3 提供了前缀的下一跳可达性，这些前缀是任何从 iBGP 学到的且用 R1 作为下一跳的前缀。如果 R1 和 R2 之间的 ES-IS 邻接或 eBGP 对等会话宕掉了，R2 的 L2 LSP 通告中就会清除 R1 的 NSAP 前缀。

A.4 CLNS 的多协议 BGP 配置例子

本例特别地关注于 BGP 配置的方方面面。核心网络中的 4 台路由器和不同自治系统中的两台汇聚路由器提供了示范拓扑，如图 A-5 所示。

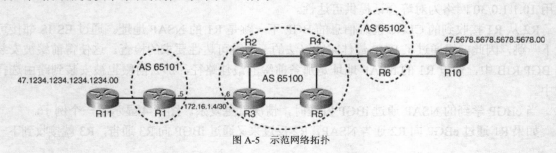

图 A-5 示范网络拓扑

表 A-1 显示了 NSAP 地址分配。

表 A-1　　示范网络中的 CLNS 地址分配

路由器	NSAP	路由器	NSAP
R1	47.1111.1111.1111.1111.00	R5	47.5555.5555.5555.5555.00
R2	47.2222.2222.2222.2222.00	R6	47.6666.6666.6666.6666.00
R3	47.3333.3333.3333.3333.00	R10	47.5678.5678.5678.5678.00
R4	47.4444.4444.4444.4444.00	R11	47.1234.1234.1234.1234.00

网络核心中的环回接口的 IP 地址分配显示在表 A-2 中。

表 A-2　　核心网络中的环回接口的 IP 地址分配

路由器	环回地址	路由器	环回地址
R1	10.1.1.1/32	R4	10.1.1.4/32
R2	10.1.1.2/32	R5	10.1.1.5/32
R3	10.1.1.3/32		

核心网络由全互连的 iBGP 邻居组成，所有的 iBGP 会话都源于环回地址。每一台汇聚路由器通过 eBGP 连接到核心网络。

核心路由器向汇聚路由器只发送 CLNS 默认前缀。每台汇聚路由器向网络核心发送几条前缀。

A.4.1　网络验证

首先验证核心路由器和汇聚路由器之间是否存在 ES-IS 邻接关系。这在核心路由器 R3 的例 A-1 和汇聚路由器 R1 的例 A-2 中显示出来。

例 A-1　核心路由器 R3 与 R1 的 ES-IS 邻接状态

```
R3#show clns neighbor
System Id        Interface   SNPA      State   Holdtime   Type  Protocol
1111.1111.1111   Se3/0       *HDLC*    Up      282        IS    ES-IS
R2               Se2/0       *HDLC*    Up      28         L2    IS-IS
R5               Se4/0       *HDLC*    Up      27         L2    IS-IS
```

例 A-2　汇聚路由器 R1 与 R3 的 ES-IS 邻接状态

```
R1#show clns neighbor
System Id        Interface   SNPA      State   Holdtime   Type  Protocol
3333.3333.3333   Se3/0       *HDLC*    Up      267        IS    ES-IS
R11              Se2/0       *HDLC*    Up      25         L2    IS-IS
```

ES-IS 邻接状态在 R1 和 R3 上都是活跃的，这使得两台路由器之间能够发送 CLNS 数据包。BGP 对等会话应该是活跃的。例 A-3 显示了 R3 的汇总对等会话信息。

例 A-3　CLNS 邻居的 BGP 汇总对等会话信息

```
R3#show bgp nsap summary
BGP router identifier 10.1.1.3, local AS number 65100
BGP table version is 14, main routing table version 14
8 network entries and 8 paths using 1584 bytes of memory
4 BGP path attribute entries using 240 bytes of memory
2 BGP AS-PATH entries using 48 bytes of memory
0 BGP route-map cache entries using 0 bytes of memory
0 BGP filter-list cache entries using 0 bytes of memory
BGP activity 23/22 prefixes, 24/16 paths, scan interval 60 secs

Neighbor        V    AS  MsgRcvd MsgSent   TblVer  InQ OutQ Up/Down  State/PfxRcd
10.1.1.2        4 65100     110     114        14    0    0 00:42:51           1
10.1.1.4        4 65100     116     116        14    0    0 00:41:49           3
10.1.1.5        4 65100     107     112        14    0    0 00:42:52           1
172.16.1.5      4 65101     118     131        14    0    0 00:42:33           2
```

核心路由器之间的 iBGP 会话全是已建立的（established），R3 与 R1（邻居 172.16.1.5）的 eBGP 会话也是已建立的。R3 与 R1 的 eBGP 会话显示至少已经收到一条更新信息，这意味着 R3 应该正在它的 L2 LSP 通告中发出 R1 的信息以提供下一跳可达性。这显示在例 A-4 中。

例 A-4　基于 ES-IS 邻接状态的 eBGP 邻居路由

```
R3#show clns route
Codes: C - connected, S - static, d - DecnetIV
       I - ISO-IGRP, i - IS-IS, e - ES-IS
       B - BGP,     b - eBGP-neighbor
b  47.1111.1111.1111.1111.00 [15/10]
       via 1111.1111.1111, Serial3/0
```

例 A-4 只显示了相关的路由选择表项。为了清晰，去除了其余的 CLNS 路由选择信息。由标准的 BGP 接收到的 CLNS 路由被标记为 B。被插入到 CLNS 路由选择的特殊的 eBGP 邻居路由以及 IS-IS L2 LSP 通告被标记为 b。这条前缀在终结 eBGP 会话的路由器上仅仅作为 eBGP 邻居路由出现。在路由选择域的其他地方，这条前缀以通常的 IS-IS 路由出现。

本例中，每个汇聚自治系统发起从网关路由器来的前缀。在 AS 65101 中，NSAP 47.1234 被发出，而在 AS 65102 中，NSAP 47.5678 被发出。这些 NSAP 都可以在核心路由器的 BGP 表中被看到，如例 A-5 所示——这出自 R5。

例 A-5　网络核心中远端 CLNS 前缀的 CLNS 路由选择信息

```
R5#show bgp nsap 47.1234
BGP routing table entry for 47.1234, version 29
Paths: (1 available, best #1)
  Not advertised to any peer
```

（待续）

```
   65101
     47.1111.1111.1111.1111.00 (metric 10) from 10.1.1.3 (10.1.1.3)
       Origin IGP, localpref 100, valid, internal, synchronized, best
R5#show bgp nsap 47.5678
BGP routing table entry for 47.5678, version 34
Paths: (1 available, best #1)
  Not advertised to any peer
  65102
    47.6666.6666.6666.6666.00 (metric 10) from 10.1.1.4 (10.1.1.4)
      Origin IGP, localpref 100, valid, internal, synchronized, best
```

BGP 核心网络只向汇聚路由选择域发送默认前缀。详细的前缀信息全部都被过滤掉。汇聚路由器 R1（以之为例）再把默认前缀重分布入 IS-IS。为了验证连接性，可以跨越网络发送 CLNS ping 包。例 A-6 中，R11 发送到 R10 的 NSAP ping 包。这两台路由器处于核心网络的两端，它们没有运行 BGP。

例 A-6　默认前缀的 CLNS 路由选择信息

```
R11#show clns route
Codes: C - connected, S - static, d - DecnetIV
       I - ISO-IGRP, i - IS-IS, e - ES-IS
       B - BGP,     b - eBGP-neighbor

C  47.1234.1234.1234.1234.00 [1/0], Local IS-IS NET
C  47.1234 [2/0], Local IS-IS Area
i  Default Prefix [110/10]
     via R1, Serial2/0
i  47.3333.3333.3333.3333.00 [110/10]
     via R1, Serial2/0
i  47.1111 [110/10]
     via R1, Serial2/0

R11#ping clns 47.5678.5678.5678.5678.00
Type escape sequence to abort.
Sending 5, 100-byte CLNS Echos with timeout 2 seconds
!!!!!
Success rate is 100 percent (5/5), round-trip min/avg/max = 32/54/120 ms
```

A.4.2　配置总结

两台路由器的配置就能显示出整个拓扑中的配置。第一个配置在例 A-7 中，这是 R1 的配置。

例 A-7　汇聚路由器 R1 的配置

```
!
version 12.2
!
```

（待续）

```
hostname R1
!
clns routing
clns filter-set DEFAULT_ONLY deny 47...
clns filter-set DEFAULT_ONLY permit default
!
!
interface Loopback0
 ip address 10.1.1.1 255.255.255.255
!
interface Serial2/0
 ip address 172.16.1.2 255.255.255.252
 clns router isis
!
interface Serial3/0
 ip address 172.16.1.5 255.255.255.252
 clns enable
!
router isis
 net 47.1111.1111.1111.1111.00
 is-type level-2-only
 redistribute bgp 65101 clns route-map BGP_TO_ISIS
!
router bgp 65101
 no synchronization
 no bgp default ipv4-unicast
 bgp log-neighbor-changes
 neighbor 172.16.1.6 remote-as 65100
 no auto-summary
 !
 address-family nsap
 neighbor 172.16.1.6 activate
 network 47.1234
 network 47.1111.1111.1111.1111.00
 no synchronization
 exit-address-family
 !
!
route-map BGP_TO_ISIS permit 10
 match clns address DEFAULT_ONLY
!
```

clns filter-set 用来生成 NSAP 过滤规则，它阻止所有的 NSAP 而允许默认 NSAP。这条 NSAP 过滤规则用来控制从 BGP 到 IS-IS 的重分布。

接口 Serial3/0 连接到核心网络。需要 **clns enable** 接口配置命令来激活它上面的 CLNS ES-IS。

在 BGP NSAP 地址簇配置中，网络声明用来将 NSAP 从 IS-IS 路由表中插入到 BGP 路由表中，并且邻居被激活以通告 CLNS 信息。根据需要的粒度，为 CLNS NSAP 的 BGP 网络声明可以只指定区域地址，也可以指定全部的 NSAP。

例 A-8 显示了核心路由器 R3 的配置。

例 A-8　核心路由器 R3 的配置

```
!
version 12.2
!
hostname R3
!
clns routing
clns filter-set DEFAULT_OUT deny 47...
clns filter-set DEFAULT_OUT permit default
!
interface Loopback0
 ip address 10.1.1.3 255.255.255.255
!
interface Serial2/0
 ip address 172.16.1.14 255.255.255.252
 ip router isis
 clns router isis
!
interface Serial3/0
 ip address 172.16.1.6 255.255.255.252
 clns enable
!
interface Serial4/0
 ip address 172.16.1.9 255.255.255.252
 ip router isis
 clns router isis
!
router isis
 net 47.3333.3333.3333.3333.00
 is-type level-2-only
 passive-interface Serial3/0
 passive-interface Loopback0
!
router bgp 65100
 no synchronization
 no bgp default ipv4-unicast
 bgp log-neighbor-changes
 neighbor 10.1.1.2 remote-as 65100
 neighbor 10.1.1.2 update-source Loopback0
 neighbor 10.1.1.4 remote-as 65100
 neighbor 10.1.1.4 update-source Loopback0
 neighbor 10.1.1.5 remote-as 65100
 neighbor 10.1.1.5 update-source Loopback0
 neighbor 172.16.1.5 remote-as 65101
 no auto-summary
 !
 address-family nsap
 neighbor 10.1.1.2 activate
 neighbor 10.1.1.4 activate
 neighbor 10.1.1.5 activate
 neighbor 172.16.1.5 activate
 neighbor 172.16.1.5 default-originate
 neighbor 172.16.1.5 prefix-list DEFAULT_OUT out
```

（待续）

```
network 47.3333.3333.3333.3333.00
no synchronization
exit-address-family
!
```

clns filter-set DEFAULT_OUT 应用在 BGP 对等会话上阻止除了默认前缀外的任何正从核心路由选择域向汇聚路由选择域通告的前缀。

核心网络运行 IS-IS 集成模式，这意味着 IS-IS 被用于 CLNS 路由选择和 IP 路由选择，不像在汇聚路由选择域中，IS-IS 只运行于 CLNS 路由模式。在核心网络中加入 IP 支持的原因是为 BGP 对等会话提供 IP 可达性。

BGP NSAP 地址簇配置激活了核心中所有的 iBGP 邻居和 eBGP 邻居 R1。**neighbor 172.16.1.5 default-originate** 命令把默认前缀发送给 R1。其他所有 NSAP 被前缀列表 DEFAULT_OUT 阻止，它是由例 A-8 中的 **clns filter-set** 命令来定义的。

A.5 CLNS 支持告诫

CLNS 前缀信息的 BGP 支持最初被包含在 Cisco IOS 软件版本 12.2(8)T 中。该特性只在服务提供商（Service Provider）和电信（Telco）特性集（feature set）中才可用。以下的 BGP 特性和命令不支持 CLNS 前缀信息。

- BGP 联盟；
- BGP 扩展团体属性；
- 不支持的命令：
  — **auto-summary**
  — **neighbor advertise-map**
  — **neighbor distribute-list**
  — **neighbor soft-reconfiguration**
  — **neighbor unsuppress-map**

关于 CLNS 路由选择和 IS-IS 的其他信息可在 Cisco Press 的出版物 *IS-IS Network Design Solutions* 中找到，该书由 Abe Martey 和 Scott Sturgess 编写。

附录 B

BGP 特性和 Cisco IOS 软件版本列表

为方便参考，本附录提供了各种各样的 BGP 特性和相关的 Cisco IOS 软件版本列表（matrix）（参见表 B-1）。使用该列表时要注意以下几点：

- IOS 版本（IOS Release）一栏列出了首先引入该特性的 IOS 版本。所有的后继版本可能自动地继承了该特性。为方便参考，本附录结尾处的图 B-1 显示了一个简化的 IOS 版本列车路标图（train roadmap）。
- 不是所有的版本都包含在 IOS 版本一栏中，也不是所有的硬件平台都支持每一种特性。
- 还没有做任何尝试来个别地验证每一个版本对所指示的特性的集成性。
- 你应该总是查阅 Cisco 在线文档以获得准确的和最新的信息。
- 当发行注意（release-note）信息可用时，这里提供了 Cisco bug ID 号以作为某些特性的额外信息源。bug 工具包在 www.cisco. com/cgi-bin/Support/Bugtool/home.pl 链接处可用。注意你需要用户名和密码来访问该站点。
- 查阅附录 D "术语表"以获得完整的术语列表。

为方便参考，图 B-1 提供了一个简化的 IOS 版本列车路标图。这里只包含了与本书相关的版本列车的子集。箭头的方向指示了有父子关系的特性继承。你应该总是查阅 Cisco 在线文档以获得详细的和最新的信息。

表 B-1　　BGP 特性和 IOS 版本列表

特　性	IOS 版本	注　意
允许 AS 进入（Allow AS in）	12.0(10)ST 和 12.0(7)T	
AS 覆盖（AS override）	12.0(7)T	
BGP 最多 AS 限制（BGP maximum AS limit）	12.0(16.3)S，12.0(16.3)ST，和 12.1(4.1)T	该命令在 CSCdr54230 中被引入，并在 12.0(23)S，12.2(12.7)，12.2(12.8)S 和 12.2(12.7)T 中可见
Cisco 快速转发（Cisco Express Forwarding，CEF）	11.1(17)CC	
团体属性（Communities）	10.3(1)	
条件通告（Conditional advertisement）	11.2(7)	
条件插入（Conditional injection）	12.0(14)ST 和 12.2(4)T	12.2(4)T3 加入了对 7500 的支持
成本团体属性（Cost community）	12.0(24)S	CSCdu53928
运营商支持的运营商（Carrier supporting Carrier，CsC）	12.0(14)ST 和 12.2(8)T	12.0(16)ST 支持 GSR E0 线卡，12.0(21)ST 加入对 E2 线卡的支持
CsC IPv4 标签（CsC IPv4 label）	12.0(21)ST，12.0(22)S 和 12.2(13)T	12.0(23)S 加入对其他的 GSR 线卡的支持
默认 no auto-summary（Default no auto-summary）	12.2(8.4)S，12.2(7.6)T 和 12.0(20.3)ST3	CSCdu81680
默认 no synchronization（Default no synchronization）	12.2(8.4)S，12.2(7.6)T 和 12.0(20.3)ST3	CSCdu81680
DMZ 链路带宽（DMZ link bandwidth）	12.2(2)T 和 12.0(24)S	
动态对等体组（Dynamic peer group）	12.0(24)S	
EIBGP 多径（EIBGP multipath）	12.2(4)T 和 12.0(24)S	12.2(4)T3 加入了对 7500 系列路由器的支持。12.2(13)T1 修正了更多的错误
优雅重启动（Graceful restart）	12.0(22)S	
IBGP 多径（IBGP multipath）	12.2(2)T	
AS 间的 IPv4 标签（Inter-AS IPv4 label）	12.0(21)ST，12.0(22)S 和 12.2(13)T	12.0(23)S 加入对其他的 GSR 线卡的支持
AS 间的 VPN（Inter-AS VPN）	12.1(5)T	12.0(16)ST 加入对 GSR E0 线卡的支持，12.0(17)ST 加入对 GSR E2 线卡的支持
IPv6 单播路由选择（IPv6 unicast routing）	12.0(21)ST，12.0(22)S 和 12.2(2)T	
标签分发协议（Label Distribution Protocol，LDP）	12.0(10)ST，12.1(2)T，12.1(8a)E 和 12.2(2)T	12.2(4)T3 加入了对 7500 系列路由器的支持
本地 AS（Local AS）	12.0(5)S 和 12.2(8)T	CSCdt35109 加入了 no-prepend 关键字
最多前缀限制（Maximum prefix limit）	11.2(10)	CSCdj43952 加入了门限。CSCds61175 加入了 restart 关键字
根据每个邻居接收到的路由的 MIB 支持（MIB support for per-peer received routes）	12.0(21)S 和 12.2(13)T	
MPLS 感知的 NetFlow（MPLS-aware NetFlow）	12.0(24)S	
MPLS 标签交换控制器（MPLS label switch controller）	12.0(5)T	
MPLS LDP MIB	12.2(2)T	
MPLS 标签交换路由器 MIB（MPLS Label Switch Router(LSR) MIB）	12.2(2)T	

续表

特 性	IOS 版本	注 意
MPLS 或标记交换（MPLS or tag switching）	11.1(17)CT 和 12.0(3)T	
MPLS VPN	12.0(11)ST，12.0(22)S 和 12.0(5)T	
MPLS VPN 扫描导入定时器（MPLS VPN scan import timer）	12.0(7)T	
MPLS VPN 对 EIGRP 作为 PE-CE 协议的支持（MPLS VPN support for EIGRP as PE-CE protocol）	12.0(22)S	
多播源发现协议（Multicast Source Discovery Protocol (MSDP)）	12.0(7)T	
多播路由选择支持（Multicast routing support）	11.1(20)CC	
IPv6 的多协议 BGP（Multiprotocol BGP for IPv6）	12.0(21)ST，12.0(22)S 和 12.2(2)T	
多播的多协议 BGP（Multiprotocol BGP for multicast）	12.0(7)T	
命名团体列表（Named community list）	12.0(10)S，12.0(16)ST，12.1(9)E 和 12.2(8)T	
路由反射器上的下一跳重置（Next hop reset on route reflector）	12.0(16)ST，12.0(22)S 和 12.2(3)T	CSCdr80335
下一跳不改变（Next hop unchanged）	12.0(16)ST，120(22)S 和 12.2(3)T	该特性在 CSCdr80335 中被引入。CSCdu02357 改变到当前的关键字
出站路由过滤（Outbound Route Filtering (ORF)）	12.0(11)ST 和 12.2(4)T	12.2(4)T3 加入了对 7500 系列路由器的支持。当前的 CLI 在 12.0(18)ST 中被引入
对等体组（Peer group）	11.0(1)	
对等体组限制改变（Peer-group restriction change）	11.3(3.1)，11.1(17.5)CC，11.3(3.1)T 和 11.1(17.5)CT	CSCdj70944
对等体组模板（Peer template）	12.0(24)S	
策略记账（Policy accounting）	12.0(9)S，12.0(17)ST 和 12.2(13)T	
策略记账增强（Policy accounting enhancement）	12.0(22)S	
策略列表（Policy list）	12.0(22)S	
前缀列表（Prefix list）	11.1CC	由 CSCdj61356 引入。CSCdk60284 扩展了功能
基于 BGP 的 QoS 策略传播（QoS Policy Propagation via BGP (QPPB)）	11.1(20)CC	
清除私有 AS 号（Remove private AS）	11.1(06)CA	CSCdi64489
BGP 路由在 IP RIB 中安装失败（IP RIB installation failure for BGP routes）	12.2(08.05)T 和 12.0(25.01)S	由 CSCdp12004 引入（为了与 RFC 兼容），但 CSCdy39249 修改了该特性的行为。新命令 **bgp suppress-inactive** 由 CSCdy39249 引入，达到与 CSCdp12004 中同样的行为
路由衰减（Route dampening）	11.0(3)	
路由刷新（Route refresh）	12.0(7)T 和 12.0(2)S	12.0(22)S 加入对 VPNv4 AFI 和 IPv6 AFI 的支持

特　性	IOS 版本	注　意
路由映射 continue/goto（Route-map continue/goto）	12.0(24)S	CSCdx90201
达到最多前缀限制后的路由重启动（Session restart after maximum prefix limit）	12.0(22)S	
温和重配置（Soft reconfiguration）	11.2(1)	
TCP MD5 认证（TCP MD5 authentication）	11.0(1)	
TDP	11.1CT	
更新组（Update group）	12.0(24)S	
更新数据包（Update packing）	12.0(18)S01，12.0(18.06)ST，12.0(18.06)SP 和 12.0(18.06)S	
AS 间的 VPN IPv4 标签（VPN IPv4 labels for Inter-AS）	12.0(19.03)ST 和 12.2T	CSCdp99739
VRF 最多路由（VRF maximum routes）	12.0(7)T	
VRF 多路径导入（VRF multipath import）	12.0(25)S 和 12.2(12)T	CSCdu11016

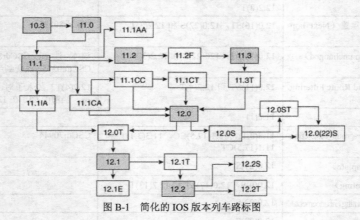

图 B-1　简化的 IOS 版本列车路标图

附录 C

其他信息源

本附录列出了其他信息源，包括 RFC、URL、书籍和论文。Internet RFC 容易从 IETF 的站点 www.ietf.org 中获得。Cisco 网站（www.cisco.com）的某些文档可能需要一定的用户特权才能访问。如果 URL 已被更新，可以使用站点的搜索工具。

C.1 RFC

- RFC 1771, *A Border Gateway Protocol 4 (BGP-4)*. Y. Rekhter and T. Li.
- RFC 1997, *BGP Communities Attribute*. R. Chandra, P. Traina, and T. Li.
- RFC 1998, *An Application of the BGP Community Attribute in Multi-home Routing*. E. Chen and T. Bates.
- RFC 2385, *Protection of BGP Sessions via the TCP MD5 Signature Option*. A. Heffernan.
- RFC 2439, *BGP Route Flap Damping*. C. Villamizar, R. Chandra, and R. Govindan.
- RFC 2519, *A Framework for Inter-Domain Route Aggregation*. E. Chen and J. Stewart.
- RFC 2545, *Use of BGP-4 Multiprotocol Extensions for IPv6 Inter-Domain Routing*. P. Marques and F. Dupont.
- RFC 2796, *BGP Route Reflection—An Alternative to Full Mesh IBGP*. T. Bates, R. Chandra, and E. Chen.
- RFC 2918, *Route Refresh Capability for BGP-4*. E. Chen.

- RFC 3031, *Multiprotocol Label Switching Architecture*. E. Rosen, A. Viswanathan, and R. Callon.
- RFC 3032, *MPLS Label Stack Encoding*. E. Rosen, D. Tappan, G. Fedorkow, Y.Rekhter, D. Farinacci, T. Li, and A. Conta.
- RFC 3036, *LDP Specification*. L. Andersson, P. Doolan, N. Feldman, A. Fredette, and B. Thomas
- RFC 3063, *MPLS Loop Prevention Mechanism*. Y. Ohba, Y. Katsube, E. Rosen, and P. Doolan.
- RFC 3065, *Autonomous System Confederations for BGP*. P. Traina, D. McPherson, and J. Scudder.
- RFC 3107, *Carrying Label Information in BGP-4*. Y. Rekhter and E. Rosen.
- RFC 3345, *Border Gateway Protocol (BGP) Persistent Route Oscillation Condition* D. McPherson, V. Gill, D. Walton, and A. Retana.
- RFC 3392, *Capabilities Advertisement with BGP-4*. R. Chandra and J. Scudder.

C.2　Cisco Systems URL

- Achieve Optimal Routing and Reduce BGP Memory Consumption. www.cisco.com/warp/public/459/41.shtml.
- BGP Best Path Selection Algorithm. www.cisco.com/en/US/tech/tk365/tk80/technologies_tech_note09186a0080094431.shtml.
- BGP Internetwork Design Guidelines. www.cisco.com/univercd/cc/td/doc/cisintwk/idg4/nd2003.htm#xtocid54.
- BGP Samples and Tips. www.cisco.com/pcgi-bin/Support/browse/psp_view.pl?p=Internetworking:BGP&s=Implementation_and_Con.guration#Samples_and_Tips
- BGP Troubleshooting Steps and Tools. www.cisco.com/pcgi-bin/Support/browse/psp_view.pl?p=Internetworking:BGP&s=Veri.cation_and_Troubleshooting# Known_Problems.
- Configuring an Inter-AS MPLS VPN Using VPNv4 eBGP Sessions Between ASBRs.w-ww.cisco.com/en/US/tech/tk436/tk428/technologies_con.guration_example09186a0080094472.shtml.
- Field Notice: Endless BGP Convergence Problem in Cisco IOS Software Releases. www.cisco.com/warp/public/770/fn12942.html.
- How BGP Routers Use the Multi-Exit Discriminator for Best Path Selection. www.cisco.com/en/US/tech/tk365/tk80/technologies_tech_note09186a0080094934.shtml.
- How to Troubleshoot the MPLS VPN. www.cisco.com/en/US/tech/tk436/tk428/technologies_tech_note09186a0080093fcd.shtml.

- Internet Connectivity Options. www.cisco.com/en/US/tech/tk436/tk428/technologies_white_paper09186a00801281f1.shtml.
- Monitor and Maintain BGP. www.cisco.com/univercd/cc/td/doc/product/software/ios120/12cgcr/np1_c/1cprt1/1cbgp.htm#5646.
- MPLS Troubleshooting. www.cisco.com/en/US/tech/tk436/tk428/technologies_tech_note09186a0080094b4e.shtml.
- Route Selection in Cisco Routers. www.cisco.com/warp/public/105/21.html.
- Troubleshooting CEF Routing Loops. www.cisco.com/en/US/tech/tk827/tk831/technologies_tech_note09186a00800cdf2e.shtml.
- Troubleshooting High CPU Caused by the BGP Scanner or BGP Router Process. www.cisco.com/warp/public/459/highcpu-bgp.html.
- Troubleshooting Incomplete Adjacencies with CEF. www.cisco.com/en/US/tech/tk827/tk831/technologies_tech_note09186a0080094303.shtml.
- Troubleshooting Load Balancing Over Parallel Links Using Cisco Express Forwarding. www.cisco.com/en/US/tech/tk827/tk831/technologies_tech_note09186a0080094806.shtml.
- Troubleshooting Prepix Inconsistencies with Cisco Express Forwarding. www.cisco.com/en/US/tech/tk827/tk831/technologies_tech_note09186a00800946f7.shtml.

C.3 书　　籍

《高级 MPLS 设计与实现》，人民邮电出版社出版，书号 11166。
《TCP/IP 路由技术（第二卷）（英文版）》，人民邮电出版社出版，书号 11223。
《Internet 路由结构（第二版）（英文版）》人民邮电出版社出版，书号 11216。
《MPLS 与 VPN 体系结构 CCIP 版》，人民邮电出版社出版，书号 11165。

C.4 论　　文

- Dube, R. "A Comparison of Scaling Techniques fo＿ *Review*, 29(3). 1999.
- Labovitz, C., R. Malan, and F. Jahanian *Networking*, Vol. 6, pp. 515－528. 1⁰＿

附录 D

术语表

本附录列出并定义了书中使用的一些常用缩写词。

ACL（Access Control List）
访问控制列表　IOS 过滤器的一种形式,被设计用来对数据包和路由加以分类和控制。

AF（Address Family）
地址簇　是指共享相同特性的不同 IP 地址类型。例如,IPv4、IPv6。

AFI（Address Family Identifier）
地址簇标识符　是指用于标识一个地址簇的数值。

ARF（Automatic Route Filtering）
自动路由过滤　在 MPLS VPN 网络中,通过比较接收到的路由的 RT 与本地配置的 RT 来自动过滤路由的一种机制。

ARP（Address Resolution Protocol）
地址解析协议　ARP 协议是一个 IETF 拥有的协议,用来解析 IP 地址到 MAC 地址的映射。

AS（Autonomous System）
自治系统　是指共享同一个 AS 号的 BGP 路由选择域。

ASBR（Autonomous System ）
自治系统边界路由器　是指接口属于不同的路由选择域的路由器。

ATM（Asynchronous Transfer Mode）
异步传输模式　是指一种信元中继的国际标准。

BGP（Border Gateway Protocol）
边界网关协议　一种用于自治系统间交换可达性信息的域间路由选择协议。

CE（Customer Edge or Customer Edge Router）
客户边缘或客户边缘路由器 一般是指在客户端，并和服务提供商网络相连的设备。

CEF（Cisco Express Forwarding）
Cisco 快速转发 IOS 软件中，一种基于拓扑信息的分组转发机制。

CLI（Command-Line Interface）
命令行界面 是一种完全基于命令指令行的用户界面。

CLNS（Connectionless Network Service）
无连接网络服务 一种 ISO 网络层的服务。

CoS（Class of Service）
服务类别 服务类别可以对网络流量进行分类，以便允许对不同分类的流量利用优先级、队列以及其他一些服务质量特性（QoS）进行不同的处理。

CSC（Carrier Supporting Carrier）
运营商支持运营商 一种 MPLS VPN 体系结构，其中，服务提供商之间的关系类似于客户机/服务器之间的关系。

DMZ（Demilitarized Zone）
中立区 是指一个网络的一部分，它与另一个网络有接口相连。

eBGP（External Border Gateway Protocol）
外部边界网关协议 是 BGP 协议的一种，它用在两个不同的自治系统之间。

EGP（Exterior Gateway Protocol）
外部网关协议 是指早期用来交换域间路由可达性信息的一种路由选择协议。

eiBGP（External-Internal BGP）
外部-内部 BGP 协议 是指在一个 MPLS VPN 网络中，仅仅用来表示 BGP 多条路径的一个术语。

EIGRP（Enhanced Interior Gateway Routing Protocol）
增强型内部网关路由选择协议 是指由 Cisco 公司开发的一种 IGP 协议。

EXP（Experimental bits）
MPLS 头部的实验位

Exp-Null（Explicit Null）
显式空标签 是 MPLS 中保留的标签之一。

FEC（Forwarding Equivalence Class）
转发等价类 是指具有相同的转发特征的一组目标地址。

FIB（Forwarding Information Base）
转发信息库 是指一种提供数据包转发信息的数据库。

GMPLS（Generalized Multiprotocol Label Switching）
通用多协议标签交换 是一种 IETF 组织开发的协议，用来扩展基于数据包/信元的 MPLS 网络到其他的网络形式。

GRP（Gigabit Route Processor）
吉比特路由处理器 是指一种用在 Cisco 12000 系列路由器中的路由处理器。

GSR（Gigabit Switch Router）
吉比特交换路由器 是 Cisco Sytems 生产的 12000 系列的路由器。

iBGP（Internal Border Gateway Protocol）
内部边界网关协议 BGP 的一种形式，用于交换同一个 AS 内路由器之间的可达性信息

ICMP（Internet Control Message Protocol）
Internet 控制消息协议 是一个用于 IP 控制和管理的 IETF 协议。

IGP（Interior Gateway Protocol）

内部网关协议 是指一种路由选择协议，用于交换域内路由选择信息。

IGRP（Interior Gateway Routing Protocol）
内部网关路由选择协议 是由 Cisco Systems 开发的一种内部网关协议。

Imp-Null（Implicit null）
隐式空标签 是 MPLS 中保留的标签之一，用在 LDP 和 TDP 中。

I/O（Input/Output）
输入/输出 是一种 BGP 进程。

IP（Internet Protocol）
Internet 协议 是一种 IETF 的网络层协议。

IPC（Inter-Process Communication）
进程间通信 是指单一系统中，不同进程间交换消息的一种机制。

IPv4（IP Version 4）
IP 版本 4 在当前大多数网络中使用的现有 IP 协议的版本。

IS-IS（Intermediate System-To-Intermediate System）
中间系统到中间系统协议 是 IETF 和 ISO 组织开发的协议，用来传递内部路由选择信息。

ISP（Internet Service Provider）
Internet 服务提供商 是指提供 Internet 连接服务的服务提供商。

LDP（Label Distribution Protocol）
标签分发协议 是一种 IETF 组织开发的协议，用来在标签交换路由器之间分发标签绑定信息。

LER（Label Edge Router）
标签边缘路由器 是指用来执行标签压入或弹出的路由器。

LFIB（Label Forwarding Information Base）
标签转发信息库 用于已做标签的数据包的处理数据库。

LIB（Label Information Base）
标签信息库 是本地标签交换路由器（LSR）的一种数据库，用来存储从其他标签交换路由器学习来的标签和本地标签交换路由器分配的标签。

LSP（Label Switched Path）
标签交换路径 通过标签交换的机制，一个被打标签的数据包所经历的每一跳的序列。

LSR（Label Switch Router）
标签交换路由器 是指通过封装在数据包内的标签值来转发数据包的路由器。

MAC（Media Access Control）
介质访问控制 是 IEEE 组织开发的协议之一，用来处理网络第二层的控制和封装问题。

MD5（Message Digest 5）
消息摘要 5 算法 是一种生成一个 128 位哈希值的单向的哈希算法。

MED（Multi-Exit Discriminator）
多出口鉴别 BGP 的一种属性，它在自治系统间被交换，并影响入站流量。

MPLS（Multiprotocol Label Switching）
多协议标签交换 是 IETF 的标准之一，它利用标签来进行数据包的转发。

MSDP（Multicast Source Discovery Protocol）
多播源发现协议 是一种连接多个 PIM 稀疏模式域的机制。

MTU（Maximum Transmission Unit）
最大传输单元 是指某个接口能够传输的最大的数据包大小，这里的数据包大小以字节计算。

NH（Next Hop）
下一跳　是指到达某个特定目的地的下一台路由器的 IP 地址。

NLRI（Network Layer Reachability Information）
网络层可达性信息　是指在 BGP 的宣告者之间交换的路由前缀。

NSF（Non-Stop Forwarding）
不中断转发　是指在出现短暂故障的情况下，路由器依然可以继续转发和接收数据包的一种转发机制。

ORF（Outbound Route Filtering）
出站路由过滤　是发送路由器所使用的一种路由过滤方式，用来阻止将被接收路由器拒绝的路由选择信息。

OSPF（Open Shortest Path First）
开放式最短路径优先协议　是 IETF 组织开发的用来交换内部路由选择信息的路由选择协议之一。

P（Provider Router）
运营商路由器　是指 MPLS VPN 网络中，运营商的核心路由器设备。

PE（Provider Edge Router）
运营商边缘路由器　在运营商的 MPLS VPN 网络中，用来连接一个或多个用户站点的网络设备。

PHP（Penultimate Hop Popping）
当只有一跳就到达边缘标签交换路由器时，路由器就弹出顶层标签。

PIM（Protocol-Independent Multicast）
协议无关多播　PIM 是传播多播路由选择信息的一种 IETF 协议。PIM 协议是与单播路由选择协议无关的。它可以在不同的模式下运行，例如稀疏模式和密集模式。

POP（Point of Presence）
呈现点　是指服务提供商网络的一部分，用来提供到客户网络和其他网络的互连。

POS（Packet over SONET）
在 SONET 上传送数据包的协议　是 IETF 组织开发的协议之一，用来在 SONET 上进行数据包的传送。

PPP（Point-to-Point Protocol）
点到点协议　是 IETF 组织开发的协议之一，用来在点到点的链路上交换数据包。

QoS（Quality of Service）
服务质量　是指对流量进行区分处理的一种方法。

QPPB（QoS Policy Propagation via BGP）
基于 BGP 的 QoS 策略传播　是指在网络中使用 BGP 协议的属性传播 QoS 策略的一种方法。

RD（Route Distinguisher）
路由区分器　在 IPv4 前缀前置一个 8 字节的值，以形成一个惟一的 VPN-IPv4 前缀。

RIB（Routing Information Base）
路由选择信息库　是指存储来自不同的路由选择源的路由选择信息的数据库。

RIP（Routing Information Protocol）
路由选择信息协议　是利用跳数作为首要路由选择度量的 IGP 协议之一。

RR（Route Reflector）
路由反射器　是指这样的一种 iBGP 宣告者，它能够在它的客户路由器之间和其他 iBGP 宣告者之间反射路由。

RT（Route Target）
路由目标　是一个扩展的 BGP 团体属性，它和一个 VPNv4 的前缀相关联，用来进行路由选择策略的控制。

SAFI（Subsequent Address Family Identifier）
后继地址簇标识符　是指在一个地址簇

内，用来进一步标识一个地址簇的数值。

SDH（Synchronous Digital Hierarchy）
同步数字体系　是一个等价于 SONET 的 ITU 协议。

SOO（Site of Origin）
原始站点　是一个扩展的 BGP 团体属性，用来指示始发路由的站点。

TDP（Tag Distribution Protocol）
标签分发协议　是 Cisco Systems 专有的标签绑定和分发协议。

TE（Traffic Engineering）
流量工程　指一种技术或一个过程，使流量穿越网络采用的路径，可能不同于从路由选择协议计算出的路径。

TFIB（Tag Forwarding Information Base）
标记转发信息库　是一个用来转发带有标记的数据包的数据库。

UDP（User Datagram Protocol）
用户数据报协议　是一个提供无连接数据包交付的 IETF 协议。

VCI（Virtual Circuit Identifier）
虚拟信道标识符　是指在 ATM 网络中用来标识一个信道的数值。

VPI（Virtual Path Identifier）
虚拟路径标识符　是指在 ATM 网络中用来标识一个路径的数值。

VPN（Virtual Private Network）
虚拟专用网　是指在像 Internet 这样的公众基础网络架构之上，提供专用的私有 IP 网络的一种架构。

VPNv4（Virtual Private Network-Internet Protocol version 4）
虚拟专用网-IP 版本 4　Cisco 命令中指示 VPN-IPv4 前缀的关键字，这些前缀是 VPN 地址。

VRF（VPN Routing/Forwarding）
VPN 路由选择/转发　它是由一个 IP 路由选择表、一个转发表、一组使用该转发表的接口、一系列用来确定哪些加入到该转发表的规则和路由选择协议组成的。